韓勝寶

著

活用

孫子兵法全球行系列讀物
【亞洲卷】

孫子兵法

臺灣商務印書館

萬卷書籍，有益人生
——「新萬有文庫」彙編緣起

　　臺灣商務印書館從二〇〇六年一月起，增加「新萬有文庫」叢書，學哲總策劃，期望經由出版萬卷有益的書籍，來豐富閱讀的人生。

　　「新萬有文庫」包羅萬象，舉凡文學、國學、經典、歷史、地理、藝術、科技等社會學科與自然學科的研究、譯介，都是叢書蒐羅的對象。作者群也開放給各界學有專長的人士來參與，讓喜歡充實智識、願意享受閱讀樂趣的讀者，有盡量發揮的空間。

　　家父王雲五先生在上海主持商務印書館編譯所時，曾經規劃出版「萬有文庫」，列入「萬有文庫」出版的圖書數以萬計，至今仍有一些圖書館蒐藏運用。「新萬有文庫」也將秉承「萬有文庫」的精神，將各類好書編入「新萬有文庫」，讓讀者開卷有益，讀來有收穫。

　　「新萬有文庫」出版以來，已經獲得作者、讀者的支持，我們決定更加努力，讓傳統與現代並翼而翔，讓讀者、作者、與商務印書館共臻圓滿成功。

臺灣商務印書館前董事長　王學哲

目　錄

活用孫子兵法——孫子兵法全球行系列讀物・亞洲卷

亞洲篇

1. 震撼世界的亞洲戰爭奇蹟
——訪中國孫子兵法研究會副秘書長劉慶

　　亞洲在世界軍事思想歷史上的地位舉足輕重，世界三大兵書有兩本出自亞洲，其中中國孫武的《孫子兵法》、日本宮本武藏的《五輪書》與德國克勞塞維茨的《戰爭論》三大兵書三足鼎立，對人類數千年的戰爭史產生了不可估量的影響。中國孫子兵法研究會副秘書長劉慶在接受記者採訪時表示說。

　　劉慶現任軍事科學院戰爭理論與戰略研究部研究員、博士生導師、中國孫子兵法研究會理事、副秘書長，曾在北京大學、國防大學長期講授《孫子兵法》課程，為智利、阿根廷軍事院校演講《孫子兵法》，出版和主編《孫子兵法（珍藏本）》、《再造戰神》、《戰爭先知》、《孫子兵法——中國智慧之海》等專著。

　　劉慶認為，作為軍事文化經典文本的《孫子兵法》，首先對中國周邊的亞洲國家尤其是東南亞國家產生影響，這叫「近水樓台先得月」。而最先受其影響的是邊疆地區，最早被翻譯非漢語文的是當時的遼朝、金朝和西夏，女真兵法雖沒見到實物，但西夏文則有實物，上世紀三〇年代，一支俄羅斯探險隊在內蒙額濟納旗西夏黑水城遺址中發現了翻譯成西夏文的《孫子兵法》。日本、朝鮮、越南等東亞國家很早就傳入漢語版《孫子兵法》。

　　劉慶對記者說，在軍事戰爭史上，亞洲國家創造了無數震驚世界的經典軍事戰例，那些戰爭奇蹟的背後，充斥著獨特的東方智慧的軍事哲學。在古近代戰爭中，主動、直接運用孫子謀略的以日本最為豐富，如日本偷襲珍珠港運用孫子的「出奇不意」，日本人從未隱晦過。

　　在中國抗日戰爭中，無論是國民黨還是共產黨，在運用《孫子兵法》上都有積極的表現。毛澤東寫的幾本很著名的軍事著作，引用了《孫子兵法》的格言，是對孫子理論的推崇和實踐。毛澤東要郭化若在八路軍《軍政雜誌》上多刊登孫子理論，借助古代兵法與國民黨將領交流，郭化若從此成為我軍兵法研究的領軍人物。

國民黨也有相當一部分將領研究《孫子兵法》，有許多著作和文章，如〈從孫子兵法看抗日戰爭必定勝利，日本必敗〉，就是從《孫子兵法》論證的。

可以說，中國抗日戰爭的勝利靠的就是孫子的戰略思想。劉慶說，我覺得我們可以對抗日戰爭的一些戰略和戰術進行分析，中國有一部偉大的軍事著作《孫子兵法》，無論是中國人也好，還是世界上的人也好，都承認《孫子兵法》在幾千年發揮了巨大的影響。

戰後在亞洲所爆發的朝鮮戰爭、越南戰爭，從某種意義上說，是東西方兩種兵學文化的實際較量。尤其是越南戰爭的失敗，給了西方人以極大的觸動。越南戰爭，美國人是嚴格按照西方軍事理論來打的，然而在這場歷時十一年的戰爭中，美國幾乎打贏了每一場戰鬥，然而卻輸掉了整個戰爭。較量的結果，迫使西方國家的軍事家不得不重新審視東方的兵學文化，並把自己軍事目光的焦距對準了中國的《孫子兵法》。

在一部印度人寫的《印度軍史》中寫道，印軍之所以能取得第三次印巴戰爭的勝利，是因為他們成功地運用了孫子避實擊虛的打法。巴基斯坦軍官晉升考試將《孫子兵法》列為內容，巴基斯坦安全部隊運用《孫子兵法》打擊塔里班勢力，他們的情報局把《孫子兵法》當成座右銘，在反恐中屢立功。以色列、黎巴嫩、斯里蘭卡也翻譯出版《孫子兵法》，斯里蘭卡少將稱擊潰猛虎組織秘訣在於《孫子兵法》。

劉慶表示，亞洲許多國家在這方面很重視，把《孫子兵法》列入軍事教材。如今，《孫子兵法》仍然為亞洲乃至世界各國軍事界作為一個很重要的軍事理論著作來學習。

2. 亞洲華僑華人自發為孫子「買單」

新加坡孫子兵法國際沙龍籌委會近日宣告成立，7月起開設《孫子兵法》大講堂，每月舉辦兩場孫子演講，明年將舉行新加坡孫子兵法國際沙龍成立典禮。

該國際沙龍籌委會主席呂羅拔告訴記者，孫子很了不起，全世界一直而且必將繼續為中國二千五百多年前的一部兵書「買單」。目前，孫子研究機構在全球開花結果，亞洲華僑華人創辦的孫子研究和講學機構也方興未艾。與孔子學院不同，這些機構大都是民間自發的，都是自己套錢「買單」的。

1991 年初，呂羅拔發起組織大馬孫子兵法學會，下設講學組、出版組、研究組和推廣組，當時中國的郭化若將軍專門寫來賀文表示祝賀與勉勵。學會旨在通過有效途徑和系統的研究，學習《孫子》兵家韜略，傳授知識，以文會友，以友輔仁，把研讀《孫子兵法》的風氣普及推廣。大馬孫子兵法學會現有會員五百多人，大多是當地的商人和華人企業家。

呂羅拔說，《孫子兵法》在全球的影響力日益擴大，成為全世界的智慧寶庫，孫子研究機構遍布全球，專業或業餘的研究人員數不勝數，並形成了當代世界範圍內的「孫子熱」，海外華僑華人為博大精深的中國兵家文化感到驕傲和自豪。

如今，亞洲華僑華人和港澳台同胞為主體創辦的孫子研究和講學機構如雨後春筍——

新加坡南洋理工大學華人教授黃昭虎開講「孫子兵法與商業管理」，成為該大學的經典品牌課程，全年課程排的很滿，聽講者大都來自西方國家。大馬著名華文「精明理財」雜誌開設兵法講學機構，邀請大馬華人企業資深顧問、《孫子兵法》策略講師陳富焙和著名華人《孫子兵法》作家邱慶河，定期開講《孫子兵法與企業戰略》。印尼中華經典協會創辦人吳宗盛用印尼文講解包括《孫子兵法》在內的中華文化經典。

香港國際孫子兵法應用協會成立於 2004 年，是經香港特區政府批准的具有法定地位的社會團體。該協會由孫武第七十九代子孫孫重貴和香港九龍總商會理事長黃熾雄博士等人發起成立，宗旨是在香港傳承和弘揚孫子文化，應用到現代商戰中指導商家經營和發展。該協會經過六年多的發展，已吸納了香港商界精英近百人，還

吸納美國、澳大利亞、菲律賓等國的會員，開展各種交流活動。在香港還有國際孫子研究學院，在互聯網上有香港孫子兵法商學苑。

澳門孫子兵法學會會長孫保平是澳門協和醫療中心主席、西醫教授，是「醫生兵學會長」第一人。他從醫近四十年，把《孫子兵法》運用到臨床醫學上；他花費了數十年時間，查閱了數百本書籍，在澳門出版了包括兵家文化在內的《中華至理名言》一書；他寫了許多孫子警句的書法，在澳門廣為流傳。

台灣孫子研究在上世紀五〇年代興起，淡江大學率先成立戰略研究所和孫子兵法研究所，後又成立台灣第一個民間組織中華孫子兵法研究學會，現有會員二百六十多人，在台灣北、中、南地區分別成立三個分會，吸收地區會員，每月定期召開研討會。台灣中華戰略學會下設孫子兵法研究組，中華企業研究院學術教育基金會、中華國學商學院等孫子研究學術團體也相繼成立，彙集了一批研究專家學者。

3. 讓亞洲華人世界為之驕傲的中國「孫子」

2010年8月，一台展現兵學聖典《孫子兵法》的情境詠誦劇——《兵道》，在北京中國劇院演出。海外華僑華人看到軍旗列列，兵器凜凜的場面，無不為之振奮。此台情境詠誦劇的主辦方之一是世界華僑華人社團聯合總會，承辦方則是世僑會中華經典文化傳播委員會。

作為東方智慧的結晶，《孫子兵法》集中體現了中國古代軍事思想的巨大成就，歷經時間長河的蕩滌沖刷，影響經久不衰。直至今天，這部兵書仍在世界範圍產生著廣泛影響，其思想價值一直得到東西方的普遍認同，也讓華人世界為之驕傲和自豪。

記者在海外採訪所到之處，所見所聞，感受到華僑華人對孫子情有獨鍾，對中華文化一往情深。

「老子天下第一，孔子排老二，而最寶貝的要數孫子，因為傳承二千五百多年的孫子如今仍煥發出勃勃生機，讓人愛不釋手。」

一位海外老華僑自豪地說。

「孫子是中國人自己的寶貝，包括日本在內的全世界都在應用，我們華夏炎黃子孫自己不用好對不起老祖宗。」日本新華僑動情地對記者說。

「在放眼環球的泱泱文化大潮時，更應該挺直起大國文化自信的脊樑。全世界的華人熱愛孫子，全世界都在接受孫子，全世界沒有一個國家不研究孫子的。」一位華人孫子研究學者如是說。

菲律賓華人富豪陳永裁喜愛鑽研中華文化，能整篇背誦《孫子兵法》，並常運用這一智慧寶庫中的哲理去處理面對的商業疑難。他認為，中華文化是孕育了五千多年的文明結晶，是世界文化寶庫珍貴的財富，源自中國，卻屬於全世界。

越南僑領、著名華人企業家朱應昌感歎：「有太陽的地方就有華人，有華人的地方就會傳播中華文化，我們華僑華人要為中華民族的燦爛文化增光添輝。」他說，中華民族五千年的悠久歷史文化，是我們取之不盡、用之不竭的寶貴財富。我們華僑華人是世界上最智慧、最聰明的，因為我們懂道、懂禮、懂兵法，我們身上流淌著中華傳統文化的血脈。我們要堂堂正正地把中華民族的根留在心裡並使之得到傳承，發揚我們祖先歷史文化的精華，並融合外國的精華在海外創造自己的一片天地。

緬甸華商商會會長賴松生不無感慨地說：「我們華人在緬甸立足十分艱難，我們來的時候一無所有，主要靠的是老祖宗留下的博大精深的中華文化，靠的是中國人的聰明、智慧和勤勞，孔子、老子、孫子的思想對我們很有用。」

台灣中華孫子兵法研究學會會長傅慰孤稱，《孫子兵法》作為炎黃子孫的智慧結晶，是海峽兩岸民眾的共同財富。《孫子兵法》的內涵博大精深，海峽兩岸同根同脈，一道攜手領略中華傳統文化的非凡魅力，挖掘其當代價值，對於兩岸實現共利雙贏具有積極意義。

香港協成行集團主席、方樹福堂基金會主席方潤華在《略論孫

子兵法與商業競爭》一書中寫道：「在今日資訊時代，新經濟大行其道，以為曠古未有之奇變。處此變局，恰如賽跑。潤華於孫子之書，經年窮索，驗之實際，深感此書之妙，實在是今日新經濟謀略之無盡寶藏也。」

澳門大學中國文學講座教授楊義表示，《孫子兵法》之所以受到普世的尊崇，一個基本性的原因以智為先，具有濃郁的重智色彩，它能觸動各種各樣的思考，能串透人類智慧，是啟動人的智慧發條，這就使《孫子兵法》成為舉世矚目的智慧啟示錄，是人類競爭發展智慧學。

4. 亞洲孫子謀略應用走在世界前列

《孫子兵法》屬於中國古典管理文化的內容，其經典的管理思想對亞洲乃至全世界都有巨大的影響。尤其是在亞洲，《孫子兵法》應用特別是在經濟領域的應用成果斐然，走在世界前列。

日本將《孫子兵法》先運用於軍事後轉向商戰；朝鮮和韓國先當作哲學，後融入社會文化生活；屢屢成為兵家必爭之地的越南，兵法成為一種獨特的兵家文化符號；東南亞主要融入了華僑華人社會，中華傳統文化已滲透血液之中。

日本兵法經營學派林立，成一代風氣，世界五百強企業無一不研究《孫子兵法》。日本防衛大學校教授村井友秀給記者一份日本學者關於《孫子兵法》的論文目錄，共有八十三篇，涉及學術刊物三十多家，論兵法與商戰的居多。他對記者說，二戰以後，日本《孫子兵法》應用從軍事轉向商戰。

日本知名華文媒體人孔健也持同樣觀點。他說，澀澤榮一能創辦並使五百多家企業發展壯大的秘訣就在於用孫子的兵學武裝企業，這是日本在二戰後迅速成為世界經濟強國的一個重要因素。隨著《孫子與商戰》的出版，日本開創了孫子經營之先河，對全世界《孫子兵法》在非軍事領域應用產生了重要的影響。

記者發現，日本、韓國學《孫子兵法》字斟句酌，一絲不苟，

深刻領會，用心實踐。日本松下電器、豐田、索尼、本田，韓國三星、現代等知名企業，應用《孫子兵法》到了出神入化的地步。

韓國企業崇拜孫武和毛澤東，提出企業在競爭中要想取得成功，就要把孫子和毛澤東的戰略思想應用到企業的發展戰略上。韓國三星高層管理者提出「除了夫人和孩子不變，一切都要變」，此語成了三星改革的口號。韓國現代「以快制勝」，談判簽約快，工廠建設快，經營決策快，攻城掠地快，市場反應快，現代汽車崛起，令稱霸全球的汽車巨頭擔憂：現代集團絕對是最強的競爭對手之一。

越南在八年的抗法戰爭中，吸取《孫子兵法》的智慧，並運用毛澤東領導的中國人民革命戰爭經驗，逐步形成自己的軍事思想。在對美國的戰爭中，更是借鑑孫子、毛澤東的戰略思想，把越南游擊戰發揮到極致。

新加坡資政李光耀曾宣稱，不懂《孫子兵法》，就當不好新加坡總理。縱觀新加坡的發展軌跡，最明顯的特徵是「變中求勝」，「兵貴神速」，還有遵循孫子的「嚴」，這在新加坡是出了名的。新加坡《孫子兵法》運用的好，用在國家管理上，爐火純青。用新加坡孔子學院院長許福吉的話說，亞洲「四小龍」是運用兵法的先鋒，中國的兵家智慧給新加坡插上了騰飛的翅膀。

從馬來西亞走出的華人巨賈郭鶴年等都應用《孫子兵法》來管理企業，取得巨大成功。馬來西亞檳州總警長拿督尹樹基副總監與華人作家邱慶河合著《孫子兵法防範罪案》，加入《孫子兵法》戰略，演變成大馬皇家員警部隊在防範罪案的策略，成為大馬皇家員警部隊在打擊罪案策略上的指南。

泰國正大集團董事長謝國民在投資戰略中善於念好孫子的「智勝經」，先謀善斷，兵貴神速，順勢而動，躋身世界五百強大企業行列，成為最有錢的泰國人，當選中國僑商投資企業協會會長。泰國僑領李光隆深諳孫子「知彼知己，百戰不殆」，揚長避短，出奇制勝。經過三十多年的奮鬥，成為泰國知名的金融證券商、泰國華人的巨富。

印尼人說，為什麼中國人商業頭腦這麼靈，經商這麼厲害，九成印尼華人經商都這麼成功，而印尼人卻上不了富豪榜？他們開始感到很驚訝，後來才明白，原來這與中國的《孫子兵法》有關：企業要成功，就必須要學孫子戰略。

5. 亞洲孫子文化研究成果領先全球

《孫子兵法》在亞洲的傳播最早研究最廣泛，中國的兵家智慧，在亞洲的影響也是十分巨大的。有學者稱，亞洲的孫子研究，成為推動全球性「孫子熱」的一股強大力量。記者在亞洲十五個國家和地區採訪中也深切感受到，亞洲孫子研究在全球充當了「領頭羊」。

日本是中國兵書傳入最早也是研讀最廣的國家。千百年來，日本對《孫子兵法》最為推崇，研究組織眾多，興起了研讀中國兵書之風。德川幕府時代，日本掀起第一次孫子研究熱潮，當時日本研究孫子團體就有五十餘家，研究、注釋、講解、運用者層出不窮，研究成果初現。刊印注釋時期，是日本研究孫子的鼎盛時期，研究團體近百家，大家輩出。明治時代，孫子研究和應用占有重要地位。

二戰前後，日本出現了眾多孫子研究機構。二十世紀五〇年代，日本出現了一個「兵法經營管理學派」，其影響迅速波及世界各地，形成了經濟領域孫子研究的熱潮。進入新世紀，日本孫子研究進入了新的領域，新一代研究學者嶄露頭角。目前，日本孫子研究者和愛好者已逾二十多萬人。此間學者稱，日本人對中國兵書的興趣之濃，研究熱情之高，經久不衰，實屬罕見。

朝鮮也是中國兵書傳入最早的國家之一，朝鮮的高麗時代，《司馬法》、《武經七書》、《三略》已很流行。朝鮮半島把《孫子兵法》融入哲學，朝鮮時代的知識分子把《孫子兵法》作為哲學來學習研究，從中汲取哲學思想。朝鮮五科考試《孫子兵法》列入其中。

作為朝鮮半島另一半的韓國，在朝鮮戰爭結束後，在孫子研究

方面成效顯著。有研究孫子與軍事關係的學者，也有研究孫子與商戰的學者，已有十四人以研究孫子而獲得博士、碩士學位，是目前海外以此取得學位最多的國家，並誕生了海外首位將孫子應用於經營管理的博士。2011 年，韓國成立了孫子兵法國際戰略研究會，標誌韓國的孫子研究趨於國際化、常態化。

屢屢成為兵家必爭之地的越南，始終處於世界冷戰和熱戰的最前沿，戰爭、兵法、熱帶、叢林、電影、戰士，成為越南一種獨特的兵家文化符號。越戰引發的《孫子兵法》研究熱席捲全世界，戰爭文學、戰爭書籍、戰爭電影層出不窮。

東南亞地區以華僑華人為主力軍的孫子研究方興未艾。泰國梅林基金會主席、文化僑領廖梅林研究孫子六十年，花了大量時間對泰文版《孫子兵法》進行校正。馬來西亞孫子兵法學會創會人呂羅拔是第一代研究者，對大馬的孫子研究起了推波助瀾的作用。新加坡孔子學院、南洋理工大學孫子研究學者成果豐碩，新加坡孫子兵法國際沙龍正在籌備之中。印尼、緬甸，一大批華僑作家、華人翻譯家群體、華僑歷史學者成為孫子研究學者。

從東亞的蒙古，到西亞的伊朗，再到南亞的印度，也有一批孫子研究學者，研究領域廣泛。巴基斯坦情報局樓前刻著《孫子兵法》，把孫子經典語錄當成座右銘，反恐屢立功；巴基斯坦軍官晉升考試將孫子兵法列為內容；斯里蘭卡軍方和猛虎組織博弈《孫子兵法》。可以說，孫子研究遍及整個亞洲。

港澳台的孫子研究學者陣容強、層次高。香港從特區行政官員到文化名人、大學教授和商賈巨富，都熱衷孫子研究。中國社會科學院學部委員楊義受邀擔任澳門大學講座教授，目前正在「還原孫子」，成為澳門孫子研究重量級人物。台灣孫子研究在上世紀五〇年代興起，台灣中華孫子兵法研究學會現有會員二百六十多人，形成了濃厚的研究風氣，研究領域也從軍事延伸至經濟、文化、社會生活等諸多方面。

6.亞洲孫子文化傳播「八仙過海」

　　《孫子兵法》在亞洲各國很受推崇，有很深厚的民間基礎。同時，亞洲的媒體尤其是華文媒體的傳播力度也很大，對《孫子兵法》常年報導不斷。亞洲傳播孫子方式多種多樣，可謂「八仙過海，各顯神通」。

　　日本把《孫子兵法》編寫成漫畫，讓孩子從小就開始學習，最受推崇的要數森哲郎的孫子漫畫，他是中日漫畫交流第一人。《孫子兵法》的戰法軟體在日本也大受孩子們的喜愛，遊戲以孫子十三篇為內容，共 256 頁，並以現代日語的方式著寫，加入語音來輔助，收錄了中國的赤壁之戰和日本戰國的著名戰役，還加入了其中使用孫子的戰略解說，可以邊聽邊讀，邊走邊玩，十分有趣。

　　韓國孫子研究學者宋震九在收視率最高的韓國電視台、韓國文化電視台開設「孫子兵法大講堂」，作了四百五十場電視講座，許多韓國家庭主婦都認識他，因為她們在家看電視的時間較多，他成了韓國大媽們心目中的「孫子明星」。韓國知名孫子研究學者朴在熙博士，連續四十四次在韓國教育電視台開講《孫子兵法》。

　　越南各大電視台常年熱播中國影視劇，如十集《孫子兵法》動畫片。印尼的電視台經常播放《孫子兵法》、《三國演義》等反映中國兵家文化的電視劇，收視率很高。

　　新加坡孔子學院傳授《孫子兵法》，舉辦「中華文化影響世界」兩大論壇，其中一大論壇就是《孫子兵法》，還舉辦「交大獅城論壇」——《孫子兵法商業戰略》、中日韓《孫子兵法·新和平論壇》，請台灣「全球華人中國式管理第一人」曾仕強講《孫子兵法》；請易中天講「三國兵法」，反響熱烈。泰國、蒙古孔子學院也傳授《孫子兵法》。

　　馬來西亞孫子兵法學會創會人呂羅拔二十年來共講了六百八十多場《孫子兵法》，成為海外華人演講孫子第一人。新加坡南洋理工大學教授黃昭虎到三十多個國家給二百多個世界五百強企業總裁講《孫子兵法》與商業管理。印尼中華經典協會創辦人吳宗盛用印

尼文講解《孫子兵法》在內的中華文化經典，引發年輕一代華裔對中華文化的興趣。

印尼中華總商會舉辦《孫子兵法》等小楷書法系列，印尼華人領袖思源美術館館長阮淵椿策畫舉辦《孫子兵法書法雕刻藝術展》，榮獲「傳播中華文化貢獻大獎」。

伊朗學者胡塞尼為了向伊朗人民介紹中國文化，普及《孫子兵法》，創建了一個名為「伊朗兵法」的網站，他還計畫在伊朗成立孫子兵法研究會，以擴大《孫子兵法》在西亞的影響。

韓國仁川中華街 150 米長的《三國志》壁畫，為中華街憑添了幾分色彩，吸引了許多韓國人和各國遊客的目光，加深了對中國兵家文化的瞭解。新加坡華人收藏家駱錦地珍藏的七十七幅「三國兵法」，曾在中國北京中華世紀壇和新加坡展出，對弘揚和推動中華兵家文化產生了影響，受到中國文化部和新加坡有關部方面的高度評價。

越南有四分之一人口約二千萬人喜歡下中國象棋，場面蔚為大觀，而中國象棋博弈處處體現著兵法的奧妙。「泰國圍棋之父」蔡緒鋒推動一百二十多萬圍棋人口，用圍棋棋經傳播《孫子兵法》。

7. 東南亞華僑華人精彩演繹孫子文化

占世界華僑華人總數 80% 以上的東南亞地區的華僑華人，自鴉片戰爭後帶去了中華傳統文化，近代對中華傳統文化的繼承，把其視為在海外生存和發展的基礎；自上世紀八〇年代以來，又掀起了一股前所未有的崇尚、學習、研究和應用中華文化的熱潮。而兵家文化是中華傳統文化苑中的一朵奇葩，它在東南亞各地華僑華人社會中演繹的淋漓盡致。

日本老一代華僑華人善用《孫子兵法》，把孫子的大智大慧融入到日本的經濟文化之中，不僅把中華文化發揚光大，而且用中國的兵法贏得了商機，提升了海外華僑華人在日本的地位。日本新華僑對中國的傳統文化造詣更深，在善用《孫子兵法》方面

比老華僑玩的更溜。截至 2010 年，日本華僑華人上市企業已達七家。

《日本新華僑報》總編輯蔣豐認為，日本華僑華人數量已達八十餘萬，是日本第一大外來族群。在日華僑華人深受《孫子兵法》等中華傳統文化薰陶，又熟悉日本社會，華僑華人經濟在日本經濟中占有一席之地將不會太遠。

戰後韓國多屆政府一直對華僑實行限制排斥政策，強行拆遷中國城，不許中國餐館賣米飯。因此，世界無所不在的唐人街在韓國首都竟然銷聲匿跡。如今，在位於韓國首爾九老區大林二洞，正在迅速成長為首爾首條唐人街。《韓中商報》社長李永漢自豪地說，這是韓國華僑應用《孫子兵法》「弱生於強」的成果。

胡志明市舊稱西貢，這裡的堤岸區是華人聚居之地，華人約有五十萬，也是越南最大的唐人街，是世界上最大的華人社區之一。《西貢解放日報》副主編陳國華介紹說，不管是老一代華人還是新一代華僑，不管是大陸還是港台商人，在堤岸「同舟共濟」，創造出越南獨具特色的「東方兵法」。

新加坡孔子學院院長許福吉認為，近代以陳嘉庚為代表的華僑精神領袖對中國的兵家文化的傳播起到推動作用，陳嘉庚等新加坡實業家，都是儒家與兵家的融合，在白手起家、成就大業前用的是兵法智慧，馳騁商場克敵制勝；成就大業後又用儒家的論理，做慈善事業回報社會。

曼谷唐人街是泰國最大的黃金交易中心，影響著泰國的黃金市場，這裡還是全球唐人街中「黃金兵法」應用的最神奇的地方。開.拓緬甸寶石市場的佼佼者楊釧玉遵循孫子的教誨，發明了「謀而不爭，做而不搶，防而不害，備而不戰」的玉石「十六字方針」。

印尼知名華人地產實業家湯錫林用《孫子兵法》的謀略以成就大業，「印尼錢王」李文正奉信孫子的智、信。知名僑領印尼國際日報董事長熊德龍從《孫子兵法》中學會了「借力使力」，善於借助海內外的力量，在印尼擁有包括中文、英文、印尼文子報達十多

份報刊的《國際日報》，發行到全印尼九十二個城市，發行量飆升至占有全印尼華文報市場率的 70%，一躍成為印尼最大的華媒集團。

李嘉誠應用孫子「善戰者，致人而不致於人」，在房地產跌到最低時，在險境中大量購置，成為首富；包玉剛收購九龍倉，應用了孫子「知彼知己」的思想，才敢於蛇吞象；金利來的創始人曾憲梓諳熟兵家的「以迂為直」，才能從乞丐到領帶大王；被譽為台灣「經營之神」的王永慶「借船出海」，在海外投資建成全球最大的輕油裂解廠，使他成為名震海內外的台灣「塑膠大王」。

8. 亞洲眾多孔子學院講授《孫子兵法》

香港《文匯報》撰文說，中國在海外設立「孔子學院」以孔子名之，具有代表性和象徵性。然而，把「孔子學院」定位在漢語教學似乎太低，應該讓老外能夠真正從「孔子學院」得到想探索的東西。世界有學習瞭解中國的大量需求，「孔子學院」應傳播弘揚中華文明。半部論語可以治天下，五千言老子可窺自然規律，孫子兵法不但能用以指揮戰爭，而且能用來管理公司、推廣市場、面對競爭。

海外學者驚歎，《孫子兵法》是中國智慧之奇葩，其內容奧妙深邃，其風格清新雋永，其內涵博大精深，其語言字字珠璣，令其歷經二千五百年仍綿綿不竭熠熠生輝，實為前無古人後無來者之罕世之作，乃孔子學院之經典也。孔子學院學孔子、孟子、老子、莊子，也讀孫子，從中領悟和汲取優良的中國傳統文化之精髓。

記者在亞洲國家和地區採訪時發現，亞洲許多孔子學院都在講授《孫子兵法》。亞洲許多企業老闆都對《孫子兵法》、《易經》等感興趣，他們認為，全球紛紛建立孔子學院，很顯然，包括儒家學說、兵家文化在內的中國諸子百家的傳統文化，將在二十一世紀普受歡迎。

新加坡南洋理工大學孔子學院傳授《孫子兵法》，該學院院長

許福吉認為，中華語言跟文化應該說博大精深，它不止是儒家，《孫子兵法》是中華文化的一部分，裡面的很多故事，學生在學了之後，他到最後可能會把它應用到生活上去，就是實踐到生活上去，這就是中華文化所發生的一種功能。

蒙古國孔子學院先後將中國傳統經典《孫子兵法》等譯成蒙文並出版，《孫子兵法》已成為必修課。泰國曼谷孔子學院把孔子、老子、莊子、孫子等中國古代的經典都列入教學課程。泰國孔敬大學孔子學院圖書及音像資料，有《孫子兵法》、《孫臏兵法》及漢英對照《孫子兵法》光碟。

孔子第七十八代子孫孔維勤在台北成立台灣孔子學院，在孔維勤的規畫中，包括中國傳統經典教育等課程。孔維勤表示，傳統經典教育主要針對大人，依不同的情境設置不同的課程，如《老子》、《莊子》、《孫子兵法》、《三國演義》等教學。

台灣作家白先勇說，孔子學院在全球遍地開花，人們不僅因為中國的日益強大而爭相學習中國語言，更重要的是要學習中國傳統文化和和諧理念，用來解決其各種內外問題。而要學好中國傳統文化，《易經》、《孫子兵法》等書不可不讀。

印尼一位華僑告訴記者，中國傳統文化博大精深，占主流的是儒家思想，但其實在中國傳統文化裡，《孫子兵法》對世界影響最大。孔子學院要建，《孫子兵法》也要讀，太極健身也要練。緬甸計程車司機對記者說，他和夥伴們每週兩次自費去學習「中國功夫」，希望成立的孔子學院裡能設置武術專業，學習《孫子兵法》、《三國》、《水滸》等中國古典名作。

香港亞洲週刊總編輯邱立本認為，《論語》、《孫子兵法》、《三國》等優秀傳統文化精髓信手拈來，顯示了中華文化是很強的「軟實力」。孔子學院除了輸出漢語教學、太極拳等老祖宗的東西外，還要將老祖宗留下的中華文化重新整理，創造性轉化為讓世人共用的大智大慧，這才是最重要的。《孫子兵法》作為經典在全世界暢銷，孫子的智慧受到全世界的尊敬。

世界孔子協會會長孔健也認為，「左手孔子，右手孫子」，可謂文武並重，收發自如。這兩件寶，一是哲學，二是兵學，相輔相成，相得益彰。

9. 東南亞國家地區紛紛開設孫子課

台灣兩所頂尖公立大學和私立大學開班授課，開展《孫子兵法》入台灣校園活動，提升青年學子對兵法的興趣與認知；台灣元智大學將《孫子》列為必修學分；台灣退役陸軍「上將」李建中登上高等學府講壇，在台灣新竹交通大學開授「兵法與競爭優勢」課程，已持續了十多年。目前，台灣淡江大學等多所大專院校都規畫了有關孫子選修課程。

台灣高鳳數位內容學院講師周泯垣受邀擔任台灣屏東教育大學碩博士班等數十所大學的「兵法教官」，他出版的《孫子兵法與案例導讀》一書，目前為台灣多所大學校院採用。據不完全統計，自今台灣以兵書為題材而獲得博士學位的六人、碩士學位的五十餘人。

「現代大學生不能不研讀《孫子兵法》。」周泯垣在接受記者採訪時說，孫子的人文價值，跨越時空影響著人們的觀念行為，有利於培養大學生的傳統人文精神；所蘊涵的哲理智慧，有利於培養大學生的理性思維能力和創新精神；蘊涵的倫理道德觀，有助於提升大學生人格、氣質、修養、情感等基本素養，從而提高人才的綜合素質。

像台灣這樣開設《孫子兵法》課程，在學生中普及孫子文化的，在東南亞國家和地區不在少數，並且大有上升勢頭。

新加坡南洋理工大學開設「孫子兵法與商業管理」，擔任主講的黃昭虎博士告訴記者，他每週要完成四十二小時孫子課程，研究生大都來自西方國家，這已成為南洋理工大學經典品牌課程。新加坡南洋女中的學生也有機會學習中華文化，學習東方哲學如儒家、兵家文化及中西方文化比較等，程度較低的學生則會閱讀《三國演義》、「三十六計」等故事。

　　大馬《孫子兵法》策略講師陳富焙，多年來為馬來西亞學院等機構主講孫子及管理課程數百場，他講的「活用《孫子兵法》」、「尋找孫子寶藏」、「兵法決勝人生」、「向孫子實踐者學習」等，充滿了孫子的哲學思想和實戰的成功經驗，受到大馬學生的歡迎。

　　泰國有近千家中文學校，其中得到泰國政府認可、具備頒發正規文憑資格的學校也多達數百所。在華人眾多的泰國，學漢語之「熱」已在民間燃起，包括儒家文化、兵家文化在內的中華文化在泰國受到推崇，泰國兩所孔子學院也都開設了《孫子兵法》課程。

　　當中華文化在印尼受到三十年壓制後又重新恢復生機時，印尼華人傳播中華文化興起新一輪高潮。印尼中華經典協會創辦人吳宗盛用印尼文講解包括《孫子兵法》在內的中華文化經典，其目的就是要引發年輕一代華裔對中華文化的興趣，把它融入到印尼華人的血液中。他希望年輕的一代華人多讀、多聽、多寫，特別是中華文化富有許多哲理，要善於利用，將之成為華僑華人生活的指南。

　　香港大學首開兵法碩博士論文先河，香港商學院開設「孫子兵法與高階管理博士班」，香港亞洲商學院開設孫子兵法與商戰謀略班，香港理工大學中國商業中心也打算開設「孫子兵法高級管理班」，旨在弘揚了博大精深的中國兵家文化，培養現代化、多元化、智慧型、高層次的戰略人才。香港中文大學邀請海峽兩岸和新加坡的華裔學者連續多次召開「中國式企業管理研討會」，提出要建立《孫子兵法》的競爭模式，並建議將其與西方企業競爭模式進行比較研究。

　　中國社會科學院學部委員楊義卸任社科院文學研究所所長之職，受邀前往澳門特區，擔任澳門大學社會科學及人文學院中國文學講座教授、博士生導師，講先秦諸子中的老子、莊子，接下來打算開講「還原孫子」，為澳門學校普及孫子文化教育開了個好頭。

10. 孫子謀略在亞洲體育競技中發威

世界盃足球賽、日本柔道、韓國跆拳道、泰拳、越南武術、圍棋、中國象棋……記者在亞洲國家採訪時發現，《孫子兵法》謀略思想廣受體育界人士的青睞，直接運用於體育競技活動，孫子「知彼知己、百戰不殆」、「攻心奪氣」等兵學思想，在亞洲乃至世界體育競技中大顯神威。

專家稱，體育競技是運用人的體能、技術、智慧、心理、意志和品質等因素，以決勝負高低的對抗性活動。從一定意義上說，體育競賽領域與戰爭領域有更多的相似性，《孫子兵法》與體育競技關係密切，體育競賽理論從兵法理論中也可以借鑑、移植更多的有益法則。

《孫子兵法》在日本的知名度非常高，不僅在企業成功應用令世界矚目，而且還廣泛應用於社會文化體育和生活的各個方面，日本足球隊在這方面就作了有益的嘗試。在參加北京奧運會前夕，日本足球隊最引人注目的當數《孫子兵法》培訓講座，請來了日本著名《孫子兵法》研究家、慶應大學教授國分良成為隊員們講解《孫子兵法》，深入剖析中國球員的戰略戰術。

在日澳決戰亞洲之巔，日本媒體用語出孫子的「風林火山」來比喻，把日本隊比作是「風」，而把澳大利亞隊比為「山」。日本隊打法細膩，多以地面的一腳觸球等精巧配合滲透對方的防線製造破門機會，堪稱亞洲學習巴西的技術足球典範，這樣的踢球方式有著更高的觀賞性，像「風」一樣優雅而飄逸。

在 2002 首爾世界盃上，深諳《孫子兵法》的韓國隊在對波蘭的比賽中，教練希丁克就既強調在進攻上要有銳不可擋之「勢」，又強調要掌握短促出擊的「力」。在足球場上，韓國隊隊員奔跑積極，拼搶兇狠，達到孫武所說「勝兵先勝而後求戰」的要求，最終取得了第四名的好成績。

「自古拳勢通兵法，不識兵書莫練拳」。日本柔道深受中國武

術和《孫子兵法》「以柔克剛」的影響。在東京古武道研究會曾立一碑，上書：「拳法之傳流，自明人陳元贇而起。」陳元贇是中國的一位武林高手，是他將中國的傳統武術傳到扶桑，成為現代風行世界的柔道之先河。

韓國跆拳道研究專家認為，《孫子兵法》可供跆拳道借鑑的內容十分豐富，現代的跆拳道比賽對抗激烈，場上情境瞬息萬變，攻防轉換變化莫測，處處充滿著兵家智謀、勇氣的較量。進攻一方的強者必然希望速戰速決，而防守一方的相對弱者就應當持久作戰，以時間贏得空間。

世界泰拳理事會副主席方煒說，泰拳直接用於軍事實戰，與兵法密切相關。當時士兵們在戰場上遠距離作戰時使用刀槍劍矢，近距離搏鬥時則以拳肘膝腳作為進攻武器。因此，泰拳自古與兵法不可分割。如今，在泰國各種泰拳練習館、泰拳比賽館遍布城鄉，泰國泰拳學校數不勝數，就連偏僻山村也不例外。

越南人「尚武」表現在對體育的狂熱，武術在越南普及相當高。越南武術自古受中國武術影響較大，越南武術的流派繁多，它們共同的武術哲學被稱為「越武道」，融入《孫子兵法》元素。越南武術教練說，以太極拳為案例，主張鬥智、鬥巧，反對鬥力、拼力，滲透了兵法的謀略。

泰國僑領、世界華人圍棋聯合會會長蔡緒鋒從圍棋中領悟兵學智慧，他認為，圍棋棋經十三篇多引《孫子兵法》十三篇。圍棋對弈的形式，同兩軍作戰頗為相似，兵法上的很多思想都可以在圍棋上得到體現。他花了十多年心血在泰國普及推廣圍棋，培養出一百二十多萬圍棋人口，被尊為「泰國圍棋之父」。

新加坡原象棋總會會長呂羅拔告訴記者，象棋將、兵、卒、車、馬、炮，棋盤一擺開，就是硝煙彌漫的戰場，而更深奧的兵法哲理盡在棋局之中。新加坡《聯合早報》刊登獅子國棋藝大賽廣告，上面分別寫著孫子的名言：「攻其所不守」、「守其所不攻」、「善守者，敵不知其所攻」。

越南社會文化生活也充滿兵法的神奇，居然有四分之一人口約二千萬人喜歡下中國象棋，場面蔚為大觀，而中國象棋博弈處處體現著兵法的奧妙。

11. 亞洲華文媒體致力傳播孫子文化

新加坡《聯合早報》及日本《中文導報》等十八家全球最具影響力的主流華文媒體共同評選出「中華五千年十大名著」，《孫子兵法》被排在第三位，在海內外華人讀者中引起強烈反響。

記者在越南國家航空公司的航班上看到了《西貢解放日報》，這是越南唯一一份華文報紙，主要讀者是越南一百萬華人及投資於越南的會運用中文的外商。該報副主編兼新聞部主任、胡志明市第二代華人陳國華告訴記者，顧名思義，我們報紙創辦四十年來始終凸現「解放」題材，傳播東方兵家文化，並成為我們報紙的顯著特色。

《西貢解放日報》以突出的版面，刊登胡志明運用孫子和毛澤東軍事思想所撰寫的《孫子用兵法》，連載《西貢別動隊戰績話當年》，每篇文章都充滿兵法的謀略，深受讀者歡迎。該報不惜版面和篇幅，採寫了一系列華人應用《孫子兵法》，在越南的商戰中取得成功的典型人物和經典案例，激勵越南華人弘揚孫子文化，汲取兵家智慧，在海外施展聰明才華，為中華民族增光添彩。

像《西貢解放日報》這樣致力傳播孫子文化的，在亞洲華文媒體中不在少數，有的開闢《孫子兵法》專欄，有的不間斷地傳播兵學聖典的思想精華及其當代價值。正如泰國《京華中原聯合日報》副社長林興所說，海外華僑華人在中華兵家文化中找到智慧，受到影響，這使我們辦華文報紙的看到中華文化的力量，看到《孫子兵法》智慧的無窮魅力，也看到了我們華文報紙傳播中華文化的責任。

日本較有影響的華文報紙——《日本新華僑報》總編蔣豐告訴記者，中華傳統文化對海外華僑華人影響深遠，是海外華商文化的基礎，它不僅增強了華商的凝聚力，而且成為他們闖蕩的精神力量。

該報經常刊登日本人和華僑華人應用《孫子兵法》取得成功的報導，蔣豐還在《環球網》「蔣述日本」專欄講述《孫子兵法》在日本傳播和應用。

新加坡《聯合早報》兵家文化的新聞常見諸於報端，有關孫子的評論文章很吸引讀者的眼球。近年來，先後發表了〈中國的「示弱」與「示強」〉、〈中國外交透出《孫子兵法》智慧〉、〈《孫子兵法》英譯本在美國洛陽紙貴〉、〈美國軍人看《孫子兵法》影響深遠的軍事聖經〉、〈孫子兵法與和諧世界〉等反映中國兵家文化的新聞評論。

泰國《中華日報》副社長周子飛介紹說，泰國六家華文報紙經常刊登反映中國兵家文化內容的，很受華人讀者的歡迎。泰國《星暹日報》總編輯馬耀輝表示，泰國八成以上華人經商成功，離不開中華傳統文化的薰陶，尤其是《孫子兵法》的智慧，在泰國華人中所起的作用很大。

印尼華文媒體一個世紀以來，從創辦華文媒體的先驅到新報人，堅持不懈地傳播《孫子兵法》等中華文化。在印尼擁有包括中文、英文、印尼文子報達十多份報刊的《國際日報》，是印尼最大的華媒集團，記者看到該報正在連載《文韜武略陳毅元帥》等反映中國兵家文化的文章。

12. 亞洲華人為翻譯出版孫子作出貢獻

香港大學推薦學生看的六十本書中就有《孫子兵法》，港台推薦的「十本好書」中也有《孫子兵法》，三聯書店出版的《取勝之道——孫子兵法的競爭思維》一書，在工商類排行榜中被列入暢銷書榜。香港公開大學人文社會科學院署理院長閔福德教授說，以他個人翻譯過的作品為例，其中只有孫子較受歡迎。

亞洲華僑華人和港台同胞翻譯出版了大量孫子書籍，作為「中華傳統文化精粹」叢書之一，為傳播和弘揚中華文化作出了貢獻。

祖籍海南的新加坡南洋理工大學教授黃昭虎，由愛迪生－威士

亞　洲　篇

利出版社出版的《孫子兵法——戰爭與管理》，成為該出版社歷年最暢銷的書之一；《古代智慧與現代管理》，成為 2001 年新加坡十大最暢銷之書；《孫子兵法：翻譯講解與分析》，從中國的文言文翻譯成英文，用東方人的眼光詮釋東方兵法，備受西方人的關注。華裔學者、新加坡東南亞研究院高級研究員黃基明博士，把《孫子兵法》翻譯成瑞典文和英文。

馬來文《孫子》作者是馬來西亞華文作家協會晴川博士，他是知名華人學人。馬來西亞華人族群與文化研究所所長鄭良樹教授，他是「帛書」孫子學專家，出版《孫子竹簡帛書論文》等著作已有二十多種。馬來西亞著名華人作家邱慶河目前已出版二十六本孫子著書，他還以英文著作把孫子兵法介紹給許多不諳中文的各民族讀者。馬來西亞孫子兵法學會會長呂羅拔也出版《漫談孫子兵法》、《孫子兵法教本》、《我與孫子》、《孫子兵法散論》、《兵法·事業·人生》等專著。

泰國僑領廖梅林潛心研究傳播《孫子兵法》六十年，三十多歲就寫成《商場經緯》十二篇，由台灣商務印書館故董事長王雲五先生作序，發行三千多冊，時隔四十餘年，《泰國風》雜誌作了連載。1982 年，廖梅林開始著手白話注解《孫吳兵法》，花了大量時間對泰文版《孫子兵法》進行校正，先後出版兩個版本。

「二戰」以後，以吳天才、葉新田和楊貴誼等教師為主體的華人翻譯家群體，用馬來文翻譯《孫子兵法》，廣泛而持久地傳播中華文化，活躍了印尼社會的精神文化生活，引導華僑回歸華夏文化。目前，印尼版《孫子兵法》有十多個版本，都是華人翻譯的。

緬文版《孫子兵法》譯者山萊也是位華裔，中文名叫劉漢忠。他贈送給緬甸國民大會一千五百本，每位議員人手一冊，引起緬甸許多高層官員的關注，緬甸聯邦文化部長欽昂敏少將稱《孫子兵法》在緬甸影響深遠。

近年來，香港三聯書店、香港中華書局、香港商務印書館、香港中國圖書刊行社、香港乾坤出版社、香港信文圖書有限公司、香

港中和出版有限公司、香港大學出版社先後出版了一大批孫子系列叢書。

　　台灣在上世紀五〇年代就有二十餘部孫子書籍出版，1982 年後，開啟引進大陸圖書之先河，至今再版重印大陸《孫子兵法》圖書達五十餘部。1990 至 2009 年，台灣出版相關《孫子兵法》專業書籍計 285 冊，其中 21 冊為日英等譯作。台灣商務印書館僅在 2011 年就出版中國兵家文化書籍近二十部。

日本篇

1.《孫子兵法》最早傳入日本被視為「稀世珍寶」

日本孫子國際研究中心理事長服部千春博士在此間稱，千百年來，日本對《孫子兵法》最為推崇，興起了研讀中國兵書之風，《孫子兵法》中的很多名言都成了日本人的口頭禪，就連小孩都知道「知彼知己，百戰不殆」。

服部千春對記者說，《孫子兵法》何時走向世界，學術界尚未定論。許多著述都認為以日本最早，朝鮮次之。據中日兩國史籍記載，中國漢字於西晉時期即已傳入日本，至晚西元六世紀初葉，《孫子兵法》可能已傳入日本。中日兩國一衣帶水，在歷史上文化交流頻繁，而日本奈良時代多次派遣學生到中國學習，無疑為《孫子兵法》的東傳搭建了便捷的橋樑。

有記載稱，《孫子兵法》攜歸日本「第一人」的吉備真備，就是日本奈良時代著名的遣唐留學生。這部名叫《續日本紀》的日本古書所說，吉備回國後奈良王朝曾派六人到太宰府跟隨吉備學習《孫子·九地》，這說明吉備確實從中國帶回被奉為「兵經」的《孫子兵法》，成為日本皇室的秘藏。如果這一記載成立的話，那麼《孫子兵法》傳入日本為西元 735 年，距今至少有一千二百多年的歷史了。

而日本著名兵法史學者佐藤堅司卻認為，說吉備真備將《孫子兵法》傳入日本，時間過晚。按照他的推斷，中國兵法傳入日本是早在西元 663 年以前的事。佐藤的證據是，日本留傳至今最早之正史、名列六國史之首的《日本書紀》中，出現了「倏忽之間，出其不意，則破之必也」這樣的話，這與《孫子兵法·計篇》的「出其不意」以及〈虛實篇〉的「趨其所不意」，在文字和意思上是相同的。

佐藤還推斷，這一年來自朝鮮半島百濟國的幾位兵法家到達日本，在那裡領導修築了幾座城池，並因為精通中國兵法被授予榮譽勳位。佐藤推測很可能是這幾位百濟兵法家把中國兵法傳入日本的，而且這部兵法可能就是《孫子兵法》。於是，他將《孫子兵法》傳入日本的時間向前推了七十多年。

美國《孫子》研究家撒母耳·B·格里菲思在他的英文版《孫

子兵法‧戰爭藝術》中考證，西元 516 年，中國一位熟悉兵書的學者曾到日本，那年日本繼體天皇又說過「夫將者，民之命與國之存亡所繫也」，這句話顯然受了《孫子兵法》中「故知兵之將，生民之司命，國家安危之主也」的影響。由此又將《孫子兵法》傳入日本的時間向前推了一個多世紀。

儘管說法不一，但《孫子兵法》最早傳入日本得到國際學術界的認可已無可非議。服部千春對記者說，《孫子兵法》在日本的傳播源遠流長，被視為「稀世珍寶」，日本的許多智慧也都是從孫子那裡學來的。

日本學者對《孫子兵法》給予了很高的評價，認為「十三篇是兵之要樞」。尾川敬二在《孫子論講‧自序》中稱孫武是「兵聖」，「東方兵學的鼻祖，武經的冠冕」；福本椿水在《孫子訓注‧自序》中稱孫子是「兵家之神」；北村佳逸在《孫子解說‧自序》中稱孫子是「兵學家、哲學家，且是東方第一流的大文豪」。

2. 日本武士與中國《孫子兵法》

名古屋是探訪日本古國的最佳線路。記者來到位於名古屋市中心的城堡，這是一座富麗堂皇的平原式城堡，被認為是日本著名武士織田信長年輕時居住的地方，他是十六世紀權勢最大的戰國大名之一、日本統一的奠基者。城堡內與織田信長一起展出的還有另外兩個同樣著名的日本武士豐臣秀吉和德川家康畫像，他們均出生在名古屋，這三位武士如同中國的曹操、劉備、孫權，在日本婦孺皆知。

名古屋城是德川家康命令建造的，現在依然保存完好。城堡附近是德川美術館，裡面陳列著德川家族使用的茶道和書法用具及日常生活用品。在德川家康重新統一日本之後，這個城堡作為重要的防禦工事而被重建，在這裡可親身感受日本戰國時代諸侯之間的戰鬥場景。每年 10 月的名古屋節，都要舉行「戰國三傑」的遊行，由市民裝扮的日本著名三武士和他們的嬪妃們的隊伍浩浩蕩蕩，多達一千人、長達一公里。

位於愛知縣的熱田神宮，是日本三大神社之一，為日本三種神

遊客參觀名古屋城堡日本武士畫像

器之一的草薙劍天業雲劍而建。該劍是日本人心目中的神物或聖物，日本歷代天皇即位時作為信物。宮裡收藏有刀劍等被指定為國家文化財產的大量寶物。宮內有一面日本三大土牆之一的「信長塀」，織田信長曾在這裡下戰書並取得勝利而被作為永久紀念。

「武士」一詞最早出現於奈良時代，指武官、武人，後又細分「兵」，指作戰者。在平安時代出現了武士，這是由私人武裝逐漸發展為制度化的專業軍事組織。直到明治維新，武士都是統治日本社會的支配力量。武士政權統治了七百年的日本，武士的思想遺產如武士道，是日本文化的重要組成部分。而日本武士受中國《孫子兵法》的影響非常深刻。

日本戰國時期的武士武田信玄在讀《孫子兵法》之後，創立了所謂「風林火山」戰法。在德川幕府第四代將軍德川家綱時期，第一本日譯本《孫子兵法》問世，日本先後出現了大大小小幾十個武學流派。到了江戶時代，劍道在日本被稱作「兵法」，日本人稱《孫子兵法》為大兵法，稱劍道為小兵法。

日本武術界人士稱，日本的空手道、柔道、劍道、忍術乃至最古老的武術相撲，最初都起源於中國的《孫子兵法》。西元 1591 年前後日本著名武術家小笠原源信齋到中國學練民間傳統武術，並帶回《武備志》等書籍回國，該書為彙集兵家術數之書，提出「前孫子者，孫子不遺，後孫子者，不能遺孫子」。

日本武士把孫子「詭道」視為「劍道」的重要部分，日本戰國時期與德川幕府時期頗有影響的劍術家、兵法家宮本武藏深諳此道。他因與佐佐木小次郎決戰而一舉成名，與其說是用劍法倒不如說是用兵法取勝的。宮本武藏自幼跟從父親學習兵法，比武六十多次不曾失手，寫下《兵道鏡》、《兵法二天一流》，《兵法三十五固條》，創立「二刀兵法」，在當地傳授兵法。後隱居靈岩洞，撰寫世界三大兵書之一的《五輪書》。

日本武士道精神也受《孫子兵法》中的「生間」、「死間」的定義的影響，在平安時代就有「兵之道」之語。但日本學者認為，武士道精神與《孫子兵法》的內涵有著本質的區別。在中國文化裡和平的精神是主流的，儘管《孫子兵法》講的是戰略和謀略，但其主要的精髓多是以戰求和，以和為貴；而日本武士道精神是由於國土狹小的島國文化所產生的一種特有文化，造成日本文化裡充滿戰鬥的偏執。

3. 日本「戰國第一兵法家」首舉「孫子旗」

山梨縣甲府城為日本著名武士豐臣秀吉命令建築的城，是日本戰國時期武將武田信玄的領地。城中有不少武田家的元素，在甲府市火車站前塑有武田信玄戎裝坐像，甲府歷史展覽中展出「武田二十四將」的畫像，其中第一幅是武田信玄，還有武田信玄公墓、信玄治傷的大泉寺、信玄父親信虎的菩提寺等。在靈廟安放著信虎、信玄、勝賴三代肖像，當年武田軍的驍勇戰績如今甲府人仍引以為豪。

武田信玄是日本戰國時期的名將，任甲斐守護，具有卓越的軍事才能。他用兵方略在日本戰國史上留下頗具影響的一筆，所舉「風林火山」之軍旗，語出《孫子兵法》，被稱為「孫子旗」。旌旗所指，所向披靡，成為了武田軍的一種象徵。信玄在用兵上尤擅於指揮甲州精銳的騎兵，以靈活機智的戰術取得勝利，開創了「甲州流」兵法。

記者來到祭奉武田信玄的武田神社，該神社建在武田氏館的遺址上，武田家三代都曾居住在此。武田神社牌坊前張貼著醒目

武田信玄是日本戰國時期的名將，所舉「風林火山」之軍旗，語出《孫子兵法》，被稱為「孫子旗」

的宣傳畫報：「風林火山孫子旗」特別公演。神社主殿厚重的木建築充滿兵法中的氣勢，主殿兩側分別擺放著兩隻大型菊紅色磁片，磁片上面分別刻著「風林火山」

和「武田二十四將」。寶物殿內展出了武田家的塑像、兵器、地圖、歷史資料等，鎮館之寶是《孫子兵法》中的「其疾如風，其徐如林，侵掠如火，不動如山」十六個大字，書寫在一塊巨型木板上。

武田神社內可以買到孫子旗、信玄書籍、畫冊、連環畫、招帖畫，神社外的土產店有信玄餅、信玄清酒，山梨縣許多特色名物都冠上「信玄」之名，武田信玄在當地的影響可見一斑。

當地市民向記者介紹，每年 4、5 月間，甲府城「風林火山」主題活動人山人海，舉行信玄公節、信玄公祭、武田城下節、武田二十四將騎馬遊行、甲斐的勝山騎射比武節和武田的杜薪能等，再現日本戰國武士雄姿。縣以下的各地也有一系列圍繞武田信玄的主題活動，特別是 2007 年 NHK 大河日劇《風林火山》播放以來，圍繞著電視劇的活動廣泛開展。節日時，可以看見志願者身著盔甲，讓人感覺回到戰國時代。

記者看到，來武田神社參觀的遊客絡繹不絕，對「孫子旗」特別感興趣，紛紛拍照留念。一位日本遊客對記者說，二千五百多年前的中國孫子真的太神奇了，武田信玄用他的思想織造出日本戰國的軍旗，至今仍迎風招展，熠熠生輝。

據稱，《孫子兵法》存於大江世家，後傳到了大江匡房之手，此後又從匡房傳到源義家，進而輾轉傳到甲州武田源氏。從此《孫子兵法》得以在甲州派中流傳、繼承和運用，其後裔武田信玄是家傳兵法的繼承人，並在戰國時代的戰爭中充分運用。武田信玄一生戰績彪炳，從十六歲上戰場後，比較大的戰鬥大約打了八十場。在戰國時期最宏大的十二年五回合的川中島之戰中，被譽為「甲斐之虎」的武田信玄最終取勝了夙敵「越後之龍」上杉謙信。

德川家康時，「甲州流」兵法曾作為德川家的正式兵學而被採用。江戶時代《甲陽軍鑑》出版，「甲州流」兵法成為傳奇，信玄被公認為「戰國第一兵法家」，後世日本有許多兵家研究他的戰術，對日本軍事學影響甚大。

4. 探訪日本三重縣「忍者博物館」

在日本三重縣上野公園忍者村神秘的樹叢中，映掩著一座神秘的「忍者博物館」，內設忍者屋、機關區、忍術歷史館、忍術體驗廣場，給人以超人般的神秘色彩。

三重縣是日本有名的「忍者」發源地，因其獨特的地形和險峻的山地，產生了賴以生存的武術、兵法、以陰陽術為基礎的咒術，最負盛名的是山間修行者廣泛傳授的忍術。關於忍者的歷史，眾說紛紜，至今迷霧重重。

忍者屋機關暗道密布，有旋轉機關、監視機關、藏物機關、藏刃機關、隱藏階梯、各種暗門、秘密通道和佛龕地道，忍者

在日本三重縣上野公園忍者村神秘的樹叢中，映掩著一座神秘的忍者博物館。

忍者博物館內設忍者屋、機關區、忍術歷史館、忍術體驗
　廣場，給人以超人般的神秘色彩

屋內供著「玄又玄」的牌匾。忍術歷史館展出了「忍者」的遺跡，有忍者的雕塑、服飾、臉譜、刀劍，忍者的一日，忍者的文字記載，忍者關係地圖，忍者的書籍、畫冊、海報等，吸引了大批的觀光客。

　　「忍者博物館」還通過文獻和實物揭開忍者日常起居與修煉的神秘面紗：忍者所修行的「忍術」中有「食、香、藥、氣、體」五種必修科目，俗稱「忍者五道」，都是從中國傳入的。「忍者博物館」

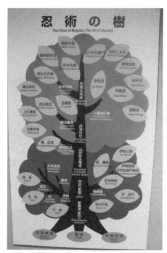

在枝繁葉茂的「忍者樹」底下，
　赫然用紅字標出：中國兵法

用圖片和文字說明，自中國的《孫子兵法》傳入日本後發展起來的兵法就是忍術的起源。在枝繁葉茂的「忍者樹」底下，赫然用紅字標出：中國兵法。

　　在日本，以忍者為題材的小說、電影、遊戲、漫畫不計其數，備受廣大青少年的關注。其中的忍者個個身懷絕技、神出鬼沒，可以說他們是日本的「大俠」，在日本歷史中扮演著非常重要的角色。忍法帖系列已經成為銷量超過三百萬部的大作，掀起了忍術文學的風潮。

忍術，又名隱術，即隱身術。關於忍術和忍者的起源說法不一。中國學者認為，忍術起源於中國漢代的五行術，後來傳到了日本。而日本學者則認為，忍者這個稱謂始於日本江戶時代，忍術最初起源於中國的《孫子兵法》，之後再加上修練道，演變完善發展成了忍術。

忍術權威著作《萬川集海》中指出，《孫子兵法》備受日本忍者階級推崇，此時忍術也基本形成了由權謀、陰陽、技巧等幾部分構成的雛形。隨著忍術傳到日本，忍者也就在日本出現並發展起來。在平安時代吸取了山伏擊戰的兵法加以發展，到了源平時代完成了攻擊面戰法的理論，在南北朝時代發展出防禦面的兵法。

忍術與中國、朝鮮的移民也有極大的淵源。古代日本很落後，所以日本非常歡迎中國移民到日本定居，受到中華文明薰陶的朝鮮人也受到歡迎。這些古代的技術移民將包括中國武術在內的中華文化帶到了日本，促進了日本忍術的發展。

因受中國《孫子兵法》的影響，古代日本忍者所掌握的整套完善的間諜情報技術體系，包括戰鬥、製造混亂和收集情報；忍術的訓練種類有五種，即平衡、靈敏、力量、持久及特殊技巧。忍術依流派分為五車、喜車、怒車、哀車、樂車和恐車之術，遁術分為火遁、水遁、木遁、金遁、土遁、風遁、雷遁之術等，「忍者八門」為骨法、氣合、劍術、棒術、火術、槍術等。在這些流派、門派和遁術中，也都能找到《孫子兵法》的影子。

日本學者論證，《六韜》和《孫子兵法》是對日本忍術整體發展影響較深的兩部古代著作，在德川幕府第四代將軍德川家綱時期的藤林保武，據此寫成了集忍道、忍術、忍器於一體的忍者究極修行指南。由此可見，中國古代的軍事武學思想為以後日本忍術的發展壯大奠定了充實的理論基礎，這是日本忍術最早源於中國的明證。

5. 二戰時日本天皇曾帶頭學習《孫子兵法》

中國是世界上產生兵書最早也是最多的國家，而日本是中國兵書傳播最早也是研讀最廣的國家。此間學者稱，日本人對中國兵書的興趣之濃，研究熱情之高，經久不衰，實屬罕見。

日本經過近一百年的戰亂，到了德川幕府時代，重視以文武一致為理想武士的風範，產生了日本第一次《孫子兵法》研究熱潮。當時日本研究《孫子兵法》團體就有五百餘家，研究、注釋、講解、運用者層出不窮，研究成果初現。

刊印注釋時期，是日本研究《孫子兵法》的鼎盛時期，《孫子》研究團體近百家，大家輩出，注釋《孫子》蔚然成風，尤以《孫子抄》、《孫吳摘語》、《孫子諺解》最為流行。孫子「五事」、「七計」、「詭道」成為日本武學流派的兵學源頭，對日本兵學界產生了深刻而久遠的影響。

明治時代，《孫子兵法》研究和應用占有重要地位。讓日本人引以為豪的是，這一時期《孫子》研究率先從軍事領域拓展到經濟和社會生活領域，隨著《孫子與商戰》的出版，開創了《孫子兵法》經營之先河，對全世界《孫子兵法》在非軍事領域應用產生了重要的影響。

二戰前後，日本出現了眾多《孫子兵法》研究機構。第一種是學者從文學思想的角度來進行分析；第二種在軍事方面從二戰徹底失敗重新評價了其理論的可行性；第三種是探討恢復最原版《孫子兵法》版本的校勘研究。

值得一提的是，二戰時日本天皇帶頭學習中國的兵書，讓海軍中將佐藤鐵太郎給他講授《孫子兵法》，為此佐藤鐵太郎專門著了《孫子御進講錄》。

日本用《孫子兵法》思想研究管理很積極。二十世紀五〇年代，日本出現了一個「兵法經營管理學派」，其影響迅速波及世界各地，形成了經濟領域《孫子兵法》研究的熱潮。日本企業家大橋武夫著了一本《用兵法經營》的書，宣揚如何用兵法經商。他的公司採用了這種理論後，效率大大提高，業務飛躍發展。大橋武夫說：「這種經營方式比美國企業經營更合理，更有效。」

進入新世紀，日本《孫子》研究界進入了新的領域，注重「孫子科學體系研究」，如藤塚鄰‧森西洲兩氏共著的《孫子新釋》，佐藤堅司的《孫子的思想史研究》，日本東北大學中國哲學研究所

於 1971 年特編撰了《孫子索引》，這是中國古代兵書的第一部專書索引。

日本各種報紙雜誌上還發表了很多研究《孫子兵法》等中國兵書的論文。1974 年中國《孫子兵法》和《孫臏兵法》在山東臨沂銀雀山漢墓出土的消息傳到日本以後引起轟動，專家學者紛紛撰寫研究論文，各種報刊連篇累牘地報導這一消息，僅《讀賣新聞》、《朝日新聞》、《產經新聞》、《東京新聞》、《每日新聞》、《東京時報》這六種報刊在當年的十九天中，就發表了二十篇消息和專稿。

6. 日本學者：日本以《孫子兵法》對二戰失敗沉痛反思

《孫子兵法》提出了「如何不戰而維持和平」的哲學，以不發動悲傷、悲慘戰爭的「王道」為最高境界。「慎戰論」是《孫子兵法》的精髓，為世界和平作出了重大貢獻。日本孫子國際研究中心理事長服部千春在接受記者採訪時如是說。

在談到日本二戰失敗話題時，服部千春對記者說，與西方的《戰爭論》不同，《孫子兵法》通篇貫穿著「非戰、和平」的崇高理念，追求和平、謀取發展。孫子的和平理念和「不戰」思想，是其兵法的核心思想；孫子所謂兵者的「詭道」，是「王道」而非「霸道」；孫子是「不戰主義」而非「好戰分子」；《孫子兵法》的本質是「智謀取勝」而非「武力征服」。

服部千春說，1945 年，日本戰敗投降後，沒有發行多少有價值的軍事著作，但《孫子兵法》之類書籍卻是例外，《孫子兵法》研究重點是對二戰失敗的反思。

第一次世界大戰後，日本軍隊深受西方軍事思想的影響，國家的主要軍政首腦出於稱霸東亞的野心，已把孫子這位中國兵家先哲的慎戰思想完全棄諸腦後，逐步走上對外侵略擴張的道路，直至爆發對中國和其他亞洲國家的侵略戰爭。日本有識之士在反思這場不義戰爭時，無不痛感背棄《孫子兵法》而帶來的惡果。

原帝國海軍學院教官德永榮中將在其《孫子的真實》一書中感嘆，由於一味地接受西方攻勢思想而發動侵略戰爭，「完全是這種德式思想」造成的。他埋怨東方兵學思想只用來修養精神，並不對日本海軍起作用。

從日本建立海軍到二戰時日本海軍全軍覆滅，在七十多年的歷程中，《孫子兵法》幾乎見證了日本海軍的崛起、強盛和衰敗。二戰時期，日本軍人將推崇「兵者，國之大事，死生之地，存亡之道，不可不察也」的《孫子兵法》棄之不用，宣揚「必殺、必勝、必贏」的好戰思想扭曲了心理。太平洋戰爭後期，幾近瘋狂的日本海軍更是以「特攻戰法」做最後一搏，最後一批隊員集體自殺，日本聯合艦隊解散。

日本著名兵法史學者佐藤堅司在他的《孫子思想史的研究》一書中指出，「儘管《孫子》已有兩千多年的歷史，可是在國力、戰力、經濟力、外交等方面仍然顯示了普遍的總體戰體制，日本的戰敗以切身的體驗證實了《孫子》的價值。」日本著名的現代軍事評論家小山內宏在談到第二次世界大戰中日本的失敗時說，如果那時「認真學習一下這部《孫子兵法》，就絕不會貿然發動那一場戰爭！」

「孫子講的很明白，非正義戰爭必敗。」服部千春不無感慨地說，日本維新時期，俄軍攻打日本，日本得到了英國的支持。而二戰時期，日本發動侵略戰爭，為此付出了沉重的代價，這是必然的。

服部千春在《孫子兵法新校》一書中提到：「昭和天皇曾就日本在第二次世界大戰中的失敗感慨言道：『兵法研究之不足』即可以察知，其心思是如果學習、應用世界最高水準的《孫子兵法》，就不會發動必將失敗的戰爭。」

7. 弘揚孫子「不戰」思想 致力於世界和平
——訪日本孫子國際研究中心理事長服部千春

「『不戰而勝』是戰爭的最高境界，也是《孫子兵法》的核心思想。傳播孫子『不戰』思想，致力於世界和平，是我們研究中心成立的『宗旨』。」日本孫子國際研究中心理事長服部千春開宗

明義地對記者說。

日本孫子國際研究中心於 2003 年 12 月在日本東京成立，服部千春任法人代表。該中心由日本內閣府認證，其宗旨是

圖為日本孫子國際研究中心理事長服部千春

「在全世界正確傳播孫子的哲學與思想，建設和平安全的國家」。該中心指出，二千五百多年來，《孫子兵法》被世界各國廣為推崇，在於其超越了時代和地域的差異，道出了具有普遍意義的戰爭與和平哲學。

日本孫子國際研究中心認為，孫子熱愛和平，崇尚道義，提倡「不戰而勝」，與蘇格拉底、釋迦牟尼、孔子、耶穌等四大聖人相比毫不遜色，應被認定為世界五大聖人之一，於是在國內外開展群眾簽名活動，希望早日促成此事。

服部千春是文學和哲學雙博士，兼任中國孫子兵法研究會高級顧問、南開大學中國古代孫子兵法研究會顧問、孫子故里山東和《孫子兵法》誕生地蘇州的高級顧問等眾多職務。日本許多知名人士如前首相中曾根康弘都曾向其請教《孫子兵法》。為紀念中日邦交正常化三十週年，他出版了學術著作《孫子聖典》，在日本引起不小轟動。服部千春還致力《孫子兵法》的校勘工作，出版的《孫子兵法校解》獲中國第二屆「全國圖書金鑰匙獎」、書籍出版品質一等獎。

在服部千春辦公室，隨處可見與孫子有關的書籍和物件，牆上掛有孫子像、《孫子兵法》掛曆、孫子「靜以幽，正以治」的書法，書架上放著他撰寫的《孫子兵法新注》、《孫子兵法新校》等，辦

公桌上擺滿了孫子學術研究的手稿和資料。他告訴記者說，孫子像由他親手繪製。

1937年出生於東京的服部千春研究《孫子兵法》已有五十餘年。他三歲時被送到伯父家，很早就接觸到中國古典名著。六歲時，在伯父的指導下學習中國古代兵書《六韜》。十二歲時立志研究中國古代兵法。考入日本大學文理學部中國文學科後，開始研讀《孫子兵法》，並撰寫了〈《孫子十三篇》之考察〉作為自己的畢業論文。

作為日本亞洲和平委員會會長，服部千春長期致力於世界和平事業，積極在世界各地講授《孫子兵法》，弘揚孫子「不戰而勝」思想。一次在緬甸訪問期間，正值該國內戰，服部千春向緬甸總統贈送了《孫子兵法》，提出要「和為貴」，得到高度認同。

服部千春積極投身日中友好事業，經常到中國講學交流。為增進對《孫子兵法》的瞭解，他曾前往孫子故里山東惠民，多次參加《孫子兵法》國際研討會，還在蘇州「孫武苑」內鐫刻「《孫子兵法》十三篇日文碑」，在《孫子兵法》誕生地穹窿山種植了「中日友好櫻花林」。服部千春弘揚孫子「不戰」思想，致力於世界和平的行為得到國際學術界的認可，先後被授予聯合國和平獎、美國總統金獎、英國劍橋大學「世界哲人獎」、「世界和平大騎士勳章」等。

8. 日本《孫子兵法》出版數量驚人千年不衰

記者走進東京書店，發現各類注釋應用的日文版《孫子兵法》書籍林林總總，商業實用書中最多的也是跟《孫子兵法》有關的書，有二百八十多種，令人眼花繚亂。書店老闆告訴記者，和中國同為漢字文化圈的日本，《孫子兵法》已融入日本社會，與中國儒家經典《論語》齊名而備受珍視。

據此間學者介紹，目前日本孫子研究者和愛好者已逾二十多萬人，著述出版也從未間斷，迄今已出版《孫子兵法》書籍達二百多種，相關書籍四百多種，參引論述書籍數不勝數，以其為教材的商業書數量相當驚人。

《孫子兵法》在日本的流傳，開始靠漢文本傳抄傳讀。早期的日本文人大部能閱讀漢籍，所以他們研讀的是漢文兵書，並且直接大量翻印中國兵書，日本主要

在日本最大的圖書連鎖店淳久堂出售的有關《孫子兵法》書籍就達二百八十餘種

的漢籍目錄上幾乎都著錄有翻刻的《孫子兵法》。

直到西元 1660 年才出現日譯的《孫子兵法》，著作有《孫子諺解》、《孫子摘要》、《孫子管蠡》、《孫子詳注》、《孫子國字解》和《孫子評注》等。湧現了日本注釋《孫子兵法》的第一人林羅山，素有「日本的孫子」之稱的武田信玄，撰寫的《孫子諺義》、享有「軍事藝術大師」美譽的山鹿素行等一大批知名學者。

日本是《孫子兵法》傳播最早、影響最大、應用最廣的國家，《孫子兵法》研究經歷了奈良時代至室町時代的秘藏家傳時期、江戶時代的刊印注釋時期和明治時代至今的融合拓展時期，這三個階段各時期研究呈現不同特點，從而使日本成為應用《孫子兵法》最為普及的國家。

秘藏家傳時期，《孫子兵法》作為禁秘書，只有皇室及親王等權貴能夠看到，傳播多以口授與手抄本為特徵，但仍有為數可觀的兵書流行於日本民間，其中《孫子》書就有六種版本。刊印注釋時期，是日本刊印《孫子兵法》的鼎盛時期，刊印《孫子》書籍達一百四十餘種，活字印刷《武經七書》，結束了手抄漢籍兵書的歷史。明治時代，出版了一批與戰爭與戰例相關的《孫子》書籍，對

日本海軍的初創影響尤為明顯。

二戰以後的六十年餘年間，日本《孫子》研究應用達到登峰造極的地步，出版《孫子兵法》書籍一百五十餘種，在企業管理應用成效顯著，兵法經營學派林立，研究組織眾多，成一代風氣，世界五百強企業無一不研究《孫子兵法》。

從 1974 年至 1980 年，日本連續出版了上田寬的《孫子義疏》、山井湧譯的《孫子·吳子》等。目前，日本各界對《孫子兵法》的研究又掀熱潮，先後出版了《孫子之思想史的研究》、《孫子兵法校解》、《用兵法經營》等一批著名學者的力作。日本著名的孫子研究家服部千春所著的《孫子兵法校解》在中國出版，這也成為第一部外國人在中國出版的孫子研究著作。

日本學者稱，在世界文化交流史上，對他國的兵法著作有如此長時間的研究熱情，投入如此巨大的精力，這也是絕無僅有的現象。

9.《孫子兵法》漫畫遊戲風靡日本

在東京各大書店，《孫子兵法》漫畫比比皆是，有中國出版的包括《孫子兵法》和中國四大名著系列漫畫，版權已輸往日本，有香港漫畫大師李志清最著名的漫畫代表作品《孫子兵法》，一舉奪得日本首屆「國際漫畫賞」最優秀作品獎，還有台灣著名漫畫大師蔡志忠的《孫子兵法》漫畫。

日本把《孫子兵法》編寫成漫畫，有單本的，也有一至五冊全套的讓孩子從小就開始學習。日本的中學就推薦《孫子兵法》文字版和漫畫版，日本學生讀起來都會津津樂道。一本名為《孫子醬的兵法》讀本，除了有大量的萌圖以增添閱讀樂趣之外，還有超過六十則以上的四格漫畫，深入淺出地介紹了《孫子兵法》中的一些精髓部分，以期讓讀者簡單地瞭解一些古典兵法在現代社會中的活用法則，充滿趣味性的解讀，是推廣古典名著的一個不錯方式。

最受推崇的要數森哲郎的《孫子兵法》漫畫，日本人只要讀起來都會愛不釋手。森哲郎是日本著名社會派漫畫家，在日本漫畫界

自成一派，因而被稱為日本漫畫界的「一匹狼」。他對中國充滿感情，二十多年來訪問中國五十餘次，目的就是給中日文化牽線搭橋，堪稱「中日漫畫交流第一人」。

森哲郎背井離鄉，靠什麼在漫畫界站穩腳跟的？森哲郎回答說：「因為我懂得《孫子兵法》，我用兵法創業。」他畫的《孫子兵法解讀》，把中國的兵法以漫畫的形式刻畫的維妙維肖。這是森哲郎第四十五冊漫畫著作，在日本獲得廣泛讚譽。

日本出版的漫畫《風林火山》出自《孫子兵法》中「其疾如風，其徐如林，侵掠如火，不動如山」，動漫《秦時明月》中衛莊的四個手下原型似乎就是「風林山火」。在日本「戰國第一兵法家」第一個把「風林火山」繡在軍旗上的武田信玄，其故里甲府市《風林火山》的漫畫十分流行。

《孫子兵法》的戰法軟體在日本也大受孩子們的喜愛。日本任天堂公司把《孫子兵法》登陸掌機，推出以《孫子兵法》為題材的NDS戰略學習型遊戲，遊戲以孫子十三篇為內容，共256頁，並以現代日語的方式著寫，加入語音來輔助，收錄了中國的赤壁之戰和日本戰國的著名戰役，還加入了其中使用《孫子兵法》的戰略解說，可以邊聽邊讀，邊走邊玩，十分有趣。

NDS《孫子兵法》現代職場攻略在日本大行其道，該遊戲以各種現代職場與經營決策作為案例，加入《孫子兵法》的角度加以解釋，再給出致勝的方案。遊戲還可通過問題測試，給出職場類型以及戰略能力評定，讓使用者獲得參考，活學活用，從而「知彼知己、百戰不殆」。

日本知名評論家、作家麻生晴一郎認為，中國孫子文化已成為日本文化的一個部分，如今五、六十歲的日本人幾乎沒有不知道《孫子兵法》的，而年輕人和孩子們不一定會刻意地去學孫子，主要通過漫畫和遊戲，寓教於樂。日本人把孫權看成孫子的後代，所以都很喜歡《三國演義》，其漫畫遊戲在日本也很風靡。

10.「地震島國」危機感滲入每個國民精神肌理

「三一一」強震雖已過去，日本的旅遊業剛有回暖跡象，城市裡人氣漸增熱鬧了許多。但日本人在大災難面前表現出的出奇冷靜與淡定，面對核輻射內心雖有恐懼感卻沒有驚慌失措，東京街頭步行回家的百萬人秩序井然，上野公園成群結隊聚集在櫻花樹下把酒言歡，仍讓人回味無窮。

孫子在〈九變篇〉中講道：「投之亡地然而存，陷之死地然後生，然後能為勝敗。」所謂「亡地」、「死地」，在「地震島國」的日本堪稱典型。作為一個四面臨海的島國，日本地處西太平洋板塊的斷裂帶，擁有大約二百多座火山，地震海嘯、火山噴發、颱風豪雨，時常面臨滅頂之災，給日本人造成了嚴重的危機感。

記者在大阪、名古屋和東京街頭看到，避難處的告示圖在車站、地鐵、街面和酒店入口處隨處可見，有關健康、安全的指示牌和宣傳標語滿街遍布，消防龍頭和水的出口位置十分明顯，大阪的超市裡有售《大地震後日本對危機回避》等書籍。當地的華人告訴記者，這是日本一直堅持危機教育的結果，災難意識已滲入每個日本人的精神肌理。日本永遠彌漫著一種焦慮和危機感，似乎只有這樣它才能生存。

從日本中部到東京的一路上記者發現，馬路整潔，綠樹成蔭，就連每輛計程車都乾乾淨淨，看不到灰塵，路上幾乎看不到吸煙的，地上找不到一顆煙蒂。巴士哪怕只停十多分鐘，也要在輪子的前後墊上阻擋物。每座天橋上都安裝了不鏽鋼扶手，生怕行人滑倒。在高速公路上設立的站點，在圍牆上開了扇門，既安全又方便。所有這些都反映出日本有極強的健康意識和安全意識，而這些意識都源於強烈的憂患意識。

日本國民的居安思危、未雨綢繆的憂患意識出自島國心理，在長期與自然災害抗爭中，形成極強的民族意識和危機感，這使得日本能夠持續保持「生於憂患」的狀態，始終保持一種如履薄冰的危機感，時時刻刻處於警戒狀態。

中部日本華人企業家協會名譽會長高建平對記者介紹說，日本將防災宣稱教育作為重大國策，國民自兒童時期就必須接受防災教育，每年的 9 月 1 日定為全國防災演練日，學校和社區定期開張避險演練，國民普遍掌握自救互救技能。日本東北部及中部地區有二千四百座避難所，震後為四十餘萬人提供了堅固、安全、衛生的安身之處。日本島國森林覆蓋率近 64%，是世界上森林覆蓋率最高的國家之一。日本還是世界上最長壽的國家，男女平均壽命均創全球最高紀錄。這也許是日本強烈的危機感「逼」出來的。

日本人人都有危機意識，這種危機使日本人不敢有一點怠惰和不認真，凡事都從最壞的方面去考慮，從不敢掉以輕心。常備「防災物資」，包括手電筒式收音機、戰備服、飲用水、戰備餅乾、備用醫藥品等，「防災食品箱」幾乎家家必備，人人必持。在每一個屋子或是可以安身的地方都放一瓶水，這都體現了《孫子兵法》的防範以未然。

在東京書店裡，《日本危機》、《日本即將崩潰》、《日本的悲劇》等標著驚心動魄書名的圖書常年熱銷。日本經典大片《日本沉沒》，是「日本憂患」的象徵。擁有任天堂和索尼等遊戲業界巨頭的電子遊戲大國，其代表作《絕體絕命都市》，遊戲的每一部作品都將主角放在發生巨大自然災害的危機四伏的城市中，讓人從遊戲中獲得應對災難的常識。

《日本新華僑報》撰文稱，日本人居安思危，沒有危機就產生危機感，從最壞處著眼，及早準備，把中國經典名言「憂患興邦」發揮到極致。其國歌《君之代》旋律沉重、壓抑、悲涼。也正是在危機感中，日本人發現機會，擺脫危機，在競爭日趨激烈的國際環境中取得優勢。

11. 日本國民崇尚東方智慧 始終保持居安思危

早晨漫步在東京街頭，映入眼簾的是一群群穿著深色服裝，提著深色包，表情嚴肅，行色匆匆的「上班族」，彷彿在急行軍。在

自動扶梯上，人們都習慣地站在左側，而把右側讓出一條快速通道來。日本人連走路都要超過別人，給人以一種強烈的沉重感。儘管東京車水馬龍，但日本人開車遵循「車讓人」的規則，體現了島國極強的「生命意識」。

走進豐田、松下公司，那種時刻警醒、自我反思、謙虛而不張揚的性格，給記者留下深刻的印象。隨著人們對豐田汽車安全性的顧慮增加，豐田集團各個公司危機感也隨之加劇。在日本大地震發生前，各個公司都已慎重表示2011年的盈利狀況「很難預測」，「雖然沒有失去信心，但是也不能太過樂觀」，更何況大地震後了。

日本國民崇尚東方智慧，這種居安思危的形成也深受中國《孫子兵法》的影響，這部字裡行間所透出睿智的兵書，讓日本人最早受到啟迪。孫子思想一直提醒日本人，居安思危，趨利避害。

日本是當今世界可算得上屬一流的超級發達國家，國民的生活水準是相當高的，但從小學就教育要有危機感：「除了陽光和有限土地，日本一無所有」。日本知名華文媒體人孔健對記者說，生活水準在全球位居最高之列的日本人，讓人覺得有些「寒酸」與「摳門」。即便是富得流油的日本人，也經常到居酒屋喝酒，一壺清酒，幾碟菜肴，吃剩下還要打包回家，在他們的生活字典裡找不到「浪費」兩字。

日本是世界上最瘋狂、最拚命工作的民族，像「勤勞的螞蟻」和「機器人」。在長期受壓抑氛圍中，日本人身心疲憊，積勞成疾，近年來「過勞死」現象嚴重，已經成為一大社會問題。日本人平均睡眠時間正在出現逐年減少，白天拚命工作、學習、生活，到了晚上，酒吧成了日本男人的天堂，大都習慣三五知己或獨自一人小酌後才拖著醉態的步子回家，以解脫緊張的工作壓力。

日本媒體的河野對記者說，自江戶時代起，日本就盛行大男主義，女人在家伺候丈夫。如今工作、生活壓力越來越大，男人養不起女人，許多日本婦女走出家庭，尋找就業機會。而男人覺得很沒面子，又無可奈何。

在日華商王遠耀的公司吸納了 90% 的日本員工，其中不乏女員工。他說華人企業文化被大部分日本人接受，他們大都覺得華人企業比日本企業的氛圍寬鬆，有親和力。在日本企業上司不下班你就下不了班，上司讓你下班後一起去喝酒，你有事也不得不去，因為這關係到他的獎金，日本員工不是靠工資而大部分靠獎金的，更關係到他職業的穩定，日本人的壓力太大了，所以下班後就泡酒吧，借酒消愁。

日本知名評論家、作家麻生晴一郎認為，日本人的壓力不是在表面，而是在骨子裡。隨著商品經濟的發展，競爭對抗意識已深入到日本社會生活的方方面面，這也是為什麼二千五百多年後日本掀起「孫子熱」的重要原因。日本人有危機感，總在不斷地學習。

一位日本朋友告訴記者，日本人很喜歡拍勵志片，始終不渝地在營造一種激勵意志的氛圍；日本人試圖用苦苦奮戰的男人向全世界詮釋什麼是日本人；日本喜歡渲染自己的對手，哪怕沒有對手也會創造對手，使其國民每時每刻感到危機的存在。他們對櫻花有獨特的情感是因為櫻花的一起開放，一起落地，有悲壯的情調，由此產生同生死、共患難和不成功便成仁的心理。

日本有一首盡人皆知、童叟會唱的歌曲《荒城の月》，歌詞淒涼，意境悲慘，表達了對人生無常、世事無常的感傷，是對日本人危機感的最好詮釋。當出現石油危機、日元升值、金融危機時，日本人連睡覺都似乎睜著一隻眼睛，生怕突如其來的災害殃及自己。當九級強震、海嘯、核危機襲擊日本，二戰以來最嚴重的災難真正到來時，日本人表現出來沉著、鎮定、勇敢、機智，令世人吃驚。

日本在面對危機甚至危機還沒發生，就已經做到「有備無患」了。危機意識已貫通到日本國民的意識中。學者稱，憂患，架構著日本近代以來的全部歷史。

12. 日本足球隊學習《孫子兵法》用於實戰

《孫子兵法》在日本的知名度非常高，不僅被現代日本經濟界稱為「戰略實踐手冊」，而且廣泛應用在社會文化體育和生活的各個方面，被視為「科學性」和「現代性」的最終體現，日本足球隊在這方面就作了有益的嘗試，《日本新華僑報》總編輯蔣豐向記者介紹說。

在北京奧運會開幕前兩年，日本足球隊「U-21」的備戰方法與眾不同，居然讓球員學起了《孫子兵法》，讓隊員們明白「知彼知己」和「先發制人」的道理。

「U-21」足球隊在確定參加北京奧運會的隊員名單後進入了團體集訓階段，集訓項目中除日常訓練之外，最引人注目的當數《孫子兵法》培訓講座了。該隊特意在緊張的訓練中拿出了一天時間，請來了日本著名《孫子兵法》研究家、慶應大學教授國分良成為隊員們講解《孫子兵法》。

與國分良成頗熟悉的蔣豐告訴記者，該球隊為球員以及全體教練組開辦一堂有關中國歷史文化等內容在內的講座，教練、隊員和球隊中的服務人員全部參加。講課目的非常明確，為了迎戰 2008 年北京奧運會，球員們有必要瞭解舉辦國的相關情況。

如何深入敵陣仍能取勝？當然要「知彼知己」，不單是明白中國隊的踢法，也要理解主辦國家的風土人情；「知彼知己」，其實不一定為了戰勝對方，也可以戰勝自己……

國分良成講解《孫子兵法》的精髓，教隊員們如何在球場上運用《孫子兵法》的戰略思想，還特意為中日友誼足球賽備戰，學習利用《孫子兵法》深入剖析中國球員的戰略戰術。

小會議室裡擠滿了人，國分良成的講課深深吸引球員們，大家都難得這麼認真地拿著筆在本子上記著。剛榮升日本足協理事會常務理事的田島幸三表示：「足球能夠從技術和頭腦方面戰勝對手，就必須瞭解中國的《孫子兵法》，學習中國的傳統文化精髓。」剛由巴西加入日本國籍的前鋒球員羅伯特─卡倫和前衛本田圭佑，在

聽完講座後興奮地說：「講座的內容非常有趣。」

講座原定的時間是半小時，由於球員們聚精會神地聽講並不時提出有趣的問題，在球員們要求下又延長到兩個小時。

日本足球協會的常務理事長對此評價說，我們必須讓隊員們瞭解他們的對手，讓他們明白孫子所說的「知彼知己，百戰不殆」的道理。我很高興看到隊員們都很認真，相信隊員們在聽了講座之後，分析問題會比以前有條理很多。

日本隊的反町康治教練也表示，中國還有一句老話叫做「先發制人」，這對於比賽都是很有用處的理論。如果我們的隊員充分理解了《孫子兵法》，認真研究對手，那麼將來的比賽會越來越好踢。

事實證明，反町教練的判斷是對的。日本足球隊雖然在 2008 年北京奧運會上被戰敗，但「勝敗乃兵家常事」。在之後的亞洲足球競爭舞台上，日本足球隊則出盡了風頭：2010 年廣州亞運會日本男女足包攬冠軍獎牌，南非世界盃再度打進十六強，2011 年再獲亞洲盃，成為「四冠王」。球迷們有理由相信，在未來的亞洲賽場上，日本隊將成為一支所有球隊都畏懼的對手。

日本媒體用語出孫子的「風林火山」比喻日澳決戰亞洲之巔，把日本隊比作是「風」，而把澳大利亞隊比為「山」。日本隊打法細膩，多以地面的一腳觸球等精巧配合滲透對方的防線製造破門機會，堪稱亞洲學習巴西的技術足球典範，這樣的踢球方式有著更高的觀賞性，像「風」一樣優雅而飄逸。

13. 日本柔道與《孫子兵法》的「柔勝」

記者來到位於東京的全日本柔道聯盟講道館，館內有八個樓層，設有老年部、青年部、女子部等，僅更衣室就占據一個樓層，嚴格按柔道的等級畫分，住宿也占一個樓層，接待國內外的柔道運動員。資料館展示了講道館的發展過程，以及在日本柔道發展史上最有名的十九位選手的照片和生平，還特別展出了日本「柔道之父」嘉納治五郎的遺跡。

圖為全日本柔道聯盟講道館內一對選手正在訓練

講道館創立於 1882 年，為嘉納所創立，他在領悟出「以柔克剛」的奧妙後，逐漸研究出了自己的一套柔道技術和理論。工作人員贈送給記者嘉納治五郎的掛曆，他告訴記者，這裡經常舉行高級別的比賽和研討會。

樓內的第七層是柔道訓練和賽場，八層則是觀眾台。記者看到，老年隊和青年隊正在訓練，各占半個場面。隊員時而「鎖臂」，時而「扼頸」，借用對手的力量並盡量用到極致，使自己適應對手並制服對手。這中方法與行為被嘉納概括為「對手推你時你就順勢拉他，對手若拉你時你就順勢推他」。這是日本柔道的戰術原則之一，這種「借力使力」原則，與孫子在〈作戰篇〉中提出「因糧于敵」、「務食于敵」的巧借敵力的觀點十分相似。

據介紹，1964 年東京奧運會上柔道列為正式比賽專案。柔道通過把對手摔倒在地而贏得比賽，它是奧運會比賽中唯一允許使用窒息或扭脫關節等手段來制服對手的專案。柔道是一種對抗性很強的競技運動，它強調選手對技巧掌握的嫻熟程度，而非力量的對比。這種競技運動，深得中國《孫子兵法》之要義。

《孫子兵法》在日本的傳播源遠流長，柔道與《孫子兵法》有著不解之緣。在日本辭彙中，柔道之「柔」，意味著文雅、溫柔、柔順或靈活的競技方式，其內涵與《孫子兵法》的「柔勝」、「易勝」思想是一脈相承的。柔道「靈活即力量」的原則和捨身技的技法，展示出「奇正相生，如環之無端」的奧妙，折射出「借力發力，

借力發威」的深邃，演繹出了「始如處女，後如脫兔」的精彩。

據日本歷史記載，約在西元 720 年，日本流行一種類似相撲的角力賽，稱為「體術」。後來由於日本深受中國哲學思想的影響，便根據《易經》和《孫子兵法》中「以柔制剛」的學說，將「體術」改稱為「柔術」。這種叫「柔術」的武術，是中國拳術的發展，而《孫子兵法》對中國武術的影響深遠。

「自古拳勢通兵法，不識兵書莫練拳。」在東京古武道研究會曾立一碑，上書：「拳法之傳流，自明人陳元贇而起。」陳元贇是中國的一位武林高手，是他將中國的傳統武術傳到扶桑，成為現代風行世界的柔道之先河。

日本兵法專家稱，柔道的這一戰術，其原理與《孫子兵法》所說的「避銳擊惰」、「以治待亂」、「以靜待嘩」、「以近待遠」、「以逸待勞」、「以飽待饑」，以及「避其銳氣，擊其惰歸」，何其相似。《孫子兵法》提倡「易勝」，主張以智力用巧力克敵，反對蠻幹和硬拼，表現出「柔勝」的特點，就是以柔克剛。《孫子兵法》提出，善於用兵的人，要避開敵人初來時的銳氣。柔道的戰術是等待敵人士氣懈怠衰竭時再去打他，通過消耗敵軍力氣而獲勝，也是通過待敵之變獲勝。

日本武術教頭們認為，「被推時順勢拉他，被拉時順勢推他」的戰術，體現了柔道「借力使力」的原則。柔道是建立在柔與剛的對立統一基礎之上的，這種技術主張保持內在精力的旺盛並儘量放鬆身體狀態，儘量少消耗自己的體力，而利用對手的力量去擊敗對手。

14. 情報意識已滲進每一個日本人的血液之中

日本獲取災害情報效率非常高，大地震後十五分鐘自衛隊就出動飛機，媒體也在第一時間派出飛機偵查災情，有關部門通過遙感衛星獲取災區錄影。地震發生第一天，NHK 和各家民營電視台即把節目全都改成地震情報的滾動直播。

　　地震發生一週內，日本大部分數據服務中心工作照常運轉，網路暢通。日本遭遇強震海嘯，部分地區電話通信中斷，互聯網成為線民獲取情報的重要管道，尋人仲介搜索、微博客、視頻網站也提供類似情報服務，日本高官也開通微博直播最新情報。日本軟銀推出了「災害用傳言板」，隨時瞭解地震情報。

　　日本人習慣把資訊說成情報，資訊網成了情報網。日本情報受中國《孫子兵法》的影響，而日文中情報這兩個漢字產生於十九世紀末。至今，日本朝野上下對孫子的「用間」仍如獲至寶，都以情報立命，視情報為島國生存、拓展的第一要義。

　　記者在東京街頭看到，情報公司的廣告與招貼隨處可見，書店《經營戰略和情報收集》等書籍、電子情報書籍和各類情報雜誌琳琅滿目，五花八門的風俗情報、電影情報、動漫情報多如牛毛，令人深為日本情報業之發達而吃驚。

　　據《日本新華僑報》總編輯蔣豐介紹，日本早就為「個人資訊情報」立法。2009年日本軍界發生一起驚天大案，日本陸上自衛隊內部有人將整個陸上自衛隊十五萬五千人服役，其中現役十四萬大兵的情報賣給了東京一家不動產商，獲利一百萬日元。日本陸上自衛隊警務隊以涉嫌違反《行政機關個人訊息保護法》，逮捕了這個出賣情報者。

　　當然，這只是個案。而情報意識確實已滲進每一個日本人的血液之中。日本是一個社會情報意識很強的國家，從政府官員到普通百姓，都十分清楚島國的地理條件和資源貧乏的情況，他們視情報為生命。總喊著「島國沉沒」的日本人，深刻憂患意識使之患上了嚴重的「情報饑餓症」，大凡世界上任何一個角落出現有價值的情報，幾乎第一時間被日本人獲悉。

　　如今，日本情報的外延在迅速擴大，它囊括了大眾傳媒、政府、企業、家庭、教育等社會各方面，情報技術以令人無法想像的速度發展。全日本情報學習振興協會、情報科學與技術協會、電子情報技術產業協會、情報通信學會、農林水產省技術情報協會、社團法

人企業情報協會、災害情報學會、情報安全管理協會、情報處理開發協會、醫療情報協會和畫像情報協會等情報組織數不勝數。

日本國立情報學研究所是世界一流的情報機構，研究方向包括情報學基礎、資訊基礎設施、資訊與社會等，有實證和情報學資源兩個研究中心。學術情報中心開發的資料庫有五十九個種類，可檢索九千五百萬條資料，檢索十四‧九萬名研究人員簡歷。

隨著「新聞事業時代或大眾傳播時代告結束，傳播與情報時代的到來」，1992 年東京大學新聞研究所正式易名為社會情報研究所。札幌學院大學社會情報學部為全日本首創，群馬大學社會情報學部、名古屋大學大學院人間情報學研究科等也相繼建立。在「國際化」與「情報化」潮流的衝擊下，不少女子大學如大妻女子大學社會情報學部也在進行大改組。

進入資訊時代後，日本情報學已成為許多大學競相開設、並投入大量人力財力研究的一門顯學。東京早稻田大學設有情報資訊專業，京都情報大學院大學是日本第一所「IT 專業人材研究生院」，建校使命和目的是在資訊爆炸時代，通過培養超越以往的、具有高度的技術、廣泛的知識以及國際化的高級 IT 職業專家，來對日本實現高度資訊化社會和經濟再生起到貢獻作用。

15. 日本《孫子兵法》應用從軍事轉向商戰
──訪日本防衛大學校教授村井友秀

防衛大學校隸屬防衛省，是日本自衛隊軍官的搖籃。該校位於神奈川縣橫須賀市浦賀町三浦半島東南端，俯瞰東京灣，西望富士山，東望千葉縣房總半島，位置險要，美軍核潛艇和航空母艦經常在東京灣上遊弋。

記者對該校國際關係學科教授、東亞安全保障專家村井友秀進行了專訪。村井友秀指著插在學校主樓大堂的中國國旗對記者說，該校與中國軍校有合作關係，他本人也經常到中國與軍方交流。談到《孫子兵法》，村井友秀如數家珍──

圖為日本防衛大學校教授村井友秀

《孫子兵法》約於西元八世紀由遣唐使帶回日本。關於其對日本的影響，歷史上有確切記載的始於十五、十六世紀的戰國時代。當時有許多大名用《孫子兵法》指導自己作戰，其中最廣為人知的是武田信玄。他的「風林火山」軍旗，又稱「孫子旗」，可以說是善用《孫子兵法》的象徵。

明治維新前後，《孫子兵法》不僅影響到仁人志士的戰爭思想，更影響了其政治主張。如吉田松蔭在談到自己的政治主張時，經常引用《孫子兵法》。此後，隨著日本國力的增長和歐美文化的傳入，許多人以為日本文化比中國文化優越，中國文化已無學習必要，《孫子兵法》也遭到輕視。但他們不知道，日本文化的核心就是中國文化。日本之所以在二戰中失敗，就是因為當時的日本不懂得戰爭是政治的一部分，而錯誤地認為戰爭可以代替政治，既不知己又不知彼。

二戰後，日本沒有了軍隊，《孫子兵法》也幾乎遁形。二十世紀六〇年代，隨著日本經濟的發展，《孫子兵法》重新受到重視，但這時人們更多地用它指導商業活動。現在日本有各種各樣的《孫子兵法》研究會、私塾等，參加者絕大部分是商人，軍人只占很小的一部分。此外，《孫子兵法》對當代日本政治仍有較大影響，如自民黨就非常喜歡《孫子兵法》，但他們大多通過《孫子兵法》的注解書籍學習，對其理解並不透徹，沒有把握其精髓。

村井友秀指出，《孫子兵法》認為戰爭是政治的一部分，其核心思想是以最小的代價取得最大的勝利。與其他軍事書籍相比，《孫子兵法》視野更廣，論述更深，實用性更強。與其說它是一部兵書，倒不如說是一部謀略書。這就是它在二千五百多年後的今天仍具有旺盛生命力且被廣泛應用於商業等領域的原因。

村井友秀透露，防衛大學校雖沒專門開設《孫子兵法》科目，但在戰略論、軍事史課程中必講《孫子兵法》。他表示，雖然美國有些軍校有專門講授《孫子兵法》的課程，但這並不能說明《孫子兵法》對美國影響比對日本深，在美國只有軍界和一部分學者在研究《孫子兵法》。

而《孫子兵法》已影響日本一千多年，幾乎所有國民都對《孫子兵法》略知一二，可以說它已滲透到日本國民的日常生活中。村井友秀舉例說，幾乎每個日本人都知道「知彼知己，百戰不殆」這句話，武田信玄的「風林火山」也為普通國民所熟知。只是不少人不知道這句話出自《孫子兵法》，以為這是日本固有用語而已。

村井友秀給記者一份日本學者關於《孫子兵法》的論文目錄，共有八十三篇，涉及學術刊物三十多家，論兵法與商戰的居多。而記者在日本大型圖書連鎖店──淳久堂的圖書檢索系統上看到，該書店在售《孫子兵法》相關書籍竟多達二百八十餘種，其中大部分也是有關商戰的書，可見《孫子兵法》在日本商界的影響非同一般。

16.《孫子兵法》融入日本國民精神生活
──訪《日本新華僑報》總編輯蔣豐

「日本治國、治企、治家都用《孫子兵法》」，資深日本華文傳媒人蔣豐在接受記者採訪時說，日本人愛讀《孫子兵法》，有人把它作為自己的人生指南，也有人把它作為自己的座右銘，更有人把它作為日本人的行為規範、處理人際關係的箴言。

蔣豐是東京華人中頗具影響的《日本新華僑報》總編輯，老家北京，出國前學過歷史，做過媒體，來日本已有二十四個年頭，對

《日本新華僑報》總編輯蔣豐認為日本治國、治企、治家都用《孫子兵法》

中日兩國的歷史文化都有很深的造詣。他在接受記者採訪前，還在《環球網》「蔣述日本」專欄講述《孫子兵法》在日本傳播和應用。

蔣豐對記者說，在日本，《孫子兵法》幾乎是盡人皆知，日本人愛讀《孫子兵法》甚至超過了中國人。走進東京的書店，《孫子兵法》的書籍林林總總，有二百八十多種。

蔣豐拿出在京書店買的十多本《孫子兵法》給記者看，有孫子漫畫、孫子小說、活用孫子、孫子口袋書、孫子學術頂端的文庫書、孫子科普書、孫子娛樂書。有的書的封面上標有「為了取勝我們應該做什麼」、「世界上最容易懂的書是《孫子兵法》」。

蔣豐說，孫子的許多名言都成了日本人的口頭禪，「知彼知己，百戰不殆」等名言都被譯成了日語中的固定片語，變得更加通俗易懂。在日本最狂熱的棒球場上，運動員對孫子的警句也能脫口而出。

日本的孫子研究一浪高過一浪，並影響了一代又一代的日本人。蔣豐介紹說，其影響面也由軍事擴大到政治、經濟、文化、生活等各個領域，尤其是《孫子兵法》在日本商界的影響特別深刻、應用非常成功，引起世人矚目。日本的許多《孫子兵法》專家，有開設「孫子經營塾」的坪川三郎等，也有配合日本各類上司、經營者的個性特質而寫出許多淺明的圖解《孫子兵法》。

蔣豐認為，《孫子兵法》之所以在日本受到歡迎，是因為它與

日本歷史和日本文化緊緊地聯繫在了一起。中日兩國文化交流源遠流長，其中一個耐人尋味的現像是，從中國傳入日本的文化許多都變成了「道」。比如，插花變成了「花道」，品茶變成「茶道」，棋藝變成了「棋道」，柔術變成了「柔道」，書法變成了「書道」，而《孫子兵法》變成了「兵道」。在日本，這樣一個「道」，就意味著舶來的中國文化是一種精神元素。

日本善於吸取中國古代戰略思想的精髓，形成具有日本特色的戰略文化。蔣豐舉例說，日本「經營之神」松下幸之助認為《孫子兵法》不僅是優秀的兵法書，而且還是卓越的處世經典，教給我們經久不變的處世法則。北村佳逸撰寫了《孫子兵法與日常生活應用》的文章，闡述了他將《孫子兵法》應用於社會生活的觀點。服部千春也認為，令許多日本人傾倒的《孫子》，其普遍的思索在現代生活中是必不可少的，它不是單純的技術論，而是教給我們要重視人類社會的基礎。通過《孫子》哲學，對日本人的人生觀產生影響，使之在不斷全球化的二十一世紀社會中生存下去。

蔣豐告訴記者，日本將《孫子兵法》逐漸升格為「人生戰略學」，從《孫子兵法》中學做人做事。日本人對很信奉孫子的「智、信、仁、勇、嚴」，尤其是「信」，日本的社會風氣是不講信用的人很難在社會上生存，他們將信用看的比金錢更重。日本人普遍被認為守時重信，在約定時間後一般情況下絕不會遲到，他們認為遲到是對人失信，也是對人最大的不尊重。日本企業也很講究信用，產品品質以精良著稱於世。

蔣豐指出，時至今日，《孫子兵法》仍存留在日本人的頭腦中，並成為全體國民的基本思想。正如日本《讀賣新聞》撰文指出的：「《孫子兵法》自奈良時代傳到日本以來，給日本歷史、日本人的精神方面以較大的影響。」也正如日本孫子國際研究中心成立「宗旨」所宣稱的：「《孫子》的哲學之所以能保持不滅的價值，在於其超越了時代和地域的差異，寫出了吸引人們的帶有普遍意義的思考。」

17. 日本手上兩件寶：左手孔子，右手孫子
—— 訪日本知名華文媒體人孔健

日本知名華文媒體人孔健在接受記者採訪時形象地比喻說，日本人手上離不開中國的兩件寶：左手孔子，右手孫子，可謂文武並重，收發自如。這兩件寶，一是哲學，二是兵學，相輔相成，相得益彰。

老家山東青島的孔健到日本已有二十六個年頭，對同鄉孔子和孫子懷有特殊的感情，熱衷於在日本傳播儒家和兵家文化。他對記者說，「《論語》加算盤」的經營理念，很早就由被譽為「日本資本主義之父」澀澤榮一提出。澀澤榮一是著名實業家，在日本幾乎家喻戶曉，曾參與創辦東京證券交易所、第一國立銀行（現瑞穗銀行）等五百多家企業，不少至今仍是日本經濟的頂樑柱。

孔健解釋說，算盤就是計算、算計、妙算、計謀，《孫子兵法》十三篇開篇就是「計」。孔子和孫子基本生於同一時代，家鄉都在山東，一個是文聖人，一個是武聖人。「左手孔子，右手孫子」的搭配可謂完美無瑕。

澀澤榮一能創辦並使五百多家企業發展壯大的秘訣就在於此，即用孔子的哲學統一思想，用孫子的兵學武裝企業。孔健說，「左手孔子，右手孫子」是日本在二戰後迅速成為世界經濟強國的一個重要因素。如今，進入世界五百強的日本企業幾乎都研究《孫子兵法》。

孔健認為，日本深受中國儒家思想和兵家思想的雙重影響。可以說，日本是除中國之外《論語》和《孫子兵法》傳播最早、影響最深最廣的國家，中國文化已融入日本人的血液和骨髓。他說，德川家康開創的江戶幕府延續二百六十多年之久，其中一個重要原因他善用中國的兩件寶。

孔健還舉了另外兩個事例：一個是日本人從小不是打棒球，就是踢足球，在體育中接受《孫子兵法》薰陶，幾乎人人都知道「知彼知己，百戰不殆」的名言。日本著名棒球教練野村克也就經常用

《孫子兵法》教導隊員，使每名隊員都懂得學好兵法才能打好棒球的道理。另一個是《產經新聞》二十多年來每週刊發五名企業家的座右銘，其中不少是孔子或孫子的名言。

孔健告訴記者，日本人學《孫子兵法》，字斟句酌，一絲不苟，深刻領會，用心實踐，有時甚至比中國人還認真徹底。韓裔日本人、軟銀集團創始人孫正義就是其中的傑出代表。他應用《孫子兵法》的智慧，結合企業自身實際，總結出一套獨特的經營管理理念，名曰「孫孫兵法」，其核心是二十五個字：「一流攻守群，道天地將法，智信仁勇嚴，頂情略七鬥，風林火山海」。他運用這套理論，逐步建立起了自己的「通訊王國」。

18.日本松下電器：「上下同欲者勝」

位於大阪的松下幸之助歷史館，仿照上世紀三〇年代松下總部的原貌而建。記者在這裡看到《孫子兵法》中「道」的書法、松下幸之助「榮辱與共」的親筆提詞、「松下七精神」、「松下員工信條」、創辦的員工雜誌、員工旅遊的大幅照片，讓人彷彿走進了一個溫馨的企業大家庭。

被譽為「經營之神」的創始人松下幸之助，能全篇背誦《孫子兵法》，他公開宣稱《孫子兵法》是天下第一神靈，是他們成功的法寶。我公司職員必須頂禮膜

作者（右）採訪位於大阪的松下幸之助歷史館

拜，對其兵法認真背誦，靈活應用，公司才能興旺發達。他把「修道保法」作為勝敗之政，十分注重培養人才，這是松下電器多年來享譽海外的成功秘訣。

孫子在論述戰爭勝利的條件時總結出這樣一條原理：「上下同欲者勝」。松下電器從一個微不足道的小作坊發展成為世界第九大公司，在全世界設有二百三十多家分公司，三十六萬員工，在中國就有八十一家分公司，十萬員工，銷售額達到近 90,000 億日元。他們的產品之所以能風靡世界，一個重要的原因就是結成一個「上下同欲」的共同體，共存共榮的努力使松下大獲成功。

歷史館副館長恩田幸敏對記者說，松下幸之助提出的「集思廣益的全體員工式經營」、「在生產產品之前，首先要育人」、「員工的主人公精神」等七條經營理念，每條都包含以人為本的理念。企業最核心的機密，松下幸之助都向員工公開全部交給員工。在他看來，企業的生存和發展離不開每個員工「同舟共濟」，要使員工的能量發揮到極致。

松下幸之助一再強調，松下電器公司是製造人才的地方，兼而製造電器產品，在這一理念的指導下，松下幸之助創辦了「松下政經塾」，公司每年用於人員培訓與科研開發的費用約占其全部營業額的 80%，為企業的發展培養了大批人才。

松下幸之助曾說：「當我看見員工們同心協力地朝著目標奮進時，不禁感慨萬分。」他提倡「社長替員工端上一杯茶」的精神，他認為，社長不一定親自為下屬倒茶，只要能誠懇地把心意表達出來，就可以使員工感到振奮。他親筆寫了二百五十多份「榮辱與共」提詞贈給遍布全球的支社社長，互相勉勵。他還到銷售店「做一日店長」，與員工打成一片。

松下幸之助實行「高福利」政策，他鼓勵職工向公司投資，建立「儲蓄制度」。在公司改組為有限公司後，開始實行附有獎勵金的「投資儲蓄制度」，建立了新的「職工擁有住房制度」，改善了住宅分售、貸款制度，建立了福利養老金制度，根據職工個人志願，

把退休金改為終身養老金。

松下公司還向職工灌輸所謂「全員經營」、「群智經營」的思想，即松下電器的經營，是「用全體職工的精神集結成一體的綜合力量進行經營」，建立了提案獎金制度，公司不惜重金徵求職工的建設性建議，增強了公司的凝聚力。

松下幸之助提出了「松下七精神」，即：產業報國、光明正大、和親一致、力爭向上、禮節謙讓、順應同化、感謝報恩。

恩田幸敏告訴記者，在松下幸之助的經營理念引導下，松下公司迅速崛起，長盛不衰，公司每次遇到不景氣，都能走出困境。日本大地震，電子產業面臨斷貨危機，松下員工積極克服地震災害困難，度過難關。在地震發生後，松下員工每天上午八點照常高唱頌揚松下的「社歌」。數十年來，松下員工堅持上班前、下班後，都要全體肅立齊唱社歌，齊聲朗誦「松下七精神」，最後還要來個「訓詞」。

19. 日本豐田靠《孫子兵法》取勝

記者來到位於名古屋的豐田產業技術紀念館，該館是建在豐田發祥地原豐田紡織總部遺址上的專業性博物館，由豐田集團十三家公司共同創建。汽車館展區 7,900m² 的展示空間內，彙集了豐田集團所有經典代表車型。講解員在講述豐田的發展歷程時，說起《孫子兵法》來居然也不含糊。

「智謀取勝」創造大於製造

走進豐田產業技術紀念館，首先映入眼簾的是豐田佐吉於 1906 年發明、目前全世界僅此一具的環狀織機，這台紡織機大有來頭，不僅獲得「日本世界產業技術遺產」的封號，也享有「夢幻紡織機」的美名；而在自動車館裡，館方復原了豐田喜一郎在 1936 年所生產的第一輛車。

自動車館還收藏了其他「鎮館之寶」，及多款相當具有時代意義的經典車型。最引人注目的是展出了全球最著名的油電混合車，

也是目前最暢銷的車款，至今在全球各地累計銷量已突破一百萬輛。

館方人員表示，孫子所說的智者，涵蓋了遠見、足識、智慧、謀略。豐田 G 型自動紡織機，是豐田汽車能夠成為全球第一大汽車集團的關鍵所在。要不是豐田佐吉將這台紡織機的專利以一百萬日元賣給英國，汽車創辦人豐田喜一郎也不會挖到他第一桶金，這正是豐田集團「研究與創造」的象徵。

「十則圍之」謀求市場擴大

「有路必有豐田車」。進入新世紀，豐田汽車應用《孫子兵法》中的「十則圍之」，汽車銷售遍布世界各地，產量達到四百多萬輛，約占世界汽車產量的十分之一。當世界能源危機發生時，為了進入美國市場，豐田採用競爭性的滲透定價策略，爭取潛在的顧客群，制定了大大低於競爭對手的價格。

豐田產業館工作人員告訴記者，豐田如今已經發展成為擁有數個車系，數十個車型和車款的龐大家族。它所涵蓋的車型從最低端的民用經濟小汽車，一直到最高級的豪華轎車，不管在世界上哪個地方製造的豐田車，都會盡力做到全球統一的豐田高品質品質。

豐田汽車正是以自己強大的銷售力量和財務力量，在產品品種、銷售區域、銷售管道等方面占據優勢，採用包圍戰術，謀求整個市場的穩定和擴大，將老牌汽車王國美國打得敗下陣來。

「順勢發展」成為謀局韜略

豐田產業館工作人員對記者說，曾任豐田中國投資有限公司總經理磯貝匡志迷戀中國文化，善用中國元素，喜讀《孫子兵法》，他將自己在跨文化研究中總結的心得，發展成為領軍豐田在華謀局布陣的韜略。他信奉孫子理念：只有順勢發展，才能獲得共贏。

磯貝匡志的父親是在日本一所高中教授古代文學包括中國古文的老師，正是在中國古代文化的薰陶下，磯貝逐漸形成了自己的性格特徵：沉穩果斷，處變不驚。他希望自己也能夠擁有中國孫子那樣的韜略：「運籌於帷幄之間，決勝於千里之外。」

講解員介紹說，在豐田的十年發展戰略中，把中國作為實現全球發展願景至關重要的因素，作為新興國家市場中最為重要的戰略市場，將進一步提升中國市場的定位目標，加快在中國的發展速度。

「風林火山」用於拯救行動

豐田章男是豐田家族的繼承人，人們更喜歡稱他為「豐田王子」。他的偶像是日本戰國時代人稱「甲斐之虎」的第一軍事家武田信玄，他的軍旗上繡著象徵《孫子兵法》「風林火山」四個大字。如今，豐田章男將「風林火山」運用到對豐田汽車的拯救中，提出「步驟實施如風，內部管理如林，業務開展如火，面對困境如山」。

受命於為難之中的豐田章男在經歷「召回門」後，時常想起那面至今保存在日本雲峰寺的武田戰旗。他毫不動搖地對豐田汽車進行改革，雄心勃勃地公布了「豐田章男計畫」，誓要在金融危機、嚴重虧損和大規模召回之後重整旗鼓，豐田汽車由此真正進入了豐田章男的「風林火山」時代。

日本大地震後，豐田章男從容地奔赴地震災區，圍繞豐田「全球發展願景」再度發表演講，並勇敢地走進上海展館，令人注目。在近 5,000 平米的展台上，豐田展示共計六十餘台展車和機器人，陣容空前強大，參展面積和展車數量均創豐田在華參展最高記錄。

20. 日本索尼公司：「以正合，以奇勝」

3D 影像、3D 索尼水族館、科學戰士、可視網路、視覺聲音、蜂窩方塊、心跳椅子、情感演說、紅綠眼睛、笑容大比拼、動作魔術鏡……走進索尼公司東京科技展示館，變化無窮、神奇無比的電子高科技產品，讓人驚歎不已。

「Sony」（索尼）這一自創辭彙，在任何字典中都查不到，保持名牌名稱的獨特性，在受眾中形成品牌記憶，達成品牌流傳，從而使「正」、「奇」兩面為「索尼」品牌注入了《孫子兵法》的內蘊。

日本索尼幾十年前還是一個名不見經傳的小公司，一躍成為日本屈指可數的大公司之一，其中不乏其本身雄厚的科技實力，但他

們學習了中國的《孫子兵法》，並把它運用到商業領域中，由此而打開了產品的銷路，也是一個關鍵因素。

索尼公司市場銷售人員告訴記者，市場是瞬息萬變的，經營者應依據市場變化靈活採取對策。五十多年來，索尼正是應用《孫子兵法》「以正合，以奇勝」，索尼在品牌命名中，既「守正」，又「出奇」。

索尼在品牌創立之初，之所以能夠打破「日本製造」在歐美市場不屑一顧的局面，贏得全球市場，究其原因不外乎始終堅持樹立「守正」、「用奇」的品牌形象：拒絕成為其他品牌的附屬品牌；對品牌的任何傷害都視為對整個企業的傷害；明確強調一個生產領域——電子；將創新產品迅速市場化的特殊技巧；形成了一個自由思考的環境，以利於創新；及早重視國際市場。其中，前兩者為「守正」，後四者為「用奇」。

初入歐美市場，有家叫寶路華的公司一下子就訂了十萬台索尼生產的小型晶體管收音機，作為附加條件，要求索尼把產品品牌全部換為寶路華牌子。索尼創始人盛田昭夫把公司的名字視為企業的生命，斷然拒絕了這椿大生意，從「正」、「奇」兩面堅持自己的品牌戰略，使索尼產品迅速走俏市場，也使「索尼」品牌譽滿全球。

「堅守正」。索尼在上世紀九〇年代初用 56 億美元收購美國哥倫比亞電影公司和唱片公司，開始進軍好萊塢。這筆交易給索尼公司帶來一舉多得的效應：研製成的 8 毫米一體化攝影設備包括可攜式的錄影機和放映機，成功進入美國和歐洲市場；獲得了大量的影片、音樂財富後，給公司進入電纜電視和衛星傳播設施這兩個新興領域創造了良好的條件；2002 年因推出超級賣座影片《蜘蛛俠》，創下北美票房收入總額 15.7 億美元的紀錄，其後每年收入都維持在10 億美元。

「善出奇」。索尼在世界各國的收音機由電子管向半導體升級的過程中，首先從國外購進電子積體電路專利用於收音機生產，從而以微型化、性能可靠、經久耐用、攜帶方便的「奇」異優勢占領

了廣大市場，還在產品的功能、式樣、質地、造型等方面不斷花樣翻新，贏得消費者的青睞，勝過競爭的對手。

索尼曾向外界公布了一個秘密，過去該公司在研發上投入很大，將新產品推出之後卻常常為他人做嫁衣裳。為此，索尼公司改變了策略，待別人推出新產品打開市場後，立馬研究其不足，通過進一步的技術創新，開發並迅速推出其第二代產品，在性能、價格、設計等方面都優於對方的第一代，「出奇制勝」，取得了技術創新和市場競爭效果。

索尼推出的一種只有 5 英寸的微型電視，讓電視迷們隨處可看到電視。而當時的美國製造者們正挖空心思發展超大螢幕的電視，索尼推出的手提式電視著實令他們吃了一驚，但索尼依然面不改色心不跳地狠賺了一筆，這是索尼「出奇」的典型案例。

日本發生大地震後，索尼公司成立救災基金，面向全球集團員工募集資金 2 億日元，加上集團捐獻的產品和資金，共為地震災區捐獻約合 10 億日元物資，並向地震災區捐贈了三萬台收音機、五十萬節乾電池、一百二十五台電視機、一千二百條卡通毛毯和四百張少兒 DVD。索尼員工還發起了災區志願服務計畫。此舉體現了索尼公司的「守正」，大大提升了企業形象。

索尼將在 2011 年底推出兩款最新「出奇」產品，名叫 S1 和S2。S1 為平板設計，9.4 英寸的螢幕，裝有特殊的紅外線發射裝置，能控制附近的家用小型機器人；S2 折疊式設計，帶 5.5 英寸雙螢幕，適合玩遊戲。這將把索尼公司的「用奇」推向新的「奇點」。

21. 本田式的危機管理：有備無患未雨綢繆

強震將日本帶入二戰後最大危機，本田汽車所受影響極大，供應鏈斷裂顯現，在日本本土的十二家工廠全面停產。而這樣大規模的停產前所未有，造成的損失可謂空前絕後，產量削減，企股票下挫，這種嚴峻的形勢在未來很長一段時間內難以消除。面對如此巨大的危機，本田處「震」不驚，沉著應對。

數十年來，危機時刻危及著本田。上世紀七〇年代，本田公司

發生著名的「缺陷車事件」，造成上百起人身傷亡事故，本田岌岌可危；2009 年，以美國為首的主要汽車市場萎縮以及日元升值導致出口收益減少，使本田面臨重重危機；2010 年 3 月，客戶投訴煞車系統過「軟」，本田又掀「召回門」風波⋯⋯

危機，在激烈的市場競爭中哪怕是世界知名企業也不例外。1948 年創立的本田株式會社，是世界上最大的摩托車生產廠家，汽車產量和規模名列世界十大汽車廠家之列。在競爭激烈和危機頻繁的日本社會，本田公司總是能逢凶化吉，絕地逢生，這是不是全靠運氣？本田說：「我們的運氣就是本田式的危機管理。」

本田創始人是傳奇式人物本田宗一郎，他精通《孫子兵法》，諳熟「智者之慮，必雜於利害」、「雜於害而患可解也」的哲理，他要求企業員工時刻樹立有備無患的危機意識，在有利的情況下考慮到不利的因素，未雨綢繆，防患於未然。

本田公司居安思危包括「創造顧客就是創造需要」、「要懂得登山，也要懂得下山」、「信賴是不用橡皮擦的生活日記」、「女人要打扮，但過分打扮會成娼婦」、「超過千人的技能，不如一人的創意」、「信用和金錢，是人生的杠杆」、「信用像滾雪球般地會越滾越大」、「轉敗為勝，在於能否追究失敗原因」、「經營者要具備智、仁、勇」等十三條經營理念，每條都充滿了《孫子兵法》十三篇的智慧。

上世紀七〇年代初，摩托車激烈角逐的主戰場是歐美市場。正當本田牌摩托車在美國市場上暢銷走紅，本田宗一郎卻突然提出了「東南亞經營戰略」，倡議開發東南亞市場，公司總部的大部分人對他的倡議迷惑不解。本田宗一郎拿出一份詳盡的調查報告稱，美國經濟即將進入新一輪衰退，只有未雨綢繆，才能處亂不驚。

一年半以後，美國經濟果然急轉直下，許多企業的大量產品滯銷，幾十萬輛本田摩托車也壓在庫裡。然而東南亞市場上摩托車卻開始走俏，本田立即對庫存產品進行改裝後銷往東南亞。這一年，和許多虧損企業相比，本田公司非但未損失分毫，而且創出了銷售

量的最高紀錄，在眾多競爭者中脫穎而出，立於不敗。

從此，本田公司形成了居安思危、有備無患的經營策略，每當一種產品或一個市場達到高潮，他們就開始著手研究開發新一代產品和開拓新市場，從而使本田公司在危機來臨時總有新的出路。

「缺陷車事件」後，本田通過新聞媒介公開向社會認錯，總經理道歉之後引咎辭職，並宣布收回所有「N360」型轎車，向顧客賠償全部損失。2009 年出現危機後，本田公司宣布，該公司在日本國內和派駐海外的四千八百名經理減薪，工資降低 5%，公司董事和高管的薪水下調 10%，以應對公司銷量下降。2010 年 3 月，煞車系統出現問題，本田汽車宣布在美國召回四十一萬輛汽車，使本田公司轉危為安。

日本發生九級強震、海嘯、核危機襲擊，日本汽車生產商遭遇前所未有的危機，而本田汽車恰好在地震一個月以後即恢復了所有在日本國內零件和整車工廠的生產。

22.變中求勝：從「岡田屋」到跨國「零售大鱷」

記者來到東京品川永旺集團最大的超市，這裡共有四個樓面，每個樓面約一萬多平方，各種物品應有盡有。類似這樣的規模不一的超市，在東京就不下一百家，並遍布東南亞、中國、香港等國家和地區，並每年以新增二十至三十家的速度發展。永旺集團從「岡田屋」到「零售大鱷」，如今已是一家年銷售額五萬億日元、擁有三十六萬名員工、國內外一百四十二家企業的大型跨國零售集團。

「兵無常勢，水無常形」的《孫子兵法》，被岡田屋演繹的有聲有色。在二百多年的歷史中，岡田屋一次又一次化「危」為「機」，都離不開《孫子兵法》的「變中求勝」。

早在 1758 年，岡田的祖先在日本三重縣四日市創辦了「岡田屋」，販賣棉花、布料、化妝品等日用百貨，其銷售方式類似用扁

擔挑著貨品沿街叫賣的「貨郎」。第五代，岡田屋開始採用「定價銷售」，改變了之前流行的討價還價的方式，這對當時日本的零售百貨行業是一個具有里程碑意義的轉變。第六代時逢第一次世界大戰後，日本經濟陷入一片蕭條，各家商店在戰爭中囤積的物資價格暴跌，岡田屋庫存大量積壓、資金無法回籠，岡田屋順勢應變，「漲價不賺錢、跌價要賺錢」，順利渡過了一戰後的危機。

到了第七代，岡田屋從個人經營轉變為岡田屋吳服店株式會社，專門銷售和服。到了第八代傳人岡田卓也，當時的公司只有五個人、20 平方米的經營場地，他把走街串巷送貨上門的小店發展為世界五百強企業。

孫子云：「能因敵變化而取勝者，謂之神」。被譽為當今「亞洲超市之王」的岡田卓也對此深有體會：「變化中蘊藏機遇，關鍵是怎麼去看待、發掘這個機會……經濟環境不好的時候，投資成本較低，比較節省。所以經濟不是特別良好的情況下反而可以加大投資。」

1997 年 9 月，由於亞洲金融風暴等因素的影響，日本知名零售企業八佰伴申請破產，其負債高達 1,610 億日元，岡田卓也毅然決定接手重組八佰伴，進軍中國市場。該企業已連續兩年虧損，唯有在中國市場還保持著 10% 的年收入增長率。

岡田卓也居然把企業的名稱也納入「變中求勝」之列。2001 年，他做出了一個讓人吃驚的決定：將沿用了三十年、已具有頗高知名度的集團名稱「佳世客」改為「永旺」。岡田卓也認為，一家企業的壽命一般只有三十年，三十年之後，企業變大了，要進行創新和改革就會非常困難，而對一家新企業來說，改變要容易得多：「所以我從改名字入手，在佳世客成立三十週年的時候，果斷地更改集團名字，希望它有一個脫胎換骨的機會。」

岡田卓也「變中求勝」的法寶是「給頂樑柱裝上輪子」，此理念源於《孫子兵法》：「善戰人之勢，如轉圓石於千仞之山者。」即指揮部眾作戰，就如同轉動木石一樣，放在安穩平坦之處就會靜

止，而放在高峻險陡之地就會滾動；方的就會靜止，圓的就會滾動。要不斷適應社會變化，靈活制定建店戰略，不斷變革調整企業布局，才能不斷地發展企業。

岡田卓也「變化中蘊藏機遇」的理念，也是《孫子兵法》中層出不窮的「變招」，在以變制變的激烈競爭中始終立於不敗之地。而「變化中蘊藏機遇」的理念，也是《孫子兵法》中層出不窮的「變招」，在以變制變的激烈競爭中始終立於不敗之地。

岡田卓也目前是永旺株式會社的名譽會長，他有三個兒子：岡田元也、岡田克也、岡田昌也。老大元也繼承了家族事業，現任永旺集團全球 CEO，老三昌也是一名記者，而老二克也是目前整個岡田家族中知名度最高的，他是現任民主黨幹事長。

有意思的是，岡田卓也曾在辛亥革命及護國戰爭期間曾給予孫子後裔孫中山以物資支持，為此孫中山曾登門拜訪並住宿，並寫下「博愛」兩個字的橫幅，此橫幅懸掛在岡田克也的的辦公室裡。

23. 日本「汽車兵法」十三篇

日本汽車製造企業集團在與歐美同行的競爭中，運用《孫子兵法》的「知彼知己」、「集中兵力」、「後發制人」、「因敵變化」、「出其不意」等戰略戰術思想，創造了自成體系的「汽車兵法」十三篇，取得競爭的勝利，造就了世界級的強大工業體系日本汽車企業。

計篇——廟算獲勝。二戰之後日本百廢待興，汽車業更是一片空白，而美國和歐洲儼然已經是汽車王國。日本汽車憑藉小型、省油等產品差異優勢，隨著世界「石油危機」的到來，只用了一年不到的時間就成功占領了美國市場，並完成了第一次國際化的重大跨越。在這個成功案例的背後，是日本汽車界二十多年的「神機廟算」。

作戰篇——兵貴神速。日本汽車公司選擇了大規模發展模式，在幾十年裡，建立起了從最低端微型乘用車到高端豪華車的系列產

品生產線。以「豐田生產方式」為代表的日本生產模式引起了歐美的關注。在長期穩定的市場增長時期，這種大規模、集團化發展道路，帶來的是快速發展的果實。

謀攻篇——不戰而勝。日本汽車企業在大戰略上勝人一籌，發展的絕對重心是美國市場，給日本汽車企業帶來巨大好處：只要在美國這個世界最大的市場站穩腳跟，也就意味著在全球汽車工業領域站穩了腳跟。日本著名《孫子兵法》研究專家服部千春認為，今日躋身於世界先進企業之列的日本企業的成長，主要是執行了孫子「凡用兵之法，全國為上，破國次之」。

形篇——先勝後戰。二十多年來，日美兩國之間的汽車貿易摩擦戰火一燃再燃，日系車商攻城拔寨、高歌猛進，而美系車商的影響力節節敗退，舉步維艱。日本汽車先勝而後求戰，控制住競爭的進程與結局。耗能低、經濟實惠是日本汽車熱銷美國市場的重要原因之一，尤其是世界石油價格暴漲，汽油價位居高不下，節能型轎車再次得到美國消費者的青睞。

勢篇——求之於勢。到了新世紀，中國有可能成為全球最大市場，中國戰略的正確與否將會極大地影響全球汽車產業的未來格局。於是，本田與廣汽、日產與東風、豐田與一汽、三菱與北汽長豐紛紛牽手，馬自達 M6 中國上市、本田在廣州建立在華的出口基地，日本各大汽車公司在中國市場的動作頻頻，大有不占領中國市場誓不甘休之「勢」。

虛實篇——水無常形。日本汽車產業在發展過程中不是固守成規，千篇一律，而是通過不斷的產品創新，努力形成自己的設計開發能力，並對生產方式進行大膽革新，建立起靈活的精益生產方式，使之在激烈的市場競爭中立於不敗之地，其技術水準位於世界前列。

軍爭篇——誘之以利。無論外形或是做工方面，日系汽車的成功之道主要在於自身的品牌形象，以品質優良，經濟實用而譽滿全球。日本車企在海外幾乎不做廣告，他們更多地是宣傳產品品牌。

比如豐田普銳斯，一再強調自己混合動力先鋒的地位。日本車企認為，那種單純的促銷、降價廣告有損品牌形象，誘之以利才是爭奪市場的制勝法寶。

九變篇——變中取勝。日本汽車製造商採取善變戰略戰術，在全球範圍內每推出一款新車，大多會在同時推出至少兩個版本，即北美版和歐洲版，來迎合美歐消費者的口味。日本概念車、家庭車、微型車、混合動力車吸引眼球，本田欲在泰國、印度打造戰略型小型汽車，日本小型汽車公司積極開發高效燃油汽車。一家小公司推出小型電動汽車售價五十萬元，雖然價格高，但讓人躍躍欲試。

行軍篇——判斷敵情。豐田汽車善於掌握市場訊息，判斷世界汽車業的發展趨勢，及時找準目標。上世紀八〇年代末，豐田以全新面目出現，1989 年豐田在美國市場推出了雷克薩斯高檔汽車品牌，開始進入多品牌多管道時期。

地形篇——借助地形。「本田妙案」實現戰略與環境的完美結合，每賣一輛車，就要在街道兩側種一棵紀念樹，以減輕汽車尾氣對城市環境的污染。該妙案實施後，消費者心中自然而然地產生一種強烈的需求願望。於是，本田汽車的銷售是連續上升，達到了前所未有的境界，令人叫絕。

九地篇——投之於險。機遇背後總有風險，由於日本汽車公司對美國市場過於依賴，一旦美國消費者的口味變了，對這些公司的營業額和現金周轉都會造成難以估計的巨大衝擊。然而，狹路相逢勇者勝。2006 年，豐田在美國市場的利潤占全球市場總利潤的30%，而日產和本田則更高達約一半，銷售出現了缺貨現象。

火攻篇——非利不動。近年來隨著日元的升值，許多日本車廠開始減少日本本土的製造比重，進而採取將工廠直接搬到世界各地，就地生產，就地銷售，這樣不僅減少了因大幅出口導致的貿易摩擦，還減低了運輸時間和成本，以此來維持成本價格的競爭優勢，並以海外市場上的利潤來「反哺」本土市場。

　　用間篇——搜集情報。日本汽車企業在確定對外投資時是十分謹慎的，他們非常重視對情報的整理和分析工作。美國福特當時是世界汽車生產的標準，為考證日本汽車能否占領美國的市場，日本派一千名調查員去美國調查，搜集情報，然後再製造汽車。專家認為，日本的汽車、摩托車等產品進入並占領歐美市場，首先要歸功於得力的情報工作。

24. 日本積水化學邁向成功的秘訣

　　記者走進日本積水化學工業株式會社的接待大廳，前台上方公司形象標誌旁醒目地鑲嵌著孫子「積水」的語錄。作為世界五百強企業的日本積水化學十分推崇孫子，「積水」二字即取自《孫子兵法》軍形篇「勝者之戰民也，若決積水於千仞之溪者，形也。」意為企業打勝仗就要發動員工作戰，這就猶如萬丈山澗中決開的積蓄之水，勢不可擋。由此，《孫子兵法》成為該企業發展壯大的智慧之源，力量之源。

　　蘇州公司總經理鈴木雅雄說，積水化學高層一向重視對《孫子兵法》的研究和應用，曾專門到蘇州孫武苑參觀考察，把《孫子兵法》誕生地蘇州穹窿山稱為「積水緣由地」，選定在蘇州建立了積水中間膜有限公司，舉行「弘揚孫武子精神、中日友好植櫻紀念」活動，發行《孫子兵法》個性郵票。

勝者の戦は積水を
千仭の谿に決するが
如きは形なり
「孫子」

「積水化學工業株式會社」名稱源於《孫子兵法》「形篇」，圖為該公司大堂懸掛的日語譯文

積水化學把《孫子兵法》與企業自身的特點和市場戰略部署融會貫通，在多項領域擁有自己的核心技術。當記者問及積水化學在過去六十年的發展過程中創造了許多世界第一，其中最關鍵的因素是什麼？山崎學部長回答說，「積水之勢」是我們邁向成功的秘訣，積水在研發上激勵機制是「積水於千仞之溪」。

大西康二課長補充說，公司大部分員工都知道「積水」的來歷，在公司的各個部門都為每個員工發《孫子兵法》書，並要寫讀後感想。公司高層不僅用日語，而且用英語、法語學《孫子兵法》，從中汲取營養，應用於企業管理。

令記者驚歎的是，積水是個化學企業，照理來說他們的產品是容易污染環境的，但該公司創造了一系列世界領先的環保產品——

1962 年，積水生產的塑膠垃圾桶首先出現在銀座街道上。不久，這種帶蓋的大型塑膠垃圾桶普及到了日本全土，那年正好是積水化學創立十五週年，一場「清潔革命」大大提升了積水化學的企業形象。

1964 年東京舉辦奧林匹克運動會，當日本政府面對東京一天要產生 7,000 噸垃圾而感到束手無策時，積水成型事業部研發人員堅信，只有塑膠垃圾桶能夠取代當時水泥和木質容器。於是，一場以塑膠容器為主角的「清潔革命」在日本全面展開。

1995 年 1 月 17 日阪神大地震，五千棟坐落在重災區的積水住宅無一倒塌。而如今積水住宅已成為安全、舒適、智慧的代名詞，屋頂的太陽能電池、牆壁和玻璃具有隔熱隔音作用。積水住宅不僅在國內廣泛受到用戶的歡迎和青睞，還遠銷北美等世界各地。

2008 年和 2009 年，連續兩年在瑞士達沃斯的世界經濟論壇上，積水化學名列「全球可持續發展企業一百強」名單中，同時入圍的還有豐田、松下、大金等十多家日本著名企業。該排行榜是從環境、社會、公司管理等非財務因素對企業價值影響的角度進行評估的。

積水化學致力於開展地球環境保護活動，在中國提出了「科技之水，潤澤生活」的口號，即像「水」那樣滋潤人們的生活。目前，

積水化學在海外有七十家公司，銷售額一千八百億日元。未來，積水化學在中國的「積水」也正在成淵之勢。

在積水化學創立六十週年的慶典上，專門從中國邀請了孫子的後裔。公司高層說，二千五百多年前，孫武子靠圍堰築壩，積水蓄勢，打敗過敵人，如今企業發展仍然要蓄勢積水，用掘地之勢，一點一滴去積蓄經驗和力量。

25. 日本企業家的「鎮室之寶」

走進日本企業，記者發現許多老總的辦公室都有一本《孫子兵法》，成為「鎮室之寶」。不少企業將《孫子兵法》規定為管理人員必修課，有的企業家甚至能將《孫子兵法》倒背如流。

日本的企業管理者大都認為，商場中的競爭，千變萬化，大企業為了爭奪市場，若不具備高超的戰略和戰術，是很難立足的。把《孫子兵法》的各種策略思想靈活地運用在市場上，一定能夠收到意想不到的效果。

日本著名兵法家服部千春在接受記者採訪時說，今日躋身於世界先進企業之列的日本企業家的成長，主要取之於《孫子兵法》。日本的世界五百強企業幾乎沒有不研究孫子的，日本企業最早把《孫子兵法》的謀略思想運用在現今的企業管理與商場競爭。

日本是一個以商業興國成功的國家，戰後的日本經濟蕭條。然而，在短短的幾十年當中，它的經濟卻突飛猛進的發展，在上世紀七〇年代中期，一躍成為世界的第二經濟強國，發展速度之快，震驚了整個世界。

針對日本經濟飛速發展的奇特現象，此間學者歸結為日本把西方文化與傳統的社會文化結合起來，形成了「儒家文化＋西方技術」的國家文化模式。最有代表性的是日本學者村山孚，他認為日本企業的生存和發展有兩大支柱，一個是美國的現代管理制度，另一個就是《孫子兵法》的戰略和策略。

而日本原東洋精密工業株式會社社長大橋武夫則認為，應用

《孫子兵法》比美國企業經營更合理、更有效。他創辦了「兵法經營塾」，形成獨具特色的「兵法經營學派」，出版的《用兵法指導經營》一書，引起經營界巨大反響，成為日本暢銷書。

日本麥肯齊公司董事長、著名經濟評論家大前研一也持有同樣觀點，他認為日本企業所以能戰勝歐美企業，原因就在於日本「採用中國兵法指導企業經營管理，比美國的企業經營管理更合理有效」。

日本企業重視用中國古典名著武裝企業員工，尤其是用兵法對現代經營企業管理人員進行培訓。松下幸之助公開宣稱《孫子兵法》是天下第一神靈，是他們成功的法寶。我公司職員必須頂禮膜拜，對其兵法認真背誦，靈活應用，公司才能興旺發達。索尼電器公司運用孫子的「奇正之術」，不斷推陳出新，在短短四十五年的時間中取得巨大發展。

日本企業從本土走向世界，創造了一個又一個的世界名牌，占領了一片又一片的國際市場，獲得巨大成功。人們試圖從各個方面去研究、解釋，結論是日本企業《孫子兵法》應用的得心應手，形成了獨特的市場行銷。資生堂獲利在全世界化妝品生產企業中居於前列，該公司成功的秘訣就在於重視市場調查，獲取情報，其次是注重市場促銷，善於造勢。

新一代的日本企業家對中國的孫子也情有獨鍾。日本軟銀集團總裁孫正義病臥中捧讀《孫子兵法》，並將「不戰而勝」的兵法精髓應用到軟銀投資的戰略併購中。他對《孫子兵法》特有的理解與思維，衍生出「孫正義兵法」，使企業充滿全勝的智慧。

日本積水化學株式會社十分推崇孫子，「積水」二字即取自《孫子兵法》軍形篇「勝者之戰民也，若決積水於千仞之溪者，形也。」意為企業打勝仗就要發動員工作戰，這就猶如萬丈山澗中決開的積蓄之水，勢不可擋。由此，《孫子兵法》成為該企業發展壯大的智慧之源，力量之源。

26. 日本企業家的「為將五德」作為成功必備素質

日本企業之所以能夠稱霸世界，一個很重要的原因，就是能虛心地向中國的兵法祖師爺孫子求教秘法。日本企業管理者認為，具備了《孫子兵法》的「智、信、仁、勇、嚴」五德經濟人才，能在經濟活動中發揮出良好的作用，可以被放到重要的崗位上，成為高水準的經營者。不少日本企業把孫子的五德作為現代管理的「五字真經」。

智謀第一

孫子把「智」放在了第一位，而不是「仁」，具有顯著的實戰意義。日本商品充塞了全球各地，美國市場的大半幾被日本商品所獨占。美國國民看的電視機和用的照相機，幾乎都是日本貨，美國人每三人擁有一部日本汽車，連歐亞各國也毫無二致。這商戰成功的背後，是日本企業家的大智大慧。

日本佳能公司在英國市場上與施樂公司競爭時，避開施樂公司嚴密控制的倫敦市場，先集中兵力爭奪蘇格蘭，後又進攻英國其他地區市場，最後才以優勢力量對倫敦市場發起攻擊，並於二十世紀八〇年代初把施樂公司趕出了整個英國市場。

恪守信用

日本企業很重視信用，日本商人藤田與美國猶太商人做生意，寧可虧本也要按合同規定時間內交貨，因而贏得了「銀座猶太人」的稱譽，整個猶太人生意界都信任他，與他大做生意，他因而發財致富。

具有經營韜略的日本某大公司董事長說：「我認為顧客就是君主，而我們所經營的公司就是他的臣下。即使顧客說了什麼過頭的話，我們也應該樂於聽從。」

仁至義盡

日本各大企業上班族的「愛社精神」世所罕見，他們對自家公司都無比忠誠，因此日本職工大多數終身服務於一個公司。日本「經

營之神」松下幸之助認為，雇員進入公司，即為公司大家庭的一員。公司應給予家一般的溫暖，但同時員工也要對公司有對家一樣的照顧。為維護公司形象和聲譽，在必要時，就要有自己掏腰包的精神。

本田汽車公司每兩年舉辦一次創作比賽，各地的員工分別組隊參加，利用指定的材料來設計並且製造他們的發明。這樣做的目的之一，是想找出解決工程問題的新辦法，另一個目的是想激勵員工多方面思考，並且讓他們覺得創新很好玩，使公司同舟共濟，無往不利，奠定了汽車王國的基礎。

勇者不懼

日本軟體巨頭孫正義用《孫子兵法》五德創「一流攻守群」，他說，兩軍相逢勇者勝，在戰場上如果做不到「勇」，影響的可能不僅僅是自己，而是一場戰爭的勝負。所以「勇」也是所有上戰場的將領所必備的能力。

不過，在孫正義看來，「勇」不僅僅指敢打敢拼的精神，而是具有創新精神和開拓膽識，敢想敢幹，想常人所不敢想，幹常人所不敢幹，要有一種敢於捅破天的大丈夫精神。還要敢於冒險，不懼困難，越挫越奮。當然這種冒險，不是莽撞，而是勇敢堅毅，智勇雙全。

嚴於律己

日本松下電器公司總經理山下俊彥的《山下俊彥經營語錄》中就有一條：「職員們要生存下去，應當歡迎嚴厲的領導。」日本佳能公司的照相機之所以贏得全世界廣大攝影家們的好評，其中一條措施就是嚴格的品質管制制度。

日本三洋電機公司總經理井植薰是一個嚴於律己的表率，他每天提前十五分鐘到辦公室，推遲十五分鐘下班，也規定下屬部門經理和員工都遵守就業規則，該公司在競爭激烈的日本電器業中占有重要的地位。

27. 日本企業演繹孫子五經「道天將地法」

　　在以儒教文化為價值觀之本的日本企業文化中，十分注重「軟體」建設，他們從中國古文化中提煉出企業經營的理性思維，把孫子經之以五的「道天地將法」作為致勝的五大條件，在企業經營管理中演繹的出神入化。

道的理念

　　日本企業家率先將《孫子兵法》應用於企業的經營管理，把孫子的用兵之道作為企業的生存之「道」、發展之「道」、制勝之「道」，堪稱一大智舉。日本軍人出身的兵法學者兼企業家大橋武夫，運用《孫子兵法》作為企業之道，把一個瀕臨破產的工廠，一舉整頓重建為生機勃勃的東洋精密工業企業，成為《孫子兵法》成功用於商界的典型。

　　日本注重企業家「道」的自覺與員工自覺踐行「道」相統一，確立了「上下同欲」的「道」的追求。日本軟銀公司創始人、「孫孫兵法」創造人孫正義認為，孫子思想追求的「道」，如同現代企業中的目標和理想，它最為重要。在深諳兵法的孫正義看來，企業首先要萬眾一心，為「道」而戰。

天的和諧

　　日本太陽工業公司董事長能村龍太郎在東京新建分行時，借助「天時」，別出心裁地把十層大樓的外壁巧妙地闢為世界首座「斷崖攀登練習場」，收費供人們攀登。這座遍植花樹密布苔藤的斷崖，巍然聳立在車水馬龍的東京市內，吸引來眾多喜愛登山的年輕人，從而獲得了可觀的收益。

　　大阪有田觀光飯店獨具匠心地設計了溫泉電纜車，將十個空中溫泉浴池連接起來，吊在飯店上方山峰 200 公尺高的電纜上，旅客在電纜車裡一邊怡然自得地泡著溫泉在碧空飄飛，一邊盡情飽覽美如仙境的自然景觀。這一創舉使飯店的營業額直線上升，真可謂「善攻者動於九天之上」。

將的開拓

五〇年代初，日本汽車的銷售量還很小，為了挖掘社會上對汽車的潛在需求，資金才 10 億日元的豐田汽車工業公司銷售公司，竟投資 4.2 億日元開辦了東方規模最大的日本汽車學校。經營專家神谷正太郎認為：「就和生產必須先投資一樣，銷售也要先投資。」事實證明，神谷的見解是正確的，汽車學校培養的駕駛人員和銷售人員既懂技術，又懂銷售業務，成為活躍在推銷第一線的得力骨幹，大大促進了汽車銷售。

索尼公司重視將才在日本是有口皆碑的。該公司奉行《孫子兵法》的「擇人任勢」，在用人上注重能力，不管地位、身分多麼普通，只要有能力的一律給予重用，掀起了一場「錄用方式革命」。公司綱領《索尼之魂》中第一句話便是「索尼是開拓者」，索尼把最大限度地發掘人才、信任人才、鼓勵人才不斷前進視為自己的唯一生命，使公司充滿活力，大批人才不拘一格脫穎而出，新產品不斷問世，為公司帶來了巨額財富。

地的神奇

日本鹿兒島首屈一指的有元觀光飯店旁，有一大片光禿禿的土山，老闆想廣植花樹來美化飯店的環境，但因人力難雇，費用高昂，一直未能如願。該店經理西村靈機一動，發起種植一株新婚或旅行紀念樹活動。不到數年，昔日光禿秀的土山一片蔥綠，使禿山成為綠山。

日本雅馬哈公司決定生產三角鋼琴和薩克斯管之前，對世界暢銷品作了全面分析，得知演奏者在演奏薩克斯管時，附屬支撐架的角度容易使手臂產生疲勞感。於是，因地制宜，改變了地上支撐架的角度，以此來改善演奏者手臂的位置。從此雅馬哈公司的薩克斯管擊敗了所有的競爭對手，昂首進入世界樂器市場。也可謂「善守者藏於九地之下」。

法的威力

在日本企業管理中，「法制」的氣氛尤為濃厚，公司職員每天上班的著裝有著嚴格的規定，穿白襯衫、黑皮鞋、深色領帶和深色西裝，把頭髮理成「上班頭」，不穿黑色襪子。大多數日本公司上班的時候有「朝禮」，每人都要參加，員工站在一起聽訓、唱公司之歌。日本公司發獎、過年及辭職調工作等都要舉行個正規嚴肅的「典禮」，凡事都有規矩方圓。

被稱為「經營之神」的日本松下電器公司創始人松下幸之助，創立了獨特的企業管理模式，有一套《松下幸之助經營管理全集》，1933 年制訂頒布了企業員工應遵行的「五大精神」，1935 年制定了企業內規，強調知行合一等。松下公司下屬各工廠負責人，每天都寫一段信條式的語錄讓職工背，每天清晨八點都舉行朝會，全體職工集合在一齊，朗誦企業精神，高唱「社歌」。

28. 日本商人：避高而趨下 避實而擊虛

日本神奈金井酒廠專門為製麴、發酵等工序過程播放音樂，釀製出「辛日酒」上等美酒，稱音樂旋律促進了菌的呼吸代謝；日本一家公司在中藥店裡開茶館，把這兩個不同的行業組合在一起竟然產生了意想不到的效果；在東京的鮮花店，由各式水果組合的花籃別具一格，既可觀賞又能食用，受到顧客的青睞……

避實擊虛，揚長避短，是兵家之道，也是競爭要訣。許多日本企業把孫子的兵家之道演繹成經商之道，駕馭虛實之間的本事可謂輕車熟路，虛實之策運用得非常成功。

享有「經營之神」美譽的松下幸之助曾言，聰明的商人會想，一根繡花針除了縫衣，還能幹什麼，或者是人們還要用它來做什麼。盛田昭夫企業經營像用兵那樣乘市場之虛而入，他創造的「索尼神話」便是從一系列的首創以占據市場空缺而誕生的。

許多日本企業避開市場競爭主戰場，獨闢蹊徑，開闢無人涉足的細分市場，一舉獲得成功。總部位於日本京都市任天堂株式會社，原是一家生產撲克牌的小公司。該公司獨闢蹊徑開發出普及型家庭

遊戲機，打開日本市場，又推出適合美國家庭的遊戲機，開闢了美國市場，而後席捲歐洲市場，成為世界領先的互動娛樂公司。

市場往往是實中有虛，虛中有實，實實虛虛。日本九州食品公司為避免市場飽和之實，除在產品、促銷、銷售管道、價格等方面虛實結合，在市場飽和情況下，拓展了市場，取得好的效果。

賀年片在日本是每逢新年家家戶戶都少不了的禮品，日本大食品公司崎陽軒的老闆想出的辦法是，每張賀年片可換十五只燒賣，雖然價格比一般賀年片貴一些，但顧客還是十分滿意，大受歡迎。這樣，既擴大了銷售額，又起了流動廣告的作用。

避實就虛還需擊競爭對手短處之虛，揚長避短。日產汽車公司試製成功大眾車「SANI」後，花大錢展開推銷大宣傳獲得極大成功，最高興的竟是豐田汽車公司，因為日產公司的大宣傳已引起了國民對汽車的興趣，豐田充分研究日產「SANI」的優點和缺點，不費工夫地製造出比「SANI」性能更好的大眾汽車「卡露羅」，該汽車上市後，取得了比日產公司更好的收益。

虛實之間還要善用疑兵，誤敵制勝，這一謀略被眾多日本商人運用於經營實踐之中。卡西歐公司避開與精工錶的正面交鋒，採取迂迴戰術，在技術領域中「善出奇」，在同行業競爭中脫穎而出。

正當世界服裝市場出現高檔化、時裝化的趨勢時，被稱為日本「第三代經營之神」的「優衣庫」創始人柳井正卻看到了潛在的商機，推出「造服於人，平價優質的休閒服」，為穿著舒適、老少皆宜、做工講究的生活服裝，在世界十一個國家建立跨國生產銷售公司，開辦了二千二百多家店鋪，成為日本製衣業的首富，連續兩年榮獲日本最佳企業稱號，他的成功被日本業界稱為「顛覆日本傳統服裝零售業」。

在日本，當酒吧、酒廊因為過分競爭而趨於「同歸於盡」時，商家們運用《孫子兵法》，獨闢蹊徑，推出價錢便宜的「平民酒吧」、「開放型酒吧」、女性顧客可以進入的「情侶酒吧」。日本商家還很重視店面的寬度，別出心裁地把櫃檯分成好幾部分，精心推出志同道合者的「聚合酒吧」。

29. 日本開拓海外市場妙招百出

　　日本開拓的海外市場已遍及世界各地，主要有東南亞、西歐、南美洲等，呈現出最多姿多采的一面。從日本公司開拓海外市場的豐碩成果來看，已深得《孫子兵法》之其中三昧，妙招百出——

　　知彼知己：索尼公司和松下電器入侵美國市場前，派遣了由設計人員和工程師等組成的專案小組到美國進行調查，研究如何設計適合美國消費者偏好的產品。松下則從 1951 年起就在美國設有專人，在進入美國市場前從事情報搜集工作。日本公司經常將競爭對手的產品拆開來進行研究，這種事情對日本商人來說是家常便飯，競爭對手的產品都成了日本人產品改良的靈感的來源，使自己研發的產品在競爭中不會失敗。

　　求之於勢：日本汽車最初進軍海外市場時，主要目的是奪取市場占有率。日產公司進入美國市場後，努力發展自己的汽車零配件的供應系統和服務網路，以確保美國顧客能得到快捷有效的服務。豐田車通過引進一系列產品，成功地滲透了美國市場，而其中絕大部分是產品延伸的成果。如今，美國成為日本最大的海外市場，日本車已稱霸全球。

　　價格火攻：當本田公司進入美國摩托車市場時，當時較大型的美國摩托車售價都在 1,000 至 1,500 美元之間，而本田摩托車的售價不過 250 美元。日本雖然早已是機器人工業的領先者了，但在進軍世界市場的征途上，日本公司傾向於採用侵略性的定價策略，嚴重依賴價格低廉這一重要武器。

　　不戰而勝：日本人知道，僅憑低廉的價格還不足以確保他們順利出售這些機械工具，於是，他們開始將注意力轉移到產品的品質上來。很快，日本公司生產的機械工具就以其先進的工藝水準受到了美國顧客的青睞。他們還將排除故障的時間壓縮到極限，提供綜合性的迅捷維修服務，這些富有效率的服務站和應用零件網路使他們贏得了美國顧客的信心。

兵不厭詐：日本企業避實擊虛：避高就下、避強攻弱、避銳擊衰，待竭而制、先發制人等都運用自如，獲得很大的成功。例如，日本精工集團雖早在世界鐘錶業稱雄之心，但在其羽翼未豐時一直含而不露，避免與實力雄厚的瑞士鐘錶業發生正面衝突，直到實力強大後才以大批量的高精度優質石英錶和電子錶湧進國際市場，到了上世紀七〇年代的後五年，一舉取代瑞士而領導了世界鐘錶的新潮流。

變中求勝：夏普和卡西歐擁有一系列具備不同款式、不同功能和不同特性的電腦，而且常常在一年中多次改變機型。日本鐘錶廠商更是產品繁殖的「極端」例子。精工錶在美國推出了四百多種型號的產品，而它在全世界範圍內製造銷售的鐘錶超過二千三百種，其中許多型號也正逐漸進入美國市場。而佳能照相機的成功，應歸功於它的產品線上的多種機型，佳能在 AE-135 釐米單眼反射照相機上大獲全勝。

順勢發展：近年來，在手機硬體擁有極先進技術的日本，因濟經濟衰退令國內市不斷萎縮，而中國和歐洲正推廣普及第三代手機。因此日本主要生產商順應海外市場趨勢，重新開拓海外市場。NEC、卡西歐及日立將旗下的手機業務合併，組建日本領先的手機製造商進軍海外市場，計畫在 2013 年裡成為日本國內最大的手機供應商，在國際市場銷售五百萬部手機。

就地擇才：日本企業在開拓亞洲市場中，按孫子〈地形篇〉就地補充軍糧的戰略，充分吸引當地人才加入日本企業。日本各家人才派遣會社抓住日本企業擴大採用外國人「白領」的商機，強化擴大招募外國人「白領」的業務。日本松下公司計畫在 2011 年度錄用來自亞洲等地的外國人約一千一百人，比 2010 年度增加五成，預計外國人在全體錄用人數中的比例將上升至約八成。

死地後生：日本大地震後，一度導致豐田、本田、日產、三菱等日系車企本土工廠大部分停產。這些著名汽車企業對災難的應

對能力、生機恢復能力和災後重建能力都很強，善於韜光養晦、休養生息、蓄勢待發，置死地於後生，不僅能優先保證包括中國市場在內的海外市場汽車維修和生產所需零部件，而且會形成有力的反彈，汽車生產銷售將進入高速發展期。

30. 日本電器企業管理的「聖經」

索尼公司遵循孫子「視卒如嬰兒，視卒如愛子」，非常重視企業的「家庭氛圍」，把企業辦成了一個「大家庭」；松下電器員工每天高唱「社歌」，朗誦企業「七精神」……記者走進日本電器企業明顯感到，日本商人對《孫子兵法》的研究甚至比中國人還深刻，他們廣泛吸收中國文化精華，為其所用。

二十世紀七〇年代中後期，貼著「松下」、「索尼」、「日立」標籤的日本電器軍團大舉進攻，美國電器業受到來自「日本衝擊波」突如其來的強大衝擊，潰不成軍，引起了整個西方國家乃至全世界的極大震驚。

一個資源匱乏又經歷了二戰的慘重失敗的日本，短時間內在戰爭廢墟上迅速崛起，一躍成為當時的世界第三大工業國和經濟強國，並改變了世界經濟競爭的大格局，日本企業從優秀到卓越，嚴謹高效的工作態度以及先進的管理模式，早已聞名世界，一直作為世界經營管理的楷模，被全球企業爭相學習，其秘訣究竟何在？

美歐學者驚歎地發現，日本經濟的奇蹟來自於旺盛的企業活力，而活力又源於成功的企業管理，企業管理成功的奧秘則在於企業文化，企業文化卻得益於中國的傳統文化。

在二戰以後在日本形成了一個「兵法經營學派」，像日本一些大財團的老總都是有軍人背景。從上世紀六〇年代初，日本企業尤其是電器企業將《孫子兵法》應用於企業管理，成為企業管理的「聖經」。

記者在松下歷史館瞭解到，松下騰飛靠《孫子兵法》，在市場爭奪戰中做到「後人發，先人至」。1953 至 1957 年是日本黑白電

視機的導入期，各電視機生產廠家競相上馬，松下電器公司明察暗訪，收集用戶反映，研究改進方案，積蓄力量。到 1957 年，日本的黑白電視機進入了成長期，這時松下電器公司的技術、資金、力量已經全部準備好，立即投入生產，大批投放市場，產銷兩旺，品質領先，數量充足，公司大獲其利。

索尼公司把「知彼知己」作為參與競爭的先決條件。1946 年，該公司在廢墟上剛起家，創始人盛田昭夫認為收音機大有前途，派經理親自去赴美國瞭解試製半導體收音機，將專利購買回來，組織科技人員專門研究提高成品率，索尼公司迅速獲得成功並占領了整個市場。

日本電產公司「變中求勝」，這個當初僅有二千萬日元資本和三個人的小企業，在第一次石油危機中幾無生路，面臨絕境。公司意識到，以大量消耗能源為基礎的舊式發電機前景暗淡，與大公司在老產品的競爭中很難取勝，果斷決定立即轉而研製電腦用精密馬達，從而戰勝了風險，使企業絕路逢生，迅速發展。

日本電器企業善於運用孫子的「奇正之術」，做到人無我有，人有我優。日本夏普公司從發明世界上第一支取名為「永遠削尖」機械筆和晶體管收音機，到開發液晶顯示技術和 3D 智慧手機，現已成為世界上這一領域的領先者。據稱，日本三洋電機公司以快取勝，七秒鐘即可生產一台洗衣機，九秒鐘生產一台微波爐或電烤箱。日本東芝向數位技術、移動通信技術和網路技術等領域轉型，已成功地從家電行業的巨人轉變為 IT 行業的先鋒，筆記本電腦的市場占有率曾連續七年保持世界第一。

即便受到泡沫經濟崩潰的折騰，日本電器企業迄今依然擁有全球一流的企業與企業家隊伍。一大批戰後興起的「英雄式」企業與傳奇式企業家隊伍，在全球跨國公司中一直是佼佼者。家用電器世界排名前十五名均被日本包攬，松下、日立、東芝、夏普、三菱電機列入前五名。而一般中小電器企業的競爭力也令人刮目相看。

此次大地震使日本面臨二戰以來最大危機，地處地震震央的宮城縣、岩手縣等地正是日本半導體廠商的集散地，日本電器品牌的多系產品均受到重創。但這些受災企業也用孫子的「奇正之術」，都在第一時間捐款助力受災地區援救工作。索尼面向全球員工募捐2億日元，集團捐獻的產品和資金約合10億日元，松下、佳能和理光也捐贈3億日元，理光還關閉在日本的戶外燈箱廣告，以達到節省電力的目的。此舉大大提升了日本電器企業的品牌形象。

31. 日本民間建立龐大的商社情報網

「像影子一樣隱沒在全球各個國家或地區的某個角落」，日本《孫子兵法》研究學者形容說，日本綜合商社把中國孫子的用間玩弄於股掌之中，在日本當地「網路遍地」，在世界各地「攻城掠地」。

日本海嘯地震發生第三天，野村證券在一份報告中就預測，日本地震短期內會造成日本經濟產出的下降，但是會比較快恢復。第五天發布報告預測，大地震將可能導致日本2011年國內生產總值（GDP）下滑0.29%，但對亞洲各經濟體的總體負面影響有限。日本七大商社受大地震影響也有限，三井物產等五大商社預測2011年財年將保持利潤增長。

野村證券等日本民間商社的預測不是憑空想像的，而是依靠龐大的情報網絡得到的情報綜合分析出來的。作為野村證券公司的調查部前身的野村綜合研究所，是日本日本規模最大、研究人數最多思想庫，建有自己的「資訊銀行」。

該所把《孫子兵法》等兵書作為研究重點，專門收集日本經濟、產業方面的情報資料，涉及領域廣闊，大到人類共同面臨和關心的全球性問題，小到超級市場、化妝品、計程車等，從宏觀到微觀，應有盡有。

像野村證券這樣的民間商社情報機構，在日本不在少數。五至六十秒鐘獲得世界各地金融市場行情，一至三分鐘獲得日本與世界各地進出口貿易商品資料，三至五分鐘查出國內外一萬多個重點公

司的各年度生產情況，速度驚人，這就是總部都設在日本本部的綜合商社情報部門的傑作。

日本最早提出了「情報立國」的發展思路，早在二十世紀五〇年代末通過國會立法，正式組建了專門從事以海外為重點的經濟情報機構——日本貿易振興會，有近百個駐世界各地的事務所，建立了巨大的海外情報網，擁有大批情報人員和許多先進情報通訊設備，平均每月收集情報達數十萬件。

日本九大商社都把經濟情報當作自己的命根子，在情報搜集、加工處理和傳遞能力堪稱世界第一。三菱商社至今在全球有二百多個辦公室，每天搜集商業資訊超過三萬條。伊藤忠商社聲稱自己在中國的情報資源，超過許多國家政府的情報資源。「三井全球通訊網」設有四十萬公里的專線電信網，可繞地球十圈。日本企業利用情報成果也非常驚人，把一些在各國尚處於萌芽狀態的科學技術移植過來，變成了日本產品。

日本各商社培訓情報人員煞費苦心，招聘來的工作人員都要接受三年的包括情報技能在內的崗位培訓，以及搜集情報訓練，讓每個職員都成了企業的情報員。野村綜合研究所在培養和提高情報人員的素質方面下了極大的功夫，新來的人一報到就要求他們邁開雙腳「揀情報」，整理材料，每個人都必須進行嚴格考核，從而培養出一批精通業務的高級情報人員。

近年來，日本成立的「世界經濟情報服務中心」，重點搜集商業情報，其成員包括三百多家大企業、銀行、經濟諮詢機構，及時準確地向日本各企業提供商業情報。日本 SBL 大學院大學事務局長石川對記者說，除了民間綜合商社，日本的網路、資訊、傳媒等企業也紛紛加入收集、分析、運營情報的行列。石川認為，當前日本傳統獲取情報功能在逐漸下降，而網路獲取情報趨勢正在迅速發展。

32. 日本企業「用間」登峰造極 讓人望洋興嘆

「消費情報站」、「時尚情報站」、「手機情報站」、「動漫情報站」、「留學情報站」、「觸角商店」……日本企業非常重視市場訊息的收集，近年來發明瞭一系列情報站。在觸角商店，通過組織展銷新產品、新技術，徵詢顧客意見獲取重要資訊，作為企業研製產品和開發技術的重要依據，成為日本企業的「市場感測器」。

日本視孫子為最偉大情報技巧專家而頂禮膜拜，而日本企業把《孫子兵法》的「用間」用到登峰造極、無以復加的地步。尤其是日本的經濟情報活動在世界上名聲赫赫，令西方經濟界人士既怕又服，望洋興嘆。

《孫子兵法》的「知彼知己，百戰不殆」被日本企業應用的爐火純青。日本企業界有句名言：「人是設備，情報是金錢。」據統計，日本花 4 億美元獲取了一千五百多項外國專利情報，創造出 74 億美元的財富。日本一名情報專家曾經承認，日本國民生產總值的 54% 來源於競爭情報。

戰後日本經濟情報搜集活動，僅日本的大型企業，在世界一百八十七個城市就有超過八百家的分支機構。日本政府與此有著密切的聯繫，據透露，這一情報網的頂端就是通商產業省。如今，日本的經濟情報網絡幾乎遍及全球。

此間專家稱，日本企業加強對情報的搜集、分析和開發，已經成為其決策和生產的重要基礎。戰後日本經濟的復興和繁榮，在很大程度上依賴於擁有一支龐大的企業情報隊伍並建立了最有效率的全球經濟情報網。日本在海外的近萬家企業中，大都設有情報機構，每天傳遞的情報信息量非常驚人。

日本電器企業的情報工作瞄準對手美國。索尼公司和松下電器入侵美國市場前，派遣了由設計人員和工程師等組成的專案小組到美國進行調查，研究如何設計適合美國消費者偏好的產品。松下從 1951 年起就在美國設有專人，在進入美國市場前從事情報搜集工作。

日本汽車企業非常重視對情報的整理和分析工作。美國福特當時是世界汽車生產的標準，為考證日本汽車能否占領美國的市場，日本派一千個調查員去美國調查，搜集情報，然後再製造汽車。專家認為，日本的汽車、摩托車、電器、手錶等產品進入並占領歐美市場，首先要歸功於得力的情報工作。

日本許多中小型企業，也把主要精力放在市場調查、準確收集情報上。日本製造石英電子手錶也是從瑞士得來的情報，認為這種手錶價格低廉，走時準確，一定會贏得廣大用戶，暢銷於世界各地。愛知縣的一個公司經理 1979 年曾先後五次花了六十天時間親自到海外收集情報。1980 年，該公司又先後派遣二十人赴海外調查市場動態，根據情報制定生產、銷售計畫，結果利潤比前一年上升了三倍。

近年來，日本最尖端的 IT 電子工業情報技術，彙集了電子通信領先企業而倍受矚目。日本電子資訊技術產業協會、日本通信資訊網路產業協會、日本電腦軟體協會不遺餘力地推進電子情報。日本軟銀公司將孫子的情報思想應用到軟銀的一次次投資並購中，做到了真正的「不戰而勝」。該公司投資 2 億日元打造通信網路，創辦了網路情報大學院，建立起自己的「情報帝國」。

33. 日本手錶大戰中的全勝智慧

日本手錶企業圍繞「不戰而全勝」的戰略目標，致力於在市場中取得相對的優勢地位，把《孫子兵法》智慧在手錶大戰中演繹的出神入化，在世界鐘錶行業中占絕對的優勢，早在 1983 年已經超過了瑞士，被推上了「鐘錶王國」的寶座。

「精工舍」出奇制勝

1967 年，日本第二精工舍社長服部一郎勇敢地站出來，向世界鐘錶業霸主瑞士錶發出挑戰。他「出奇制勝」，開拓不同於機械錶的石英錶，而該錶源自美國人製成的「石英鐘」，體積大如衣櫃。精工舍技術人員用了整整十年時間，依靠一個小鈕扣式電池和石英

水晶振盪子來「走動」和「顯時」，終於把體積龐大的石英鐘變成了小巧精緻的石英錶。

精工牌石英錶領先瑞士問世後，服部一郎知彼知己，審時度勢，採取迂迴戰術，避開了瑞士手錶市場，先在本國和瑞士以外的國家推銷。而瑞士對於領先於一步的日本精工牌石英錶並沒在意。而服部一郎集中大量的人才、財力從事石英錶的新技術、新產品研究與開發。時機成熟後，即向瑞士錶發起總攻，以重金買下日內瓦的「珍妮‧拉薩爾」手錶銷售公司，以實用的中、高檔、新型超級手錶同瑞士錶進行競爭。

瑞士人震驚了，在全世界範圍內進行反擊，以期重振瑞士錶的聲威。但由於瑞士錶沒有及時大力開發這種新技術，遠東廠家運用石英技術製造了大量手錶，一舉把瑞士的一般手錶擠出了世界市場。瑞士遭到挫敗，不得不大量削減產量。精通《孫子兵法》的精工終於贏得了世界鐘錶行業的頭把「交椅」。

「卡西歐」勝兵先勝

日本卡西歐公司曾一度是精工手錶的競爭對手，但卡西歐公司明白，如果尾隨精工公司之後難有出頭之日，唯有奉行孫子「勝兵先勝而後求戰」，才能立於不敗之地。於是，卡西歐公司對市場進行正確的判斷和分析，把目光瞄準以運動、休閒、時尚於一體，專為酷愛休閒運動和時尚前衛的人士而打造的產品，掌握了市場的主動權。

卡西歐知道如何避其鋒芒，尋找自己的藍海市場，一年四季會因應季節的變化推出當季的特色產品和新品。如有極限運動的極限腕錶，海豚鯨魚紀念版、夏季珊瑚系列。如今針對新消費群體需求，又推出卡西歐運動、登山、太陽能、指標、商務手錶和情侶對錶，成為年輕一代的新寵。

電波錶是繼石英錶取代機械錶後，成為鐘錶革命性技術產品。卡西歐公司自 1995 年發售第一隻電波錶以來，至 2007 年卡西歐成為第一家全球累計銷售電波錶超越 1 千萬隻的廠商，占據世界電波錶市場的 40% 份額，成為電波錶全球第一品牌。

「西鐵城」高空取勝

1983 年，日本西鐵城經銷商在澳大利亞貼出一幅空中向某廣場投手錶的廣告，不到一天就立刻傳遍了全城。到了投錶的那一天，人們從四面八方蜂擁而至，把廣場圍得個水洩不通。當人們看到一塊塊手錶從天而降，落地後外表不但完好無損，而且手錶精度絲毫不減時，都為西鐵城錶過硬的品質讚歎不止。

「高空投錶，完好無損」成為佳話，廣為流傳。西鐵城手錶高空取勝，不戰而勝，是高中之高，很快在澳大利亞和國際市場上打開了銷路。西鐵城公司董事長山崎所說，每年只有三秒鐘的誤差的西鐵城手錶，怎麼能讓消費者知道認識，並產生較好的購買欲望呢，這就取決於經銷商高超的推銷方式。

無獨有偶。時隔二十五年後的 2008 年，全球領先腕錶品牌西鐵城又採取「高空戰術」，發布第一款高端光動能手錶——「超級空中之鷹」。該電波錶全球同步上市，可多局接收電波信號，帶有世界四十三個城市的時間功能，佩戴者在跨時區旅行時只需選擇所在城市名稱，手錶就會自動接收所在地的標準時間信號，調整為當地時間，並有多重人性化功能，專為經常跨國旅行的菁英人士量身打造。西鐵城公司的「高空戰術」的成功，可稱作日本商人善於打開市場銷路的典範。

34. 日本推崇孫子「風林火山」

在日本山梨縣鹽山市雲峰寺，仍保存著武田信玄所制定的「風林火山」突擊旗，這面軍旗被稱作「孫子旗」。此間人士稱，該旗保存在雲峰寺，或許是武田信玄於 1551 年在此出家為僧的緣故。

武田信玄被公認為日本戰國第一兵法家、甲斐之虎，他的案頭總是放著一部《孫子兵法》，他的軍旗上則繡著「風、林、火、山」四個大字，象徵著《孫子兵法》中「其疾如風，其徐如林，侵掠如火，不動如山」的用兵境界，在軍事理論貧乏的日本戰國時代，開創了一個新紀元，獲得了「日本孫子」的美稱。

　　學者認為，武田信玄所歸納的「風林火山」並以此為軍旗，透露出他對軍隊紀律的嚴明，對軍陣排布的謀略，以及卓越的對戰局掌控的才能。他提出「十成中獲六、七成勝者，乃十成之勝」。他在擇人任勢、五事七計、以法制軍、知己知彼、慎戰全勝以及不戰而屈人之兵等方面吸取了《孫子兵法》的精華。

　　數百年來「風林火山」一直風靡日本，《甲陽兵鑑》、《信玄全集》是專門敘述武田派軍事學及「風林山火」軍隊的兵書。日本著名歷史小說家新田次郎出版的長篇歷史小說《武田信玄》，分為風之卷、林之卷、火之卷、山之卷四部，把「風林火山」描寫得淋漓盡致。日本文壇巨匠、曾任日中文化交流協會會長的井上靖出版了巔峰之作《風林火山》，在日本國內婦孺皆知，狂銷五百萬冊，中文繁體版暢銷十餘年，再版數十次，多次被拍成電影電視劇，風靡整個亞洲。

　　2007 年，NHK 年度的大河連續劇「風林火山」開演，三度把日本知名戰國名將武田信玄的故事搬上螢屏，創下最高收視率。日本拍攝了電影《風林火山》、TV 特別篇《風林火山》，出現了 QQ 飛車「風林火山」，網球王子「風林火山」，全稱「風林火山陰雷」。日本還開發網路遊戲《風林火山》、遊戲王陷阱卡《風林火山》，在遊戲《蒼翼默示錄》裡，邦哥有一個招式名字也叫做「風林火山」。

　　日本企業家也從「風林火山」中得到啟發，步驟實施如風，內部管理如林，業務開展如火，面對困境如山。豐田汽車公司社長豐田章男的偶像是武田信玄，對「風林火山」情有獨鍾。至今，日本參聯會主席辦公室牆上也仍然掛著「風林火山」的匾額。

　　記者在甲府市看到，土產店豎立著武田軍「風林火山」的旗幟，以「風林火山」為題材的扇子、茶具、帽子、服飾等日用品和工藝品琳琅滿目，酒店推出了「風林火山」膳。

　　日本孫子專家稱，從《孫子兵法》中悟出「風林火山」要義的武田信玄，是那座全日本最難撼動的「風林火山」。若不是他在五十三歲過早的因病過世，日本戰國的歷史必將重新改寫。

35. 日本網路鉅子的「子孫兵法」

「如果沒有《孫子兵法》就沒有我孫正義」，有「日本的比爾‧蓋茨」之稱的網路鉅子孫正義，《福布斯》雜誌稱他為「日本最熱門企業家」，而更多的人稱他是將《孫子兵法》生動地運用經營的具有代表性的日本企業家。

據日本知名華文媒體人孔健介紹，他與孫正義認識二十多年，孫正義是第三代韓裔日本人，孫家祖先原來從中國遷移到韓國，到孫正義祖父一代，又從韓國的大邱遷徙至日本九州。孫的家族說：「我孫氏和韓國固有的孫氏不一樣。我祖籍和漢民族的孫氏屬於同一根源。」

而孫正義說，他就是孫子的後裔，他的血管裡流著孫子的血液。孔健告訴記者，孫正義在日本經營確實靠的是《孫子兵法》，日本對孫子很崇拜，這對他開拓日本市場很有利。他帶了一台翻譯機打進日本市場，然後做軟體銀行，即智囊銀行，應用了《孫子兵法》的智慧。他是日本第一個搞網路電話的，投資 2 億日元打造通信網路，從「情報帝國」走向「傳媒帝國」。

曾是孫正義下屬現任 SBL 大學院大學事務局長的石川對記者說，孫正義是創新的天才，他的生意點子特別多，從 1995 年開始，他涉足互聯網和電信投資，先後幫助雅虎、UT斯達康、新浪、網易、阿里巴巴、分眾傳媒、盛大網路等獲得了巨大成功，還創辦了網路情報大學院和軟銀金融大學院。

孫正義酷愛《孫子兵法》，在病臥中也要堅持捧讀，琢磨為什麼兵法十三篇第一篇是計篇，因為萬事從計畫開始。孫子前面六篇全部講了戰前準備，孫正義認為，戰前準備到位，打仗的結果就不言而喻。他還把孫子語錄作為廠訓放在大門口：一邊是「勝兵先勝而後求戰」，另一邊是「敗兵先戰而後求勝」。他將孫子的精髓應用到軟銀的一次次投資並購中，做到了真正的「不戰而勝」。

孫正義對《孫子兵法》的這種創新性應用很明顯地表現在企業經營管理中，他獨創了一套「孫孫兵法」，名字的由來是自己也姓

孫，將「孫子」的「孫」與自己的「孫」相乘；也有人戲稱為「子孫兵法」，一則孫正義是日本網路鉅子，二則他是孫子的子孫。其兵法核心就是二十五個字：「一流攻守群，道天地將法，智信仁勇嚴，頂情略七鬥，風林山火海」。

「一流攻守群」，所描述的是身為一個企業領導者所應該具備的素質與能力，即應以成為「天下第一」為目標，洞察時勢潮流，考慮攻守均衡。他參透了攻防的奧妙，有意識地收斂鋒芒，加強聯盟與合作，這就衍生他非常重要的一個經營思想「群」。

「道、天、地、將、法」被譽為戰略規畫五要素，在深諳兵法的孫正義看來，企業首先要萬眾一心，為「道」而戰；「天地將」：天時、地利、人和缺一不可；「法」，用現代的觀點來解析就是「體制」保障。

「智、信、仁、勇、嚴」是孫正義評判優秀企業管理者是否具備素質的五大標準：「智」為工於應對，敢於決策；「信」為富有志向，並施信於人；「仁」為仁者無敵；「勇」為勇者不懼；「嚴」為嚴於律己。

「頂、情、略、七、鬥」也是孫正義獨創的經營兵法：頂即高瞻遠矚，掌控全局；情即徹底掌握重要情報；略即確定長遠戰略目標；七即具有七成把握就出手；鬥即立即採取行動的智慧。這五個字，把孫子的詭道、用間、作戰、謀攻等兵法融會貫通了。

「風、林、火、山、海」，是孫正義馳騁商場的座右銘，當軟銀遇到競爭壓力，他就想到保存在日本鹽山市雲峰寺的「風林火山」旗，採取突破性的戰術。孫正義把成功上市看成「海」的戰略，一字之加，正是「子孫兵法」的高超之處。

36.「民間外交官」＋「民間情報官」
──訪日本僑報社總編輯段躍中

記者來到位於東京池袋的日本僑報社，採訪被譽為「中日民間外交使者」的該社總編輯段躍中。在他的書櫃裡，放滿了他在日本

出版的的書籍。迄今，他出版的書籍已達一百八十餘種、七百多部，發行量上百萬冊。

老家湖南的段躍中，曾在《中國青年報》工作，1991 年自費留學來到日本獲博士學位，創立了日中交流研究所，推出華人博士文庫，創辦中國研究書店，創設華人學術獎和中國留學生優秀碩士論文獎等，使日本僑報社成為中國在日本的「民間外交部」和「外宣視窗」。

「外宣也要『知彼知己』，要瞭解日本人的需求。」段躍中告訴記者，他出版的第一本書籍《在日中國人大全》，收錄了上萬名活躍在日本各個領域的中國人資料，第一次全面展示了在日中國人的風貌。該書在日本主流社會產生了很大的反響，《朝日新聞》、《讀賣新聞》和 NHK 等著名媒體紛紛以較大篇幅對此進行了報導。出版的《中國新思考》是日本人寫的，能讓日本人真正瞭解中國的文化，效果比中國人寫的更好，更容易得到日本人的接受。

段躍中把出版書籍作為「伐交」的重要載體，先後主編了《負笈東瀛寫春秋——在日中國人自述》、《現代中國人的日本留學》、《日本華僑華人社會的變遷》、《對中日友好的建議》、《我們永遠是朋友》等一批高品質的日文書籍，以增進中日相互理解。2007年底出版的《35 號投手溫家寶》，一經發行立即引發了日本政界和社會讀者的普遍關注，福田康夫、麻生太郎等政要都是該書的首批讀者。

段躍中把「民間外交」真正做到了日本民間社會，在東京率先創辦「星期日漢語角」，把願意與中國人交往的日本人聚集起來，每個周日下午在西池袋公園活動三個小時，風雨無阻，從 2007 年 8 月 5日至今已舉辦了一百九十屆除東京西池袋漢語角以外，他還與中日友人一起創辦廣島漢語角等多個地方漢語角，幫助日本人學漢語。

段躍中表示，「漢語角已經成為中日民間交流的一座橋樑。」他希望通過自己的努力在日本創辦一百個漢語角，助推中日民間交流與理解。

日本人喜歡把資訊說成情報，從這個意義上說，段躍中還是一位出色的「民間情報官」。暗熟《孫子兵法》情報重要性的段躍中創辦了《日本僑報電子週刊》，憑藉電子網路的低成本、傳遞迅速和覆蓋面廣的特性，以短、平、快的寫作方式，跟蹤報導在日華僑華人的各種動態和各種中日交流的資訊，將中國的重要新聞源源不斷地介紹給他們，贏得了讀者們的廣泛好評。至今已發行了801期，仍保留每期達上萬人次的高點擊率，吸引了二十多個國家和地區讀者的矚目，並被日本圖書館收藏，強化了日本僑報社的宣傳功能。

段躍中自2005年創辦了日中交流研究所，並開始主辦中國人的日語作文大賽和日本人的漢語作文大賽，兩項大賽迄今已連續主辦六屆，吸引了大量兩國語言學習者積極參與。他還主辦了首屆「日中相互理解之路」論文大賽。2008年，他創辦了「日中翻譯學院」，集中了日本外交界、傳媒界的菁英，以免費講座的形式為中日交流培養優秀的翻譯人才。2009年創辦華人參政支援協會，為提升在日華人的參政議政意識貢獻力量。

日本僑報社裡，每週都有日本媒體來進行交流，段躍中把中國的許多資訊介紹給他們，為日本媒體客觀報導中國提供各種素材，從而影響了日本主流媒體，日本僑報社也因此成了中國資訊的集散地。2008年中國舉辦奧運會，日本有的主流媒體有些誤解，經過段躍中的溝通交流，把中國真實的情況告訴日本記者，從而及時消除了誤會。

段躍中指出，中日民間交流大有可為，在日華僑華人將在推進日中友好、日中相互理解方面起到更大的作用。他的一系列中日民間交流活動，得到包括前首相村山富市、福田康夫，自民、民主兩黨著名國會議員及政壇要人、日本知名學者、企業負責人在內的日本具有重大影響力的知名人的大力支持和積極參與，進而吸引日本主流媒體的關注和報導。

為表彰段躍中為增進中日交流所做出的貢獻，2009年日本政府還特意向他頒發了日本外務大臣表彰獎，他也因此成為榮獲此項殊榮的第一位中國人。

37.《孫子兵法》成為日本華僑的生財之道

據統計，日本華僑華人數量已達八十餘萬，是日本第一大外來族群。隨著人數的增加和整體素質的提升，他們生存發展的手段也不斷拓展。除傳統的餐飲業外，越來越多的人進入到資訊、生物醫藥、貿易、節能環保等領域，逐漸成為日本經濟中一支不可忽視的力量。

日本較有影響的華文報紙——《日本新華僑報》總編蔣豐告訴記者，中華傳統文化對海外華僑華人影響深遠，是海外華商文化的基礎。它不僅增強了華商的凝聚力，而且成為他們闖蕩的精神力量。不少日本華僑華人企業家酷愛中華民族文化，文化修養較深，尤其把《孫子兵法》作為商戰法寶和生財之道。

《孫子兵法》注重資訊情報的收集。華僑華人喜歡組織、參加各種會，如同鄉會、互助會、商會等，因為這些會不僅能為自己積累人脈，也是商業資訊的重要來源。而能否先人一步掌握商情，是決定生意場上勝敗的關鍵。上世紀六〇年代初，日本華商李合珠看準日本經濟高速發展後人們的旅行休閒需要，毅然進軍旅館業，一躍成為日本華僑華人首富，被稱為「日本華僑之英」。

《孫子兵法》強調「信」，而華僑華人深知信用是企業的生命。橫濱華僑銀行副理事長李肇臻告訴記者，二戰以後，日本歧視華僑華人，在日華商很難在日本銀行貸到款。為解決這一問題，1947年，數百名旅日華僑華人共同出資創辦信用組合國家興業合作社，即後來的橫濱華銀，在日華僑華人從此有了自己的金融機構。橫濱華銀非常守信，只要貸款人符合條件，從不拒絕其融資申請。至今，該銀行從沒發生過一筆呆帳壞帳，被日本人稱為「簡直是另一個世界才可能有的事情」。

如今，橫濱華銀所在的橫濱中華街已成為日本首屈一指、世界聞名的唐人街。這裡集中了六百二十多家華僑華人企業，年遊客量二千多萬人。

與老華僑相比，新華僑應用《孫子兵法》可謂青出於藍而勝於藍。日本中華總商會常務理事、中王科技股份有限公司董事長王遠耀利用其「定計、定信、定將、定法、定位」的「五定兵法」，短短十一年就成為兩家上市公司大股東。截至 2010 年，日本共有華僑華人上市企業已達七家。

蔣豐表示，在日華僑華人深受《孫子兵法》等中華傳統文化薰陶，又熟悉日本社會，華僑華人經濟在日本經濟中占有一席之地將不會太遠。

38. 日本知名華商的「五定兵法」
——訪中王科技有限公司董事長王遠耀

「《孫子兵法》對華僑華人在海外打拼起的作用很大，我們有意識無意識地都會用到它。」這是日本中華總商會常務理事、中王科技股份有限公司董事長王遠耀見到記者後說的的第一句話。在近兩小時的採訪中，他介紹了自己的創業經歷和經營理念，其中貫穿了《孫子兵法》的核心思想。記者將其歸納為「五定兵法」：

戰略上「定計」

王遠耀 1968 年生於福建福清，1987 年自費到日本留學，1996 年畢業後進入 IBM 日本公司工作。在 IBM 工作過程中，他敏銳地觀察到，1995 年發生的「阪神大地震」使日本關西地區許多企業資料丟失，而當時電腦正迅速普及，為企業資料管理提供了巨大的市場空間。2000 年底，他毅然放棄穩定的白領工作，創辦了屬於自己的中王科技股份有限公司，主要從事企業資料管理業務。

「兵者，詭道也」。王遠耀知道，小公司要生存發展，從弱變強，要靠智慧。2002 年，中國聯想集團旗下的神州數碼決定進軍日本，希望尋找合作夥伴，他得知資訊後主動洽商，不僅取得其產品在日代理權，還獲得其注資支持，公司形象和實力大幅提升。為解決公司高速發展的資金瓶頸，王遠耀開始考慮公司上市，當時正值

金融危機橫掃全球，日本股市股價暴跌，上市無異於自殺。王遠耀立即調整戰略，以購買股票方式變相成為上市公司大股東，一時傳為企業界佳話。2010 年，王遠耀再次收購日本創業板一家上市公司，成為兩家上市公司大股東。

經營上「定信」

「信譽就是財富」。王遠耀信奉《孫子兵法》，特別珍惜、看重企業「信譽」，將其視為企業的命脈。公司創立初期，規模小，實力弱，客戶少。他利用自己在 IBM 工作時結下的人脈，逐家拜訪潛在客戶，並通過為它們提供優質產品和服務，漸漸贏得了信任，客戶穩步增加。

與聯想集團旗下神州數碼的成功合作，大大提高了王遠耀公司的知名度和信譽度，不少大企業也成為他的固定客戶，公司進入飛躍發展階段。為穩固與客戶的關係，加深他們的信任，王遠耀很少在家吃飯。經過十餘年的發展，中王科技股份有限公司已有一千多家穩定客戶，年營業額達七十多億日元。

人才上「定將」

王遠耀善用《孫子兵法》的「道天將地法」，制定公司的人才戰略。與很多華僑華人企業不同，王遠耀大量使用日本員工。目前，日本員工約占公司員工的 90%。奇怪的是，這些日本員工都很願意在其公司工作。談及其中的奧秘，王遠耀說，他尊重每一名員工，注重發揮他們的長處，盡量為他們創造一個輕鬆愉快的工作環境。日本企業加班世界聞名，王遠耀則不同。他鼓勵員工高效工作，準時上下班。這些使他贏得了員工的尊重和信任。王遠耀告訴記者，他公司的日本員工都以在華僑華人企業工作而自豪。

留學生出身的王遠耀深知，在日中國留學生中有大量人才，他們精通中日語言文化，熟悉兩國商業習慣和規則，是溝通中日兩個巨大市場的橋樑。今後，他打算招聘更多優秀的留學生。王遠耀還看中了另一個人才寶庫——日本退休技術人才。這些人剛退休，有

日 本 篇

豐富的技術和管理經驗，精力尚旺盛，也願意繼續為社會做貢獻。目前，他已聘數人為顧問，幫公司出謀畫策，解決各種難題。

管理上「定法」

孫子說：「將軍之事，靜於幽，正於法。」王遠耀注重學習日本「經營之神」松下幸之助善用《孫子兵法》治理企業的經驗，將「誠實努力」做為公司社訓，要求全體員工每天早上念誦。他參考松下等著名公司規章，制定了適合自己公司的制度，以制度管人，以制度保障品質。

在制定公司內部章程的同時，王遠耀堅持誠實信用，守法經營，尊重日本商業習慣，使公司贏得了客戶的信賴。雖然公司發展勢頭良好，但王遠耀時刻不忘創業艱難，經常提醒員工要節約樸素。他的辦公室陳設簡單，所在辦公樓也不顯眼。他告訴記者，他現在開的仍是日本國產車，而非昂貴的進口車。記者注意到一個細節，採訪結束後，王遠耀送記者到地鐵站，走出辦公室時，他還不忘隨手關燈。

市場上「定位」

王遠耀很注重《孫子兵法》中的「地形」，創業之初就把公司設在東京日本橋附近。日本橋位於東京市中心，是東京商業的發祥地，附近大公司林立。王遠耀把公司設在這裡，就是要表示把公司做大做強的決心。短短十餘年，他參股或控股的公司已有十五家，業務涉及電腦軟體、家電銷售、太陽能電池、旅遊等多個領域。

王遠耀告訴記者，他已制定未來十年公司發展規畫，即到 2020 年，使公司年銷售額達到 1,000 億日元。為此，他將收縮產業鏈，將公司重點放在軟體業、太陽能電池等節能環保產業和旅遊業上。此外，他走遍了全日本七十多個縣市熟悉「地形」，同時將充分利用自己熟悉日本和中國兩個市場的優勢，加大對中國的投資力度。「我將從包括《孫子兵法》在內的中國傳統文化中汲取營養，力爭早日達成目標。」王遠耀信心十足地說。

39. 日本名古屋華僑華人善用《孫子兵法》

「《孫子兵法》是中華文化的瑰寶，也是我們華僑華人經商的制勝法寶。」中部日本華人企業家協會名譽主席高建平談到中華文化尤其是兵聖文化，臉上洋溢著中國人的驕傲和自豪。

出生於江蘇無錫的高建平，夫人是蘇州人，蘇州和無錫兩地相鄰，都是吳文化的發祥地。他對記者說，蘇州穹窿山是《孫子兵法》的誕生地，我與蘇州有緣；《孫子兵法》最早傳入日本，而名古屋是日本戰國時代傳播應用最早的地區之一，我如今在這裡生活和工作，也與《孫子兵法》有緣。

高建平話鋒一轉接著說，真正得益與《孫子兵法》的是這裡的華僑華人，他們用孫子的大智大慧融入到日本的經濟文化之中，不僅把中華文化發揚光大，而且用中國的兵法贏得了商機，提升了海外華僑華人在日本的地位。

名古屋華僑華人善用《孫子兵法》，這是老一代華僑華人傳承下來的。高建平介紹說，名古屋老僑領丁秀山把《孫子兵法》的「造勢」應用到華僑事業和中華的烹飪文化中，從免費開設華僑子弟學校到開展華僑各項活動，擴大華僑在當地的影響力。

後來，他在朝日文化中心教烹飪，在名古屋電視台出演「料理天國」烹飪節目，每週一次教半年；半年後這檔節目剛完，又擔任中部日本電視台烹飪節目，每週一次，連播三個月；接著還到日本放送在全日本播送的「今日的料理」擔當烹飪節目，一下子名聲大振，成為日本家喻戶曉的中華烹飪明星。

此後，丁秀山「勢不可擋」，名古屋三家電視台來約播，東海電視台也來約他參加全日本播送的「電視夜晚秀」，這檔節目是由兩位日本名演員主持的，聊天南地北的娛樂性節目，收視率很高。在傳播了中華烹飪文化的同時，丁秀山的飯店生意也越來越好，「勢」頭也越來越猛，這要歸功於孫子教誨的「故善戰者，求之於勢」。

　　高建平說，名古屋新一代的華僑華人在應用《孫子兵法》上也後來居上，並注重實戰，成效顯著。孫子云：「兵無常勢」。根據形勢變化採取靈活對策，是新華僑華人的顯著特點。出生於內蒙古的鮑爾吉德也是出色的一員戰將，他從旅日留學生白手起家，創建大地旅行社，進軍傳媒業，與他成功應用《孫子兵法》中的「變中求勝」分不開的。

　　2010 年 9 月撞船事件發生後，多個日本品牌旅行社紛紛縮小中國旅遊市場的規模，裁減雇員。鮑爾吉德認為這是個極好機會，在中部日本華僑華人旅行業協會的協助下，中國到日本遊客數量一路飆升，他獲得了成功。今年 3 月 11 日，日本發生大地震，旅遊降到冰點，大地旅行社又抓住機會，僅災難一週內將上千名同胞轉移回國，他又獲得了成功，打破了單月最高銷售記錄，機票銷售額超過一億日元。

　　回國高潮過後，鮑爾吉德開始轉型，與華文媒體合作做旅遊傳播，他相信冰點過後春天即將來臨，現在遊客最關心的是媒體對日本的介紹，很有買點。鮑爾吉德還與愛克斯創新公司聯手，創辦《俱樂部名古屋》雜誌，將成為日本最大的華文免費雜誌，在日本的每一位華僑華人都能提取閱讀。

　　株式會社興亞通商社長鄭興來自黑龍江人，在日本已有二十個年頭。他一直經營中國建材，作為日本人別墅鋪裝材料。3 月 11 日日本大地震發生後，在恢復、重建家園的過程中，日本緊急需要大量的膠板。鄭興兵貴神速，從 3.20 開始，從黑龍江到遼寧，再到山東，成功的為日本客戶提供了約 1,000 立方米的膠合板，受到中日兩方的高度評價。

　　名古屋中國飯店莊稼院社長鄧國，今年三十二歲，來自哈爾濱。他原來在大阪經營中國物產，近幾日本年興起一股崇尚「正宗中國料理」的風潮，關西華人在市中心大板橋附近一下子開設了五十至六十家中國飯店。鄧國認為名古屋也應該會有這樣的機會，他將大阪的生意交托給了親戚，和妻子一起在名古屋市中心新榮開設了正

宗中國東北料理店「莊稼院」，一個月以後又在附近開設了正宗朝鮮飯店「長白山」。「莊稼院」店內牆壁上別出心裁低貼滿各種華文報紙，突現中華文化氛圍，深受華人華僑歡迎，每天賓客滿座。

高建平表示，像以上這樣的新華橋善用《孫子兵法》進行商戰的，在名古屋還有許多，他們有的善抓機遇，有的避實擊虛，還有的出奇不意。新華僑說的好，《孫子兵法》是中國人自己的寶貝，包括日本在內的全世界都在應用，我們華夏炎黃子孫自己不用好對不起老祖宗。

40. 日本新華僑玩轉《孫子兵法》如魚得水

記者在東京豐島區池袋車站北口看到，這一帶的繁華街區聚集了約二百二十多家為華人服務的飯店、網吧、書店、旅行社，已成為新華僑為主體的「池袋唐人街」，有「東京中華街」之稱，標誌著一個日益龐大的日本新華僑群體正在浮出水面。

《日本新華報》總編輯蔣豐介紹說，日本新華僑是上世紀八〇年代中期以後到日本並長期居留，許多人取得碩士或博士學位後留在日本，其中不乏高素質的人才，逐步擺脫了傳統中國人到海外只從事餐飲、服務等行業，擠身於科教、文化、商業等領域。目前新華僑在日本大概有四百多位教授級的人物，工程師大約也在近千名左右，已有五個華人企業在日本上市。日本新華僑對中國的傳統文化造詣更深，在善用《孫子兵法》方面比老華僑玩的更溜。

知彼知己，百戰不殆。日本湖南人會會長段躍中告訴記者，在以視情報為生命的日本東京，這裡成為華人的資訊發源地和集散地，十多份中文免費報紙在這裡發行。段躍中早年在經濟拮据時就靠騎自行車收集資訊，常來池袋。如今他在池袋附近公園組織了「漢語角」，從 2007 年 8 月 5 日至今已舉辦一百九十多次交流活動，為在日華人提供資訊交流機會。蔣豐認為，新華僑選擇交通發達商業繁榮的池袋是經過充分調查的，是「知彼知己」的結果。

凡用兵貴先知地形。作為東京第二大站的池袋站，每天的人流

量為二百六十萬人次，是東京著名商業區和交通樞紐站，池袋最繁華的街道從車站向東西延伸，每天大約有一百萬人流量，商業潛力巨大。日本新華僑搶先占領有利「地形」。2007 年 11 月，池袋地區的中國人經營者十餘人成立了「東京中華街」籌備委員會，計畫將分散在池袋車站周邊 500 米範圍內的各家中國店鋪，聯合形成網路式的「東京中華街」品牌。

善戰者，求之於勢。日本新華僑製作統一的網站，以整體形象在各種媒體統一進行廣告、宣傳，把「東京中華街」品牌樹立起來；開設介紹中華料理店主頁，介紹各家店鋪、製作會員卡、組織各種活動等；成立中國菜教室、中文教室，建立起「互惠環境」，產生「相乘效果」，讓池袋成為中國商品、中國服務、中國文化的發信地，創寫日本乃至世界華僑和中華街的新歷史。

以弱擊強，以眾擊寡。「地球飯店」、「東明龍鳳」等老鋪數十年前已立足池袋，以「陽光」、「知音」等物產店，「大福來」、「永利」、「大寶」料理店為中心雛形已開始形成，中國書店、中國食品、中國旅行社等「國字型大小」中華企業集中優勢兵力，抱團作戰。中國餐飲業大戶小尾羊進入池袋，斯樓的食品店內，二鍋頭，青島啤酒，老乾媽辣醬，水果罐頭，應有盡有。「東京中華街」將形成一個以中華美食、中國物產、中國文化及旅遊、娛樂等極具中國特色的綜合性商業街區。

凡戰者，以正合，以奇勝。「東京中華街」構想獨闢蹊徑，與橫濱中華街截然不同，以池袋車站為中心，半徑 500 米，或步行五、六分鐘的「網路型」圈子；以餐飲業為主，有物產家電、華文媒體、旅行社、美容院、學校、文化娛樂、不動產、通訊、IT 業等「多業態」產業。從事華僑華人研究的築波大學大學院山下清海教授認為，這裡是可以瞭解當今中國的街巷，不用說在日本，即使放眼全世界來看，也可以說是一種全新的唐人街模式。

41. 橫濱中華街彰顯「中華之勢」

走進橫濱中華街，感覺到一股濃郁的「中華之勢」撲面而來。該條街是日本乃至亞洲最大的唐人街，與神戶南京町、長崎新地中華街一起並稱為日本三大中華街。而能夠成為外國城市象徵的恐怕除此之外，絕無僅有。

《孫子兵法》云：「善戰人之勢，如轉圓石於千仞之山者。」橫濱中華街的創立在於「尋勢而發」，成功在於「乘勢而上」，充分顯示了華僑華人的「審勢度勢」，也集中體現了中華兵家文化的「善於謀勢」。作為橫濱第四代華僑，橫濱華僑銀行副理事長李肇臻見證了此街的發展「態勢」——從「弱勢」到「強勢」。

港口城市「地勢獨特」。1859 年橫濱港開港，當橫濱與上海、香港之間開設了定期的船路航班之後，中華街應運而生。各條街道，斜向海岸，居家之地，坐北朝南，東西走向，縱橫交錯，成為華僑聚居的極佳風水寶地。如今，中華街附近住了一百多個國家的人，居住的華僑華人約四千多人。

中華牌樓「氣勢磅」。全長 300 多米的中華街，東西南北門各豎著七座款色不同的牌樓，紅柱綠瓦，雕樑畫棟，成為中華街的標誌。按照中國明清時代的樣式建造，以五行風水命名各門。東為朝陽門，青龍守護；西為延平門，白虎守護；南為朱雀門，朱雀守護；北為玄武門，玄武守護。各門牌樓之柱按五行之對應，西為白虎，柱漆白色，南屬朱雀，柱漆紅色，富麗堂皇，光彩奪目，彰顯泱泱中華之雄風。

中華美食「識勢稱雄」。記者倘佯在雕龍描鳳的店鋪前，裡面飄出正宗中國料理的香味。這裡僅中國餐館就有兩百多家，被譽為「中國名菜飯館街」。飯館有以省市區命名的如北京、廣東、江蘇、上海、四川、山東、海南、重慶、青海星、揚州、景德鎮、台灣、香港、九龍等；也有以江河湖海命名的如珠江飯店、太湖飯店等；還有以人文景觀命名的如豫園別館、新天地等，集中華之「氣勢」與「優勢」於一街。

傳統工藝「借勢興旺」。中華街共有六百二十四家華僑華人店鋪，除吃之外，還開設雜貨店、藥店、服裝店、手工藝品店等。其中中華食品和中國茶話三十八家，中華工藝雜貨店鋪五十二家，生鮮食品及其它店鋪六十多家，土產店鋪三十一家。這些店鋪的名稱都善於「借勢」：如三國志、西遊記、悟空1號、楊貴妃、武松、狀元樓、牡丹園、香格里拉等，與飯館「勢均力敵」。

中華文化「貴在造勢」。關帝廟內紅臉關公像前香火正旺，中華會館、中華學校聲名大振。橫濱中華街常在電視、報紙、雜誌、電視露面，「美食天堂」之名不逕而走。近年來，該街先後舉辦春節燈會、元宵燈會、展覽會、關帝誕、媽祖誕、美食節、獅子競舞、祝舞遊行、子供繪畫展、采青等文化活動，年年有創新，月月有活動，可謂「大張聲勢」。

旅遊觀光「勢不可當」。「小老闆做事，中老闆做市，大老闆做勢」。橫濱中華街做的就是「勢」，成為「聲勢浩大」的著名旅遊名地。記者看到，街上人潮擁動，「勢如破竹」，萬人雲集，蔚為大觀。該街年均遊客達二千萬人次，95% 的客人是日本人，尤其是日本的學生居多，經常組織休學遊，而東京迪士尼樂園每年吸引的遊客也不過一千六百萬人次。當地華僑自豪地說，這裡絕對是全世界最氣派、觀光客最多的唐人街。

韓國篇

1.「韓流」「漢風」話孫武
——訪中國駐韓國大使館文化參贊沈曉剛

　　「《孫子兵法》在韓國的普及率非常高，幾乎家喻戶曉，人人皆知，這並不奇怪。」中國駐韓國大使館文化參贊兼文化中心主任沈曉剛在接受記者採訪時說，中韓關係源遠流長，自有文字記載起就有來往，包括《孫子兵法》傳入朝鮮的時代。

　　當記者問及在首爾街頭隨處都能看到用漢字醒目標出的景點、遺址、地名和各種招牌時，沈曉剛回答說，十五世紀以前，朝鮮半島並沒有自己的文字，連王公貴族使用的都是中國漢字，官方的紀錄如《朝鮮王朝實錄》用的全是漢字，這也是《孫子兵法》很早傳入朝鮮半島的主要原因之一。

　　沈曉剛說，與日本不同的是，朝鮮半島歷史上與中國和平相處時間很漫長，當時朝鮮王朝到中國參加科舉考試，《孫子兵法》列入考試範圍，這也是《孫子兵法》很早傳入朝鮮半島並經久不衰的重要因素。所以韓國在應用《孫子兵法》上也與日本不同，日本從戰國時代開始一直到「二戰」結束前，主要應用於軍事領域，湧現出一批軍事研究家；而韓國主要應用於社會文化生活領域，湧現出一批哲學和社會科學研究家。

　　《孫子兵法》在日本、美國主要在菁英階層，而在韓國已進入尋常百姓家，相當普及。沈曉剛認為，這是由於中韓兩國地緣相近，文化相通，文字相融，習俗相似的緣故。朝鮮半島長期處在中華文化圈內，在韓國，影響最大的是中國文化，尤其是儒家文化和兵家文化，這是中韓文化長期交流的結晶。

　　沈曉剛告訴記者，很多韓國人對中國的《三國演義》、《水滸傳》、《紅樓夢》、《孫子兵法》都很熟悉。韓國人用自己的方式讓中國的傳統文化與韓國的現代文明交匯融通。中韓文化交流的顯著特色是，「韓流」與「漢風」形成了兼收並融。

　　沈曉剛稱，《孫子兵法》在韓國的傳播，古人已經做了。我們的使命是，如何讓中國和世界的這一文化瑰寶更貼近韓國民眾，直接指導韓國人的思想和生活。

在中國駐韓國大使館工作七年的沈曉剛回憶，在他到使館工作前的 2001 年，時任中國對外聯絡部長戴秉國來到首爾，把刻有《孫子兵法》並用絲綢紮成的竹簡送給了當時的自由民主聯盟總裁金鐘泌。他到使館工作後，中國政府官員到韓國訪問贈送的《孫子兵法》至少有一、二百本。

沈曉剛介紹說，2004 年 12 月，韓國首爾中國文化中心成立，這是中國政府在亞洲設立的第一個文化中心，主要通過資訊服務、教學培訓及舉辦各種文化活動，向韓國民眾推介包括孔子、孫子在內的中國傳統文化，先後接待了數以萬計的韓國朋友，並擁有四千九百多名固定會員，為韓國公眾特別是青少年打開了一扇瞭解中國的視窗。

沈曉剛表示，目前首爾中國文化中心已發展成韓國國內最有影響力的五大外國文化中心之一，隨著文化中心認知度和影響力的提高，越來越多的韓國政界、經濟界高層人士前來參觀訪問，一些韓國文化團體也希望與中心合作，折射出中國文化影響力在韓國不斷提高。我們將更好地利用這一品牌，讓中華文化在韓國更具影響力。

2.《孫子兵法》傳入朝鮮或早於日本

中新社記者「孫子兵法全球行」第二站來到韓國首爾採訪。對《孫子兵法》何時走向世界，一般認為早在七世紀時傳到了日本，稍後傳入朝鮮。而韓國兵學專家持有不同觀點，認為《孫子兵法》傳入朝鮮的時間可能早於日本，但這個問題尚待進一步考證。

此間學者認為，日本奈良時代遣唐留學生吉備真備將《孫子兵法》傳入日本之前，來自朝鮮半島百濟國的幾位兵法家已來到日本修築城池，因精通中國兵法被授予榮譽勳位，極有可能是朝鮮半島百濟國的幾位兵法家把中國兵法傳入日本的。如果此推斷成立的話，那麼《孫子兵法》傳入朝鮮可能早於日本七十多年。

韓國國防大學校名譽教授、韓國第一代中國歷史文化和軍事戰略研究專家黃炳茂向記者介紹說，李氏朝鮮從《孫子兵法》裡就學

會如何築城、守城、攻城；高麗時代研讀《孫子兵法》已很普遍了；三國時代的百濟國與日本交流頻繁，而百濟國受中華文化影響很深。因此，日本人從百濟國那裡接受孫子思想傳播的可能，不能排除。

也有韓國學者考證，《孫子兵法》傳入朝鮮可能早於日本，這與中國、朝鮮的移民有關。因為古代日本很落後，所以中國和受到中華文明薰陶的朝鮮人到日本定居很受歡迎，他們將包括兵家文化在內的中華文化帶到日本，完全有這種可能。

中國駐韓國大使館文化參贊沈曉剛贊同這種說法，他認為朝鮮半島的文化受中國影響十分深遠，早在唐朝時期，朝鮮半島的新羅國就專門派人到中國學習中國的文化以及治國的策略，直接照搬照抄地拿回去的也是常事。中國漢字長期是朝鮮唯一的書寫文字，高麗人用漢字記錄自己的歷史，並漸漸融入了中華文化圈，中國儒家文化、兵家文化最早在朝鮮傳播，是不足為怪的。

據《朝鮮通史》記載，十五世紀李朝的義宗至世祖時期，曾出版過《武經七書》的注釋本，其中就有《孫子兵法》。在 1777 年，朝鮮又發行過《新刊增注孫武子直解》。該書分上中下三卷。在《新刊增注武經七書直解》內，系以劉寅的《直解》為底本。補充舊注增訂而成。到 1863 年，又有趙義純的《孫子髓》出版。十六世紀後，朝鮮文版本的《孫子兵法》譯著、評著大量湧現。

韓國孫子研究學者朴在熙考證，朝鮮的高麗時代，《司馬兵法》、《武經七書》、《三略》已很流行。朝鮮五科考試《孫子兵法》列入其中。朝鮮著名的愛國名將李舜臣也曾經歷過這個考試，後來他朝鮮衛國戰爭是在中國明朝軍隊支援下，用《孫子兵法》戰勝了日本。

與日本把《孫子兵法》先用於軍事、後用於商戰不同的是，朝鮮半島先融入哲學、後融入社會文化生活。朴在熙告訴記者，朝鮮時代的知識分子把《孫子兵法》作為哲學來學習，不是為了打仗，而是從中汲取哲學思想。如今進入資訊化時代，韓國人把《孫子兵法》作為人生的必修課。

3. 朝鮮衛國戰爭中的《孫子兵法》

在首爾的光化門廣場，矗立著朝鮮名將李舜臣的巨型塑像；在韓國戰爭紀念館，李舜臣橫刀立馬，威風凜凜。據講解員介紹，朝鮮衛國戰爭是在中國明朝軍隊支援下，用《孫子兵法》戰勝了日本。

記者看到，韓國戰爭紀念館裡展示了李舜臣的戰船模型、李舜臣的石像，還展示了《尉繚子》、《六韜》等中國古代重要的兵書，以及訓局新造軍器圖說、武藝圖譜通志、旗槍譜、騎槍譜、馬上鞭棍譜等，全是漢文版，還有朝鮮時代打擊武器、弓矢等，都是中國明朝的兵器，最令人注目的是明朝朝鮮國統治使所增的大捷碑。

據記載，西元 1592 年 7 月，李舜臣、李億祺、元均麾下的朝鮮水軍七十二艘艦船誘敵至閑山島海上，朝鮮水軍擺出鶴翼陣擊破五十九艘日本艦船，取得了偉大的勝利，掌握了制海權。

韓國孫子兵法研究學者對記者說，與日本著名武士豐臣秀吉相抗衡而又戰勝他的是朝鮮名將李舜臣，這位將軍文武兼備，一向認真學習和運用《孫子兵法》和《吳子兵法》、《司馬法》的思想和戰略戰術。他在這次衛國戰爭中，以「避實擊虛」、「以正合，以奇勝」的戰略戰術與敵作戰，「避其銳氣，擊其惰歸」，取得了接二連三的勝利。

1592 年 4 月，日本侵略軍在釜山登陸以後，以強大的優勢兵力，「水陸並進」，所向披靡，向北猛進。日本水軍的任務是攻占慶尚、全羅、忠清諸道

在首爾光化門廣場，矗立著朝鮮名將李舜臣的巨型塑像

的沿海地區，確保海上通路，為陸軍供應糧食和戰略物資，以配合陸軍火速侵占全朝鮮。

當時擔任朝鮮全羅道水軍節度使之職的恰是李舜臣。面臨這種極為不利的形勢，李舜臣急中生智，於 5 月 4 日率全羅左道和全羅右道水軍八十五艘戰船離開港口基地，駛往海域，尋機打擊日軍。

5 月 7 日，李舜臣發現玉浦海面停泊著五十餘艘敵戰船，大部敵軍離船上陸進行搶劫並把搶劫之物往船上搬運，便以「出其不意」、「攻其無備」的戰術，親率水軍立即駛赴玉浦海面，突襲日軍戰船，並緊緊包圍逃竄的日軍戰船。經過短時間的激戰，擊沉日船二十六艘，擊傷擊斃日軍不計其數。是日下午又在永登浦前海擊沉日船五艘。緊接著，5 月 8 日又一次在赤珍浦海面擊沉各類日船十三艘。

朝軍取得了開戰以來的首次戰果，打亂了日軍「水陸並進」作戰計畫，水軍與陸路的聯繫被切斷，陸軍的物資供應失去了保證，在戰略上所具有的重要意義就在於朝鮮水軍開始在海戰上取得了主動權，此後多次海戰的勝利都證實了這一點。作為指揮這次海戰並取得了勝利的李舜臣來說，巧用在運動戰中求生存、置之死地而後生的謀略，沉重地打擊了日軍，扭轉了戰勢被動的不利局面。

1597 年 7 月，李舜臣僅有倖存的十二艘戰船和屈指可數的一百二十多名官兵，日軍艦隊則擁有六百餘艘戰船和數萬之眾。這個艦隊準備配合陸軍再次推向朝鮮腹地，進而占領全朝鮮。面對這種敵眾我寡、敵強我弱的危急關頭，李舜臣又以「以少勝多，出奇制勝」的戰略戰術原則，隨機應變，把節度使的大本營轉移到全羅道的右水營。這一海域有狹長的鳴梁海峽和險要的珍島碧波亭，地勢極端險要，歷來是海戰的要地。李舜臣對孫子「投之亡地然後存，陷之死地然後生」活學活用，決定「險地取勝」。

9 月 16 日，日軍出動三百三十餘艘戰船和二萬餘水軍，由東向西猛攻駐在鳴梁海峽的朝鮮水軍。面對占絕對優勢的敵軍，李舜臣沉著指揮，擊沉日軍指揮艦等三艘戰船，擊斃了日軍指揮官馬多時，

使日軍群龍無首。日軍妄圖逃出海峽，李舜臣抓住有利戰機，指揮水軍切斷敵軍艦退路，轉瞬時間擊沉三十餘艘戰船，擊斃四千餘人水軍，取得了著名的鳴梁大捷，又一次把豐臣秀吉的「水陸並進」的作戰計畫徹底粉碎。

韓國孫子兵法研究學者稱，以李舜臣指揮的水軍為主力的朝鮮水軍，在中國明朝水軍的大力支援下，運用《孫子兵法》大獲全勝，從此完全掌握了海戰場的主動權，同時也為此次衛國戰爭的勝利奠定了有力的基礎。

4.《孫子兵法》創下韓國出版史的最高紀錄

《孫子兵法》在韓國大受歡迎，不同的版本相繼出版，有的被編寫成漫畫。與之相關讀物種類繁多，一直都是熱門讀物，不止是青少年讀，中老年人也將之奉為經典。

記者在位於首爾光化門韓國最大的教保文庫看到，韓文版、中韓文對照版、古典板、新編版、新解版、注釋版、圖解版、小書版，數不勝數。可以說，《孫子兵法》在韓國不是暢銷書，而是長銷書，常年都有人購買。據稱，其銷量長年累積已經創下韓國出版史的最高紀錄。

據介紹，韓國是熱衷於出版、普及和研究《孫子兵法》的國家之一。自 1953 年以來，已陸續出版了百餘種韓文版相關書籍，特別是進入二十一世紀後每年都有新作問世，韓國普及《孫子兵法》的通俗讀物也十分暢銷，主要面向青少年。

韓國著名作家鄭飛石的四卷本《小說孫子兵法》極為暢銷，他為韓國的企業家寫出了《孫子兵法演義》一書，供他們閱讀。鄭飛石從現代企業家鬥智鬥勇的需要出發，用中國春秋戰國時期豐富多彩的政治、軍事、外交等故事來全面闡述《孫子兵法》的豐富思想，通篇閃爍著孫子的智慧之光，現代企業家可從中吮吸他們所需要的滋養。

《孫子兵法演義》成為世界著名暢銷書，一百萬部很快告罄。

韓國《孫子兵法》大受歡迎，不同的版本相繼出版

接著，香港、台灣迅即有中文版發行，銷勢看好，僅從 1985 年至 1997 年就再版五次，印數達二百萬冊，並譯成多國文字在海外發行。《孫子兵法演義》改編的漫畫在首爾教保文庫也有銷售。書店銷售人員告訴記者，這類漫畫老年人買的最多，因為在韓國漫畫不只是給孩子看的，主要是給老年人看的，韓國老年人特別喜歡看漫畫。

　　記者還在首爾沿街的音像店看到，與《孫子兵法》相關的音像製品，諸如《戀愛兵法》動畫光碟長年不斷。韓國人氣歌手演唱主題曲出自孫子的《風林火山》四大主人公 COS，並結合《風林火山》的動畫片段製作，體現了東方風格，頗受韓國年輕人的喜愛。

　　韓國武俠新遊戲《風林火山》，命名源自《孫子兵法》「其疾如風，其徐如林，侵略如火，不動如山」，遊戲中共有四個職業，並以武器作為區分，分別是刀、劍、爪、扇四種，遊戲採用 ARPG 遊戲模式，著重在人物戰鬥特效，玩家可以恣意對路邊的樹木、岩石進行攻擊，配合玩家攻擊，遊戲中的物件也會跟隨改變形體和位置，充滿了高度的自由性，為玩家帶來新鮮的遊戲感覺。

　　韓國學者認為，《孫子兵法》在韓國民眾中廣泛傳播和普及，並融入到韓國的社會文化生活中，說明《孫子兵法》不僅跨越了國界，而且超越了時空，二千五百年後依然閃耀著智慧的光芒；也說明中國傳統文化博大精深，其深邃的思想和哲理讓韓國人獲取啟迪；更說明中華文化在同為漢文化圈的韓國交流融合所產生的無窮魅力。

5.《孫子兵法》影響一代又一代韓國人

「《論語》、《易經》、《孫子兵法》、《三國演義》等影響了一代又一代的韓國人。」韓國外國語大學國際地區研究生院教授黃載皓對記者說，在韓國從老人到小孩幾乎沒有不知道《孫子兵法》的，成年人更不用說了。許多韓國人把孫權看成是孫子的後代，《三國演義》又充滿兵法的謀略，經典戰例膾炙人口，因此在韓國讀該書的人很多，他就是讀《三國演義》長大的，後來又讀《孫子兵法》。

韓國國旗太極旗，中間為太極圖，四個角上是四組八卦符號，分別代表天、地、水、火，國徽中間是太極圖，融入《易經》、《孫子兵法》元素；韓國人的圍棋、象棋、擲棋、摔跤、跆拳道也汲取中國古代兵法的精華，這充分說明瞭東方古典文明的文化傳統，在韓國得到繼承和推崇。

在首爾的街頭巷尾飄蕩著中國風，許多刻意保存的古建築如地位與北京紫禁城相當的「景福宮」、位於城市中軸線南北兩端的「崇禮門」與「光化門」仍舊懸掛著端莊、威嚴的漢字牌匾，就連最熱鬧的時尚購物區「明洞街」，也有不少商號用漢字標示品名，這說明韓國對漢字還很留戀。

在首爾南山谷韓屋村傳統的韓屋裡，可體驗韓國文化之源，這裡展示的韓字、韓服、韓樂和韓紙等韓國傳統文化，與中國文化不可分割。韓屋村裡「綠樹無言春

韓國國立民俗博物館書籍、字畫都浸泡著中國儒家、道家、兵家等諸子百家文化

又歸，青山有約晚更好」等數十條對聯，不僅都是漢字，而且全來自中國的詩詞。韓屋村裡的古代建築，帶有更多的漢唐風格兼韓國特色，讓人置身於中式建築頗具一點異國風情。

韓國著名經濟學家宋丙洛稱，儒家文化早已走出「文化讀本」的範疇，深刻地影響了韓國的風俗、習慣以及思維方式。可以毫不誇張地講，儒家文化已經完全浸入這個民族的骨髓。自儒教傳入朝鮮半島的千百年來，儒家文化落地生根，遍地生花，深深地融入韓國社會的每一個階段、每一處脈落，從而影響著這個國家的過去、現在和未來。

黃載皓認為，韓國一直屬漢字文化圈，韓國一般的高中畢業生也能認識一千八百個左右的漢字，至今仍然在電視上不斷播放有關孔子、老子、孫子思想的節目，人們的日常行為方式、思考方式也都深受中國文化的影響。

記者在韓國國立民俗博物館看到，這裡展示了韓國的歷史文化和傳統生活方式，眾多模型、文物尤其是書籍、字畫都浸泡著中國儒家、道家、兵家等諸子百家的文化。

曾在中國留學的韓國翻譯金蓮花告訴記者，《孫子兵法》在韓國幾乎家喻戶曉，媒體上經常刊登這方面的漫畫作品。很多韓國人家中「家訓」內容多來自《論語》、《孫子兵法》，尤其是孫子的「智信仁勇嚴」五德，更是被視為傳家寶訓。

以《孫子兵法》為題材的文娛節目在韓國很流行。《戀愛兵法》由中國湖南台與韓國公司共同投資製作，在韓國 KBS 電視劇頻道播出。該劇講述用戀愛兵法獲取幸福的制勝法寶，導演和編劇全來自韓國，聚集全亞洲的超強陣容，可謂韓國偶像劇的高端作品，精彩絕倫的「愛情三十六計」曼妙招術令觀眾叫絕，使韓國再度掀起了「中國風」。

「何止《戀愛兵法》」，黃載皓告訴記者說，《上司兵法》、《辦公兵法》、《職場兵法》、《家庭兵法》，甚至《搬家兵法》，在韓國演繹得十分精彩。如今韓國人高層搬家用雲梯往下滑，如孫子所云：「善攻者動於九天之上。」

6. 世界盃足球場成兵法競技場

首爾上岩體育場是 2002 世界盃足球主會場，韓國足球隊在此踢進了世界盃足球賽四強，成為本屆賽事最大的黑馬。如今，該體育場熱門足球賽事不斷，展覽館的參觀團也絡繹不絕。人們面對一幅幅圖片，一只只足球，回味無窮：首爾世界盃足球主會場是如何成為《孫子兵法》競技場的？

2002 年世界盃足球主會場上，《孫子兵法》演繹的淋漓盡致──「知彼知己，百戰不殆」，各國足球比賽前注重瞭解對方；「避實擊虛」，同樣是足球比賽的通則；「不可勝者，守也；可勝者，攻也」的用兵通則，被神奇地應用在綠茵場上；「以正合，以奇勝」，體現出球隊能分能合、靈活多變、出奇制勝的戰術組合來。

韓國國家男子足球隊有「太極虎」和「亞洲虎」之稱，是多次成功晉身至世界盃決賽週的亞洲球隊。在 2002 年世界盃之前，韓國隊不打無準備之仗，採用「魔鬼訓練法」，訓練體能即五十組 5 乘 50 米的折反跑等，強度之大、運動量之強是人難以想像的。

上岩體育場工作人員介紹說，2002 世界盃上，深諳《孫子兵法》的韓國隊絕對是超級勁旅。在對波蘭的比賽中，教練希丁克就既強調韓國隊在進攻上要有銳不可擋之「勢」，又強調要掌握短促出擊的「力」。在足球場上，韓國隊隊員奔跑積極，拼搶兇狠，達到孫武所說「勝兵先勝而後求戰」的要求，最終取得了第四名的好成績。

「兵無常勢，水無常形」。世界足壇勁旅巴西隊的秘密武器，也是中國的《孫子兵法》。在斯柯拉里看來，無論是用兵之道，還是足球之道，都充滿了靈活性、變動性和創造性。兵法可以用於足球，創造戰機，來敲開勝利的大門。

斯柯拉里坦承，自己最重要的工作是要用《孫子兵法》來武裝巴西隊，作為巴西隊在本屆世界盃上戰術和心理上的寶典。斯柯拉里非常注重調動球員的能動性和深信運動心理，把《孫子兵法》節選列印出來的內容貼在球員房間的門上和牆上，結果他們在四分之一決賽中少打一人還取勝晉級。

巴西隊 2002 年世界盃淘汰英格蘭時，斯柯拉里給他的弟子都發了一本《孫子兵法》供閱讀學習。斯柯拉里這一招可謂「攻心為上」。他熟讀《孫子兵法》，相信球場如戰場。他的友人曾向媒體透露，斯柯拉里每晚都研讀「孫子兵法」。

巴西隊長卡福也曾公開表示過對孫子的敬仰，並說是巴西隊在韓日奪冠的法寶：「這本書改變了我們對足球的思維方式。」一名巴西記者說：「孫子，這位中國古代軍事思想家的幽靈似乎徘徊在球場上向前推進的每名大師級國腳的身邊。」

被譽為《孫子兵法》偉大實踐者的米盧，率領中國足球隊進軍2002 世界盃，他帶的法寶當然是中國的《孫子兵法》。米盧善於雪藏主力，干擾對手排兵布陣。通常在比賽之前，各個球隊都要根據對手的主力陣容排兵布陣，制訂戰術。剛到韓國，後防大將范志毅和中場「發動機」祁宏均因「傷」未能入選主力陣容，誰能說這不是米盧施「善守者，藏於九地之下，動於九天之上」？

誕生於二千五百多年前的這部中國古老兵書，與當今世界的足球運動有什麼關係呢？韓國孫子學者詮釋說，戰爭衝突與足球運動都是以求勝為目的、以對抗為特點、以攻防為手段、以不斷的運動為外在表現形式的。作為一種對抗性的活動，足球運動同樣要服從制勝之道的基本法則。這是《孫子兵法》所揭示出來的用兵之道與足球藝術深層次的一致性所在。

7. 韓國跆拳道充滿兵法競技智謀

時高時低、時近時遠、時左時右、時直時屈、時轉時旋，時起時落……在首爾南山谷韓屋村泉雨閣舞台，身穿白底黑字跆拳道服飾的少年示範隊正在進行跆拳道示範表演，嫻熟過硬的動作，剛柔並舉的品勢，令遊客大開眼界，贏來一片叫好聲。

負責示範表演的跆拳道教練對記者說，競技體育比賽通常不止是簡單的身體較量，在高層次的比賽中也需要有智慧的火花來指揮。《孫子兵法》充滿了競技智慧，在賽場上不僅要和對手角力，

更要學會鬥智、鬥心理。

跆拳道利用身體的不同部位作為武器，以「喊」、「劈」、「坎」、「踢」等為基本技術，向對方進行攻擊，或防守對方的攻擊。這位頗懂兵法的教練稱，跆拳

在首爾南山谷韓屋村泉雨閣舞台正在進行跆拳道示範表演

道的「造勢、詭道、多算」的制勝之道，來源於孫子思想。

這位有著眾多弟子的少年教頭還告訴記者，跆拳道修習的重點，力量的強弱和動作的緩急，根據偏重程度來區分品勢的類型，分為柔軟緩慢的品勢、柔軟快速的品勢、發力而緩急的品勢、長呼吸而緩慢的品勢、強弱和緩急均等的品勢，這些品勢也汲取了《孫子兵法》中〈勢篇〉的精華。

為了進一步瞭解跆拳道的歷史文化，記者又來到位於首爾的韓國跆拳道紀念館。該館坐落在中央道館旁，道館邊的綠樹叢中立著刻有「世界跆拳道聯盟創立」的紀念石。據介紹，世界跆拳道聯合會 1973 年在韓國漢城成立，現有一百八十二個協會會員，世界各國約有三千萬跆拳道愛好者。1980 年該組織得到國際奧會的承認，被列為 1988 年漢城奧運會和 1992 年巴賽隆納奧運會表演項目，2000 年成為奧運會正式比賽專案。

韓國跆拳道紀念館內陳列著三千餘種在國內外獲得的獎狀、獎牌、證書、錦旗，展示了韓國跆拳道歷史史料、書籍圖片、書法題詞、紀念章、宣傳畫，以及跆拳道運動服飾和頭盔、運動員模型、優秀運動員照片、媒體報導材料和音像材料等，是韓國跆拳道歷史上寶貴的財富和資源。

紀念館資料顯示，跆拳道是一門韓國格鬥術，以其騰空、旋踢腳法而聞名，由韓國的花郎道、中國的武術、日本的空手道融匯而成。跆拳道這個名稱來源於韓語的「跆」，指用腳踢打，「拳」，指用拳擊打，「道」，指格鬥的藝術和一種原理。

據韓國跆拳道研究專家介紹，跆拳道源於朝鮮半島三國時代的跆拳。「跆拳道」一詞，是 1955 年由韓國的崔泓熙將軍創造。據說崔泓熙將軍早年在留學日本時，學習了日本松濤館流空手道，並融入到跆拳道中。而日本空手道等武術，是中國拳術的發展，中國的武術與《孫子兵法》源遠流長。

韓國跆拳道研究專家表示，現代的跆拳道是結合當代東亞武技之長的韓國發源武術運動之一。跆拳道比賽對抗激烈，場上情境瞬息萬變，攻防轉換變化莫測，處處充滿著兵家智謀、勇氣的較量。進攻一方的強者必然希望速戰速決，而防守一方的相對弱者就應當持久作戰，以時間贏得空間。

韓國兵法專家認為，《孫子兵法》是世界最古老的兵書，也是「世界第一兵書」。它不僅在軍事上有極其重大的意義，在體育訓練和競技體育比賽中的作用則更為直接，可供跆拳道借鑑的內容亦十分豐富。

8. 從《孫子兵法》看和諧世界
——訪韓國孫子兵法國際戰略研究會會長黃載皓

「韓國戰爭紀念館應改名為和平紀念館」，韓國孫子兵法國際戰略研究會會長黃載皓得知記者剛去過韓國戰爭紀念館，見面後的說的第一句話就直奔主題。

黃載皓現任韓國外國語大學國際地區研究生院教授、國際開發系主任，在他辦公室的書櫃裡，《孫子兵法》、《三國演義》、《東方國語辭典》、《中韓辭典》、《強大國的興亡》等兵書、漢語書、中韓關係書塞的滿滿當當。

「我是讀著《三國演義》等中國兵書長大的」，出生釜山的黃

載皓，兒時外婆讓他讀中國兵書，令他如癡如醉，對中國兵書中的人物形象十分崇拜。後來他投筆從戎，曾在韓國國防部智庫任職，擔任過韓國國防研究院安保戰略研究中心地區研究室研究員。

韓國孫子兵法國際戰略研究會會長黃載皓

　　說到《孫子兵法》，黃載皓評價極高：它是戰略思想、指揮戰策中最為出色的指導原則，不僅是中國歷史上最偉大的兵書，也是各個國家最重視的軍事寶典。韓國陸軍軍官學校的學員不僅要瞭解世界上每一場著名戰爭的過程和結果，還要掌握每一場戰爭的歷史背景和國際局勢，令人驚訝的是他們能夠說出每一場戰爭採用了《孫子兵法》中的哪種戰法。

　　黃載皓對記者說，《孫子兵法》作為中國傳統軍事文化的瑰寶，蘊涵著和平、和諧的哲理。在二十一世紀，以《孫子兵法》為代表的傳統意義上的兵法將如何面對構建和諧社會、和諧亞洲、和諧世界這個目標呢？毋庸置疑，《孫子兵法》的戰略思想、全勝思想仍然具有勃勃生機，仍然對全世界具有一定的指導作用。全人類的雙贏全勝是必由之路，唯一選擇。

　　黃載皓詮釋道，中國的和平崛起，最精彩的就是構建和諧世界，是對中國傳統「和合」思想的繼承和發展；中國從韜光養晦到有所作為，為亞洲和世界的和平發展作出了努力；中國對世界和平與發展提出的新理念已成為普遍的世界秩序觀；和諧社會乃和諧世界的基礎，和諧世界乃和諧社會的保障；和諧世界是求同存異的外交理念與實踐；和諧世界戰略手段重視經濟協作上的共同反映，多者主

義上的共同安保，多樣文明間的共同包容；和諧世界依賴經濟、貿易、外交、文化等廣義的軟實力。

對如何吸收《孫子兵法》中的戰略思想構建和諧世界，黃載皓也有自己獨到的見解──

首先，吸收《孫子兵法》構建和諧世界，要進行國家戰略思維──「伐謀」。謀略的根本在於實力，尤其是經濟、外交、軍事的綜合國力。進入二十一世紀以後，戰爭不只是純粹的軍事對抗，而是綜合國力的運用。用兵的最高境界是用謀略勝敵。昔之善戰者，先為不可勝，以待敵之可勝，先勝後戰。從中長期性、大國性地分析的話，是高級戰略所尋求的制勝之道。

其次，吸收《孫子兵法》構建和諧世界，要實施國家外交戰略──「伐交」。伐交與伐謀是最佳選擇，在外交戰略上「不戰而不戰而屈人之兵」乃全勝藝術，「知被知己」為制勝之重心：互相瞭解的通道，改善非友好鄰國間的關係，同時強化鄰國間的關係，成為世界各國和而不同、互信互諒、和平共處、雙贏多贏的前提。

再次，吸收《孫子兵法》構建和諧世界，國家軍事戰略──避免「攻城」。「攻城」是下策，是不得已而用之，武力終不是當今世界解決爭端的戰略選擇。「天安」號事件及延坪島炮擊事件，使朝鮮半島局勢惡化。比誰的膽子更大，這種戰略博弈是非常危險的，因為「慎戰」是孫子對待戰爭的基本態度，是孫子戰略思想的精華所在。

黃載皓把和諧世界的戰略地區從理論上區分為：和諧世界、和諧亞太、和諧亞洲及和諧兩國關係。亞洲是極為重要的戰略地區，而朝鮮半島局勢，對東北亞乃至整個亞洲安全格局至關重要。黃載皓認為，強大國間的和諧，重點國家的和諧，同舟共濟，對世界很重要，強大國家和諧了，世界才會和諧。中國和美國都不希望朝鮮半島發生戰爭，讓世界看到了緩和的一縷陽光。

9. 中韓軍事關係「衢地則合交」

「韓中在文化領域，可以說是韓流滾滾，漢風陣陣；在經濟領域，總體上看也是合作潛力巨大，前景廣闊；而在軍事領域，從薄弱到深化，高層互訪不斷。」韓國孫子兵法國際戰略研究會會長、韓國外國語大學國際地區研究生院教授、國際開發系主任黃載皓，用流利的漢語與記者交談。

精通漢語和英語的黃載皓，不僅長著一張典型的中國臉，而且有著「中國緣」：2006 年 3 至 4 月，曾擔任過中國外交學院客座研究員，在韓國首爾崇實大學、首爾數字大學、首爾國民大學、首爾東德女子大學教過中國外交政策。

黃載皓曾在韓國國防部智庫任職六年七個月，擔任過韓國國防研究院安保戰略研究中心地區研究室研究員，主要研究領域為中國外交安保政策和東北亞國際政治，寫過〈中國國防力量的綜合評價〉、〈中國國防部長曹剛川訪韓的意義與成果〉、〈戰略合作夥伴關係框架下的中韓軍事關係〉等文章，近年出版了《衡量中國對朝鮮的影響》、《東北亞的潘朵拉之盒：朝鮮的逃亡者》、《朝鮮的艱難之旅：分析南北峰會》等著作。

黃載皓對記者說，「撥雲見日」四個字用在韓中關係上十分貼切。2008 年 5 月李明博總統訪華和出席北京奧運會開幕式可稱為「撥雲之旅」，北京奧運會閉幕式第二天胡錦濤主席的訪韓可稱為「見日之旅」；2010 年李明博總統出席上海世博會開幕式並同胡錦濤主席會晤，同年胡錦濤主席赴韓國首爾出席二十國領導人第五次峰會與李明博總統會晤。通過首腦互訪，韓中關係在很短的時間內回到了正常軌道。

「韓中軍事關係絕不是『死地』，至少是『交地』，可以發展成『衢地』。」黃載皓幽默地說。他在用《孫子兵法·九地篇》詮釋戰略合作夥伴關係下的中韓軍事關係時形象地比喻說：「『死地』是兩國都不願看到的，『交地』就是加強軍事交流，『衢地』是與包括韓中在內的多國建立戰略合作夥伴關係。」

　　黃載皓說，根據合作的深度，軍事關係一般可分為軍事交流、軍事合作、軍事同盟三個層次。韓中兩國領導人宣布建立戰略合作夥伴關係，使兩國最薄弱的軍事領域合作再度引起關注。但由於韓美同盟、中朝關係以及韓中軍隊自身特點等原因，韓中軍事關係目前不可能達到第三層次的軍事同盟，但有可能從第一層次軍事交流達進入到軍事合作的第二層次。若雙方都有將兩國軍事關係在目前基礎上再向前發展一步的想法，那麼兩國應該從現在起就積極努力，因為這是建立相互信任的捷徑。

　　韓中軍事領域的交流自1993年12月韓國設立駐華使館武官處、1994年4月中國設立駐韓使館武官處以來，得到了長足發展。黃載皓闡述說，現階段的韓中軍事交流在高層人員互訪、政策事務交流，以及研究、教育及體育交流等三個領域廣泛開展。在高層互訪方面，截至2009年韓中共召開了七屆國防部長會談，其中五次為韓國防部長訪華。訪韓的中方高層有人民解放軍總參謀長、副總參謀長、軍區司令員和政治委員等，訪華的韓方高層有國防部長、合參議長、陸海空軍參謀總長、陸軍第三軍司令員等。實務層面交流有定期國防政策實務會議、非定期陸海空軍交流。

　　黃載皓認為，2008年，韓中開通了「軍事熱線」，儘管這條熱線介於中俄與中美軍事熱線之間，但對於兩國軍事領域的合作還是有益的；2009年，中國海軍「鄭和號」與韓國海軍艦隊互訪；2010年，兩國國防部長會晤，兩國國防大學校長互訪；軍事領域的研究交流，特別是韓國國防研究院和中國軍事科學院、國際戰略學會之間的交流，日趨密切，在東北亞地區重大安全問題——朝鮮核問題上也保持了良好的合作。

　　黃載皓詮釋道，《孫子兵法》云：「衢地則合交。」衢地是戰略要地、兵家必爭之地，也是取的多助的地區，就好比東北亞地區。在衢地上要接交鄰國，鞏固結盟。《孫子兵法》又云：道天將地法，經之以五事。我相信，一年半以後，當道（方向）、天（天時）、地（地利）、將（統帥）、法（管理）順暢時，再通過韓中兩國軍隊自身

努力和相關國家的理解，韓中軍事關係的發展還是可以實現的，並將有助於東北亞地區的和平穩定。

10. 朝鮮半島博弈像「鬥雞」
──訪韓國國防大學校名譽教授黃炳茂

韓國國防大學校名譽教授黃炳茂博士把記者帶到漢江邊的長椅上，一邊望著寬闊而清澈的漢江，一邊進行別開生面的採訪。他的話匣子一打開，就像滾滾漢江水滔滔不絕。

黃炳茂是韓國第一代研究中國歷史文化的學者，也是知名《孫子兵法》研究專家。他從冷戰以後赴美國研究中國戰略問題，至今已有四十多年。他與美國教授合著出版過兩本研究中國的書，自己也單獨出版過《新中國軍事論》，書中引用了許多孫子思想，用《孫子兵法》解讀中國戰略。該書贈送給時任中國國防部長遲浩田，獲得韓國世宗文化獎。

黃炳茂在韓國國防大學校主要教中國軍史、戰爭與和平。他的學生翻譯過《孫子兵法》，韓國國防大學校也曾專門設立《孫子兵法》課程。他認為，《孫子兵法》是講大戰略的，是國家與國家之間的戰略，是和平與發展的戰略。

黃炳茂說，他屬於反對「朝鮮崩潰」的那一派，朝鮮半島還是和平的好，這符合孫子的和平主義思想。追求和平、謀取發展是《孫子兵法》的核心思想，這一和平與發展的理念，無論是對朝鮮半島還是對當今世界，都具有一定的指導意義。

談到朝鮮半島局勢，黃炳茂形象地比喻說：「半島博弈就像『鬥雞』。」鬥雞是一項競賽和娛樂遊戲，起源於亞洲。雞在發情期最好鬥，鬥得難分難解，勢不兩立，鬥完後雞冠流血，啼叫無力，結果往往兩敗俱傷，但還不至於會喪命。

半島博弈也是如此。黃炳茂說，朝鮮試圖用「鬥雞」的戰術行動達到其戰略目的，達不到目的再「鬥」一次，鬥來鬥去，就想掌控對方。再鬥下去，局勢可能會緊張些，但不會發生大的破裂。

「鬥雞」只是一場遊戲，兩雞相鬥時間長了，都有疲憊之態。如果沒有人想看了，自然也「鬥」的沒趣了。黃炳茂表示，要扭轉局勢，不能僅靠武力。

黃炳茂認為，《孫子兵法》對韓國的國防理論影響最大的「不戰而屈人之兵」，孫子告訴我們要時刻準備戰爭，但不一定要發動戰爭，最好通過外交，以不發生戰爭來贏得戰爭，這是最高境界。朝鮮半島更需用對話，而不是戰爭。

黃炳茂注意到，前不久，亞洲地區安全論壇在新加坡舉行，中國防長首次參加香格里拉對話，闡述中國對地區安全形勢的看法，介紹中國參與國際安全合作的政策主張。他說，這對維持朝鮮半島的和平穩定起了積極的作用。

11. 韓國專家談半島「外交兵法」

韓國政府一位不願意透露姓名的安全專家在接受記者採訪時說，西方兵法是先打仗再談判，而以孫子為代表的東方兵法是「先禮後兵」，先見面談判，談不成再交戰。

這位安全專家曾在韓國國防戰略研究院供職，是朝鮮問題專家，也是兵法研究專家，現在韓國外交財團擔任要職。他認為，《孫子兵法》是人類歷史上第一部軍事謀略法典，「上兵伐謀，其次伐交，其次伐兵，其下攻城」，其精深的謀略思想在外交活動中有著極高的使用價值。

他形象地比喻說，孫子的「風林火山」用在外交上，就是外交計謀像「風」，八面駛風；外交策略像「林」，眾議成林；外交活動像「火」，打得火熱；外交政策像「山」，安若泰山。

這位安全專家評價說，《孫子兵法》的外交計謀和策略，已成為眾多國家為實現其對外政策，在各種外交活動中所採用的智謀和策略，尤其是正在被一些國家的政府首腦運用。如美國前總統尼克森的名著《1999 不戰而勝》，就是論述如何運用孫子的外交戰略。

他在〈真正的戰爭〉一節中指出「我們要不戰而勝，就必須決心以不進行戰爭的方式使用我們的力量。」

「不戰而勝」的外交戰略曾對雷根和布希政府的對外政策產生重大影響，也是布希提出的「超越遏制」戰略的直接思想來源。如今，許多美國政要都能夠熟練地運用《孫子兵法》中的名句，來評論政府的外交策略和外交活動。

這位安全專家對記者說，韓國與朝鮮是同一個民族，都是容易興奮的，自尊心都很強。朝鮮炮擊延坪島，韓國死了人，自尊心受不了，對朝鮮的挑釁教訓一下就完了。他的結論是，韓國絕不會把導彈打到平壤去的。

在對待朝鮮半島和與戰的問題上，韓國領導人沒有想通過戰爭手段取得統一，故意刺激朝鮮引發戰爭的可能性也不大。這位安全專家認為，韓國經歷了朝鮮戰爭，明白想通過戰爭解決問題顯然是不明智的選擇，在國際政治、外交上都划不來。韓國更會考慮經濟因素，發動戰爭對韓國經濟發展會有很大影響。因此，「伐謀」、「伐交」比「伐兵」、「攻城」更為重要的。謀略和外交活動進行得好，可以把損失減少到最低限度而獲得最大的利益。

他坦言，韓國在經濟發展的競爭力上已贏了朝鮮，應更寬鬆地對朝鮮。韓國應公開宣布與朝鮮和平共處，可以容忍朝鮮發展常規武器；對朝鮮的制度和內部事務韓國也不必說三道四，應保持足夠的耐心；應繼續對朝鮮的人道主義援助，韓國大米、雞蛋包括資金可以繼續提供給朝鮮，不必擔心給朝鮮軍人吃了「養虎為患」，也不必擔心朝鮮用這個錢開發導彈打韓國。從長遠來看，對改善南北關係是有好處的，讓朝鮮民眾得益，有利於南北緩和。

這位安全專家強調，不能把「六方會談」談死，在歷史的關鍵時刻，韓國政府即使背著「罵名」也要把會談談下去，有委曲也要談，要使朝鮮明白韓國能給朝鮮帶來實質性的援助。

韓

國

篇

12. 韓國戰爭紀念館表達戰爭災難昭示和平

　　韓國戰爭紀念館坐落於首爾龍山區龍山洞，與韓國國防部相毗鄰，為世上最大規模的戰爭主題紀念館，以收集、保存和展出歷代朝鮮戰爭的史料為宗旨。

　　走進戰爭紀念館大門，迎面看到一座戰爭造型塔，像兩柄帶血的刺刀或一顆巨型子彈，指向天空，形象地揭示了戰爭的記憶殘存在刺刀和子彈之間，同個民族分隔一線時刻面臨骨肉殘殺。

　　戰爭紀念館的外部景觀和露天展覽場陳列的包括 B-52 戰略轟炸機在內的飛機、戰車、野戰炮、導彈等一百五十多個大型武器裝備。戰爭紀念館內的收藏庫，所藏存放與戰爭相關的資料和遺物達一萬七千八百件之多。

　　戰爭紀念館的正前方，飄揚著參與朝鮮戰爭的聯合國軍所在國的國旗。露天展覽場擺放了極具歷史意義的紀念物，其中最著名的有「廣開土大王碑」、「兄弟像」、「韓戰紀念碑」和戰死者名碑回廊等一系列建築與雕塑作品。

　　兄弟銅像模型表現了戰爭情景：哥哥是韓國軍官，弟弟是人民軍士兵，在戰場上戲劇性相逢，在分裂的半球上緊緊相抱，以此來慰撫南北分裂局面帶來的傷痛和骨肉不能團聚的民族悲劇。銅像拱頂分裂表示南北分裂和實現統一的心願，天花板上連接的鐵鏈寄託實現統一的祈望。

韓國戰爭紀念館前兄弟銅像模型表現了戰爭情景，兄弟倆在分裂的半球上緊緊相抱

進入紀念館兩旁的走廊，但見兩側都是黑色石碑，刻著在韓戰中陣亡的士兵的名字。每塊石碑下都擺放著花籃，每個長廊中間都有一張桌子，上面擺放著幾厚本的士兵名冊，這裡每個名字都銘刻著生死永隔，家破人亡。

「韓國戰爭館」是全館的重頭戲，全景式證錄朝鮮戰爭的歷史，再現了那段不堪回首的同文同種的雙方廝殺的戰爭場景，反映了戰時國民多災多難的生活場面，「護國悼念室」陳列的一排排朝鮮戰爭中戰死的韓國官兵靈牌，給參觀者帶來心靈的巨大震撼。

有意思的是，在戰爭紀念館內，展出了不少中國古代兵書。孫子遠在二千五百年前就崇尚「非戰」、「慎戰」。令人感歎的是，朝鮮戰爭十多個國家參與其中，殺得昏天黑地，屍橫遍野，前後打了整整三年，雙方都付出巨大的生命代價，最終戰前的分界線依然是戰後的分界線。

走出展館，映入眼簾的是寬闊雄渾的「和平廣場」，四周花草樹木郁郁蔥蔥，象徵著和平、幸福的花開的正豔。廣場周邊依次矗立著和平鐘樓，兩位少女像天使般呵護著和平之鐘。戰爭紀念館內的「和平廳」已成為結婚的殿堂。

韓國戰爭紀念館向世人表達了戰爭對本國人民造成的深重災難，昭示和平。正如韓國學者黃載皓對記者說的：「韓國戰爭紀念館應改名為和平紀念館。」

13. 韓國企業崇拜孫武和毛澤東

「孫武和毛澤東，一位是中國兵法的偉大開創者，一位是中國兵法的偉大實踐者」，韓國知名媒體人金記洙在 20 前就開始學習《孫子兵法》和毛澤東兵法，20 前後在北京大學 MBA 課程中再次與毛澤東兵法「相遇」，他稱毛澤東是當代的「兵聖」，是復活的「孫子」。

金記洙對比說，孫子「知彼知己，百戰不殆」，被毛澤東稱為「孫子的規律」，「科學的真理」；孫子說「弱生於強」，毛澤東

圖為韓國《孫子兵法》研究學者收藏的孫武和毛澤東書籍

提出「集中優勢兵力，各個殲滅敵人」；孫子主張「十則圍之」，毛澤東創造戰略上「以一當十」，戰術上「以十當一」；孫子有神奇無比的「奇正術」，毛澤東有遊刃有餘的「游擊戰」……

聽了「將兵之道——戰略與執行力」講座後，金記洙受益匪淺：兵力和武器裝備處於絕對優勢的蔣介石，要消滅處於絕對劣勢的紅軍是輕而易舉的。但是，從紅軍二萬五千里大長征到蔣介石被打敗逃到台灣，國民黨軍隊一直在吃敗仗。當時紅軍雖然處於絕對的劣勢，但是遊戲的規則卻是由毛澤東制定的。

金記洙告訴韓國企業家，毛澤東將《孫子兵法》的智慧與當時的實際情況相結合，成功運用取得了多場戰鬥的勝利直至整個戰爭的勝利。毛澤東的兵法值得韓國企業家學習的是：企業處在劣勢環境下如何保存自己，確保自己的競爭力，這是爭取最後勝利結果的秘訣；集中所有力量將自己的優勢發揮得更好，才有「勝算」；明智的將領知道錯過時機就會迎來危險，所以他們從不願錯過機會，這同樣也適用於企業。

曾於中國社科院留學的韓國知名孫子研究學者朴在熙，很喜歡《毛澤東向孫子問路》一書，他說，孫子和毛澤東都是偉大的戰略家，最受韓國企業的崇拜。韓國中小企業在與大企業的競爭中要想取得成功，就要把孫子和毛澤東的戰略思想應用到企業的發展戰略上。韓國浦項制鐵戰略大學聘請他擔任客座教授，專講《孫子兵法》。該企業從高層管理人員到各部門部長，直到每個員工都學起了《孫

子兵法》，孫武和毛澤東的戰略思想讓浦項插上了騰飛的翅膀。

韓國孫子兵法研究院院長宋震九應用孫武和毛澤東的戰略思想，找了幾百個案例為韓國企業開講《孫子兵法》。他認為，許多韓國企業以少戰多，以弱對強，將自己的部分優勢和主導權最大發揮攻擊對手的部分劣勢和被動處，一舉取得勝利。之後又將其擴大各個擊破敵人，實現全局的優勢轉換。這正是孫武和毛澤東戰略思想指導企業發展的充分體現。

三星集團應用孫武和毛澤東「擇人任勢」，「德才兼備」的人才觀，重視企業的人才戰略。宋震九稱，該集團是市場的遲來者，缺乏技術優勢。在進入世界市場前列時，三星集團仍不忘提高自己的競爭力，要創出只有三星才擁有的固有價值，即生產其他企業根本無法仿製的差別性產品，要實現這一戰略有才能的人才和技術研發是關鍵。

韓國經濟學界元老宋丙洛的著作《全球化和知識化時代的經濟學》，被中國最大的出版社商務印書館翻譯出版，成為北京大學的經濟學教材。他坦言，該書也受中國孫子思想的影響。他認為，最重要的資源是企業家才能，即管理戰略：追趕戰略和超越戰略、二十一世紀型企業的成長戰略、二十一世紀型企業的競爭戰略。而這一管理戰略的祖師爺是中國的孫武，最偉大的戰略家是中國的毛澤東。

宋丙洛表示，企業領袖被認作和政治領袖一樣珍貴的國家財富，我們不止需要政治家，更需要比爾‧蓋茨那樣的企業家，企業領軍人物的使命就是帶領自己的團隊在競爭中取勝。

14. 韓國用兵法創造「漢江奇蹟」

韓國創造了舉世矚目的「漢江奇蹟」，很大程度上是由於遵循了孫子「是故勝兵先勝而後求戰，敗兵先戰而後求勝」的商戰智慧，區域經濟發展韜略就是「勝於先勝」，韓國孫子研究專家學者評價說。

上世紀七〇年代，時任韓國總統朴正熙下達命令，重印韓文版《孫子兵法》。韓國企業掀起學中國兵法的熱潮，把市場競爭當作軍事戰爭，以奪取市場份額的主導地位論英雄。

到了上世紀九〇年代，韓國大力實施經濟戰略。遵循《孫子・地形篇》「料敵制勝」的謀略，制定了「選擇和集中」的原則，選擇方向，集中兵力，同時振興造船、電子、機械、鋼鐵、汽車、石化、原子能等技術集約型核心產業，催生了現代、三星、LG 等一批國際品牌企業。

韓國孫子兵法研究院院長宋震九認為，韓國能從貧困的惡性循環中走出來，僅用了不到二十年的時間，就一躍而成為新興工業化國家。於是人們開始把韓國看作「第二個日本」，又把韓國與香港、新加坡、台灣等地區或國家合稱「亞洲四小龍」。這與韓國企業把《孫子兵法》成功應用於企業經營管理分不開的。

知名孫子研究學者朴在熙介紹說，韓國企業將《孫子兵法》帶入商學院的課堂，韓國許多企業家把孫子提出的「智信仁勇嚴」五德當成自己的道德信條。韓國企業領袖工作之認真，堪稱世界第一，他們經常請大學教授授課，從早上七點就開始聚會、工作，這在歐洲人眼裡是不可思議的。

在韓國創造的「漢江奇蹟」中，浦項制鐵是應用《孫子兵法》獲得巨大成功的典型案例。朴在熙說，1973 年 7 月 3 日，韓國重化工業的象徵、年產一百零三萬噸的浦項鋼廠，經三年建設得以竣工。浦項製鐵從高層管理者到每個員工都學《孫子兵法》。浦項英文POSCO 的五個字母也充滿兵法元素：以「S」為中心對稱平衡，象徵著內部、外部的協調，呈同心圓狀的字母組合，體現了應對外部環境的變化，通過不斷的革新持續發展。如今，該企業成為二十一世紀全球領先鋼鐵製造商。

進入新世紀，韓國企業在商業競爭中的「造勢」方法多種多樣。記者在韓國三星集團瞭解到，三星電子集團採取國際化與區域化的市場行銷策略，他們將國際市場畫分為北美、拉美、歐洲、中東和

亞洲五個市場區域，建立了一個由十二個銷售網路、四十四個分公司、十一個海外分支機搆和二十多個開發研究中心組成的國際銷售網路。這樣，該集團就形成了強大的銷售之「勢」，有力地促進了商品的生產和銷售。

韓國企業從孫子學來「變中求勝」，懂得在現代企業管理中，機遇與挑戰同在，風險與利潤並存，唯有因事、因地、因時而變，合於利而動，不合於利而止，管理才能成功，競爭才能取勝。這在管理學中被稱為「管理權變學派」的思想，源於《孫子兵法》中「因變制變」的思想。

韓國企業家「勝算」、「妙算」棋高一著，他們明白，經濟週期是常態，低谷總會到來，必須未雨綢繆，提前做好結構調整，否則會受到致命打擊。他們既堅強又充滿靈活和彈性，又善於抓住時機發展自己的個性，既堅定不移地推行市場經濟，又與時俱進地不斷修正經濟政策，捕捉市場機會。

在上一輪金融危機後，韓國在困境中「獨闢蹊徑」，大力實施文化戰略，在電視劇《百萬朵玫瑰》裡，多次出現韓國服裝、飲食和知名企業的「韓國元素」鏡頭，利用文化戰略，打造民族品牌，再次取得了巨大的成功。在經歷了金融危機的洗禮之後，韓國企業開始冷靜審視自身存在的問題，與政府同舟共濟，推進產業結構和企業結構的調整，聲稱要再次打造「漢江奇蹟」。

15. 韓國企業家把《孫子兵法》視為生存智慧

韓國企業文化融入「將軍之事靜與幽，正於治」，韓國成功企業信奉孫子的「不戰而勝」，非常重視「上下同欲者勝」，把「擇人任勢」作為人才戰略……韓國學者稱，韓國企業家把《孫子兵法》視為生存智慧，如 SK 集團號召公司員工學習《孫子兵法》，以獲得現在所需的生存智慧和策略。

韓國成功企業「上下同欲」成為風氣，積極致力於創立能夠反映員工創造性建議和意見的企業文化，提倡每個員工承擔責任、愛

社心和主人翁精神，從而形成了共同體式的企業文化。韓國眾多的優秀企業都制定了諸如「修訂福利制度」、「員工持股制度」、「家庭成員式待遇」、「終身員工」等一系列制度，使企業克服了許多意想不到的經營危機。

韓國企業把博大精深的《孫子兵法》借鑑到人才戰略上，成為企業文化的重要組成部分，把人才的準軍事化管理作為核心，建立「方陣模式」，提出「員工關係決定成敗」。韓國的優秀企業大都以「人才第一」為基點，通過建立企業內部的研修院或利用產業教育機構培育了大量優秀的人才。三星公司在「企業即人」的創業精神指引下，徹底貫徹了「能力主義」、「適才適用」、「賞罰分明」等原則。

對於全球領軍企業來說，成敗的關鍵在於能否準確把握市場消費的脈搏，不斷引領消費趨勢。三星市場訊息研究所的理念是：「世界上沒有兩個完全相同的人。」該所展開的針對全球消費者心理的深度調研，充滿了孫子「知彼知己，百戰不殆」的智慧，從而建立起一個立體、多元、系統的消費動態分析體系，輕而易舉地從龐雜混亂的消費態勢中駕馭市場，把握規律，向全球消費者提供優質服務。

韓國現代企業發展歷程中充滿了《孫子兵法》的競爭謀略學，在競爭「出奇制勝」、「以快制勝」、「不戰而勝」，從建立工廠到能夠獨立自主開發車型僅用了十八年，一躍成為全球汽車公司二十強，包括起亞在內的現代汽車集團銷售在世界排名第七位。

「我很喜歡中國的《孫子兵法》，裡面有很多智慧的東西，對於經營管理也很有用。」說這番話的是曾任韓國 LG 電子株式會社常任顧問盧庸嶽，是一手把 LG 電子中國業務建立起來的韓國知名企業家。他尊崇《孫子兵法》，信奉「不戰而勝」，尤為欣賞其中的「道天地將法」。他認為，有了正確的「道」，加上天時、地利、人和、法全，就能「不戰而勝」。

「作為一個總裁，要做到『不戰而勝』，首先要『知己知彼』，

理解當前和當地的文化和流行趨勢，對我能做出正確的決策是起到很重要作用的。」盧庸嶽深深紮根到中國的文化當中，成為一個地地道道的「中國通」，他到過許多地方，除了西藏，其他的地方都涉足過。他說，在中國，LG 電子是以「選擇和集中」的方針開展擴張計畫的。事實上，韓國不少企業都把目光瞄準了數位技術，如三星電子提出「數位融合」，SK 提出「數碼整合」，LG 電子優勢何在？「不戰而勝」，就要選擇最佳突破口，集中優勢兵力。

韓國孫子研究專家學者認為，韓國企業家把《孫子兵法》視為生存智慧，此種效應的出現表明了經濟發展與謀略的密切關係，以及人們渴求將謀略運用於經濟發展的強烈願望，這也是孫子謀略用於經濟發展的突出而典型的事例。

16. 韓國人獨具一格的「地形觀」

在山坡上建房、築亭、修路、開店，居高臨下，把酒臨風，是韓國的一大特色。地處朝鮮半島的韓國，地形獨特，山地占的面積多，地形具多樣性，低山、丘陵和平原交錯分布。在這種地形下生活的韓國人，對地形的感覺往往和一般人不一樣，在研究應用《孫子兵法》時自然對「地形篇」情有獨鍾，並確立了獨具一格的地形觀。

《孫子兵法》地形篇和九地篇從軍事地理學和軍事地形學的角度，論述了戰略地形、地形圖的重要性。在戰爭中合理地利用地形的優勢是十分重要的，它同樣也適應於和平時期經濟文化和社會生活等領域。

記者發現，在韓國歷史建築中融入了漢文化和《孫子兵法》的元素。韓國最著名的世界遺產水原華城，正門的八達門是韓國古建築中最具標誌性的造型，為半圓形的甕城建築。城牆近 6 公里長圍成一圈，一側是平原，一側為山坡，頗具中國長城風格，順山勢而起伏。城中有四座門樓和兩個水門，還有多處炮台、將台、角樓等，構成一幅依山勢高低錯落的立體畫面。

在韓國歷史建築中融入了漢文化和《孫子兵法》的元素，圖為首爾神武門

首爾東大門取名為「興仁門」，而在門匾額上特別地寫上了「之」字，是出於東大門前方平坦地勢的氣運而作的補益，門樓前建有防禦敵人攻城的半圓形甕門。

韓國企業家善於利用孫子的「地形」，懂得在商戰中「知此而用戰者必勝，不知此而用戰者必敗」。他們根據這些地形的不同特點，選擇適宜的地形地物，從而贏得商戰的勝利。仁川天堂酒店緊鄰仁川港、月尾島、自由公園，距仁川地鐵站步行三分鐘。更吸引遊客的是，酒店建在一小山丘上，可以鳥瞰仁川港。

曾令兒子讀十五遍《三國演義》的 SKtelesys 公司常任顧問李敦求對記者說，該公司投資的華克山莊，占地 139 英畝，坐落於韓國久負盛名的歷代王朝中心地——峨嵯山邊，依山傍水，地理位置得天獨厚，可以俯瞰煙波浩淼的漢江臨漢江，是亞洲第一家集美食、休閒、娛樂、購物為一體的六星級酒店。韓國偶像劇《情定大飯店》拍攝於此，這裡也是眾多韓國藝人舉辦婚禮的首選之地。

李敦求告訴記者，該公司擁有全球性技術專利，選擇在中國南通投鉅資買了幾百畝地，專門生產電視用顯示膜，也是看好南通「通江達海」的有利地勢。在中國的版圖上，處於沿海經濟帶與長江經濟帶 T 型結構交匯點和長江三角洲洲頭的城市只有兩個，一個是上海，另一個就是南通，被譽為「北上海」。

韓國的華僑華人更懂得孫子所說的「地勢」的重要，來自孫子故鄉山東華僑，看好仁川作為韓國第二大港口的優越「地勢」。

1883 年隨著清朝領事館在韓國仁川的設立，在北城洞、善鄰洞一帶山東華僑數量不斷增加，逐步形成了中華街。華僑們多以販賣從中國帶來的食鹽、穀物、雜貨等為主，從韓國購入沙金，再到中國擴大商圈勢力，最鼎盛時期發展到萬余名華商。如今，仁川港中華街隨著中韓兩國建交呈現出新的生機。

記者在位於韓國首爾九老區大林洞看到，這裡正在迅速成長為首爾首條「唐人街」。在以中央市場為中心，橫跨大林一洞和大林二洞的地區居住著五十萬左右華僑華人，其中朝鮮族占了大部分，還有來自東北的新華僑。華僑興辦的企業三百多家，中國餐館、海鮮店面、食品店一百多家。到了晚上，這裡華燈輝煌，生意興隆，車水馬龍，熱鬧非凡。華僑選擇在這裡開闢「唐人街」，是看好這裡房租便宜，交通方便，首爾地鐵開通了 2 號線和 7 號線，總共有十二個出口，吸引了大批韓國人。

17. 韓國人把孫子當「偶像」
──訪韓國知名孫子研究學者朴在熙博士

「韓國人把孫子當『偶像』，聽兵法講座入迷；韓國企業家把《孫子兵法》當『聖經』，越讀越癡迷。」韓國民族文化內容研究院院長、知名孫子研究學者朴在熙博士在接受記者採訪時，妙語連珠，三句話不離兵法。

朴在熙曾於中國社科院留學，懂漢語，精兵法。在他的辦公室書櫃裡，有《老子的文化解讀》、《莊子今註今譯》、《老莊新論》、《周易講解》、《毛澤東向孫子問路》等中國諸子百家和傳統文化書籍。他連續四十四次在韓國教育電視台開講《孫子兵法》，出版過《孫子兵法與二十一世紀》、《以孫子兵法取得突破》、《經營戰爭時代──與孫子相會》等五部專著。

朴在熙開始是研究道家的，後來發現道家與兵家有密切關係，就轉向研究《孫子兵法》了，並且一發而不可收拾。近年來，他出的《孫子兵法》書籍有企業經營方面的，也有適合大眾閱讀的。他

韓國知名孫子研究學者朴在熙博士向作者贈送他出版的《孫子兵法與二十一世紀》一書書籍

告訴記者，今後打算再出版青少年必須瞭解的《孫子兵法》讀本，並把孫子思想貫穿政治、文化、教育、社會、生活等各個領域，包羅萬象，讓韓國人更深刻地理解《孫子兵法》。

　　朴在熙認為，從現代意義上講，《孫子兵法》更具戰略性、實戰性。韓國企業從上世紀五〇年代開始，從經營謀略上研究孫子；到了七、八〇年代從經營戰略研究孫子；如今，韓國正掀起「孫子經營學」的熱潮。

　　朴在熙在韓國有一大批《孫子兵法》的粉絲，他與眾多企業結成「孫子聯盟」。談起兵法與商戰朴在熙如數家珍：韓國最有名的速食麵公司、做巧克力出名的好麗友公司的老闆都研究《孫子兵法》，經常請他講課；三星集團經濟研究所每週一次請他講課；韓國浦項製鐵的戰略大學聘請他擔任客座教授，專講《孫子兵法》。

　　說到浦項朴在熙引為自豪：浦項製鐵在世界排名靠前，在中國投資也很大，目前銷售額七十多億韓幣，到 2020 年將達到二百億韓幣。會長鄭俊陽對《孫子兵法》到了癡迷的程度，先後讀了幾十遍。他說：「浦項要發展，必讀《孫子兵法》。」

　　在鄭俊陽的號召下，浦項製鐵所有中高層管理人員都在研究《孫子兵法》。2010 年，浦項製鐵的各部門部長們也都學起了《孫子兵法》，他們請朴在熙授課，聽完課每個部長都要寫心得體會，後來彙編了《部長們學孫子著迷了》一書。現在，《孫子兵法》已

成為浦項製鐵每個員工的必修課。

談到韓國企業為何對孫子這麼重視，朴在熙表示，原來韓國人比較注重戰鬥，但往往只取得短期的效果，贏得了戰鬥，卻輸掉了戰爭。後來他們發現《孫子兵法》是講戰略的，就開始從孫子那裡學到更大的戰略思想，寧可輸掉小的戰鬥，也要贏得的大戰爭，而且要「不戰而勝」。這種理念被韓國的企業家所接受，從《孫子兵法》裡開闊了眼界，建立可持續發展的戰略，所以企業家們都感興趣。

採訪結束時，朴在熙贈送給記者他出的《孫子兵法與二十一世紀》一書。在簽名時他看了看記者的名片中有個「勝」字，就寫下了「全勝」兩字，並解釋說，孫子思想是全勝思想，是高層次的全勝哲學。

18. 韓國開設「孫子兵法大講堂」
——訪韓國孫子兵法研究院院長宋震九

他在收視率最高的韓國電視台、韓國文化電視台開設「孫子兵法大講堂」，作了四百五十場電視講座，收看觀眾不計其數；他一年給韓國企業作三百多場《偉大的企業靠孫子兵法決定勝負》講座；他為韓國企業開講《孫子兵法》找了幾百個案例，指導企業用孫子思想發展企業。他就是韓國孫子兵法研究院院長宋震九。

宋震九很忙，每天的講座都排的滿滿的。記者見到他是在首爾的一家大酒店，只能趁中午與他共進午餐的一個小時作採訪，

韓國孫子兵法研究院院長宋震九用電腦向記者展示他開講《孫子兵法》課的情景

他下午就在這裡給一家大公司講「孫子兵法與企業品牌戰略」，講座的重點是「今天的企業產品如何成為明天的名品」。

談到與《孫子兵法》的結緣，宋震九告訴記者，他原來是搞企業行銷的，在研究市場行銷時發現，市場行銷戰略很需要孫子戰略，它具有戰略價值和實用價值。進而他又反複思考，為什麼《孫子兵法》二千五百多年來經久不衰，全球掀起「孫子熱」？以孫子為代表的中國兵學思想，為什麼會在世界各個領域廣泛應用並廣為收益？最後得出的結論是：孫子是世界的，所以全世界喜歡孫子，讓他不喜歡也不行。

為進一步瞭解中國傳統文化，考證《孫子兵法》，他先後五十多次到中國，並多次考察了孫子故里山東和《孫子兵法》誕生地蘇州穹窿山，參加孫子兵法國際研討會，結識了許多中國的兵法研究專家學者，為他在韓國開設「孫子兵法大講堂」打下了良好的基礎。

他回國後講給韓國老闆們聽：「企業為什麼要學習應用《孫子兵法》？」「企業有強有弱，在弱勢時如何弱生於強？」「企業遇到競爭對手如何採取迂迴戰術？」「迂迴不了如何化敵為友強強聯手？」「企業管理層如何與員工上下同欲同舟共濟？」「企業應對危機如何變中求勝？」

宋震九的講座，有理有據，有血有肉，韓國企業家們聽了解渴，應用到企業管理真的很靈。於是，他的知名越來越高，邀請他講課的也越來越多，十多年來他給韓國企業作了約四、五千場次講座。

宋震九不僅在電視台講，給企業老闆講，也給大學生講《孫子兵法》。他所作的「大學生未來前途戰略」、「孫子兵法與大學生創業戰略」專場講座，引起韓國大學生極大的興趣，聽講者少則三、五百，多則四、五千，出現「人滿為患」的狀況是常有的。

宋震九根據企業與受眾的需要，根據社會發展的趨勢，不斷開闢新的課題。他針對最困擾企業高層的問題，給他們用《孫子兵法》解讀企業最高、最深、最遠的課題，企業高層領導遇到的難題都能找到合適的答案。他還有針對青少年及他們的父母親，根據不同物

件，從不同角度，深入淺出，很受歡迎。

宋震九笑談道，自從韓國兩家主流電視台開設「孫子兵法大講堂」後，他幾乎成了韓國觀眾的「孫子明星」，特別是許多韓國家庭主婦都認識他，因為她們在家看電視的時間較多，他成了韓國大媽們心目中的「偶像」。

19. 韓國大媽、冰箱、泡菜兵法

「韓國大媽和冰箱、泡菜也用《孫子兵法》」，韓國孫子兵法研究院院長宋震九出語驚人，令記者匪夷所思：「《孫子兵法》不是框，不能什麼都往裡裝啊！」

「《孫子兵法》不是框，而是『寶葫蘆』。」宋震九執著地對記者說，韓國有家叫萬道的公司，就是發明泡菜冰箱的企業，應用孫子「勝兵先勝而後求戰，敗兵先戰而後求勝」的思想，敢於與大企業競爭，先入為主，製造了世界上絕無僅有的泡菜冰箱，迅速占領市場，從而一舉成名。

宋震九介紹說，韓國有冬天醃製泡菜的風俗，家家醃製，少不了冰箱儲藏。因為冷藏後的泡菜會更脆，味道更正，而不冷藏會繼續快速發酵變得更酸，最終腐敗。萬道公司為發明適合韓國人可以儲藏泡菜的冰箱，特意去學習法國的葡萄酒冰箱和日本的壽司冰箱，做到「知己知彼」。

然後，萬道公司又進行市場調查，學孫子摸清「情報」。調查發現，泡菜冰箱市場潛力巨大，大約有十億美元的市場。接著，萬道公司把韓國大媽作為主要「情報來源」，在韓國，韓國大媽是很厲害的。萬道公司選擇二千名韓國大媽作為調查對象，設立了兩個條件：一個是給韓國大媽免費試用泡菜冰箱三個月，然後把冰箱還給公司；另一個條件是使用三個月後，半價購買冰箱。結果讓萬道公司喜出望外，二千名韓國大媽都購買了冰箱，沒有一個歸還。

於是，萬道公司就大規模生產泡菜冰箱，並在韓國大行其道，進入千家萬戶，這家企業的品牌也就家喻戶曉。宋震九說，韓國制

定的冰箱市場准入的標準，其中有一條，在韓國銷售的冰箱裡必須有一個韓國的泡菜罐子，因為韓國人都喜歡吃泡菜。而泡菜罐子是有專利標準的，專利掌握在萬道公司的手中，就是像三星這樣的知名「家電大鱷」也只能自歎不如了。

宋震九還介紹說，不僅泡菜冰箱的發明與市場調查充滿了兵法的神奇，而且在使用泡菜冰箱中也同樣充滿了兵法的威力。由於誕生了泡菜冰箱，以韓國大媽為主力軍的泡菜店如雨後春筍，在韓國遍地開花。於是，韓國大媽的冰箱泡菜兵法就應運而生了。

據介紹，在韓國的許多傳統家庭中，一罈泡菜的原味鹵汁甚至可以傳承九代人，由曾祖母傳給祖母，祖母傳給母親，再由母親傳給兒媳，然後接著往下傳。韓國大媽開的泡菜店，成為韓國的一道道風景線，十分惹人注目，生意也很紅火。

為了印證宋震九韓國大媽的冰箱泡菜兵法，記者走訪了首爾數家韓國大媽開的的泡菜店。每家店雖然面積不大，約十多個平方米，但「布陣精妙」。店裡自然少不了冰箱和泡菜，韓國大媽頗懂「造勢」，牆壁上、玻璃上、櫃檯上，甚至冰箱上，每一處可利用的地方，都貼著泡菜食品廣告和宣傳畫，美觀而不雜亂。

記者在一家韓國大媽泡菜店就餐，但見韓國大媽單槍匹馬，既當老闆，又當廚娘，還當夥計。她「獨闢蹊徑」，經營韓國人生病才吃的營養粥，有二十多個品種，都有圖案，任意選擇。記者喝著韓國大媽親手熬的粥，品嘗「母愛醃製出的泡菜」，感受「媽媽的味道」，真正領教了韓國大媽的兵法著實厲害，可謂名不虛傳。

20. 韓國現代企業的競爭謀略學

記者在首爾看到，公路上行駛的車輛，從轎車到大巴，從卡車到工程車，大都是現代汽車；在首爾的高樓大廈頂部隨處可見韓國現代企業的形象標誌。韓國現代汽車的迅速崛起，韓國人引為自豪，而業界認為是一個傳奇神話。

正在韓國現代企業考察的中日韓經濟發展協會副會長張海勇

說，現代汽車創立歷史並不長，從建立工廠到能夠獨立自主開發車型僅用了十八年，就從小弟弟一躍成為全球汽車公司二十強，包括起亞在內的現代汽車集團銷售在世界排名第七位，其發展歷程中充滿了《孫子兵法》的競爭謀略學。

競爭要講「信」，沒有「信」哪來「譽」？這是孫子教誨的。現代企業的「信譽」是用巨大的經濟代價換來了。據介紹，現代企業在開創之初，承建了釜山洛東江逾齡橋樑的修建工程，施工不過兩年，便遇到戰後物價波動的嚴重影響，企業幾乎到了破產的邊緣。現代企業創始人鄭周永毅然決定，即使賠進老本，也不偷工減料。

現代企業憑著自己的信譽，在韓國最長的橋樑漢江大橋的修復工程招標中，以 3.7 億元擊敗了當時國內的四大建設鉅子，得標承建第一期工程，從而帶來現代企業集團的轉機。接著，又承建了第二、三期工程。漢江大橋得手，使鄭周永一躍成為韓國建設業的霸主。

競爭要「出奇制勝」。韓國現代汽車公司最早是與福特的英國分公司合作的，技術都由該公司授權許可。到了上世紀七〇年代早期，現代集團的管理層做出了一個至關重要的決定，不再依賴於外國車型，要開發現代自主擁有所有權的轎車車型。於是，1974 年開發出第一款屬於韓國人自行研發的車型 Pony，出人意料地在國內市場迅速獲得了巨大成功，並於 1976 年成功打開海外市場進行出口外銷。

競爭要「獨闢蹊徑」。韓國現代企業全球化志向是，在全球得到信任並成為永遠受歡迎的世界一流汽車企業；經營理念是，以創意的挑戰精神為基礎，創造豐富多彩的汽車生活；企業文化是，創造以人為本的汽車文化。記者在韓國三星集團獲悉，三星電子與現代汽車攜手研發「智慧汽車」，「韓國兩大巨頭」達成合作協議還屬首次。現代汽車將在汽車內裝置與三星智慧手機互動的平板電腦，用戶通過車輛內置的平板電腦，能夠欣賞儲存在三星智慧手機裡的音樂、電影、電視節目。

競爭要「避實擊虛」。韓國現代善於避競爭對手長處之「實」，擊競爭對手短處之「虛」。從 1991 年到現在，，韓國現代新型發動機、概念車型 HCD-1、EF 索娜塔和 XG 車型、世紀、雅紳、酷派雙門轎車和改進型和特傑相繼推出，令現代汽車進入了世界轎車市場的一個新領域。最近，韓國現代競爭車型第五代全新雅尊在中國市場正式推出，獨到的「流體雕塑」設計語言，詮釋了韓國現代汽車新思維創造的新價值。

競爭要「以快制勝」。應用《孫子兵法》「以快制勝」，是北京現代的一個顯著特點。談判簽約快，工廠建設快，經營決策快，攻城掠地快，市場反應快，今年前五個月，現代汽車全球銷量一百六十多萬輛，同比增長 10.3%。在令人矚目的中國市場，北京現代 5 月份銷售量達六萬輛以上。北京現代創造了中國汽車工業史上多項記錄，讓業界同行驚羨不已。

競爭要「不戰而勝」。韓國現代「不戰而屈人之兵」，在美國和日本建立了研究中心，每年可出口轎車五十萬輛以上。同時在亞洲、北美、非洲和歐洲等地區建立了汽車生產基地，在全世界一百九十多個國家和地區擁有近四千家銷售商。在現代汽車的全球發展戰略中，已經定下了 2010 年產銷量力圖突破五百萬輛、進入全球五大汽車企業的目標。

韓國現代汽車崛起，令稱霸全球的汽車巨頭擔憂：現代集團絕對是最強的競爭對手之一。

21. 韓國華僑應用《孫子兵法》「弱生於強」

有海水的地方就有華人，有華人的地方就有「唐人街」。長期例外的韓國如今也不例外了，這裡正在迅速成長為首爾首條「唐人街」。《韓中商報》社長李永漢自豪地對記者說，這是中國發展在韓國的體現，也是韓國華僑應用《孫子兵法》「弱生於強」的成果。

韓中交流株式會社行銷總監李星向記者介紹說，2002 年，在位於韓國首爾九老區大林二洞中央市場，長 200 米的市場胡同裡有名

為「包子鋪」、「好再來飯店」、「一元一餃子館」等二十多家中國餐館、食品店掛上了大紅燈籠，形成了首爾首條「唐人街」的雛形。

記者在大林洞看到，在以中央市場為中心，橫跨大林一洞和大林二洞的地區居住著五十萬左右華僑華人，其中朝鮮族占了大部分，還有來自東北的新華僑。華僑興辦的企業三百多家，中國餐館、海鮮店面、食品店一百多家，房地產、旅行社、國際電話亭、家電維修、換錢所應有盡有。中華料理店集韓國人喜愛的十四種中國菜肴的韓國語菜譜，來這裡消費的韓國人絡繹不絕。

據此間媒體人介紹，戰後韓國多屆政府一直對華僑實行限制排斥政策，朴正熙政權時期更是限制華僑營業和居住面積，強行拆遷中國城，甚至以糧食緊張為由不許中國餐館賣米飯。許多華僑在韓國連生存都困難重重，還談什麼發展。因此，世界無所不在的「唐人街」，在韓國竟然銷聲匿跡。

朝鮮半島的華僑華人曾有強盛的歷史。1945 年朝鮮從日本殖民統治中獲得解放，華人利用國內外的網路，一時幾乎成了朝鮮經濟活動不可缺的支柱。有統計資料顯示，1946 年朝鮮半島的貿易有82% 就掌握在華人手中。而到了上世紀七〇年代初，原本有十二萬人口的華商銳減到只剩下區區二萬人。

正在韓國調研的外交部中日韓經濟發展協會副會長張海勇告訴記者，直到中韓建交以後，韓國華僑社會的發展才有了良好的環境，為華僑經濟的發展提供了新的機遇。目前華僑已經擁有在韓永久居留權、地方選舉權，華僑也能在韓購置土地，華僑的生存條件有較大改善，社會地位有所提高。

近年來，韓國政府考慮在各大旅遊景點開設中國遊客專業餐廳，濟州島的首家中國遊客專業餐廳「中文海灘燒烤」今年 4 月 1日正式開業。張海勇認為，這表明韓國華僑改善之勢已成。韓國華僑人數雖然不多，但支撐華僑社會的華僑社團、學校和報刊三大支柱都存在。韓國有一百多個華僑社團、四十多所華文學校，華僑先後發行過《韓中日報》、《華僑新報》和《正聲日報》等報紙，向

韓國人民展示中華民族的優秀文化。

李永漢辦的《韓中商報》，在大林洞華僑圈裡傳播中華文化，傳遞各類資訊，很有名聲。他還開辦了韓中人才開發中心，為華僑企業找合適人才，以圖發展。這裡的新老華僑都認識他，大事小事都來找他，李永漢也熱心為新老華僑辦事。他認為，韓國華僑的團結比什麼都重要，只有擰成一股繩，才能以弱變強。

李永漢向記者表示，《孫子兵法》兵勢第五說的好：「怯生於勇，弱生於強」，弱小的態勢也可以轉化為強大的態勢。如今，仍處於「弱勢群體」的韓國華僑，在韓國這樣一個充競爭的社會中，要做中華文化的傳播者、中華民族良好形象的展示者，走出中國人的圈子，積極融入當地社會，學會使用合法的手段去維護和爭取權益，只有這樣才能再創強盛！

22. 韓國仁川中華街演繹「五變兵法」

中華音符，五音六律；中華色彩，五彩斑斕；中華美食，五味俱全……走進韓國仁川港古香古色的中華街，領略中華文化的無窮魅力，「韓流」與「漢風」在此交匯。記者感覺到，韓國華僑華人《孫子兵法》——勢篇在這裡演繹的繽紛多彩。

五聲之變不可勝聽

孫子云：「聲不過五，五聲之變，不可勝聽也」。仁川是華僑華人聚居地之一，與中國隔海相望，歷來具有中韓文化交流的傳統。仁川中華街是華僑華人經商和進行文化交流的視窗，在這裡，能聽到中華文化組合的美妙音符。

在中華街與仁川市政府聯合投資建立了韓中文化展覽館裡，全面介紹中國文化和韓國文化。館裡有一塊製作精緻的展板，將韓國歷經的舊石器、新石器、青銅器、三國時代、高麗、朝鮮時代與中國的歷史朝代一一對應，彷彿奏響了中國編鐘那清脆明亮、悠揚動聽的旋律。

展館的友好交流都市宣傳室裡，通過山東、浙江、雲南等八個省市贈送的 393 件實物，展示中國文化不同的地域特色：杭州精美的絲織坐墊、絲織書籍，青島的貝殼工藝品，雲南大理石瓷器，大紅色的中國結、京劇臉譜等，彷彿聆聽到婉約纏綿的江南絲竹和膾炙人口的京劇唱腔。

在仁川中華街，還可聽到「糖人」、「剪紙」、「微雕」、「葫蘆」藝人的吆喝聲，在這裡定居了四十多年的山東籍老華僑濃重的山東方言和山東婦女的沂蒙山小調，以及店鋪裡不時傳出的中國民歌音樂，傳遞著炎黃子孫發自肺腑的心聲……

五色之變不可勝觀

孫子云：「色不過五，五色之變，不可勝觀也」。中華街入口處標誌性的牌樓是中國威海市政府 2002 年贈送的，上書「中華街」三個鎦金大字。漫步在中華街，最具代表顏色自然是紅色，餐館、商鋪門前大紅燈籠輕輕飄動，走在這裡感覺眼前紅紅是一片。題有各種字樣的牌匾五光十色，耀眼奪目。

沿中華街西側拾級而上，一座漢白玉孔子雕像映入眼簾。中華街兩旁，中國食品、中餐館、旗袍店、古董店、字畫店林立，不少已是百年的老字型大小。旗袍店的中國旗袍「赤澄黃綠青藍紫」，多姿多采。

在這條街上，有一堵十分漂亮的瓷磚砌成的牆十分引人注目。牆上貼滿了用陶瓷燒製成的各種中國傳統戲曲宣傳畫，還有繪有劉備、關羽、張飛的 150 米長的《三國志》壁畫，為中華街憑添了幾分色彩，吸引了許多韓國人和各國遊客的目光，加深了對中國傳統文化的瞭解。

五味之變不可勝嘗

孫子云：「味不過五，五味之變，不可勝嘗也。」在中華街上，美食世界、中華料理、火鍋大王、北京莊、紫金城、共和春、青館等中國餐館遍布滿街，彙聚了中國南北各地風味的餐館，可謂酸甜苦

辣，五味具全。

太和園餐館的炸醬麵排起「長龍」，據說，炸醬麵當年是最受仁川碼頭工人歡迎的廉價便餐，後逐步成為韓國民間喜愛的食品，每

韓國仁川中華街 150 米長的《三國志》壁畫

年 10 月中華街都要舉辦炸醬麵慶典。炸醬麵也被稱為「炒醬麵」，將炒好的中國醬蓋在麵條上。韓國華僑們進行了改良，在麵條上放了蔬菜和肉，又在春醬里加了焦糖，做出符合韓國人口味的炸醬麵。

幾十年過去了，在仁川中華街炸醬麵成了中國飲食文化的符號，來一碗炸醬麵，喝上一瓶山東煙台產的白酒，有滋有味，深受韓國人的喜愛。

23. 韓國三星兵法「廟算篇」

「三星在中國的成功是孫子『廟算』致勝的一個成功範例。」每週一次到三星集團經濟研究所講課的韓國知名孫子研究學者朴在熙博士對記者說。

1995 年，剛站到世界半導體舞台上的三星集團，利潤由 1995 年的 32 億美元銳減到 1996 年的 1.9 億。1997 年，形勢再一次急轉直下，亞洲金融危機爆發，韓國大型財閥紛紛破產倒閉，三星集團負債也處在破產邊緣，負債超過 200%。三星能否活下去成為韓國人關注的一個焦點。然而，三星卻奇蹟般地活過來了。

這個奇蹟是三星「廟算」的結果，絕處逢生，靠的不是運氣，而是「廟算」。

　　「廟算」是《孫子兵法・計篇》中提出的中國古代最早的戰略概念：「夫未戰而廟算勝者，得算多也；未戰而廟算不勝者，得算少也。多算勝，少算不勝，而況於無算呼！」韓國兵法專家詮釋，「廟算」就是「謀定而後動」，涵蓋了前期的戰略運籌、應對方案，即使略處劣勢，只要比對手擁有更充分的準備、更週末的計畫、更多應變的方法，即使遇到突發情況也能化險為夷，達到「未戰而廟算勝」。

　　韓國孫子兵法研究院院長宋震九認為，三星不僅發現了從危機中復甦的道路，也發現了在中國成功的關鍵。早在 1992 年中韓正式建交，三星就開始進軍中國，瞄準不久的未來中國的電子產品市場將成長為全球最大市場，中國還有豐富低價的勞動力資源。

　　於是，三星迅速到中國京、津、滬三地考察，在上海召開了一個社長團戰略會議，明確了三星在中國的主導戰略地位：以高端產品為主進入中國，將中國作為生產基地，成為三星「最主要的海外業務與品牌拓展市場」。一年後，三星開始在中國大規模開工建廠，並實現了第一輪的井噴。

　　「如果不能在中國市場獲得成功，就不能在世界上獲得成功」，「未來五年，誰贏得中國，誰就能夠贏得世界」，這是時任三星中國總裁朴根熙的「廟算」。他的根據是，在全球主要區域中，中國將是三星業績表現最為出色的地方，其業績增長最快的筆記本，全球的製造資源都集中在中國，中國將成為除美國之外第二個完全競爭市場，中國已經完全有能力再孕育「第二個三星」。

　　果然，到 2008 年末三星累計投資 72 億美元，中國市場銷售額已經占三星海外市場的 23.2%，擁有可以與北美、歐洲相提並論的市場地位。截止目前，三星 90% 的產品已經在中國生產，三星中國市場已成為三星在全球的第二大市場，並正在逐步成為其整個國際市場的核心。

　　「我們在中國建立了『第二個三星』，二十一世紀企業的生存取決於在中國的勝敗。」三星集團副會長兼三星大中華區總裁姜皓

文在上任伊始由衷地說。有媒體稱，副會長是韓國企業內僅次於會長的最高層，姜皓文成為三星集團全球最高級別的海外 CEO，是因為他們看好中國三星集團規模巨大，另一方面則是為進一步實現「在中國建設第二個三星」戰略目標。

目前，三星在中國已建立了二十四個關係企業，三十六家生產法人，四十四家銷售法人，七個研究所，二十四個研究中心，七十三個代表處，共一百六十家分支機構，在中國的三星員工九萬多。2010 年大中華區銷售額達到五百一十四億美元，三星電子在中國的家電、移動網路、辦公室網路等年銷售額為五十億美元，在中國首次突破五百億美元大關。

24. 韓國三星兵法「危機篇」

二十世紀末全球的巨大變化，使三星集團高層既心懷期待，又有強烈的危機感。孫子的「智者之慮，必雜於利害」、「雜於害而患可解也」、「無所不備，則無所不寡」的哲理像警鐘一樣常常在耳邊敲響：要樹立有備無患的危機意識。

三星高層清醒地認識到，二十世紀末的變化，危機在激烈的市場競爭中更為顯現。三星有可能成為新的飛躍的契機，但也有可能成為走向終結的開始。為此，三星高層經常徹夜難眠，有時會為璀璨的遠景和希望激動不已，有時卻因為沉重的責任感而身冒冷汗。

然而，更令三星高層擔憂的是，三星有危機感的，想要挑戰新的變革的人，開始並不多。二十世紀末的環境變化，是一場無形的經濟戰爭。冷戰雖已結束，但比冷戰還要激烈的經濟戰爭正在全面展開。這場經濟戰爭究竟有多麼激烈和殘酷，不少三星人還不懂得。

於是，孫子哲理、危機意識的教育，放在三星的議事日程。在別人不斷發展的時候，三星要解決人才危機、環境危機、變革危機、時間危機。如果沒有危機意識，無疑三星將會淪為二流、三流企業。

三星高層舉了半導體的例子，人們的心理通常以十年、一百年為一個週期，在一個週期即將結束的時候，會有一種特別的危機意

識。近代一百年的變化比起過去五千年的變化要巨大，而今後五年、十年的變化可能要比過去一百年的變化還要巨大，誰也無法預測半導體和電腦以及光導纖維的結合，會使人類文明如何發展。

目前人類正在進行著工業社會向資訊社會過渡的資訊化革命，半導體的飛速發展是資訊化革命的推動力，這次革命的發展速度之快超出人們的想像。三星人算了這筆帳：再過幾年，1G 晶片會廣泛普及。這相當於僅用 10 瓦的電量就可驅動十億個電晶體，而驅動同樣容量的真空管則需要二百三十萬千瓦的電量。如果以這種方式來計算，今後的筆記本電腦或手機中若設置一個小小的 1G 晶片，就相當於提著二個核電站在走動。

經濟戰爭是一場沒有硝煙的戰爭，參與者甚至在沒有意識到自己已經置身於戰爭的時候已經落敗了。就連設計半導體晶片的工程師也沒有預料到這種巨大的變化。沒有人會幫助這場戰爭的戰敗一方，保護失敗者的觀念早已經消失。因此，三星必須時刻確立危機意識。

孫子的危機哲學時刻提醒三星的每一個員工，未雨綢繆，積極應對和處理現代公共危機的能力和水準，降低公共危機可能帶來的負面影響，在瞬息萬變的危機時代，善於轉「危」為「機」，變「害」為「利」，把危難轉化為企業發展的契機。

25. 韓國三星兵法「治變篇」

三星創始人李秉喆把三星的成功歸結為一句話：「因為可以適應時代的變化。」三星新一代高層管理者同樣提出：「除了夫人和孩子不變，一切都要變」，此語成了三星改革的口號。

《孫子兵法・九變篇》，集中表明了一個中心思想：隨機應變，靈活用兵。軍戰需要隨機應變，商戰同樣也需要隨機應變。當代商戰，是在世界範圍內進行的，競爭對手不止一方，而是多方；競爭又大都是以高科技為武器，而高科技發展非常迅速。因此，當代商戰的複雜和變幻莫測遠遠超過軍戰。「通九變之利，知九變之術」，

韓國三星創始人李秉喆銅像

就能面對複雜的情況處變不驚，變弊為利。

目前，三星已經成為韓國最大的企業，它的產值已經是韓國國民經濟總產值的四分之一，它的市值相當於韓國企業的 60%。三星的成功，被韓國業界普遍認為是適應環境變化，即《孫子兵法》中的「因變制變」。

三星在上世紀六〇年代搞輕工比如纖維，七〇年代轉型重工比如造船，八〇年代進軍 IT 比如半導體，把握住了每一次產業升級的機會，始終把《孫子兵法》看作企業治變精髓。

三星就世界七十八種產品與三星電子產品逐一進行了比較和分析，從而使三星人切實地認識到其電子產品在世界上所處的位置。三星不甘心自己的企業落後於日本和美國的企業，於 1993 年三星公司開始了波瀾壯闊的變革，被人稱之為「三星新經營」。

1993 年 6 月至 7 月，三星最高層與一千八百多名集團員工進行了坦誠的對話，敦促自身的變革。他說，變革是為了轉變觀念、習俗、制度和慣例。我將不惜我個人的名譽和生命，在自身變革和集團變革中身先士卒，率領大家奮鬥。我清醒地認識到，這種變革決不是容易的事情。但我相信，三星大家庭的諸位成員都是非常優秀的，只要大家集中全力朝著「同一方向」前進，就能夠戰勝世界上的任何一個企業。

上世紀九〇年代初，三星面臨的最大挑戰是中國家電企業。三星判斷出如果跟中國家電企業拼製造業，一定會失敗，因為中國相

同的成本和資源價格都要比韓國低。於是，三星改變自己的定位，走高端市場。通過幾年的努力，三星已經牢牢地占領了高端市場。

企業不可能在所有的領域都取得世界第一位，三星「變中求勝」，以人性化設計為理念，選擇手機、數碼電視機、掌上電腦、超薄液晶顯示器，筆記本全線產品，定為重點發展的產品；以敏銳的時尚觸覺和尖端的技術，憑藉新穎獨特的外觀和全新的技術和研發實力而聞名世界；選擇最佳的時機，借助體育、奧運、足球一舉成名。

「三星新經營」理念是，變化是無止境的，關鍵是看如何面對變化，現代企業管理中，企業變化也是層出不窮，想坐守舊法而使企業發達，那是不可能的，特別是面對危機時，更要讓自己因環境不同而富於變化，以變求生存，以變求發展。就連韓國公司作息時間 7-4 制，三星也改變，給員工更多的業餘時間去充電學習。

最值得一提的是，三星大膽變革企業管理模式，大力將公司建成網路化、扁平式企業，實現內部管理的科學化。在三星公司，決策和實施過程公開、透明，各種資訊由下而上，通過網路廣泛傳遞，管理層和被管理層積極參與，最基層員工都可以直接通過電子郵件向總裁提建議。當金融危機來臨時，三星公司一開始也陷入了混亂之中，但企業和員工適應能力顯然強於韓國其他企業。

三星集團是市場的遲來者，缺乏技術優勢，但通過不斷的變革，令三星後來居上，成為全球矚目的明星企業。許多人都看不懂三星公司的管理革命，於是，就送給三星公司一個「最不像韓國企業的企業」稱號。

26. 韓國三星兵法「人才篇」

「企業即人」，企由人與止組成，沒有人企業就停止了，這是精通漢語與兵法的韓國三星集團的「人才觀」。三星把《孫子兵法》借鑑到人才戰略上，把「擇人任勢」作為企業文化的重要組成部分，徹底貫徹了「人才第一」、「能力主義」、「适才適用」、「賞罰分明」等原則。

「人才是最重要的資本」的思想，已成為三星集團新的價值觀念。三星是市場的遲來者，缺乏技術優勢，因此對人才特別鍾愛。在進入世界市場前列時，三星仍不忘提高自己的競爭力，要創出只有三星才擁有的固有價值，即生產其他企業根本無法仿製的差別性產品，要實現這一戰略，人才和技術研發仍是關鍵。

三星高層自信地說，現代企業猶如一支立體化的作戰部隊，在激烈的市場競爭，每一個戰鬥單位，一切行動都得聽從將帥的指揮。三星率領企業往前奔的人，一般占全體員工的 5% 左右，他們是將帥，是戰略人才，是人才中的菁英。如果這些人積極帶頭進行變革，企業就會發生巨變；如果有 10~20% 的人帶頭變的話，那麼剩下的 80~90% 的人不可能不跟上來。這樣，整個三星就有向心力和凝聚力。

孫子對人才提出了嚴格的素質要求是「智、信、仁、勇、嚴」，三星在此基礎上，根據企業的自身特點，創造性地提出要善用 5% 的 A 級人才，這些人才的標準是：「知、行、用、訓、評」。三星高層自豪地說，三星員工在這五個條件上，具備一流條件的人數約占全體員工總數的 70~80%，這個數字是相當可觀的。任何一個組織只要有 5~10% 的核心力量，就完全有可能將該組織發展成為一流。

三星很看重企業的「仁」。三星高層認為，三星要想成為真正的超一流企業，要先找回三星人的人性和道德。品質，不僅僅單指商品的品質；只有找到人最基本的素質之後，才能進行優質經營和創造出優質的產品。三星把企業的人性美、道德性、禮儀規範、行為規範作為創一流的「三星憲法」，從高層到每個員工都要遵守，任何人都不能例外。

三星需要「三心」人才，即創新心、自信心和奉獻心。三星流傳著這樣的觀點，即「優秀人才一人就能夠養活十萬人」，「十個一級圍棋選手聯合起來也不能戰勝一個圍棋一段選手」。三星杜絕血緣、學緣、地緣和國籍的不當影響，在全球範圍內吸收富有智慧、

勇於挑戰、開拓進取的創新型人才。在培訓環節上為所有三星員工提供適當的培訓機會，同時，突出創新型人才的培養，努力開發員工的創新能力。

三星打破「年工序列制」的藩籬，強調以能力為基礎對員工進行選拔，以此激發員工的積極性、創造性和責任感；打破傳統的「以官為本」的升遷體系，將職稱與職務相分離，構建職務序列和職稱序列同時並存的多樣化職業生涯通道，為管理者提供以職務為基礎的升遷機會，為專家提供以專業為基礎的發展空間。

孫子把「賞罰孰明」提到戰略高度，列為「五事」、「七計」的重要內容之一。三星堅持「賞罰分明」，按照能力給予「待遇」，每年有四百名左右級別不高而有貢獻、有才幹的員工，可享受帶全薪和其他費用出國旅行。在三星電子，如果職員連續三次做出不佳業績，就難以期待晉升。三星員工入門教育比新兵教育訓練還「嚴」。

三星的人才機制極大地激發了三星人的志向，以持續的熱情和挑戰精神，為成為世界一流企業而竭盡全力。三星的各類人才，助力三星的一次次創新；而創新的能量同樣也激發每一個三星人的價值。如今，在三星公司近六萬名雇員中，有近四分之一屬於研發人員；三星僅在中國就設立了二十四個研發中心，擁有超過四千名研發人員。

27.韓國三星兵法「造勢篇」

「一星一村」計畫、「三星愛之光行動」、「三星西部陽光行動」、「三星災區援助行動」、「一社一河‧一湖一山行動」、「三星希望工程」、「智慧生活‧樂享全家」、「心系新生命」……韓國三星集團將孫子的「勢篇」應用的得心應手，「造勢」造的「聲勢浩大」。

《孫子兵法‧勢篇》闡述了戰勢奇正與戰略造勢，善於指揮打仗的將帥，注意力放在「造勢」上，指揮打仗時所造成的有利態勢，

就好像把圓石從幾千尺的高山上往下飛滾那樣，「勢不可擋」。三星集團將帥們正是這樣，他們使出渾身解數「造勢」──

三星中國的每一個子公司都與中國的一個貧困村結為朋友，幫助他們致富，這就是「一星一村」計畫。中國三星旗下四十四個法人的 1,500 多名員工分別與中國六個省市十一個地級市的四十六個姊妹村展開了 1,340 次支農活動。43,780 餘名三星員工深入中國農村，改善當地的小學和幼稚園的教學條件和公共設施，建立幸福家庭，建立養殖場、果園、菜園，提高當地的文化生活水準。三星人用愛與熱情，使三星品牌在中國廣大農村呈「鼎足之勢」。

三星電子「心系新生命」2011 年愛嬰行動，以關注健康‧關愛未來為宗旨，通過「愛嬰大課堂」的形式開展愛嬰行動。三星號召全社會加入進來，共同關注嬰幼兒衣物的洗滌和皮膚護理問題，在用科技改寫中國育嬰歷史上呈「掎角之勢」。

「三星愛之光行動」，是中國三星與中國殘聯攜手開展的一項為貧困白內障患者免費實施複明手術的社會公益活動，過去的四年間裡在新疆、吉林、四川等十二省市和廣州、蘇州等地級市共實施了八千三百例手術，幫助白內障患者重見光明，在中國的神州大地呈「光明之勢」。

三星向中國二十六所重點大學 441 名大學生和一百九十所重點中學設立「三星獎學金」，截止 2010 年，共有 4,040 名學生收到獎學金，並組織獲獎學生開展夏令營。2005 年以來，三星在中國已建立了一百所希望小學，並持續開展「三星希望小學」科技之旅活動，在三星希望工程上呈「星火燎原之勢」。

三星發起了以「智慧生活‧樂享全家」為主題的五城市巡展活動，將三星白電最高端最環保的產品奉獻給中國消費者，讓中國消費者近距離瞭解全球頂尖智慧科技的白電產品，感受低碳節能的全球「發展趨勢」。

三星的企業文化「大張聲勢」。2010 年合唱大賽在中國各地舉行，歌聲響徹大江南北，中國三星共三十三支隊伍參賽；2010 年中

國三星攝影大賽由「值得讚美的公司」、「幸福家庭」、「貢獻於中國社會的三星」三個主題展開，精彩紛呈；每一屆「三星杯」足球大賽參賽的中國三星員工都超高萬人，盛況空前，倍受矚目。

三星電子集團在市場行銷上「勢如破竹」，採取國際化與區域化的市場行銷策略，他們將國際市場畫分為北美、拉美、歐洲、中東和亞洲五個市場區域，建立了一個由十二個銷售網路、四十四個分公司、十一個海外分支機構和二十多個開發研究中心組成的國際銷售網路。這樣，該集團就形成了強大的銷售之「勢」。

28. 韓國三星兵法「奇正篇」

記者在韓國三星集團採訪中，對三星的應用《孫子兵法》「奇正術」留下了深刻的印象。孫子認為，戰勢不過奇正兩種，然而奇正的變化，好像是天地的運行一樣，無窮無盡；像江河的流水一樣，永不枯竭。三星人把孫子的哲學變成了「三星哲學」和「三星理念」：奇正結合，奇正相生，協力成長，共贏未來，創造了三星獨特的「相生經營學」。

三星的「正」，具有原則性、包容性和互補性——

三星宣導了「共存哲學」——社會誠心經營。三星人認為，社會已進入了通過善意競爭與合作擴大份額的「共存時代」，和諧、信任、共存與融合為特點的東方文明正逐步走向前台，三星企業經營應該把視線轉向合作共贏，「共存」是三星所追求的二十一世紀新範例。三星人要把競爭對手當作朋友，把競爭關係當成共同發展的關係，摒棄為了自己的成功置對方於死地的做法，要堂堂正正，勝人一籌。

三星提出要「為人類社會作貢獻」，不管在什麼情況下，都不做有害於人類的事情。在這種精神的號召下，三星廣泛開展了社會公益事業，如托兒所事業、消滅棚戶區事業、開設醫院與殘疾人工廠、開展綠色經營等。三星設有社會奉獻團，規定全體員工每年都要參加四天以上的志願者活動。三星試圖將「相生經營學」逐步推

廣到全球任何需用的地方。三星人關心世界、關心人類,三星就會受到全世界、全人類的歡迎。

三星的「奇」,具有靈活性、多樣性和創造性──

「一個有創意的三星、有戰略的三星和成功管理的三星」。在產品的任何角落都滲透三星的哲學,確立三星特有的設計理念,適應個性化、資訊化、多樣化、系統化和軟體化的新時代變化。

「設計就將決定競爭力,設計革命迫在眉睫」。二十一世紀經營的成敗,決定於像設計這樣的軟性創造力,模仿與跟隨都是行不通的。好的產品研發,設計占 60~70% 的比重,而生產只不過占其30~40%。

「洞察眼睛所看不見的就是經營」。三星人說,當今社會正在從產業社會轉向資訊社會,半導體、電腦、光導纖維使世界的方方面面都在發生著變化,在電腦特別是軟體技術方面領先的國家將主導世界經濟,電腦將代替人腦做我們以前認為不可能的事情,一切將變得皆有可能。如果不能洞察眼睛所看不見的,就失去了三星今後的經營方向。

「勇於冒險才能出奇制勝」。在半導體領域,三星最先開發出了 8 英寸的產品,這一開發如果失敗,三星將損失十億美金以上。但是三星卻冒著失敗的危險,堅決研製開發。三星高層說,沒有冒險精神,就不可能走到別人的前面。只要早行動一年,就會比第二名獲得更多的利潤。如果能占領所有的先機,就可能創造十倍乃至十五倍的利潤。

「速度第一,速度就是生命」。三星人相信,時機決定勝負,能夠縮短時間是競爭力的核心所在。現在五年、十年的發展速度是過去的十倍、二十倍。如果不能適應時代的變化,抓住先機,那麼再過五年、十年可能公司就不存在了。如果能將集成創意的產品和服務在第一時間推向市場,那麼就能獲得市場上的領先地位而繼續生存。為引進半導體設備而花去三個月的時間來蓋章,會導致了數億的機會損失。

「既然要競爭，就要和第一名競爭」、「三星唯有一流，才不會被時代淘汰」。1994 年，三星電子生產出了世界第一個 256 兆記憶體的晶片，一躍成為全球最大的 DRAM 生產商；2003 年三星財年收入達到 362.8 億美元，七種產品的市場占有率達到全球第一；如今，三星的品牌價值提升至 700 億美元，在世界排名第一位。

29. 韓國三星兵法「智能篇」

智慧平板電腦、一體式智慧電腦、智慧迷你本、智慧手機、智慧數碼相機、智慧吸塵器……記者在韓國三星企業水原宣傳館看到，這裡展示了三星「智慧」改變人們的生活的多彩畫卷，表達了「三星領智世界」。

《孫子兵法》是一部智慧之書，通篇充滿經典智慧的光芒，集智慧思想之大成，不僅是軍事謀略大智慧，而且是商戰大智慧，更是現代社會生活大智慧和人生大智慧，是為全世界留下了偉大的智慧財富。孫子五德「智、信、仁、勇、嚴」，把「智」放在第一位。三星面對消費電子在未來生活中的發展，應用孫子的智慧，在全球範圍提出了「用智慧決勝未來」的全新理念，體現了三星人的「非凡智慧」。

三星「智慧生活」包括智慧設計、智慧連接和智慧體驗三個層面，通過三星強大的技術和工業設計能力，讓產品具有出色外觀的同時，也實現功能的極致創新；借助統一的智慧系統，讓三星所有的終端實現自動連接，共用內容；讓用戶在感官和操作方面有完美的體驗，在內容和應用方面有著足夠豐富和便捷的選擇。

「讓筆記本更亮、更快、更持久」，這是三星筆記本電腦發出的智慧聲音。2011 年，三星筆記本電腦採用自主研發的超高亮 LED 螢幕，中高端機型螢幕亮度達 300nits，個別高端機型如 900X3A 達到 400nits，比普通機型螢幕亮度提升了 81%，擁有 16M 彩顯色彩深度，比普通螢幕提升了六十倍，其顯示的「智慧」冠絕業內。

在「智慧生活」的戰略構想下，今年 4 月三星在中國一口氣發

布二十四款電視新品，其中 LED6 系列以上液晶電視和八系列等離子電視共十三款新品，均為智慧電視，同時標配 3D 功能。三星電視設計了一個智慧應用中心介面，把網路內容、應用程式、無線共用內容、電視頻道列表、上網衝浪，收藏過濾等功能整合到一起，還可以通過無線共用電腦、手機連接設備中的電影、圖片及音樂。

三星智慧手機，4 英寸魔煥煊屏，高速處理器，時尚纖薄設計，具有智慧操作平台、高速上網、無線寬頻、手機電視等功能，賦予一個響噹噹的名稱「智慧‧非凡」。還有三星蓋世系列智慧手機，「蓋世」在中文裡有巔峰的意思。該智慧手機擁有世界上超薄的機身，內置雙核 1Ghz 處理器，擁有快速啟動和更省電的特性，使用的 IPS 螢幕要亮二百倍。

三星空調為廣大消費者打造更加智慧、時尚和環保的家居智慧生活。三星威尼斯因在其產品中增加了空氣淨化功能，成為首台「殺菌」空調。三星空調獨有的智慧 FullHD 篩檢程式除塵率高達 90%，其等離子殺菌技術 SPI 能殺滅空氣中甲型流感病毒、禽流感病毒、SARS 病毒。這款產品在韓國已經被普遍運用到了醫院、電影院、機場等公共場所。

為配合三星的「智慧生活」理念，在家庭影院方面，三星眾多產品支援 2D~3D 轉換功能和無線連接功能。三星開發出多款 3D 藍光播放器和配套產品，都具備了三星智慧應用中心和智慧藍光功能。為了創造更舒服的 3D 體驗，三星還推出了「無閃爍」的藍牙 3D 眼鏡，最輕的 3D 眼鏡重量只有 30 克，是目前世界上最輕的 3D 主動式眼鏡。這款眼鏡能在任何角度都可以觀看 3D 電視，還能實現無線快速充電。

記者在三星企業水原館饒有興趣地參觀了智慧吸塵器，該智慧吸塵器配有高靈敏度攝像頭，和人的肉眼一樣，可以拍攝到房間內各個角落的清潔情況，該攝像頭可每秒拍攝三十張照片，使吸塵器吸塵系統可以隨時識別吸塵區域，完美清理房屋內各個角落。據三星工作人員介紹，該智慧吸塵器今年將首次投放中國市場。

30. 韓國三星兵法「同舟篇」

「三星是工薪階層的天堂」，「三星尋求終身職場」，「三星充滿激情的氛圍」，「三星提高了個人生活品質」⋯⋯這是三星高層對三星大家庭的描述。

「我們今天與其當場分吃一個蘋果，倒不如把力量集中起來去種蘋果樹，管好蘋果園，並期待日後結出碩果。這豐盛果實的主人就是諸位。這種樂趣，不僅由我們的公司和國家分享，而且還將傳給諸位的後代。」三星高層對「三星大家庭」所有成員作出的承諾：不僅人人能分吃蘋果，而且永久享受蘋果園，有吃不完的蘋果。

「三星大家庭」乘在同一條巨輪上，按《孫子兵法‧九地》所說：「當其同舟而濟，遇風，其相救也如左右手。」三星「大家長」率領每一家庭成員同舟而濟，攜手共進。

三星要往同一個方向攜手共進，當制定出前進的方向後，迅速告知所有員工：現在「三星」號的速度要從時速 5 公里增加到時速 10 公里，能跑的人就跑，能走的人就走，跑不動的人就坐下來休息。但是，奔跑的人不要忽視那些跑不動的人，要攙扶他們；坐著的人也不要嫉妒奔跑的人，要報以掌聲和鼓勵，然後下定決心，要儘快恢復體力，跑起來。這就叫「同舟而濟」，「如左右手」。

當然，三星「大家長」跑在最前面，「以每秒 150 公里的速度跑在前頭，只要你們能跑出每秒 30、50、70、100 公里的速度，為大家庭成員擋住一些風沙」。

「同舟共濟」才能產生力量」。三星高層說，三星具備小到沙子大到電視的生產能力，例如，電子需要的顯像管可向康寧、SDI 訂購，具備這樣條件的企業全世界只有三星一家。「同舟」是三星最大的優勢，一個人的力量微不足道，但是將這些力量集中起來「共濟」，三星這艘巨輪會變得很強大。

資訊共用與協作，也是三星人「同舟共濟」的重要方面。他們注重改善溝通管道，使組織成員們朝著統一的方向努力。雖然部門不同，分工不同，但用一個聲音說話，發出共同的聲音。作為「三

星大家庭」的成員，經常聚在一起分享資訊、彼此幫助，從而達到協同工作的效果。

三星「大家長」不主張處罰大家庭的成員，而是提倡經常地表彰，給予他們足夠的獎勵。如果成績卓著，甚至可以發給他們相當於工資十倍、二十倍的獎金。

三星「同舟共濟」還表現在宣導孫子的「上下同欲」，在三星，上下級只是業務技能上的畫分，而決不是把人分為三六九等。在愛好和體育方面，會長也可以與員工同樂，並從新員工身上學到東西。三星重視為員工提供盡可能好的工作和生活環境，從生產車間到辦公大樓，從工作場所到生活宿舍，從硬體設備到軟環境，三星員工都能獲得的滿足。

在三星，洋溢著一股濃鬱的「同舟共濟」精神，三星人懂得同甘共苦，關心同事，照顧後輩。員工顯得非常團結，願意為了實現企業的總體目標而盡最大的努力，甚至不惜犧牲個人利益。三星人堅信，只有堅持一個方向，才能具備強大的凝聚力，團隊協作才能有效率，這是實現「全球統一的三星」的關鍵所在。

31. 韓國三星兵法「競爭篇」

「利用世界上生產效率最高的生產線來大量生產世界上最有成本競爭力的產品，在份額上爭取世界第一」。這是三星人在競爭中的一句響亮口號。

三星人喜歡口號，在三星隨處可見橫幅標語口號，橫幅上使用漢字也屢見不鮮。三星的常用口號是「世界一流企業」；三星的品牌口號是「創新生活、移動時尚、健康生活」；三星的形象口號是「智領商務，創新未來」。三星在集體活動時，員工們一律穿上運動鞋跑到山上，在山頂上舉著橫幅，全體揮舞拳頭大聲呼喊「三星加油」的口號，充分體現了三星人強烈的競爭意識。

而三星人這強烈的競爭意識來源於《孫子兵法》的競爭原理。孫子主張「修道保法」從而「勝於易勝」，對於企業來說就是構建

核心競爭力，對研究市場競爭規律提供了最好的參考和借鑑。《孫子兵法》的競爭哲學，不僅適用於戰爭，也適用於任何對抗性競爭領域，這在三星可以找到成功的案例。

三星高層說，二十一世紀的競爭力，要嘛第一，要嘛失敗。如果沒有競爭力，就不能成為一流企業，也就無法繼續生存下去。什麼是一流企業呢？就是一流的菁英們集中在一起創造性地進行開拓並把握機遇，在全球主流市場上規模、研發、品牌和利潤率都表現卓越，這是競爭力所在。

三星人非常重視「軟體」的競爭，認為單純製造銷售產品的時代已經成為過去，如今正處在將創意、理念、資訊相結合，創造新的價值的時代。製造高科技武器的成本主要集中在軟體而不是硬體上，一個愛國者導彈耗資 110 萬美元，而其中用於「硬體」的投資只有 20 萬美元，餘下的 80 到 90 萬是對軟體的投資。

三星人非常看好與強手競爭，象體育競技一樣，只有與高手、強手較量，才能提高技能。三星要同比韓國數十家企業相加的規模還要大的日本豐田、美國 GE 競爭，與世界一流企業抗衡。

三星人還想與機器人競爭。三星人問自己，如果電腦不斷發展的話，99% 的商品將由機器人生產，那麼我們做什麼？他們的對策是，要為改善生活品質做貢獻，要發展資訊產業、系統產業，這是今後三星要從事的未來產業，高附加值產業。

三星人最重視的還是與自己競爭。在韓國有一個特例，只有在激烈競爭中勝出的優秀人才才能進入三星公司，而更趨白日化的競爭是這些人才在進入公司之後，三星對每個員工管理很嚴要求很高。三星要求每個子公司至少應該有一個以上的世界第一的產品。

「品質是經營的生命，是實實在在的競爭力」。三星把不合格產品看成是「癌症」，曾毅然將價值 5,000 萬美元的問題手機付之一炬。有報導稱三星手機在洗衣機浸泡之後或者在二噸重的汽車壓過之後仍可使用。三星人稱，如果一年生產四百萬台錄影機，其中不合格產品占 1%，也就是說四萬台是不合格產品；在競爭激烈的

情況下，必須把不合格率控制到接近 0。

「五個部門起到五十個部門的作用」。三星人進入了整合時代和產業融合新時代，行業概念逐步消失，進行行業整合、工廠整合、產品整合、銷售整合，還有大廈整合、醫院整合，所有的整合必須引入競爭機制。

三星二十一世紀競爭優勢戰略是：經常、快速的狙擊。集中地區總部以加強國際競爭力，把地區專家培養成終身專家；找出最富競爭力的地方，建造海外綜合園區；構築全球經營體系，在全球二十四小時不間斷的工作，建立第二、第三個三星。

孫子的競爭謀略，讓三星永無止境，在激烈的全球市場競爭中立於不敗之地。

32. 韓國三星兵法「全勝篇」

三星是市場的遲來者，六十多年前，只是一家小商鋪；三十多年前，為生存給日本三洋公司打工；十年多前，還是廉價的地攤貨，並且是廉價貨的代名詞。然而，在過去六年間，三星品牌價值超過索尼、摩托羅拉，以 150 億美元名列世界第二十位，一躍成為世界一流品牌。是什麼戰略，令三星後來居上，成為全球矚目的明星企業？

答案是：三星是應用《孫子兵法》「後人發，先人至」及「全勝戰略」的經典案例。

三星市場訊息研究所的理念是：「世界上沒有兩個完全相同的人」。該所展開的針對全球消費者心理的深度調研，充滿了孫子「知彼知己，百戰不殆」的智慧，從而建立起一個立體、多元、系統的消費動態分析體系，從龐雜混亂的消費態勢中駕馭市場，為三星「實施品牌戰略，打造自有品牌」奠定了基礎。

1998 年，三星出資四千萬美元加入奧林匹克全球贊助商計畫，提升三星品牌形象。1999 年，三星在經營戰略上做出了有史以來最大的一次調整，制定了「引領數字融合革命」的新的品牌戰略，致

力於領導全球數字集成革命潮流。此後，三星在全球範圍內進行了聲勢浩大的品牌推廣運動，樹立了三星在數位化時代領導者的品牌形象。

三星組建了一個品牌戰略團隊，著力主打一個品牌：三星電子。1998 年，三星電子提出了「三星數位世界歡迎你」的宣傳口號，傳遞出這樣的資訊：三星電子期望通過開發新型、多功能的產品，讓人們的生活變得更加便利、豐富和舒適。在該口號的統領下，三星電子的品牌戰略至此日趨成熟，開發了世界上第一個商業用途的 CDMA，第一個可視電話，第一個 MP3 手機，第一個攝像手機，第一個滑蓋手機等多個第一。

在嘗過贊助漢城奧運會的甜頭後，奧林匹克 TOP 贊助計畫已成為三星體育行銷的最高策略。正如時任三星中國總裁朴根熙所說的，二十年前，正是因為借助漢城奧運會，三星才得以從一個國家品牌躍居為全球品牌；如今，在全球最具市場潛力的中國舉辦的奧運會，無疑也將成為三星轉身成為中國消費者接受的中國品牌的最好機遇。他期望通過北京奧運會，將三星的品牌和知名度提高三倍。

三星每年市場行銷費用為 20 億美元，其中體育行銷約占 20%。從長野冬奧會、悉尼奧運會、鹽湖城冬奧會，再到雅典奧運會、都靈冬奧會，三星標誌與奧運五環緊緊地聯繫在了一起。2007 年 4 月，三星與國際奧會續簽了贊助協議，將贊助時間延續至 2016 年。借力奧運盛會，三星擺脫了以往低端的品牌形象，品牌價值大幅提升。

三星的全球社會公益活動也同步開展，勢頭很猛。自 1999 年後，三星在連續五年時間裡，每年都捐贈 1,000 萬美元，來幫助和照顧社會上貧困的人群，三星生命保險也在 2002 年至 2004 年中捐贈 1,000 萬美元，用於對患有癌症、腦溢血以及心肌梗塞等疾病的患者進行治療。三星成立了三星文化財團，贊助了韓國幾個資金困難而陷入危機的大學。三星還設立了「三星獎學金」，建造了湖岩美術館。作為全球社會公益活動的一部分，三星從 1996 年起就開

始贊助諾貝爾基金會。

　　三星不完全靠企業品牌形象制勝，而主要靠孫子的「全勝思想」制勝。「世界最佳，世界第一」的產品戰略，是三星其克敵制勝的利器，三星很少打「價格戰」，堅持以產品品質和速度制勝，而非價格制勝。三星比業界平均水準快一至二倍的新產品推出速度，贏得「全勝」乃勢在必然。

韓

國

篇

朝鮮篇

1. 朝鮮時代知識分子把《孫子兵法》當哲學

記者來到位於朝鮮開城市的高麗博物館，開城市是高麗王朝時期的都城，這座古老的建築最初為十一世紀初葉高麗國的行宮——大明宮，後來又改作宣傳儒教的「僧務館」。西元 992 年，在這裡建立了最高教育機關「國子監」，後來改組成為「成均館」，是朝鮮最早的高等學府，總占地面積為兩萬多平方米。

高麗博物館展示了中國大量的用漢語文言文撰寫的古籍、高麗士兵奮勇抗擊外部侵略的圖片、弓矢刀劍等兵器及書法繪畫。這裡還展示了除中國外，當時世界上唯一使用活字印刷技術。

高麗博物館講解員介紹，中國漢字長期是朝鮮唯一的書寫文字，高麗人用漢字記錄自己的歷史，並漸漸融入了中華文化圈，促成了中國兵家文化在朝鮮的傳播。當時成均館主要科目，就是對學生傳授中國的儒家學說和兵家思想。

有學者認為，《孫子兵法》是一部飽含哲學思想的著作，涵蓋了大智慧的學問。朝鮮半島把《孫子兵法》融入哲學，朝鮮時代的知識分子把《孫子兵法》作為哲學來學習，從中汲取哲學思想。朝鮮五科考試《孫子兵法》列入其中。朝鮮著名的愛國名將李舜臣也曾經歷過這個考試，他讀過《孫子兵法》、《吳子兵法》、《司馬法》。在朝鮮衛國戰爭中，在中國明朝軍隊支援下，用《孫子兵法》戰勝了日本。

李氏朝鮮從《孫子兵法》裡就學會如何築城、守城、攻城；三國時代的百濟國受中華文化影響很深，接受孫子思想傳播很早；新羅時期，專門派人到中國學習中國的文化以及治國策略和兵法謀略；高麗時代，讀研《孫子兵法》已很普遍、《吳子》、《武經七書》、《尉繚子》、《六韜》、《三略》等中國古代重要的兵書，傳入朝鮮產生了相當大的影響。

據《朝鮮通史》記載，十五世紀李朝的義宗至世祖時期，曾出版過《武經七書》的注釋本，其中就有《孫子兵法》。清乾隆

四十三年(1778)朝鮮就刊印了一題名為《新刊增注孫武子直解》的書，分為上、中、下三卷。在《新刊增注武經七書直解》內，系以劉寅的《直解》為底本，補充舊注增訂而成。

到 1863 年的朝鮮高宗時期，又有趙義純的《孫子髓》出版。這一時期，朝鮮實行了一系列的改革，《孫子兵法》也被廣泛應用，曾放火燒毀進入朝鮮搶劫的美國軍艦，並多次擊退美國軍艦的進攻，擊毀三艘美國軍艦。

十六世紀後，朝鮮文版本的《孫子兵法》譯著、評著大量湧現。日本歸還朝鮮總督府捐贈的書籍，其中就有《孫子大文》。《孫子真傳》在朝鮮也很流行。此外，《武藝圖譜通志》等朝鮮自成體系的古代兵書也層出不窮。

2. 毛澤東抗美援朝的「勝算」

朝鮮祖國解放戰爭勝利紀念館開設的中國人民志願軍紀念廳裡，展示了毛澤東的照片及他發布的抗美援朝命令。美軍在仁川成功登陸後，狂妄自大的麥克亞瑟以為戰爭就要結束了。他居然宣稱，如果美國通過海上向仁川輸送一支精銳部隊的話，就可以把毛澤東鎮住，使毛澤東不再膽敢派兵入朝。

一生對《孫子兵法》百讀不厭的毛澤東，極其善於繼承並創造性地運用中國古代兵學。毛澤東將《孫子兵法》中蘊涵

朝鮮祖國解放戰爭勝利紀念館開設的中國人民志願軍紀念廳裡，展示了毛澤東的照片及抗美援朝命令

的規律推崇為「科學的真理」，這部充滿智慧的兵書，是毛澤東軍事思想的重要理論來源之一。

作為戰略家的毛澤東，具有超前的判斷力和果斷作出科學抉擇的魄力，以及面對強敵敢於應戰的勇氣和善於應戰的智慧。毛澤東從敵強我弱中辯證地論證中國的「勝算」的。中國面對的主要對手是第二次世界大戰後躊躇滿志不可一世的美國，中美兩國的國力、軍力差別懸殊，在世界戰爭史上也是罕見的，這場戰爭有多少「勝算」把握？

「非利不動，非得不用，非危不戰」，這是孫子告誡的。毛澤東慎重權衡：如果任憑美國滅亡朝鮮，與中國隔江對峙，並與南線的台灣蔣介石、侵越法軍勢力遙相呼應，就將置中國於戰略上兩面作戰的不利境地，在戰略態勢、國際環境、國內建設、民族關係等諸多方面帶來更大的麻煩，其後果不堪設想。

毛澤東在給周恩來的電報中明確指出：「我們認為應當參戰，必須參戰，參戰利益極大，不參戰損害極大。」毛澤東分析，參戰對朝鮮、對東方、對世界都極為有利；對中國有利，參戰至少可以消除東北方向的威脅，如果不參戰，讓敵人壓至鴨綠江邊，則對各方都不利；從時間上說，晚打不如早打；從空間上說，中美在朝鮮較量較之其他地方更對中國有利。

毛澤東「勝算」有著獨到之妙：既然中美之間不可避免會有一場較量，那麼，與其坐等美國使中國兩面受敵，不如主動迎戰；與其坐等對手登堂入室，不如禦敵於國門之外；與其示之以弱，不如示之以強；與其長痛，不如短痛；與其晚打，不如早打，打完了再安心搞建設。朝鮮戰爭在世界範圍內只能是一場局部戰爭，由此帶來的風險中國是可以承受的。於是，毛澤東決心進行新中國歷史上的第一場反侵略戰爭。

在中國出兵朝鮮後，杜魯門曾經發出在朝鮮戰場使用原子彈的叫囂。對此，毛澤東表現了大戰略家的從容。他指出，不要說蘇聯已經掌握了核武器，杜魯門不敢冒險打一場原子戰爭，就是真想在

朝鮮投原子彈，也沒有義務通知對方。毛澤東還豪邁地說：「你打原子彈，我打手榴彈。」事實證明，毛澤東是「勝算」的，美國的核訛詐最終灰飛煙滅。

毛澤東清醒的認識到，在實力不對等的條件下，要在軍事上打垮美國是不可能的，而能夠把美國打到談判桌上是可以做到的。毛澤東在戰略指導上展現了他一貫的運籌帷幄決勝千里的統帥風格。朝鮮戰爭證明瞭毛澤東的「勝算」並實現了戰略意圖。

3. 抗美援朝的「出奇制勝」

記者從丹東乘火車駛過鴨綠江大橋，前往朝鮮第四大城市新義州。鴨綠江大橋橫跨中朝兩國國境，它是一座歷史的豐碑，歷經抗美援朝戰火的洗禮，如今依然能清晰地看到橋樑鐵架上的眾多彈痕和殘留的彈孔，還有邊上被美軍飛機多次轟炸的一座斷橋，只剩下半截，朝鮮一側只留下光禿禿的幾個橋墩。

1950 年，志願軍三十五萬人馬就是從這座橋上悄悄渡過了鴨綠江，開赴了朝鮮戰場的。而聯合國軍的偵察機在天上飛，地面有先進的電子偵察，都沒有發現中國軍隊的蛛絲馬跡。這麼大規模的兵力調動，美國人竟然沒有偵察到。

中國要出兵，事先已經向美國發出了警告，並且是多次警告，可是杜魯門、麥克亞瑟們不信。麥克亞瑟斷言侵朝戰爭

鴨綠江大橋橫跨中朝兩國國境，歷經抗美援朝戰火的洗禮，是一座歷史的豐碑

「是贏定了」，中國出兵參戰的「可能性很小」，「不足為患」。

毛澤東和彭德懷非常重視研究麥克亞瑟的性格和作戰特點。毛澤東說，麥克亞瑟越狂妄、自負、好大喜功，越對我們有利。「兵者，詭道也。」中國正是充分利用了美國的狂妄和不信，出其不意，攻其不備——採取秘密方式出兵朝鮮。

毛澤東在致彭德懷、高崗的電報中，為這次戰役明確了作戰方針，在電報中稱一定要「利用敵人完全沒有料到的突然性」。事實證明，這一方針成為志願軍初戰制勝的關鍵，是不可替代的高招，美英等國的軍事家將此舉稱為「當代戰爭史上的奇蹟」。

毛澤東甚至對作戰戰報都作了明確細緻的要求。他在 11 月 5 日指示彭德懷：「為了迷惑敵人的目的，目前還是不宜以聯合司令部的名義發表戰報，而應以人民軍總司令部的名義發表戰報。」

「在目前幾個月內，只做不說。」毛澤東致電各中央局說明此事，說我們採取秘密出兵的方式。志願軍參戰十幾天，也不在報紙上發消息。直到第二次戰役取得重大勝利，朝鮮戰局得到了根本扭轉，才於 12 月 5 日中國正式對外宣布了「中國人民志願軍」的番號及出兵作戰的消息。

志願軍總部判斷，戰局一開，美軍必出動轟炸機炸毀鴨綠江大橋，阻擋志願軍後援。於是，決定將四個軍十五個師分左右兩支同時渡江，三個炮兵師分插入左右兩路，隨步兵過江。彭德懷說，兵法講究攻敵不備、出敵不意，如能保守我軍渡江機密，開局獲勝，就有了一半把握。

這種「突然性」，成為聯合國軍與志願軍交手首戰失敗的主要因素。正如時任美國國防部長的馬歇爾說的：「我們認為什麼都知道，而實際上什麼也不知道。而對方卻一切都知道，於是，戰爭開始了。」這也正是過後美國人一直感到惱悶的重要理由——為什麼就不聽聽中國人的話呢？

4. 用兵法畫出的軍事「三八線」

一個民族，兩個國家，南北兩邊，緊張對峙，彼此界限，畫得分明，碉堡建築，森嚴壁壘，巡邏部隊，往返穿梭，火炮地雷，數不勝數，戰火硝煙，頃刻彌漫……

記者在朝鮮半島南北「三八線」看到，此間至今仍是最緊張的軍事地帶之一，表面似乎保持著安穩與和平，但北側設立了四道哨卡，地下已經建完或在建設中的地道達十七條之多，南側附近軍演不斷，頭戴鋼盔、手持自動步槍的全副武裝的士兵如臨大敵，讓人感覺到了一觸即發的戰爭氣氛。

一個多世紀以來，朝鮮半島的「三八線」一直神秘莫測。在世人眼中，它始終與「戰爭」兩字緊密聯繫在一起，是一條付出上百萬生命代價的分界線；而在《孫子兵法》專家學者眼裡，它始終與「兵法」聯繫在一起，是一條充滿「兵者，國之大事，死生之地，存亡之道，不可不察也」的生死線。

「三八線」是位於朝鮮半島上北緯 38 度附近的一條軍事分界線，也是世界上最危險的軍事分界線。這條約 300 公里長的分界線斜穿朝鮮半島，它截斷了七十五條小溪和十二條河流，以不同的角度越過崇山峻嶺，穿過一百八十一條小路、一百零四條鄉村土路、十五條道際公路和八條高級公路，以及六條南北鐵路線。這條獨特的軍事分界線，從《孫子

圖為朝鮮人民軍少校向遊客介紹朝鮮半島上北緯 38 度附近的軍事分界線

圖為作為朝韓兩國緊張關係分水嶺的「三八線」上哨兵戒
備森嚴

兵法・地形篇》的論述看，對於戰爭起了至關重要的影響。

這條最危險的軍事分界線，最早是由日本和沙皇俄國分別於 1896 年日俄密謀瓜分朝鮮和 1904 年日俄戰爭前夕提出來的，這兩次畫分均因雙方利害衝突而未能實現。到「二戰」末期，盟國協議以朝鮮半島上北緯 38° 線，作為美蘇兩國對日軍事行動和受降範圍的暫時分界線。日本投降後，該分界線成為南北朝鮮的邊界，通稱「三八線」。

兵法專家認為，「三八線」的畫定只具有軍事意義，為美蘇兩國在遠東和朝鮮半島的冷戰格局奠定了基礎，成為美蘇兩國勢力在朝鮮半島對壘的既定疆界。歷史證明，朝鮮民族的分裂、朝鮮戰爭的爆發及當前的朝鮮半島的緊張局勢，也正是圍繞這條緯線發展起來的。而涉及「三八線」的軍事行動作為一條主線，也貫穿了朝鮮戰爭和半島局勢的始末——

南北朝鮮的軍事衝突是沿著「三八線」展開的。北朝鮮軍隊越過「三八線」的進攻引起了美國全面捲入戰爭。1950 年 6 月 25 日凌晨，朝鮮軍隊越過「三八線」，發動了對韓國的突然進攻，韓國軍隊措手不及，三天之後漢城失守。

聯合國軍越過「三八線」向北進擊又迫使中國出兵朝鮮，麥克亞瑟也因再次主張越過「三八線」被杜魯門總統所罷免。在抗美援朝戰爭第三次戰役中，中國人民志願軍突破「三八線」，占領漢城。

此後，在「三八線」以南還進行了第四次、第五次戰役等多次戰鬥。「三八線」還成為不斷拉長的「補給線」。

最後，朝鮮戰爭停戰談判是沿「三八線」的停火而開始的，戰爭的結局仍然是大體以「三八線」做為南北朝鮮的分界線。朝鮮戰爭因「三八線」成了一場空前絕後、沒有輸贏的戰爭，延續至今，未見分曉。

當前，半島局勢緊張，作為朝韓兩國緊張關係分水嶺的「三八線」，在南北兩側，各種戰爭要塞防禦工事、花崗岩城牆、城門、碉堡固若金湯，韓國把軍演地點推到了最敏感的「三八線」附近，直逼朝鮮的陸上大門，以刺激朝鮮。

這條用兵法畫出的在遠東具有非凡戰略地位的「三八線」，多災多難，沒完沒了，循環往復，周而復始，從起點到終點，又回到了起點。它串連著美、日、俄和中國的利益，牽一髮而動全身，究竟分界對峙到何時，恐怕誰也說不清楚。

5. 板門店見證「伐交」經典案例

記者來到距平壤 160 公里的板門店，這裡原先是朝鮮半島西南部的一個小山村，村裡有一個用門板搭成的一個酒館兼小雜貨鋪，便於往返於漢城和平壤之間的商人住宿購物，因此得名。朝鮮停戰協定在這裡簽字，使板門店這個名不見經傳的小山村揚名於世，並被稱為「停戰村」，

圖為板門店朝鮮戰爭停戰協定簽署會場

它在戰爭中創造了和平的玄機。

據介紹，板門店是朝鮮戰爭停戰談判會場，也是朝鮮戰爭停戰協定簽署會場。朝鮮停戰談判最初在北方控制的開城市郊來風莊進行，1951 年 10 月 10 日移到軍事分界線的板門店。當時，這裡什麼建築也沒有，只好以一些臨時搭起的軍用帳篷作為談判會場，從而敲開了板門店停戰協定簽字廳的大門。

《孫子兵法》說「上兵伐謀，其次伐交，其次伐兵，其下攻城」。朝鮮戰爭談判時間漫長，而板門店見證了「伐交」的經典場面。雙方第一次停戰談判於 1951 年 7 月 10 日在開城舉行，朝中方提出停火、恢復「三八線」為朝韓邊界、外國軍隊儘快撤離三點建議，韓美方並沒有接受這一建議，要求將停火分界線放置在朝中方控制地區，第一次談判破裂。

聯合國軍方代表在談判第二項議程時，拒絕朝中方以「三八線」為軍事分界線的合理主張，侈談海、空軍優勢，以所謂「補償」其海、空軍優勢為藉口，無理要求將軍事分界線畫在志願軍和人民軍陣地後方，企圖不戰而獲取 1.2 萬平方公里的土地。聯合國軍方這一要求遭到朝中方拒絕後，竟揚言「讓炸彈、大炮和機關槍去辯論」。

第二次停戰談判在 10 月 25 日重新恢復，地點改在了板門店。由於雙方的條件過於懸殊，停戰談判整整進行了兩年，上演了世界戰爭史上最漫長、最艱難、最富戲劇性、最明爭暗鬥的心理較量。

板門店北側的朝鮮人民軍少校介紹說，在這兩年中，在雙方的防禦線上，密集地部署著二百多萬人的大軍，構築了世界戰爭史上最漫長的、最複雜的、最堅固的防禦工事。聯合國軍的防線被稱做「一道不可逾越的死亡深淵」，中國軍隊的防線上數十萬官兵開始建設世界上最浩大的地下防禦工程被稱為「閉居洞中的龍」；聯合國軍毀滅性的轟炸被稱之為「空中絞殺戰」，中國軍隊同時進行了規模空前的防空戰鬥……

經過所有反對戰爭、要求和平的人們的共同努力和中朝兩國

軍隊的浴血奮戰，邊打邊談、以打促談，於 1953 年 7 月 27 日上午 10 時雙方簽署了《朝鮮停戰協定》。停戰協定簽字的前一天晚上，一百多名中、朝、韓兩國工人經過通宵達旦的施工，在板門店奇蹟般地建起了一座具有朝鮮民族風格的飛簷斗拱的凸字形建築——停戰協定簽字大廳。

《朝鮮停戰協定》的簽訂，標誌著歷時三年多的朝鮮戰爭宣告結束，但未達成一個永久和平計畫，未能解決朝鮮半島南北統一問題，直到六十年後的今天，朝鮮半島依然是分裂的兩個國家，板門店也仍然成為戰爭與和平的分界之處，緊張對峙的世界注目之地。

讓人欣慰的是，板門店 4 公里非軍事區內，綠色的田野透出些許和平氣息，這裡建起了二十四座建築物，北方建築了「板門閣」、「統一閣」，南側建有「自由之家」和「和平之家」，分別作為北、南雙方聯絡機構所在地和對話場所。北方還矗立了一塊金日成逝世前有關南北統一的親筆題詞碑。在朝鮮國際友誼展覽館，也展示了朝韓最高領導人金正日和金大中高舉的和平鐘，表達了「由我們民族自己」同心協力，早日實現南北統一的信念。

越南篇

1.《孫子兵法》傳入越南時間位居第三

《孫子兵法》傳入越南的具體時間尚未考證，通常的說法是在日本、朝鮮之後，位居第三。《六韜》等中國古代的重要兵書，很早就傳入越南，並譯成越南文字刊。《孫子兵法》很早就傳入越南，這與越南在很長時期裡都使用漢字有關。

歷史學者稱，不懂古漢語根本無法研究越南的古代歷史，因為越南的古史資料都是用漢字寫成的，就連越南的戰略要塞也寫著漢字。越南南北之間交通的咽喉之地海雲關，關門上寫著「海雲關」三個筆力遒勁的漢字，後關門上還題著「天下第一雄關」的漢字。

與漢字在越南通行相連的，是中國古代典籍和各種著述大量輸入越南。十世紀末越南獨立並成為中國的藩屬後，曾從官方途徑獲得大量的包括中國兵書在內的漢文經典，以後千餘年通過民間商貿往來和其他形式的交往，輸入越南的中國書籍更應該是大量的。

據考證，中國南鄰越南曾長期有大量漢文古書流通，漢文古籍就源源不絕地流向越南，時間跨度長達近千年。越南各朝代的統治者和知識分子，或是利用來中國內地之機購書，或是通過赴越南經商的中國商人購書。雖迭經戰亂毀壞，這些來自中國的漢文書還是有不少留存在民間和圖書館。陳國峻著《兵書要略》就是其中一部，在越南兵學術史上占有重要地位。

記者在河內、胡志明市等地書店看到，附有中文標題的越文版書籍十分醒目，中國人引以為豪的《論語》、《孫子兵法》、《易經》、《三國演義》等經典圖書，同樣深受越南人的喜愛，有越文版、圖畫版、精裝本、縮略本、畫冊等多種版本，銷售一直火爆，戰爭題材的書籍更是琳琅滿目。1961 年越南刊行的施達志《孫子》譯本，多次被再版，前越南勞動黨主席胡志明也出版過《孫子用兵法》一書。

越南還把中國兵家文化融入到文學創作中。因曹操批註過《孫子兵法》，並且在批註過的人中屬他批得最好，還寫過《孫子略解》，《三國演義》經典戰例又源自《孫子兵法》，所以越南長篇

小說表現出對中國《三國演義》的刻意學習和模仿，軍師、奸雄形象，都能在《三國演義》中找到相應的原型。至於戰爭中的兩軍對陣，甚至小情節的攻戰、埋伏、打圍，乃至神機妙算等，也無不學步充滿兵法經典的《三國演義》。

2. 胡志明與《孫子兵法》

記者來到位於越南河內市中心的巴亭廣場，該廣場是胡志明發表《獨立宣言》、宣告越南民主共和國成立的地方，廣場上有胡志明陵墓、主席府和胡志明博物館，廣場西北側是胡志明故居。

胡志明博物館氣勢恢巨集，圖片實物極為豐富，這裡展示了胡志明自出國尋求報國之路的各個時期的活動，其中有他的生平事跡、手稿、生前使用物品及收到的各國禮品等，從中透視出胡志明與《孫子兵法》和毛澤東軍事思想的淵源。

越南講解員在介紹起他們的「國父」胡志明時，充滿尊敬和崇拜。胡志明自小熟讀漢文經典，尤其喜歡讀《孫子兵法》和《三國》，為其軍事思想的確立奠定了基礎。胡志明從孫子思想中汲取經典理論，撰寫了《孫子用兵法》一書。

胡志明曾說，孫子是中國很有名的軍事理論家，是兵法的創造者。越南軍隊還很年輕，沒有作戰經驗，為了應對不可避免發生的戰爭，要從《孫子兵法》那裡學到軍隊需要的知識。

胡志明對如何學習《孫

圖為胡志明雕塑

子兵法》也有獨到之處。他認為,孫子十三篇首篇是「計」,首先要學會「預計」。如果每個將領都懂《孫子兵法》,懂得「道天將地法」五大要素,就能克敵制勝。每個將領要從《孫子兵法》那裡學到智謀,權衡利弊,從「利」字中充滿必勝信念,從「害」字中防患於未然,這樣打仗就會完美。

1945 年,越南民主共和國宣告成立,胡志明運用《孫子兵法》的戰略思想,闡述了越南共產黨的軍事路線、建軍原則、政治鬥爭與武裝鬥爭相結合及全民抗日的作戰指導思想、作戰原則和游擊戰術等,為越南軍事思想的形成奠定了理論基礎。

從 1946 年 5 月至 11 月,胡志明在《救國報》上,親自撰寫了了一系列社論,如〈作戰計畫書〉、〈行軍與糧草問題〉、〈猛打與進退〉、〈定與形〉、〈地勢〉、〈戰鬥與各地形行軍方法〉等,每篇都充滿了《孫子兵法》的軍事思想。胡志明寫的「用間」社論,論述間諜在戰爭中責任重大。他說,如果克服心理負擔的話,勝利就很容易,要懂得自己,懂得敵人,知己知彼,百戰百勝。

1959 年以後,南越吳庭豔政權試圖以白色恐怖消滅南方農村的紅色萌芽,胡志明提出以農村包圍城市的戰略,建立了大大小小的根據地。1961 年,越南抗美救國戰爭全面展開,胡志明闡述了以三種武裝力量為骨幹「全民殺敵,全民國防」的人民戰爭思想。

越南學者認為,胡志明的人民戰爭思想,包括全民動員、全民武裝、全民殺敵、以小勝大、以寡敵眾、以弱制強;堅持正規戰與游擊戰相結合,陣地戰與運動戰相結合;堅持軍事鬥爭與政治、外交鬥爭相結合,靈活運用鬥爭策略等,都深受孫子和毛澤東軍事思想的影響。

3. 越南戰爭博物館揭示孫子「慎戰」思想

海防被空襲後背著多個孩子泅渡的母親,公路上奔跑著的被汽油彈燒傷的赤裸女孩,泡在福馬林裡的畸形胎兒,戰壕內握著殘肢號哭的悲壯場面,奄奄一息的美國士兵,逃難的母親和她的孩子絕

望的眼神……一幅幅慘不忍睹、震撼人心的作品，讓人產生極強的恐懼感和傷痛感，反戰效果油然而生。

落於胡志明市武文頻街28號的越南戰

越南戰爭證跡博物館通過戰地照片、受害者戰後生活圖片，再現出慘絕人寰的「戰爭罪行」

爭證跡博物館，此地曾是美國情報局舊址，該館原名為美軍罪惡館。這裡記載了越南近代國家歷史上非常沉重的一頁——越南戰爭，即越南人所說的抗美救國戰爭，是一座將越南戰爭的傷痕如實展示出來的博物館。

整個展覽通過武器、戰地照片、受害者戰後生活圖片及兒童繪畫，並配以冷靜的敘事性文字，來描述越戰期間美軍如何以先進武器、不人道手法來殺害越南人，如松美村大屠殺事件、越戰中美軍的軍各種破壞行為和暴行，再現出慘絕人寰的「戰爭罪行」。極具諷刺的是，這些描述美軍暴行的圖片絕大多數是來自美國。

越戰期間，美國傾其全力，動用了強大的陸海空軍力量，南打北炸，戰火燃遍越南南北兩地全境。越南經濟蕭條，百姓流離失所，城市鄉村，工廠學校滿目瘡痍，頹垣斷壁隨處可見。北方地區，偶進村鎮，舉目皆婦孺，難見青壯年。數百萬軍民戰死沙場，悲劇波及眾多家庭。越南戰爭給越南留下了八十八萬孤兒、一百萬寡婦、二十萬殘疾人和二十萬妓女。

戰爭是死神的盛宴，所有的母親都憎恨戰爭。一位越南女子望著不知是亡夫還是兒子的軍裝淒然祭拜，在和平年代中，兒子埋葬父親；但是在戰爭中，父母埋葬兒子。

中央廳一側的房間則通過兒童繪畫表現對和平的期望，在「歷史的故事」展廳中迴圈播放著戰爭受害者親身體驗的訪談紀錄片，出門後的另一陳列室充滿著全世界反戰示威和支援越南統一的記錄圖片。

博物館的室外部分是展示越戰期間美軍使用的飛機、坦克、炮彈和各種毒氣彈。庭院裡除了有越戰時期的直升機和坦克，還有一座二十世紀初運到越南的法國製造的斷頭台，這座斷頭台在 1959 至 1960 年之間被充分應用，令人觸目驚心。

解說詞悲慘淒涼：如果沒有戰爭，或許他們一輩子都不會離開家人踏上陌生的國土；如果沒有戰爭，或許此時在冬日的陽光下，他正陪在妻子身旁喝杯下午茶看著孩子們玩耍，可惜戰爭中沒有那麼多的如果。戰爭是如此的可怕。戰爭一開始，地獄便打開。如果我們不結束戰爭，戰爭會結束我們……

通過越南戰爭博物館數千件展品，遊客瞭解到越南人民為了獲得和平而不懈努力的過程，這個國家從誕生到成長，再到獲得勝利、獨立、自由、和平的艱辛歷程。戰爭結束後越南人舉行的婚禮，越南人民貧窮而幸福的快樂時光。只有經歷了戰爭，才能真正懂得和平的美好意義。

從越南戰爭證蹟博物館，可以領會《孫子兵法》的「不戰」、「慎戰」「全勝」思想，符合了世界各國的和平發展要求，對當代戰爭與和平具有重大意義。

4. 越南華文報紙傳播東方兵家文化
──訪《西貢解放日報》副主編陳國華

記者在上海飛往在胡志明市的越南國家航空公司的航班上，看到了《西貢解放日報》。這是越南唯一一份華文報紙，主要讀者是越南一百萬華人及投資於越南的會運用中文的外商，每日四萬份，被華人稱為「傳承中華民族文化、維繫華人意識載體」。

到了胡志明市後，記者放下行李就來到《西貢解放日報》社，

採訪該報副主編兼新聞部主任陳國華。《西貢解放日報》坐落在華人最集中的第五郡，報社大樓有五個樓面，編輯部、廣告部、發行部、會議室、接待室一應俱全。

　　陳國華是出生在胡志明市的第二代華人，是《西貢解放日報》的創辦人之一，至今在報社已有四十個年頭。他告訴記者，報社的編輯記者都是華人，都精通漢語，對中國的儒家文化、道家文化和兵家文化都很信奉。胡志明市素有「東方明珠」、「小上海」、「小香港」之稱。因此，我們把傳播以中華文化為主的東方文化作為辦報的方針。

　　陳國華介紹說，胡志明市舊稱西貢，曾是法國殖民統治時期為南圻首府，後為越南偽政權「首都」。1975 年越南戰爭結束、兩越統一，西貢納入北越的軍隊保護之下，被稱為西貢解放，《西貢解放日報》因此得名。顧名思義，我們報紙創辦四十年來始終凸現「解放」題材，傳播東方兵家文化，並成為我們報紙的顯著特色。

　　《西貢解放日報》以突出的版面，不間斷地刊登胡志明運用孫子和毛澤東軍事思想所撰寫的《孫子用兵法》、胡志明有關全民動員、全民武裝、全民殺敵、以小勝大、以寡敵眾、以弱制強等軍事思想；胡志明堅持正規戰與游擊戰相結合等人民戰爭思想；刊登越南南方民族解放軍和游擊隊機動作戰，進行了一系列奇襲戰、伏擊戰、攻堅戰、圍點打援和反掃蕩戰的經典戰例；最近還連載《西貢別動隊戰績話當年》，每篇文章都充滿兵法的謀略，深受讀者歡迎。

　　胡志明市居住了五十萬華人，占越南華人總數的一半，而華人對包括兵家文化在內的東方兵家文化情有獨鍾。陳國華說，我們報紙不惜版面和篇幅，采寫了一系列華人應用《孫子兵法》，在越南的商戰中取得成功的典型人物和經典案例，激勵越南華人弘揚孫子文化，汲取兵家智慧，在海外施展聰明才華，為中華民族增光添彩。

　　陳國華表示，近幾年來，《西貢解放日報》堅持開展華文教育宣傳，推廣華文中心，普及華文教育，推動越文學校增設華文附加班，宣導革新華文教材，引導華人學習漢語，學《論語》、《孫子

兵法》、《三國演義》等中國古典文化書籍，還宣傳華語藝術俱樂部、美術俱樂部、攝影俱樂部、龍獅俱樂部等華文教育載體，促進東方文化的普及與應用。

5. 有華人的地方就會傳播中華文化
——訪胡志明市僑領朱應昌

「有太陽的地方就有華人，有華人的地方就會傳播中華文化，我們華僑華人要為中華民族的燦爛文化增光添輝。」越南僑領、著名華人企業家朱應昌一見面就自豪地對記者說。

擔任胡志明市華人中心輔助會副理事長、胡志明市越中友好協會副會長的朱應昌，祖籍廣東東莞，原本是柬埔寨華僑，1986 年越南改革開放，他以獨到的眼光、順勢成立了越南藝昌古藝傢俱有限公司任董事長，從此打開華人在越南從事古藝傢俱的品牌。近年來，紅木生意越來越紅火，產品不僅深得越南人的喜愛，成為越南政府用來餽贈外賓的頂級藝品，而且遠銷中國大陸、香港、台灣、日本及東盟等國家和地區。

朱應昌還擔任胡志明市書法會名譽會長、華文教育輔助會最高顧問。在他的紅木博物館裡，名家書法、要人題字布滿牆壁。一些國家政要和知名人士經常蒞臨藝昌古藝傢俱有限公司，中國前國務院總理朱鎔基訪問胡志明市時，曾向藝昌購買藝術品作禮品；木匠出生的中國前政協主席李瑞環與他探討紅木文化，並親筆題詞：「弘揚古藝，民富國昌。」

圖為越南僑領、著名華人企業家朱應昌收藏的《毛澤東兵法》

在朱應昌的引領下，記者饒有興趣地參觀了紅木博物館。但

見房門有圓形的、八卦形的，充滿兵法的元素。紅木藝術品有《三國演義》中的諸葛亮、關公、關平、三顧茅廬等各式兵家人物像；有古代的各種兵器；還有「雄才大略」、「百戰展宏圖」等軍旅書法作品；尤其是他放在大堂顯著位置的「居安思危」、親筆書寫雕刻在工藝瓶上的「守正不阿」，無不折射出深厚的中國兵家文化的意蘊。

當記者問及其成功秘訣時，朱應昌回答說，除了靠越南當地對華人華僑的政策和購買力迅速提高的越南國民外，很重要的一條靠自己的勤勞，靠中國人的智慧，靠包括儒家文化和兵家文化在內的中華文化的長期薰陶。

朱應昌告訴記者，他從小讀孔孟之道和《孫子兵法》，在他的書櫥裡，收藏了老子、孔子、孟子、孫子等中國古典書籍，還有《毛澤東兵法》。朱應昌把毛澤東的十六字游擊戰的戰略方針和毛澤東詩詞背的滾瓜爛數熟，孫子「知己知彼、百戰不殆」「同舟而濟」等經典語錄脫口而出。

「毛澤東很懂兵法，是大戰略家。」朱應昌說，我搞紅木藝術，學毛澤東兵法。越南有千年萬年的老樹，在森林裡怎麼識別紅木的年份？是什麼紋路的紅木？什麼是最好的木材？怎麼砍千年大木？就要懂兵法，為此我提出「紅木十萬個為什麼？」做紅木也要知己知彼，只有知道紅木，才能做好紅木。

朱應昌指著牆上用貝螺編織成的一幅「唐人射鴻圖」，意味深長地對記者說，畫面是一個唐人張弓，正對著天上的八隻飛雁，到底射哪一隻好？你必須立刻作出決定。這幅畫讓我明白「傷其十指，不如斷其一指」的道理，更加理解毛澤東「集中優勢兵力打殲滅戰」的戰略思想。於是我當機立斷，就射「仿古紅木傢俱」這隻飛雁。

身為華人，朱應昌對中華文化有著深厚的感情。他動情地對記者說，中華民族五千年的悠久歷史文化，是我們取之不盡、用之不竭的寶貴財富。我們華僑華人是世界上最智慧、最聰明的，因為我們懂道、懂禮、懂兵法，我們身上流淌著中華傳統文化的血脈。我

們要堂堂正正地把中華民族的根留在心裡並使之得到傳承，發揚我們祖先歷史文化的精華，並融合外國的精華在海外創造自己的一片天地。

6. 越南社會文化生活滲透兵家思想

屢屢成為兵家必爭之地的越南，始終處於世界冷戰和熱戰的最前沿，交融著戰爭、兵法、熱帶、叢林、電影、戰士，成為越南一種獨特的兵家文化符號。

越南文化受中國影響最深，法國次之。中越兩國山水相連，有著 1,347 公里綿延的邊境線。源遠流長的中華文化，涵泳於越南曆二十個世紀，越南所學的是漢文，所讀的是中國書。從秦代以來，就不斷有華人遷徙進入越南，從而對越南整個歷史時期的政治、經濟，軍事、文化和社會生活產生了重要的影響。

在越南，中國文化依然處處可見，凡有古代歷史的地方皆有漢字。首都河內最古老的歷史遺蹟文廟裡，掛著孔子像，草坪上樹著孫子「智、信、仁」等標語牌。在胡志明市街頭的音像店裡，其中不乏《孫子兵法》、《三國演義》等音像製品。

越南老一輩的人，大多都看過中國的四大名著，而且深受影響。2007 年，越南就掀起「中國文學熱」，如今，越南人對中國文化的喜愛依然不減。

越南各大電視台，常年熱播中國影視劇。十集《孫子兵法》動畫片成為越南孩子們的最愛，而越南觀眾最喜歡的是《三國演義》，劇中充滿兵法謀略。很多越南人都喜愛關羽，喜愛他赤面忠誠、披荊斬棘的豪俠氣概，越南先民還在中部的會安古城裡修建了一座「關公廟」，在胡志明市惠成會館也有「關公殿」。

越南的藝術吸收了大量來自中國兵家文化的元素，越南獨具特色的水上木偶戲，讓玩偶生靈活現的演出各項傳說故事，描寫越南人面對大自然的威脅、或是敵人的侵略時，如何用兵家智慧去保護自己國家的故事。

越南人「尚武」表現在對體育的狂熱。越南普及相當高的太極拳、散打等武術，融入兵家文化的基本法則；越南社會文化生活也充滿兵法的神奇，居然有四分之一人口約二千萬人喜歡下中國象棋，場面蔚為大觀，而中國象棋博弈處處體現著兵法的奧妙。

在八年的抗法戰爭中，吸取《孫子兵法》的智慧，並運用毛澤東領導的中國人民革命戰爭經驗，逐步形成自己的軍事思想。在對美國的戰爭中，更是借鑑孫子、毛澤東的戰略思想，把越南游擊戰發揮到極致。

7. 河內「36街」與「36計」

越南中文翻譯阮孟雄先生帶記者來到河內著名的「36街」，他向記者介紹說，「36街」充滿了《孫子兵法》的「三十六計」，值得一去。記者向阮先生糾正道，三十六計與《孫子兵法》並不是一回事，《三十六計》或稱「三十六策」，是指中國古代三十六個兵法策略，語源於南北朝，成書於明清；而《孫子兵法》是中國古典軍事文化遺產中的璀璨瑰寶，是世界三大兵書之一，成書於春秋時期。

阮先生學的是工商管理，自選的外語是漢語，他對中國文化特別感興趣，曾到過中國北京、上海、西安、蘇州和杭州等十多個大中城市考察，越南政府接待中國訪問團或到中國訪問都請他擔任翻譯。他幽默地對記者說，到了「36街」，不是「三十六計走為上」，而是「逛為上」。

果然，「36街」充滿了《孫子兵法》元素。

在河內書店和旅遊景點都有出售越文版《孫子兵法》

首先凸現在地形上，如孫子所說：「我可以往，彼可以來，曰通。通形者，先居高陽，利糧道，以戰則利。」「36街」每條街不長，一般只有幾百米，但街街相通，縱橫交錯，街道串著街道，街坊連著街坊。

在這裡經商的不管是越南人還是華人，由於占領了有利地形，就占領了市場。記者看到，摩托車縱橫馳騁，來回穿梭，運輸方便，貨物充足，給商品的流通，商業的繁華帶來極大的便利。

其次，凸現在兵力集中上，《孫子兵法》集中兵力原則的論述，是孫子軍事思想的精髓之一。「三十六條古街」集中在河內市中心，集中在一個區域，集中優勢資源，進行集中交易，有利於創造局部優勢。

據越南史書記載，河內在歷史上就是越南商業比較發達的城市，交易成行成市。1875 年，河內已有三十六條街。當時不少的街道以集中交易的貨物名稱命名，如「糖街」、「魚街」、「棉行街」、「紙行街」、「帆行街」、「魚露行街」、「銀器行街」、「錫行街」、「茶行街」等，漸漸形成不同的行業街，故有了一條街一個行業之稱，不少街名還沿襲至今。

再次，凸現在獨闢蹊徑上，這是孫子軍爭中「智勝」的最有效方式。行業街最大的好處是便於個性化購物，需要哪種東西，就到專賣街道去購買。如到行鹽街買食鹽，行藥街買中藥，行簾街買竹簾，行席街買草席，行紙街買綿紙、草紙，行銀街買金飾等，這是河內與世界其他國家首都完全不同的一個特點。

記者發現，隨著歷史的變遷，古街雖然發生了變化，但這裡的專營傳統始終保留著。如行炭街專賣扁米糕和婚禮食品，行布街專賣竹子，行粥街專賣機械等。新開的如服裝、鞋帽、箱包、眼鏡、五金、家電、珠寶、婚紗等行業街也生意興隆。因為購物方便，河內人仍然喜歡逛「36街」。

此外，還凸現在造勢上，孫子十分重視戰勢變化和造勢用勢。「36街」順應河內旅遊業發展，賓館、酒巴、咖啡館、啤酒店、小

吃店為主體的美食街應運而生，勢頭很猛，吸引眾多遊客光顧。

「36街」上，一輛輛紅色敞篷三輪車載著客人穿街行巷，成為古街一道亮麗的風景。如今，古街不僅是購物的去處，更成為外國人休閒度假、旅遊觀光的特色景點。在很多人看來，逛街其義不在「吃」，而是在品嘗越南老街的別樣「風味」。

8. 越南華僑商戰充滿「東方兵法」

胡志明市舊稱西貢，被世人譽為「東方的巴黎」，留下了西方文化的痕跡。但記者在大街小巷裡，看到這裡飄動的黑髮和一張張東方人的面孔，讓人感覺這裡分明是一個地地道道的東方國家。

《西貢解放日報》副主編陳國華向記者介紹說，早在明朝，這裡就陸續移居到此的華僑華人。華人於十七世紀在此建立了堤岸城，是有名的華埠。如今，堤岸區是華人聚居之地，華人約有五十萬，也是越南最大的唐人街，是世界上最大的華人社區之一。

陳國華翻開一份份《西貢解放日報》，如數家珍，向記者展示了一個個華人企業家應用「東方兵法」進行商戰的風采──

第五郡是越南的華人之都，成了華人企業的根據地。這裡有廣東會館、穗城會館、潮州會館、海南會館、福建會館等眾多華人開的會館，有華人商會議事廳，還有華商之家。牆上掛的人物故事、書法美術，閃爍著中國儒家和兵家的智慧光芒；

第五郡還設有華人工作中心，主要從事文化和商務活動，中心設有中國書畫、健美體操、太極拳、中文創作等十多個班組，長期參加活動的就有上千人，接受包括兵家文化在內的中華文化的薰陶；

這裡幾乎全部由華裔開辦著全越最有名的批發市場，還有形形色色的華人店鋪，經商的大多是華人和華裔。無論在市場內還是在店鋪裡，凡是有華人的地方，都善於應用《孫子兵法》；

越南僑領、著名華人企業家朱應昌靠中國人的智慧，靠包括儒家文化和兵家文化在內的中華文化，開創越南藝古藝儚俱，他的紅木博物館裡，各式兵家人物雕像栩栩如生，折射出深厚的中國兵

在胡志明市書店有多種版本《孫子兵法》銷售一直火爆

家文化的意蘊傳承中國紅木文化；

華人高肇力的德發餅家集團，現有的一千七百多名職工，其中多數為華僑華人，在胡志明市開了二十多家分廠，高肇力靠著東方人的智慧和毅力，成為當地的明星企業；

由華人企業家鄧柏榮、區揚海創立的佳利表行貿易公司，應用孫子「信」的理念，以「誠信經營，貨真價實」取勝，銷售額年增長 30%；

祖籍潮州的許清德投資越旺企業食品公司，善出奇招，獨闢蹊徑，產品不含任何防腐劑，不添加色素和調味素，不需冷藏也能保持味道清甜，入口潤滑，在越南市場上生意越做「越旺」；

平仙公司是越南家喻戶的馳名鞋類企業，善於運籌帷幄，不打無準備之仗，以價廉物美的競爭力贏得市場……

目前，在越南的華商主要來自中國大陸和台港地區，在胡志明市就聚集了六萬台商，主要的投資方向是農業、手工業、日用品生產和餐飲業；香港商人則重點投資酒店和寫字樓；順橋廣場和胡志明市很多高樓，都是中國人造的，幾乎每層樓都有華人企業入駐。華商投資多了，生意大了，華人地位在越南也不斷提高。

陳國華表示，不管是老一代華人還是新一代華僑，不管是大陸還是港台商人，在堤岸「同舟共濟」，創造出越南獨具特色的「東方兵法」。

9. 越南人象棋與兵法相得益彰

一樣的棋盤，一樣的走法，一樣的「車、馬、炮」，一樣的「楚河、漢界」。在河內的廟口前、中心街心公園的空地上，都有很多人下象棋，文化用品商店一般都有中國象棋和棋譜出售。在胡志明市有多達二千多人的象棋隊，在酒吧、咖啡店、俱樂部都能看到下象棋者的身影。

越南人喜歡下中國象棋，已融入越南文化血液和百姓的生活之中。目前，越南有近二千萬人在下象棋，占越南總人口四分之一左右，普及率已超過了中國，成為越南的全民運動。越南的象棋水準也僅次於中國，穩居「亞洲老二」。

中國的國粹象棋何時傳入越南已無從考證，也無關緊要，重要的是它已成為世界智力運動的一部分，而越南無疑是出類拔萃的。越南文化與中國文化同源，在民俗文化方面有很多相似之處。越南人特別喜歡下中國象棋，越南的胡志明主席也非常喜歡下象棋，曾賦詩：「錯路雙車也沒用，乘時一卒可成功。」

越南象棋愛好者說，中國象棋是中華民族的寶貴財富，《孫子兵法》是中國古典軍事文化遺產中的璀璨奇葩。如果把楚河漢界比作發生戰爭的地方，那麼象棋的子力則是戰鬥的士兵。象棋與兵法的結合，相得益彰。在不大的四方棋盤之地，在整個的象棋博弈過程中，處處體現著兵法的奧妙。

象棋是一個最為形象模擬戰爭的棋種，在象棋整個對弈的過程中，領會兵法「精髓」，關鍵要領會虛實、奇正理論，造成有利態勢，再調動對方。下棋是鬥智，要算計、要統籌，要分析，要明辨。把兵法融化在棋藝之中，有攻有守，有進有退。象棋的「謀勢」，創造對我有利、於敵不利的戰爭態勢……

據介紹，在越南北方的一些村莊，就有以中國象棋為特色的民間娛樂形式，當地稱為「人棋」、「牌棋」。每年春節或秋收季節，這些地方的村民都要舉行「人棋」、「牌棋」比賽，吸引了許多慕名而來的觀光遊客。

「人棋」比賽就是由人裝扮成棋子的模樣，分成兩邊進行對弈，棋盤畫在一個寬闊的場地上。對陣雙方的「棋手」身穿「棋服」，手舉一塊寫有「將、士、象、車、馬、炮、卒」漢字的木牌，站在場地棋盤中相應位置上。對弈時有專人按照棋手所走的棋步發令，「棋手」隨之移動。「牌棋」與「人棋」的形式差不多，是用木牌而不是由人扮演。

當地華人告訴記者，象棋簡單、易學，而且對小孩的智力啟發也有幫助，所以很多越南人都喜歡這種智力運動。越南人下象棋不僅當作是一種休閒怡人的方式，更當作是提高智力、鍛煉意志的好方式。越南象棋大師們在博弈中，對兵法謀略的嫻熟掌握和靈活運用，從中領略象棋兵法的精要，謀略的神奇，在享受樂趣的同時感受贏得勝利的無窮奧妙。

10. 越南武術融入兵法元素

武術在越南幾乎是家喻戶曉，普及相當高，而普及最廣的還要屬太極拳，這一拳種深受越南中老年人的喜愛。每天早晨，胡志明市一批教練在公園和湖邊教市民練太極拳，河內市練太極拳的中老年人至少也有一萬人。

在越南，有不少人喜歡詠春拳。胡志明市的一位華人告訴記者，他一直堅持學習詠春拳，詠春拳混合了一部分太極拳的東西，融入兵法元素，它的特點是出拳快，防守緊密，剛柔並濟，氣力消耗量少，使得一些看來弱小的人也有機會戰勝一些健壯的大漢。

胡志明市武術教練對記者說，《孫子兵法》中樸素的軍事哲學思想、靈活機動的戰略戰術，對武術技擊理論的形成有重要的影響。如「知己知彼」、「致人而不致於人」、「奇正相生」、「出其不意，攻其不備」、「兵形像水」、「因敵制勝」、「後人發，先人至」及「詭道十二法」等戰略思想，都被武術家作為武術技擊的基本法則。

據介紹，越南武術自古受中國武術影響較大，越南武術的流派

繁多，它們共同的武術哲學被稱為「越武道」，融入《孫子兵法》元素。越南武術教練說，以太極拳為案例，主張鬥智、鬥巧，反對鬥力、拼力，滲透了兵法的謀略，

武術在越南幾乎是家喻戶曉，普及相當高，圖為河內公園裡市民正在打拳

說明《孫子兵法》對武術理論的指導作用。

　　中越兩國淵源已久，中華文明對越南的影響無處不在，文化的交融、地緣優勢，加上身體素質的相近，使得武術套路在越南最先發展起來。越南有著悠久的習武傳統，武術尤其是南派武術的南拳、詠春拳、南棍等在越南民間廣泛流傳。

　　越南的傳統體育項目豐富多彩、形式多樣，流傳較廣的主要有武術、象棋、藤球和賽牛等，深受越南人民的喜愛。為了推動體育事業的發展，從 1991 年開始，越南將每年的 3 月 27 日定為「越南體育日」。而在這其中，發展最快的是武術。

　　目前，無論是正式比賽中展現的水準，還是武術的普及率，越南武術進步之快都令人吃驚，得到了中國專家的高度評價。從 1993年至今的幾乎所有武術大賽的團體總分，越南隊都在中國隊之後列第二位，躋身世界武術強國行列。這些成績的取得也有中國教練的功勞，越南每年都要請三至五位中國教練來指導，而這些中國教練大都精通兵法。

　　越南男子散打隊援教的是中國教頭毛廣傑，他是陝西散打隊創隊時的首批隊員，多次獲得過全國冠軍頭銜。越南全國由武術散打

俱樂部上百家，所有到這裡培訓的孩子都可以接受免費培訓，如果有發展潛力還可以得到適當的補貼。凡是在世界比賽或者亞洲比賽中獲得前三名的運動員都可以保送上大學。

11. 越南唐人街流淌東方兵法神韻

孔子大道、孟子街、老子街、水兵街、關帝廟、中式屋宇、華文學校、華文書店、孫子讀物、精武會館、中醫門診……東方文化依然在深刻影響著這座像上海一樣被譽為「東方明珠」的胡志明市。

記者倘佯在「最中國化」的堤岸唐人街，感覺這裡處處流淌著迷人的東方神韻，也處處閃爍著神奇的東方兵法的智慧。

這裡的中國餐廳、糕餅店、雜貨鋪、理髮店，招牌幾乎都是中越文對照，華人住宅區的街道里弄至今仍有中文名字，形形色色的華人店鋪，如中藥店、元寶蠟燭店、豆漿油條店、餃子雲吞麵店、涼茶鋪等更是充滿了「東方風情」。

在東方影像製品店裡，記者看到兩名華人女孩忙的不亦樂乎。這裡出售的音像製品大都是中國大陸和港台的文藝作品，《孫子兵法》、《三十六計》、《三國演義》、《水滸》等中國古典文化光碟，都放在顯著位置。記者指著一張《孫子兵法》光碟，問一位華人女孩是否有其他版本，那女孩一下子從櫃檯裡取出十多張光碟任記者挑選。她對記者說，這光碟最

在胡志明市街頭的音像店裡，其中不乏《孫子兵法》、《三國演義》等音像製品

好賣了，華人喜歡，越南人也偏愛，所以進的多。

陪同記者的第二代華人謝先生向記者介紹說，在胡志明市，不管是華人還是越南人，幾乎沒有人不知道《孫子兵法》的，沒有人不會說「知己知彼」的，特別是華人，一是推崇孔子的「禮」，二是崇拜孫子的「兵」。「禮」和「兵」成為華人經商的兩件武器」；「先禮後兵」成為華人的經商之道。

在非常咖啡店，電視機的螢幕上正在放映中國的電視連續劇，對白是原版漢語，加上越語翻譯。喝咖啡的大都是越南人，也有華人，有的在用手提電腦上網，有的在下中國象棋。幾對年輕的越南男子，下棋聚精會神；而靠近吧台的兩位美麗的西貢小姐，下起中國象棋來有模有樣。謝先生告訴記者，越南人許多人都喜歡中國象棋，因為象棋中兩軍對弈，鬥的兵法和智慧。

堤岸唐人街上，最能體現華人兵法和智慧的是，吹響了中國傳統文化的「集結號」。華人們把中國優秀的文化產品在這裡集中展示，如中醫文化、木雕文化、顧繡文化、燈飾文化、絲綢文化、珍珠文化、鐘錶文化、鞋文化、舞龍舞獅等民俗文化等，集優質資源、優勢兵力於一街，很吸引人氣。

在堤岸唐人街要數華人開的醫院和中藥店最多，有名的是福建福善醫院、潮州六邑醫院、中正醫院、廣東醫院、海南醫院等，在這裡從事中醫藥業

圖為越南胡志明市的兩位西貢小姐在咖啡店興致勃勃地下中國象棋

的大都是廣東潮州人。

　　出身中醫世家的潮州醫生認為，中醫理論與《孫子兵法》都在春秋戰國時期形成。中醫學以陰陽五行作為理論基礎，將人體看成是氣、形、神的統一體，講究陰陽、表裡、虛實、寒熱，還有養生氣功「五禽戲」等。可見醫學與兵學、醫道與兵道有相通之處，故有「用藥如用兵」之說。

新加坡篇

1. 陳嘉庚是最傑出的孫子實踐者

記者來到設立在新加坡怡和軒俱樂部內的著名愛國僑領陳嘉庚基金會「先賢館」，1,000 平方米樓面展出陳嘉庚等對新加坡華社有重要影響力的人物資料與歷史文物，其中有毛澤東與陳嘉庚在一起的圖片。毛澤東曾高度評價陳嘉庚為「華僑旗幟，民族光輝」。

新加坡孫子兵法國際沙龍籌委會主席呂羅拔說，陳嘉庚是最傑出的孫子實踐者，他「勇」闖橡膠業，「信」贏天下。《孫子兵法》云：「先知迂直之計者勝。」二十世紀初，陳嘉庚在新加坡開始了他的創業生涯，最早經營的是罐頭廠。他從一個英國職員那裡聽到英國一家股份公司在新加坡高價收買橡膠園的消息，便以一雙企業家的敏銳眼光，立刻轉而投資橡膠園。他應用孫子的競爭思想，冒險擴充獲得了巨大的成功。

隨後，敢於競爭的陳嘉庚組織橡膠托拉斯，在世界許多地方開設推銷商店。到 1925 年底，陳氏公司成為南洋最大的聯合企業公司，該公司生產的「鐘」字牌橡膠製品暢銷全球，獲利 800 萬元，資產總值增至 1,500 萬元，成了南洋一千萬華僑公認的領袖。

陳嘉庚首先是企業家，然後才是教育家。新加坡南洋理工大學黃昭虎博士說，陳嘉庚把「信」字放在首位，他強調企業應該以振興中國經濟為己任，「戰士以干戈衛國，商人以國貨救國。店員不推銷國貨，猶如戰士遇敵不奮勇」，這是陳嘉庚為國為民堅守不二的「誠信」。

在陳嘉庚的父親晚年經營實業失敗時，債台高築、處境艱難。陳嘉庚接手這個爛攤子，為早日還清父債而努力。這一消息傳出，許多人都表示懷疑，因為法律早就規定，父子債不相及，況且還是二十餘萬的巨債。陳嘉庚認為，信以處世，誠以待人是中華民族的固有美德，經營實業要以信義為本，做到守信如潮。雖然父債按法律可以不還，但講信義卻不容拖欠，絕不能失信於人。陳嘉庚清還與自己無關的父債，震動了整個新加坡。

在《陳嘉庚公司分行章程》中有這樣一句話:「與同業競爭,要用優美之精神,與誠懇之態度。」被當時新加坡人傳為佳話。在陳嘉庚的心目中,講「誠信」勝過百萬資產。這種以「信」經商的儒家思想現已成為新加坡的商業精神,這與陳嘉庚當年在新加坡提倡的「誠信」精神不無關係。

新加坡孔子學院院長、怡和軒俱樂部文化組長許福吉認為,近代以陳嘉庚為代表的華僑精神領袖對中國的兵家文化的傳播起到推動作用,陳嘉庚等新加坡實業家,都是儒家與兵家的融合,在白手起家、成就大業前用的是兵法智慧,馳騁商場克敵制勝;成就大業後又用儒家的論理,做慈善事業回報社會。

據先賢館史料展示,陳嘉庚先是在家鄉集美辦有男子小學、女子小學、男子師範學校、男子中學、水產航海學校、商業學校等,後來又獨資創辦了廈門大學。他一生累計為文化教育事業捐款人民幣 5.4 億元,臨終又把銀行存款三百多萬元捐獻給國家,未給子孫留一分錢。

2. 新加坡經濟成長善用《孫子兵法》

在新加坡研究和傳授《孫子兵法》赫赫有名的南洋理工大學教授黃昭虎認為:新加坡的政治家是悄悄學、悄悄用《孫子兵法》,不多聲張,不露聲色,這是真正懂兵法,是學用兵法的高手,他們與西方人喜歡誇張不一樣。新加坡應用《孫子兵法》最明顯的特徵是一個是「變」,新加坡在不斷地「變中求勝」;一個是「快」,新加坡的發展是「兵貴神速」;一個是「嚴」,新加坡把孫子的「智信嚴仁勇」為將五德運用自如,尤其是「嚴」,在新加坡是出了名的。新加坡《孫子兵法》運用的好,用在國家管理上,爐火純青,就是只學不說,秘而不宣。

黃昭虎善講《孫子兵法》用於策略管理和商業運作,在新加坡十分走紅。新加坡航空公司、吉寶集團、貿易發展局、衛生部、電訊公司、海皇輪船公司都請他講,就連新加坡的社區街道、南洋女

中也請他講《孫子兵法》。南洋女中的學生有機會學習中華文化，學習東方哲學如儒家、兵家文化及中西方文化比較等，程度較低的學生則會閱讀《三國演義》、「三十六計」等故事。新加坡還用《孫子兵法》管理街道社區，成為一大特色。

新加坡孔子學院院長許福吉對此也有同感。他向記者介紹說，《孫子兵法》在新加坡影響很大。近代，以陳嘉庚為代表的華僑精神領袖對中國的兵家文化的傳播起到推動作用；如今，新加坡黃昭虎、黃基明等一批華裔學者，先後後把數部兵法翻譯成許多國家的文字，常年在此傳播，我們孔子學院也在傳授《孫子兵法》。

許福吉稱，亞洲「四小龍」是運用兵法的先鋒，中國的兵家智慧給新加坡插上了騰飛的翅膀。孫子的經典傳到南洋，形成了南洋特色。新加坡不僅學孫子，還學康熙、學毛澤東，把他當作實踐孫子思想的典範。新加坡許多商人特別是華商都喜歡孫子的謀略和智慧，把儒學和兵學結合起來學，在傳播儒家文化的同時傳播兵家文化，還有老子的道家文化和《易經》，都注重傳播與傳承。

曾撰寫二十六本有關《孫子兵法》書籍並經常在新加坡發表演講的的大馬學者邱慶河說，新加坡華商熱衷於應用《孫子兵法》，新加坡政府也深入應用《孫子兵法》，應對各種挑戰。他分析，新加坡商人在學習《孫子兵法》方面很用心，善於用兵法炒商鋪，占領新加坡的十字路口，幾年以後翻了幾百倍。至政府至私人領域，都將《孫子兵法》的哲學融入管理中。

新加坡孫子兵法國際沙龍籌委會主席呂羅拔告訴記者，新加坡資政李光耀曾宣稱，不懂《孫子兵法》，就當不好新加坡總理。縱觀新加坡的發展軌跡，一直在遵循孫子的「隨機應變」。上世紀六十年代的新加坡，既無自然資源又無技術力量，經濟敗落。新加坡卻用鮮花、綠草、藍天、碧水，居然把一個四處沼澤的島國變成花園國家，又奇蹟般變為亞洲「四小龍」之一。正如孫子所云：帥精通「九變」的具體運用，就是真懂得用兵了。

3. 新加坡《聯合早報》傳播兵家文化

新加坡孫子兵法國際沙龍籌委會主席呂羅拔在接受記者採訪時評價說，新加坡《聯合早報》傳播中國兵家文化很「到位」。2001年1月11日，為配合獅子國象棋大賽，傳播孫子哲理與象棋哲學，《聯合早報》在財經版的第一、三和第五版的右角下端，醒目地都刊登了孫子的名言：「攻其所不守」、「守其所不攻」、「善守者，敵不知其所攻」。

新加坡孔子學院院長許福吉對記者說，《聯合早報》兵家文化的新聞常見諸於報端，如「中華文化影響世界新加坡孔子學院將辦兩大論壇」，其中一大論壇就是《論語》與《孫子兵法》的現代啟示，《聯合早報》總編輯林任君也出席此次論壇。該報財經版還報導了孔子學院舉辦的「交大獅城論壇」──「孫子兵法商業戰略」、新加坡東南亞研究院高級研究員黃基明博士先後把包括《孫子兵法》和《吳子兵法》等四部著作翻譯成瑞典文及英文等兵家新聞。

呂羅拔還介紹說，《聯合早報》有關孫子的評論文章很吸引讀者的眼球，他撰寫的與孫子兵法相關的時事論數十篇，發表在該報的言論版上。如〈台購潛艦難以善其後〉一文指出，自古以來，兵家引發戰爭都是以經濟為前提。戰爭若是損害到經濟，那是一種莫大的災禍。因此孫子說：「雖有智者，不能善其後矣。」一個國家若是為準備戰爭而「日費千金」，最後導致經濟蕭條。陳水扁政權這回想以巨額的外匯去添購「守門式」、「玩具槍」式的潛艦，如此一把豪賭，還要花上曠日持久的操作與維修費，是犯了「不知三軍之事，而同三軍之政」。

近年來，《聯合早報》先後發表了〈中國的「示弱」與「示強」〉、〈中國外交透出《孫子兵法》智慧〉、〈《孫子兵法》英譯本在美國洛陽紙貴〉、〈美國軍人看《孫子兵法》影響深遠的軍事聖經〉，聯合早報網也適時發表〈孫子兵法與和諧世界〉等反映中國兵家文化的新聞評論。

　　2011 年 3 月，新加坡《聯合早報》與美國《僑報》、法國《歐洲時報》及日本《中文導報》等十八家全球最具影響力的主流華文媒體共同評選出「中華五千年十大名著」，《孫子兵法》被排在第三位，在海內外華人讀者中引起強烈反響。

4. 新加坡孔子學院傳授《孫子兵法》
——訪新加坡孔子學院院長許福吉博士

　　新加坡孔子學院院剛開張時就定位：孔子是「形象代言人」，代表了中華文化。該院院長許福吉博士在接受記者採訪時表示，中華文化博大精深，它不止是儒家，比如說墨子、老子、莊子、孫子，甚至還有陰陽家，都是中華文化的經典，都應列入孔子學院傳播的範疇。

　　許福吉有華人血統和華語教學背景，他祖籍福建，是在新加坡長大的第四代華人，1980 年到台灣上大學學習漢語專業，畢業後回到新加坡，在南洋理工大學拿到了文學碩士學位，並且留在母校從事了近二十年漢語教學。

　　許福吉介紹說，孔子學院是在全球傳播中華文化的最佳平台，而語言只是傳播文化的工具。中國文化猶如一棵古老而充滿生機的參天大樹，根深葉茂，枝條繁多，所謂的儒家文化其實是其中的一個主桿，沒有節文頗備、枝條互起，就不撐不起果實累累的文化大樹。

圖為新加坡孔子學院院長許福吉博士

　　「《孫

子兵法》也是放之四海而皆準的，它放射出的智慧光芒閃耀了二千五百多年，至今受到全世界的推崇並被廣泛應用於各個領域。我們把《論語》和《孫子兵法》一起傳授，把儒與兵、文與武、柔與剛、軟與硬，交融在一起。」許福吉說。

2006 年 11 月，新加坡孔子學院舉辦《中華文化影響世界》兩大論壇，其中一大論壇就是《孫子兵法》，許福吉為論壇主席，中國山東大學的廖群教授剖析《論語》和《孫子兵法》的內容，讓與會者得到人際關係和戰爭策略的啟示。

2010 年 4 月，舉辦「交大獅城論壇」——「孫子兵法商業戰略」，論壇主席仍是許福吉，主講嘉賓邀請了上海交通大學經濟與管理學院副教授、管理案例研究中心主任陳德智博士。

新加坡孔子學院成立以來，還舉辦了中日韓《孫子兵法‧新和平論壇》；請台灣「全球華人中國式管理第一人」曾仕強講《易經》和《孫子兵法》；請易中天講「三國兵法」，反響熱烈。

許福吉表示，孔子學院不是純粹的學漢語機構，如果是那樣的話冠名某某漢語機構就行了，又何必打「孔子牌」？既然孔子代表了中國文化，我們在設置基本的漢語課程中，就把中華文化的經典串聯起來，把中華文明融合起來，通過語言去認識中國的文化，學漢語、讀經典、授智慧，只有有這個文化需求，我們都努力傳授。

許福吉給記者一份新加坡孔子學院出的〈《論語》與《孫子兵法》的現代啟事〉，其中有《論語》與《孫子兵法》的共性互補性，孔子倫理與孫子智慧關係等。許福吉認為，孔子和孫子都是同一時代、同為齊國人，儒家文化與兵家文化也是互相滲透、互為影響的。如中國的兵家文化講究「先禮後兵」，這個「禮」就是儒家的，而「兵」則是兵家的，兩者融為一體，相互相成。

新加坡孔子學院創意的手拿算盤的小孔子形象，也是儒家文與兵家文化結合的產物，算盤體現了《孫子兵法》中最經典的謀略「妙算」。許福吉坦言，在新加坡以陳嘉庚為代表的實業家，都是儒家與兵家的融合，在白手起家、成就大業前用的是兵法智慧，馳騁商

場克敵制勝；成就大業後又用儒家的論理，做慈善事業回報社會。

孔子學院應當好「文化園丁」。許福吉對記者說，孔子學院作為一個推廣漢語、推廣中華語言和文化的一個中心，要真正去認識中華文化，還需要像我們這樣的一個機構很有步驟地設計，讓學生有階段性地去認識包括諸子百家在內的中國傳統文化。

許福吉詮釋說，其實語言都是載體，所有的語言學習到最後都是回到一個文化的核心來。比如《孫子兵法》裡的很多故事，學生在學了之後，他到最後可能會把它應用到生活上去，就是實踐到生活上去，這就是中華文化所發生的一種功能。我們有一個標語是：「不斷體驗中國層出不窮的喜悅，在中國文化裡有很多令人感動跟令人喜悅的地方。」這也許是該院被評為「海外最佳孔子學院」的最好註腳吧。

5. 架起東西方兵法傳播的橋樑
──訪新加坡南洋理工大學黃昭虎博士

「從古到今，從西到東，從軍到商，從學到用」，這研究和傳播《孫子兵法》的十六子方針，是新加坡南洋理工大學黃昭虎博士對自己三十多年兵法生涯的絕妙概括。

黃昭虎是新加坡曉有名氣的人物，只要提到他的名字，從新加坡總理到普通市民幾乎都知道，「他是搞孫子兵法的」。

圖為新加坡南洋理工大學教授黃昭虎正在給北歐研究生講《孫子兵法》

所以要見到黃昭虎也很難，因為他實在太忙，時間已不屬於他自己的了。

黃昭虎祖籍海南，1951 年出生在新加坡，是第二代華人，當過兵，做過老師，曾任新加坡國立大學企業管理學院院長，主講戰略管理及行為學，現任新加坡南洋理工大學教授，主講 EMBA。

記者見到黃昭虎是在南洋理工大學的教學樓裡，他正在給來自北歐的研究生講「孫子兵法與商業管理」。等到授課結束後，只給記者共進午餐的半個多小時時間採訪，因為午餐後他要繼續授課。黃昭虎告訴記者，這一週要完成四十二小時孫子課程，全年像這樣的課程排的很滿，研究生大都來自西方國家，這已成為南洋理工大學經典品牌課程。

黃昭虎對記者說，除了大學安排的課程，新加坡各界和國外邀請他講課的全年也很多，經常排不過來。從 1984 起他到世界各地講課，主要為全世界的總裁們講《孫子兵法》，講孫子的智慧如何運用於策略管理和商業運作，受到世界許多機構的熱烈反響。西方人要投資中國，投資亞洲，很想瞭解東方人的頭腦和智慧，我就當起東西方兵法傳播的橋樑。

記者瞭解到，黃昭虎在西方人眼裡這麼「紅」，緣由他翻譯了許多讓西方人喜歡看的中國兵書。如 1991 年 7 月由愛迪生－威士利出版社出版的《孫子兵法 ── 戰爭與管理》，成為該出版社歷年最暢銷的書之一；1998 年出版的《中國古代智慧與現代商場》，2001 年出版的《古代智慧與現代管理》，成為 2001 年新加坡十大最暢銷之書。而 2003 年 9 月出版的《孫子兵法：翻譯講解與分析》，他化了七年心血，從中國的文言文翻譯成英文，英文中有中文，每一句都加以注釋，用東方人的眼光詮釋東方兵法，這在同類書中是少見的，備受到西方人的關注。

於是，黃昭虎聲名遠揚，曾為三十多個國家和經濟體的二百二十家主要機構，包括財富五百強如中國銀行、中國寶鋼、芬蘭諾基亞、德國西門子，荷蘭皇家荷蘭電訊公司、香港香格里拉、

印尼三林集團、馬來西亞畢馬威、台灣台機電，以及美國的希爾頓、摩托羅拉、戴爾電腦等進行管理培訓與諮詢。

1997年12月，黃昭虎應邀給戴爾電腦集團的高層主管講課。戴爾是世界上成長最快的電腦巨人之一，黃昭虎用孫子「未戰先勝」的思想說明集團的業務策略，創辦人兼總裁麥克戴爾茅塞頓開，開創了不同的電腦銷售途徑——通過網際網路，不但排除了仲介人，還可「量身訂做」產品，在網際網路上直接指明他所需要的規格，戴爾在幾天內便能把電腦裝配好，然後送到辦公室來。

黃昭虎表示，他是1978年中國改革開放後研讀《孫子兵法》的，發現是大哲學、大智慧。他給自己定位：這輩子只做一件事，而這件能讓他長期研究可延伸到商業領域並讓全世界應用的事業，非孫子莫屬。隨著越來越多亞洲經濟體對世界開放，孫子也越來越熱。我給美國大企業講「知彼知己，知天知地」，講中國市場與美國市場的對比，美國大企業居然主攻亞洲、主攻中國。沒想到我用中國孫子的智慧為中國發展作了貢獻。

6.《三國演義》深深紮根世人心中
——訪新加坡華人收藏家駱錦地

英雄與梟雄，智者與奇才，謀士與將帥，兵法與戰例……撲面而來的漢古雄風、兵家謀略及雄風和謀略後面蘊藏著博大精深的中華傳統文化，新加坡華商駱錦地珍藏的「三國豪情再現」經典油畫，令人歎為觀止，備受世界名畫收藏家的注目。

駱錦地生於馬來西亞檳城，就讀於著名的華語學校鐘靈中學，後赴新加坡國立大學深造。大學畢業後，供職於新加坡國家政府部門，之後棄政從商，成為東南亞著名的華僑企業家。

駱錦地告訴記者，他從小受中華文化的薰陶，閱讀充滿中國兵法謀略和經典戰例的《三國演義》，發現該書是一本集兵法與智慧於一爐的好書。於是，他物色到一位神筆畫家薛金擁，在雙方志同道合的努力下，經過十多年的辛勤耕耘，通過完美的創作，完成

了堪稱一絕的系列油畫，盡顯三國兵家風流。

圖為新加坡《三國兵法》經典油畫珍藏家駱錦地

駱錦地對記者說，三國是中華民族歷史上一個英雄輩出、兵法頻傳的時代，出現了「孔明兵法」、「曹操兵法」。尤其是曹操是漢魏之際著名的政治家、軍事家，是今存《孫子兵法》的第一個注本的作者。《孫子兵法》言簡義深，一般人不易讀懂其中道理。經曹操的整理與注釋，方使《孫子》得以流傳全今。曹操還著有《兵書接要》、《兵書要論》、《兵書略要》等書，並校正注釋《司馬法》等。

駱錦地稱，以曹操兵法為代表的「三國兵法」，集中展示了中華民族在軍事、文學、科學等多領域卓越智慧。而《三國演義》正是形象生動地演繹了《孫子兵法》，其經典戰例膾炙人口，無不折射出中國兵家文化的智慧光芒，對後世產生了極其深遠的影響，在包括海外華人在內的世人的心中深深紮根，這是全世界任何文學作品都做不到的。

據介紹，駱錦地珍藏的七十七幅「三國兵法」，包括「煮酒論英雄」、「三顧茅廬」、「單刀赴會」、「火燒赤壁」、「借東風」、「空城計」、「連環計」、「官渡之戰」等，以逼真的畫面展現三國歷史故事中所描述的神奇兵法，成功地塑造了諸葛亮、曹操、關羽、張飛等栩栩如生的兵家人物群像。

該珍藏油畫曾在中國北京中華世紀壇和新加坡展出，對弘揚和推動中華兵家文化產生了影響，受到中國文化部和新加坡有關部

新加坡篇

方面的高度評價。新加坡衛生部長許文遠在獻詞中說，海外華人對當地社會文化與經濟發展起了重大影響，此次《三國演義》聯展體現了華人戰略思維等優良傳統價值觀，發掘了中國古代的智慧與寶藏，把文化傳統發揚光大，並結合當前社會的多元文化，打造一個更美好的世界。

7. 新加坡大師談象棋哲學與孫子哲理
——訪新加坡原象棋總會會長呂羅拔

　　在新加坡文華大酒店，新加坡象棋大師正「棋逢對手」，參加交鋒的有現任國手、棋王、亞洲象棋特級大師、世界象棋棋聯大師、亞象聯特級裁判莫修邦、黃俊銘、李慶先、林耀森、賴漢順等。大師們告訴記者，象棋將、兵、卒，車、馬、炮，棋盤一擺開，就是硝煙彌漫的戰場，而更深奧的兵法哲理盡在棋局之中。

　　「能在平面中創造一個勝形，或反敗為勝，以確立最後勝利，這真諦，乃象棋之智慧，道盡了『苦盡甘來』的期待，教人永不絕望。」這是新加坡原象棋總會會長、馬來西亞原象棋總會會長、亞洲象棋總會副會長的呂羅拔，在《中國象棋年鑑 1999 年版》中發表的「象棋哲學」，也是一篇浸透兵法智慧謀略的「兵家哲理」。

　　2001 年 1 月 11 日，新加坡《聯合早報》的財經版，在第一、三和第五版的右角下端，都刊登了一則由本地及國際三大電訊巨人刊登的廣告，上面分別寫著孫子的名言：「攻其所不守」、「守其所不攻」、「善守者，敵不知其所攻」。

　　曾為獅子國棋藝創造了一個全盛年代的呂羅拔對此詮釋說，《孫子兵法》乃超越時空的戰略思想，象棋是模擬戰爭的精巧遊戲。用兵法解說象棋，用象棋演繹兵法，在博弈中靈活運用兵法謀略，從中領略象棋兵法的精要，謀略的神奇。他從這三句孫子名言聯想到，象棋與兵法的妙用——

　　「攻其所不守」。現代的象棋高手，尤其是年輕的一代，都很熟稔各種開局，他們佈防之嚴密，根本是無隙可入。因此你必須使

整個局面演變得非常複雜，紛亂到超越其意料以外，然後在陌生的局面中尋找脆弱的一面，或將計就計、出奇制勝，或在他「攻於九天之上」的疏漏，一舉把對手擊垮，最終把對方拿下。這不但是「避實攻虛」，也是「轉化」的絕招。

「守其所不攻」。防守必然穩固，是扼守了敵軍無法攻取的地方。它包含了靈活性在其中，是一種意義性的方法引導。戰場如此，棋局亦如此，必須瞭解攻守之所在。真正的象棋高手，防守之所以成功是因為防守的方法和重點目標是對手意想不到的。

「善守者，敵不知其所攻。」這是說，作為一名象棋高手，必須同時具備攻與守的絕佳技能。也是說，善攻者，機不可失；善守者，周備無隙。故攻則克，以守則固。在守方面，這便是如孫子所說的「常山之蛇」，你若動它一動，它便全面撲過來，於是無從下手。孫子還說，「形兵至極至於無形」，這「無形」之神乎極致的用兵手法，虛虛實實的軍事戰略，則非一般軍事家能理解。一名棋手要能作到此一變化莫測的境界，現不只是中變高手或殘局專家而已，是「致人而不致於人」更高一層的手法，致使對方處處挨打。

呂羅拔表示，下棋的人半點也不允許有僥倖之心，它是很細微的藝術，它教我們從已然而知未然，從現象而知未來的發展。象棋本來就是一種戰爭的鍛煉遊戲，變化無常，但它比戰爭藝術更為精緻。因此，讀《孫子兵法》的人，把象棋與兵法結合起來，可以形象化來解讀孫子。

呂羅拔笑談道，中國兵家和中國象棋這兩項古老的文化，就如兩把青龍寶劍，其鋒利像無以複製的青銅兵器，其智慧若能用於當世，必然遊刃有餘。

馬來西亞篇

1. 大馬從首相到平民都愛讀兵法

記者在吉隆坡書店看到，由馬來西亞人撰寫出版的《孫子兵法》書籍林林總總。馬來西亞孫子兵法學會會長呂羅拔告訴記者，大馬從首相到平民都喜愛讀《孫子兵法》，出版數量一直居高不下。

呂羅拔於 1991 年在吉隆坡組建大馬孫子兵法學會，任歷屆會長，出版《漫談孫子兵法》、《孫子兵法教本》、《我與孫子》、《孫子兵法散論》、《兵法‧事業‧人生》等專著。據他介紹，大馬首相馬哈迪一生最重視兩本書，其中一本就是《孫子兵法》。他上任前曾說，《孫子兵法》對他很有影響。他對《孫子‧九地篇》情有獨鍾，在一次演講中，他將「令發之日，士卒坐者涕沾襟，偃臥者涕交頤」等句，演繹得入木三分。大馬副首相納吉喜愛中文成語，也閱讀《孫子兵法》。

在華族占 35% 的馬來西亞，中國傳統文化對其有著深遠的影響。2008 年 4 月 15 日，中國國務委員兼國防部長梁光烈上將在北京八一大樓會見來訪的馬來西亞空軍司令阿茲贊上將時，向阿茲贊上將贈送《孫子兵法》作為禮物留念。

馬來文《孫子》作者是馬來西亞華文作家協會晴川博士，原名陳應德又名陳家綸，他是馬來西亞知名華人學人，於 1986 年 12 月由馬來西亞福建同鄉會和雪蘭莪分會文學出版基金會出版。該書除「出版者的話」外，還有三篇序言，對《孫子兵法》作了很高的評價：它是中國文化

馬來西亞出版的《孫子兵法》書籍林林總總

寶庫中的經典名著，也是價值很高的軍事哲學著作，從古到今，一向受到國內外的推崇、傳播和運用。同時指出，這部譯著對推動馬來西亞孫子研究和傳播具有重要意義。

馬來西亞華人族群與文化研究所所長所長鄭良樹教授，撰寫《孫子斠補》，由台灣學生書局 1974 出版；《竹簡帛書論文集‧〈孫子〉續補》、《竹簡帛書論文集‧論〈孫子〉的作成時代》、《竹簡帛書論文集‧論銀雀山出土〈孫子〉佚文》，由台灣中華書局 1982 出版；《諸子著作年代考》北京圖書館出版社 2001 年出版，對《孫子兵法》其著作年代進行了考證。

在馬來西亞不僅有「帛書」兼孫子學專家鄭良樹，而且還有像呂羅拔那樣的學者兼商家、《孫子兵法》作家兼翻譯邱慶河。

邱慶河目前已出版包括《以孫子兵法馳騁商場》等共二十六本孫子著書，他還以英文著作把孫子兵法介紹給許多不諳中文的各民族讀者。2006 年，邱慶河與檳州總警長拿督尹樹基副總監合著的《孫子兵法防範罪案》，加入《孫子兵法》戰略，演變成大馬皇家員警部隊在防範罪案的策略，成為大馬皇家員警部隊在打擊罪案策略上的指南，在 MPH 書店全國各大分行出售。

尹樹基說，由中國偉大戰略家孫子所撰寫的兵法，被延用迄今，並希望兵法被注入警方打擊罪案的策略內，公眾人士也可以善用《孫子兵法》，與警方共同打擊罪案，達致雙贏的局面。邱慶河也說，《孫子兵法》是一本非法偉大的兵書，不單止可用在古代戰事上，也在現今的社會，被廣泛用在市場與管理策略。一名警官如果能善用《孫子兵法》領導下屬，將能夠塑造一流團隊的警隊。

2. 大馬華人民間推動中國兵法傳播
──訪馬來西亞孫子兵法學會會長呂羅拔

「大馬孫子兵法學會現有會員五百多人，大多是當地的商人和華人企業家。」馬來西亞孫子兵法學會會長呂羅拔在接受記者採訪時說，二十一多年來，該會先後舉辦了六百餘場《孫子兵法》時事

圖為馬來西亞孫子兵法學會會長呂羅拔

講座，每次聽課的不下二百餘人，有商界、政界、文化界和律師、會計等人士，每次總把會場擠得座無虛席。

呂羅拔介紹說，馬來西亞《孫子兵法》的傳播主要是靠華人在民間的推動和回應。自上世紀九十年代開始，才開始有正式的組織去傳播推動。當時公開主辦講座者有他和已故的徐子健副會長等。這批馬來西亞第一代的孫子研究學者，對《孫子兵法》在大馬的推動起了推波助瀾的作用。

四十年來一直在新加坡經商的呂羅拔，是馬來西亞孫子兵法學會的發起創始人，也是新加坡和馬來西亞著名的一名商人，出任華人商聯總會名譽會長。他研讀與傳播《孫子兵法》二十一餘年，深受其益，使人生多姿多采，桃李滿天下。

1991年初，呂羅拔返回馬來西亞後發起組織大馬孫子兵法學會，並於同年10月11日聯合雪蘭莪中華大會堂，舉辦首次「孫子兵法講座」，受到當地各階層人士的熱烈歡迎，此舉成為學會成立的前奏。同月，呂羅拔等一批熱衷於孫子兵法的人聚會吉隆坡聯邦酒店，召開第一次籌備工作委員會。會上組成馬來西亞孫子兵法學會籌委會，選舉呂羅拔為主席，學會下設講學組、出版組、研究組和推廣組，當時中國的郭化若將軍專門寫來賀文表示祝賀與勉勵。

學會旨在通過有效途徑和系統的研究，學習《孫子》兵家韜略，傳授知識，以文會友，以友輔仁，把研讀《孫子兵法》的風氣普及推廣，使更多人從《孫子》博大深遠的智慧中受益。該會成立不久，

舉辦了第一屆《孫子兵法》導讀班，由呂羅拔、徐子健等主講，千餘人踴躍參加，盛況空前。

同年，馬來西亞孫子兵法學會會刊《兵法世界》創刊號出版。多年來，學會工作日趨活躍，常年組織講學班，並刊印供學員研讀的袖珍本《孫子兵法》和《孫子兵法散論》。

2005 年 8 月 31 日來西亞國慶日，大馬首家孫子兵法網站正式推出，通過網上學習推廣《孫子兵法》。網站宗旨從原文作細緻研究，發展新觀點、新啟示和成功案例，通過互相交流，融合東西方兵法思維，把《孫子兵法》成為現代總裁的領導綱領，運用在人生規劃，提升個人潛能，經營企業，戰略決策，創造財富，促進人類和平，深受海內外網友歡迎。

呂羅拔還與中國孫子兵法研究會、孫子故里山東和《孫子兵法》誕生地蘇州保持了長期的聯繫和廣泛的交流，中國舉辦的國際性的孫子學術會議他每次必參加，並邀請中國孫子研究專家學者吳如嵩等來馬來西亞交流，巡迴講學兩周，從而推動了大馬兵法研究的廣泛開展。

3. 大馬華人的兵法、事業、人生

二十一年來，他出版了《漫談孫子兵法》、《孫子兵法教本》、《我與孫子》、《孫子兵法散論》》、《兵法・事業・人生》等專著；在《星洲日報》、《南洋商報》及《聯合早報》社論版發孫子相關論文一百餘篇；穿梭於吉隆坡、新加坡和中國之間，作孫子及有關思想講演會六百八十多場……這就是用《孫子兵法》經商的馬來西亞華人呂羅拔的兵學藝術人生紀錄。

呂羅拔是馬來西亞孫子兵法學會的發起創始人，他 1939 年出生在馬來西亞美麗的怡保市，十二歲時，老師講的張良讀兵法故事引起了他對中國兵書的濃厚興趣，便買了三本同一版本的《孫子兵法》開始很認真地讀。

「開始十多年根本沒讀到什麼，直到三十六歲之後才開始慢慢

感覺到能應用。」呂羅拔告訴記者，1975 年，他第一次活用《孫子兵法》中「避實擊虛」、「勝於易勝」的戰略，以 550 新元在馬來西亞新的巴士轉換站中標了唯一一間售賣間的經營權，儘管當時零售業很冷門，但三年後就擁有了第一個 100 萬新元資產，然後乘勝追擊，多年後便擁有巴士轉換及輕快鐵站的地王店等。目前每月收租 5 萬多新元，還有七十五年的擁有權，單此總資產值超過 5,000 萬新元。

要說真正對《孫子兵法》理解是直到 1990 年前後，呂羅拔買到了一本《孫子兵法校析》和《孫子兵法校本》，他如獲至寶。呂羅拔是學者，更是商人，他把《孫子兵法》中蘊涵的軍事哲理，現實地運用到了經商管理、人際關係中，還用《孫子兵法》指導人生。

呂羅拔認識到，《孫子兵法》是一門講全勝、使人立於不敗之地的學問，兵書圍繞一個「勝」字，是一部不折不扣的「成功學」，而成功則是包括一切的成功，經濟、財富、實力的成功，甚至還包括家庭、健康、夫婦、子女、教育、人際關係以及人生一切的成功。

2000 年的第一個月，在新加坡許多熱鬧的大型咖啡廳，都有中國某銀行的廣告，上面寫著：「孫子兵法助龍騰飛」。誰是龍呢？呂羅拔說，大概是指那些有學識、有才華、有實力又有理想的華人吧。但更重要的，應該是指整個神州大地，以及全體龍的傳人。

呂羅拔向記者介紹說，他二十一年來在馬來西亞吉隆坡中華大會堂演講，也在新加坡中華總商會講學，還到中過中國二十多所大學演講，共講了六百八十多場《孫子兵法》，受到馬、新、中三個國家的聽眾的共鳴。

呂羅拔堅信，中國是古代思想文化最發達的地方，在過去傳統思想文化的基礎上，必然可以領悟出超越現實的智慧，造福全人類。從而更堅定了他實現「兵法、事業和人生」的心願。

4. 海外華人演講兵法第一人

——馬來西亞孫子兵法學會會長呂羅拔訪談

記者採訪馬來西亞孫子兵法學會創會人呂羅拔時，他正在作題為「兵法、事業與人生」的演講。他在演講中說，《孫子兵法》是中華民族的文化瑰寶，也是全人類的共同精神財富，必須研究、傳承、發揚，走向世界。像這樣的演講，他二十一年來共講了六百八十多場，創造了海外華人演講《孫子兵法》的最高紀錄。

演講結束後呂羅拔向記者介紹說，我在馬來西亞吉隆坡中華大會堂演講，也在新加坡中華總商會及澳洲講學，還到中國南開大學、人民大學和山東、浙江、四川、福州、深圳、蘇州等二十多所大學演講，場場都是爆滿，海外華人華僑對孫子的崇拜盛況空前，令我為之振奮。

「要讓更多的馬來人和華人學孫子用兵法，要讓《孫子兵法》走向世界！」精通英語和漢語的呂羅拔，在大馬吉隆坡及各地的「《孫子兵法》與時事」的公開講學開講，前十年每個星期舉辦一場，風雨無阻。他從孫子戰略思想分析當前國際國內形勢到企業應用兵法成功的典型案例，從自己四十年研讀兵法的心得到孫子精髓變成人生的全勝學，還精選了二十句孫子名言警句，形象化地講述孫子的故事，深入淺出，有血有肉，受眾百聽不厭，好評如潮。

呂羅拔還專門編印了四千冊紅皮的《孫子兵法》原文讀本，發放給聽講人，並在書面上寫道：「讀孫子要讀原文，要邊讀邊用，偶爾拿出來朗讀幾句，其效果更為理想。」

呂羅拔在吉隆坡每星期日下午的演講會，富有吸引力，歷久不衰。他演講過「《孫子兵法》與現代經濟戰略」、「《孫子兵法》在企業管理中的運用」、「《孫子兵法》的時代精神」、「《孫子兵法》是必成大功的學說」、「從《孫子兵法》談象棋」、「《孫子兵法》也有文學價值」、「《孫子兵法》與未來」、「讓《孫子兵法》走向世界」等。

在演講「兵法、事業與人生」時，他用孫子「避實攻虛」、「行于無人之地」、「並敵一向」等警句，深入挖掘《孫子兵法》中具有的現實意義和人生智慧。他對《孫子兵法》所蘊含的中國傳統思維方式的特點，與中國傳統文化的關係，對《孫子兵法》在現實生活、企業管理甚至人生活動中的應用，均發表了自己獨到的觀點，使聽講者深受啟迪。

後來，呂羅拔又在新加坡演講，同樣引起轟動，反應非常熱烈，每場三百多人，場場爆滿，人氣越來越旺，有時還需要臨時增加座位。呂羅拔堅持二十一年從來沒有間斷，在新、馬兩國掀起了一股股《孫子兵法》熱潮。

呂羅拔告訴記者，2003 年 7 月 31 日，接受新加坡國立大學中文系及新加坡中小企業工會的邀請，舉辦名為「以石擊卵——從《孫子兵法》看企業生存之道」的講座。在獅城中心地帶的文華大酒店，講座不僅座無虛席，還另外加放二百多張椅子，才容納下龐大的聽講群。

當時新加坡的三大華文報紙都以顯著標題進行了報導：「現在世界是一個以思想取勝的時代，講究思想的發源，我們古代有那麼深厚的文化，它一定能夠使我們創造更偉大的思想文化。」

5. 大馬學者關注孫子兵法的文學價值

「六千餘字的《孫子兵法》，具有豐富的內涵、深刻的哲理和深厚人文意識，同時又具有很強的文學性，既可當作軍事、哲學書來研讀，也可當作一篇優美的文學作品來欣賞。」研究了四十多年兵法的馬來西亞孫子兵法學會會長呂羅拔，有一天突發奇想，別出心裁地把研究視角從軍事、哲學轉向了文學鑑賞。

呂羅拔用「十六個字」評價《孫子兵法》文學特色和語言藝術上的成就：「縱橫參議，精煉緊湊，文句整齊，氣勢通暢。」呂羅拔稱，《孫子兵法》以豐富多采的語言藝術反映科學的內涵，以富於動感、節奏的音韻藝術透視出獨具特色的哲理，以嶄新的體裁和

科學嚴謹的結構，構建了博大精深的東方兵學體系，成為中國古典軍事文化遺產中的「東方明珠」、中國優秀文化傳統的重要組成部分而名垂後世。

例如，在〈軍爭篇〉中，孫子比喻的：「故其疾如風，其徐如林，侵掠如火，不動如山，難知如陰，動如雷震。」動中有靜，靜中有動，動靜相輔；徐中有疾，疾中有徐，疾徐轉化；有氣勢，以風火雷震來比如動，以山林陰晦來比喻靜，好一篇優美不過的文學作品。

又如，在〈勢篇〉中，孫子：「故善戰人之勢，如轉圓石於千仞之山者，勢也。」「故善出奇者，無窮如天地，不竭如江河。終而複始，日月是也。死而復生，四時是也。聲不過五，五聲之變，不可勝聽也。色不過五，五色之變，不可勝觀也。味不過五，五味之變，不可勝嘗也。戰勢不過奇正，奇正之變，不可勝窮也。」天地、日月、江河、山石、聲色、味道，在孫子的筆下栩栩如生，形象生動。

再如，在〈形篇〉中，孫子說：「勝者之戰民也，若決積水於千仞之者，形也。」即指揮部隊作戰就像把山澗積水從萬丈懸崖上決開一樣，勢不可擋。「善守者，藏於九地之下；善攻者，動於九天之上。」即善於防禦的人，能深密隱蔽兵形，猶如藏在極深的地下，敵莫知所在；善於進攻的人，能高度機動靈活地打擊敵人，猶如動作於九霄雲外，敵莫知所禦。

此外，〈勢篇〉中湍急之水，飛快奔流，內儲巨大能量而一發不可遏止的客觀態勢；鷹迅飛猛撲，以至能將鳥雀捕殺，這乃是在節量遠近基礎上突然發起進攻行為的節奏；險峻的兵勢就像張滿的弓弩，短促的節奏就像猝發弩機。如此等等，都是神來之筆。

呂羅拔認為，《孫子兵法》追求一種「全」的境界，在十三篇中提到「全」的有十多處，如〈謀攻篇〉中的「兵不頓而利可全」、「自保而全勝」等等。「不戰而屈人之兵」是孫子兵法人文價值的集中體現，「必以全爭天下」也體現了孫子保國安民的人文精神。

呂羅拔在他的「《孫子兵法》的人文精神」演講中說，孫子當

年從山東走到蘇州，之所以能功成名就，那是能因應及創造所使然，這就是孫子的重要的人文精神。當你看到《孫子兵法》誕生地穹窿山和蘇州園林的「靜以幽」，當你看到教戰場斬二姬時的「正於治」，你自然會明白為何從事「將軍之事」的孫子，他文章竟然寫的如此富有哲理而又有文采。因此，研究孫子的人不能不到蘇州來。

6. 大馬華人作家創出版兵書最高紀錄
──訪馬來西亞著名華人《孫子兵法》作家邱慶河

　　「我從小出生在馬來西亞，原來不懂漢文，是我的台灣太太教我學《孫子兵法》後，我開始學漢語，並翻譯出版《孫子兵法》。」馬來西亞著名華人《孫子兵法》作家邱慶河長的一張標準的東方臉，臉上也充滿了東方人的智慧。他告訴記者，作為華人，不懂漢語就踏不進華人社會，不懂《孫子兵法》就不能算一個有智慧的華人。

　　二十年來，邱慶河著有多部馬來文、英文、中文譯本，其中包括台灣版《孫子管理兵法》著作共二十六本，平均不到一年就出版一本，是目前世界上翻譯《孫子兵法》數量及版本最多的華人，可稱得上鳳毛麟角。

　　邱慶河認為，馬來人生意做不大，不如華人和新加坡人做的成功，很重要的一個原因是，大馬人對《孫子兵法》的看法只是表面，並沒有學習到裡頭的精髓所在，表面瞭解實踐不深，許多大馬企業家都有閱讀《孫

圖為大馬著名研究《孫子兵法》作家邱慶河

子兵法》，也把其中部分應用在商貿中，都只是閱讀而沒有完全瞭解或實踐運用在生意上。而大馬華人和新加坡華商比馬來西亞華商更熱衷於把《孫子兵法》應用在商戰中，將孫子的哲學融入企業管理中。

因此，邱慶河很重視馬來文兵書的翻譯出版和發行。為了翻譯《孫子兵法》，邱慶河刻苦學習漢語，下了很大的功夫。他認為只有把漢語學好了，才能更準確地翻譯，把這部兵學寶庫原汁原味地介紹給馬來人，讓馬來人看的懂，理解的深，用的上。他的馬來文《以孫子兵法馳騁商場》發行八十萬冊，銷售一空，自己保留的也全部送了人，因此只能把英文版的贈送給記者，他承諾再版時一定給記者留一本。

2006 年，邱慶河與檳州總警長拿督尹樹基副總監合著的《孫子兵法防範罪案》，加入《孫子兵法》戰略，演變成大馬皇家員警部隊在防範罪案的策略，成為大馬皇家員警部隊在打擊罪案策略上的指南，在 MPH 書店大馬各大分行出售。

說到與《孫子兵法》的結緣，邱慶河說要歸功於他已過世的台灣太太，很懷念她，是她給邱慶河經常講孫子的故事，講兵法十三篇的精髓，並選擇《孫子兵法》主要篇章和警句翻譯成英文給他閱讀，孫子的哲理深深吸引了他，引起了他對中國兵法濃厚的興趣，促成了他要把中國人的大智慧介紹給馬來人和全世界人的決心。

邱慶河對記者說了一連串的「寶」：《孫子兵法》不僅是「軍事寶書」，而且是「商戰寶劍」、「人生寶典」、「智慧寶庫」，是全人類的「寶貴財富」，應該讓全球共用「寶貝孫子」。

邱慶河在翻譯出版二十六本孫子著作的同時，也潛心研究《孫子兵法》，不僅是兵書作家，也成了兵法專家。他善於從企業管理和現代生活管理的角度，解讀《孫子兵法》。他特別注重《孫子兵法》的運用，尤其是把孫子理論變成一個實際而容易接受的實例，化繁為簡，用在分析經商實踐和人生經歷上，獨樹一幟。

7. 大馬講師宣導向孫子實踐者學習

──訪馬來西亞《孫子兵法》策略顧問陳富焙

「遠學《孫子兵法》，近學孫子實踐者；或讀孫子原著，學成功經驗，這樣才能真正理解、學好用好兵法。」這是大馬企業資深顧問、《孫子兵法》策略講師陳富焙的「孫子經」。

陳富焙自上世紀八十年代開始研讀《孫子兵法》，曾在國際美商十五年中應用孫子思想掌管各部門，累積盈利高達上億令吉；在日本企業十一年任行銷管理，設計一套簡易傳授的兵法系統。他曾為馬來西亞企業、學院等機構主講孫子及管理課程數百場，他講的「活用《孫子兵法》」、「尋找孫子寶藏」、「兵法決勝人生」、「向孫子實踐者學習」、「華人企業家要能攻善守」等，充滿了孫子的哲學思想和實戰的成功經驗。

陳富焙以孫子名句作座右銘，經過海內外多位孫子大師指點潛心研究，成為大馬曉有名氣的《孫子兵法》策略顧問。進入二十一世紀，他把資訊科技引用到推廣孫子學上，建設大馬首家孫子兵法網站，已發了二千篇文章與線民交流，目標是發五千篇，使很多有志者普及《孫子兵法》。網站也將在適當時候開設孫子課程，推廣《孫子應用法》。

初學者如何讀《孫子兵法》？陳富焙傳授說，首先可先讀白話文簡譯本，對孫子有了初步認識；接著，再讀原文，最好

圖為馬來西亞《孫子兵法》策略顧問陳富焙

也參加兵法講座，向名師學習。要讀，要想，也要運用，在自己的生活及事業中融會貫通。

陳富焙說，孫子受到其春秋戰國時代背景的影響，《孫子兵法》是孫子專為當時帝王所寫，因此並不是人人都可以讀懂。初學者要有一定的經驗積累，要具備較高的思維素質。知識面越寬，知識越深厚，才能夠真正理解和掌握孫子所要表達的思想極其精髓。

陳富焙在多年的孫子研究中發現，古今中外的孫子學者在熟讀《孫子兵法》後，把自己提升到三軍統帥水準，達到百戰不殆，甚至不戰而勝的層次。孫子的策略使許多兵法實踐者受益匪淺，達到奇正之變，不可勝窮也。

陳富焙宣導要善於向孫子實踐者學習，每個朝代都有人運用孫子的智慧，成名天下。如中國三國時代，是運用《孫子兵法》最旺盛的時代，曹操及孔明，是當時著名的孫子實踐家，創造了「三國謀略」、「孔明兵法」、「曹操兵法」。曹操更是第一個為《孫子兵法》注本的作者，他博覽群書，諳熟兵法，成就很顯著。

陳富焙相信，從大馬走出的華人鉅賈郭鶴年等都應用《孫子兵法》來管理企業，取得巨大成功。李子政從美國 NLP 大學考取 NLP 訓練師及諮詢師資格，成為馬來西亞首位認證的個人潛能開發大師。在和他多次分享中，發現孫子的多項原理，竟然也出現在西方 NLP 的內容中。

陳富焙認為，二十一世紀的孫子學習，要認真研究孫子實踐者們應用孫子成功的案例，近代成功者包括毛澤東和一大批軍事家、企業家。大馬企業要特別注重研究日本、韓國、新加坡和華人企業應用《孫子兵法》的成功經驗。成功的孫子實踐者都是把孫子熟讀後靈活應用於實踐，形成戰略性思考，制定出發展戰略，而不僅僅侷限於小的戰術。

8.「帛書」孫子學專家鄭良樹

「竹簡帛書出土所帶來的震撼，恐怕與古史辨學派新說的震撼不相伯仲；因為古史辨學派為古籍真偽帶來『石破天驚』的新說，而竹簡帛書卻為這些新說帶來『冷酷無情』的否決。」這是「帛書」兼孫子學專家鄭良樹的驚人之語。

用縑帛作書寫材料寫就的文籍，稱之為「帛書」，鄭良樹是行家，他從「帛書」考證確定《孫子兵法》其著作年代在西元前496到前453年之間，他的最新的發掘資料支援了十三篇是在春秋末期時就以今日所見的形態加以編成的觀點。

鄭良樹字百年，1940年生，馬來西亞人，祖籍廣東潮安。1971年獲台灣大學文學博士學位，為海外華裔獲台灣大學文學博士學位之第一人。畢業後回馬來西亞大學任教，先後擔任馬大中文系講師、副教授及系主任等職達十七年之久。1988年8月，轉往香港大學中文系任高級講師，後任香港中文大學中國語言文學系教授。

鄭良樹也是中國孫子兵法學會的高級顧問，大馬華人族群與文化研究所所長所長，經常出席國際性學術會議發表論文。他的著作豐富，研究範圍廣泛，已出版的著作已有二十多種。其中，《孫子斠補》由台灣學生書局1974年出版；《竹簡帛書論文集・孫子續補》、《竹簡帛書論文集・論孫子的作成時代》、《竹簡帛書論文集・論銀雀山出土孫子佚文》，由台灣中華書局1982年出版。

鄭良樹根據地下出土資料所引及《孫子》文字來考察，認為春秋末年及戰國早期，社會變動非常劇烈，動輒十萬兵隊，數年的戰爭，不會沒有的，並認為軍制、戰術等都是長期性的孕育和演變，春秋末年戰國早期未必不是它們孕育的開始，何況軍事家們對這些戰術、名詞等，都比常人更會有敏銳的「先知」。

以《孫子》戰術、軍制及名辭的時代性來斷定其著作年代，成就固然可觀，不過，由於春秋末期及戰國早期社會變遷的時代分界線客觀上不是完全截然不分的，由此而作出的推斷，也就顯得稍微

薄弱了。

據此，鄭良樹認為：「《孫子》十三篇作成的時代應該在春秋末年，戰國早期（戰國始年以《史記》為準），也就是大約孫武卒後的四十餘年間。」鄭良樹還著有《古籍辨偽學》，台灣學生書局1986年出版；《諸子著作年代考》，北京圖書館出版社2001年9月出版，也對《孫子兵法》其著作年代進行了考證。

馬來西亞漢學研討會由鄭良樹教授倡議，並由各校中文系自2004年起輪流舉辦。2010年第七屆馬來西亞漢學國際研討會，主題為「漢學的區域，區域的漢學」，恰逢鄭良樹教授七十壽辰，籌委會特別為鄭良樹暖壽，並表彰一代學人積極推動大馬漢學研究的貢獻。

泰國篇

1. 中國兵家文化讓泰國華人引以為豪

　　《孫子兵法》在東南亞的傳播很廣，尤其是在華人眾多的泰國被廣泛接受與喜愛。中國的兵家智慧，在東南亞的影響是十分巨大的。在曼谷書店，有泰文版、英文版、中文版，還有禮品版、精裝版、線裝版、圖畫版的《孫子兵法》；在曼谷漢語書店中文版本很多，有大陸版、台灣版，如《孫武兵法》、《孫子兵法智慧》、《孫子兵法大傳》，《搞定孫子兵法》等，十分醒目。

　　據泰國華人作家協會秘書、泰國潮州會館圖書館館長李友忠介紹，《孫子兵法》在此間的影響可追溯到泰國的第二代王朝。這代王朝的末期，緬軍攻入大城，大城被淪陷。這時，出現了一個姓鄭的中國人，他重新組織力量大舉反攻，和緬軍展開血戰，消滅了據地稱雄的其他勢力，收復失地，統一了泰國，建立起泰國的第三個王朝。

　　人們奇怪，一個華人怎麼可能在他人的國土上立足並能嶄露頭角？原來鄭王在這次戰爭中展現出了中國式的英勇和智慧，熟練引用了《孫子兵法》，成就了泰國歷史上的一分鐘定天下的美談。於是，中國兵家文化在泰國受到推崇，讓泰國華人一直引以為豪，並奉為法寶。

　　泰國僑領廖梅林就是其中突出代表，他潛心研究傳播《孫子兵法》六十年。受孫子十三篇的影響，廖梅林三十多歲就寫成《商場經緯》十二篇，由台灣商務印書館故董事長王雲五作序，發行三千多冊，時隔四十

在曼谷書店有各種版本的《孫子兵法》

餘年，《泰國風》雜誌作了連載。1982年，廖梅林開始著手白話注解《孫吳兵法》，花了大量時間對泰文版《孫子兵法》進行校正，先後出版兩個版本。

目前，泰國有近千家中文學校，其中得到泰國政府認可、具備頒發正規文憑資格的學校也多達數百所。在華人眾多的泰國，學漢語之「熱」已在民間燃起，包括儒家文化、兵

圖為泰文版《孫子兵法》

家文化在內的中華文化在泰國受到推崇。天津師範大學在泰國曼谷建立了第二家孔子學院，該學院也同時傳授老子、莊子、孫子等中國古代的思想。泰國孔敬大學孔子學院圖書及音像資料，有《孫子兵法》、《孫臏兵法》漢英對照、《孫子兵法》光碟。

泰國正大集團董事長謝國民在投資戰略中善於念好孫子的「智勝經」，先謀善斷，兵貴神速，順勢而動，躋身世界五百強大企業行列，成為最有錢的泰國人，當選中國僑商投資企業協會會長。泰國僑領李光隆深諳孫子兵法「知己知彼，百戰不殆」，揚長避短，出奇制勝。經過三十多年的奮鬥，成為泰國知名的金融證券商，成為泰國華人的巨富。

被尊為「泰國圍棋之父」的泰國正大集團副董事長、世界華人圍棋聯合會會長蔡緒鋒，用《孫子兵法》理念和謀略來開拓市場，事業迅猛發展。他曾專門把自己的有關思考撰寫下來，出版了《東方CEO》一書，並自創一套「圍棋管理法」，用他對圍棋棋道的理解，來詮釋如何把中華文化用於商業經營。

不僅是華人，在泰華一家的泰國，對中國兵家文化多有幾分興

趣。泰國文的《孫子兵法》，由天猜 嚴瓦拉梅翻譯，在1977年出版。泰國副總理頌奇為道南學校進行捐款，鄉親們則為其獻上了具有中國特色的5英寸微雕象牙扇《孫子兵法》作為紀念，這個由澄海著名微雕藝術家創作的。

世界泰拳理事會副主席方煒說，已有了五百年歷史至今相當普及的泰拳，屬是武術體系，堪稱格鬥技中的極品，而武術的元素源於《孫子兵法》。脫胎於暹羅武術的泰拳，其根源是中國南派格鬥。泰拳融入了兵法的智謀、勝變、進攻、防禦等軍事思想，泰拳師決勝條件是智謀、技藝、氣力及精神力量的總結合，其最高領域為機巧圓通，變化無常。

2. 泰華一家親　如同左右手
——訪泰國潮州會館

「泰國是海外華僑華人聚居最多的國家，其中又以潮州人最多，約有七百萬之眾。華人和泰人世世代代和諧相處，攜手發展，泰華一家，『如左右手』。」對《孫子兵法》頗有研究的泰國潮州會館副主席方煒在接受記者採訪時表示說。

圖為泰國潮州會館圖書館收藏的《孫吳兵法》

方煒介紹說，從泰國素可泰王朝時期起，一批批華人開始遷居泰國，在此安居樂業，繁衍生息，與泰人相處和諧、水乳交融，為泰國的繁榮與發展作出了巨大的貢獻，為中國與泰國的長久友好奠定了基礎。

泰國潮州會館圖書館館長李友忠稱，如今泰國到底有多少華僑華

人，沒有一個確切的數字，因為在泰國華人、泰人已水乳交融。泰國華人人口大約占全國14%，這是指仍保留中國國籍者而言，其實，多年以來，有大量華裔居民已入泰籍，並擁有泰人姓名。

說著相同的語言，過著一樣的生活；華人的華族血統，融入了泰國人的身分之中；華人是泰國國民一份子，獲得同等對待，不容歧視，和泰人一樣受泰王愛護……熟悉泰國和華人社會的李友忠，拿出圖書館館藏的《孫吳兵法》對記者說，正如孫子在〈九地篇〉中所云：「當其同舟而濟，遇風，其相救也如左右手。」他還向記者講述了泰華一家親的形成歷史——

曼谷王朝在與吞武里隔河相望的湄南河邊建起首都，需要大量的素質高、工藝技術水準高的勞動力，而由於潮州人在幫助鄭王複國過程中有功，在泰國享有「皇族華人」的榮譽，故有大量的潮州人湧入泰國，形成了第一個移民高潮。他們與其他華人一起，為泰國社會的經濟建設做出了積極的貢獻。

華人在泰國成為自由勞動力，僅需繳納外僑居留稅，有比泰人和其他少數民族更優越的條件，加上泰人對從商不感興趣，使華商無須與泰人競爭。華人在泰國安定下來以後，許多人與當地泰族女人或中泰混血女人相互通婚，進一步促使潮州人與當地人和睦相處，共同生活。華人與人為善、祥和謙讓和熱情好客的習俗禮儀，早已為泰人所借鑒，泰國人與陌生的華人很快就能融洽相處，給人一種親如一家的感覺。

「二戰」以後，泰國逐步從農業國向工業化國家轉變。已經成了泰國經濟領域重要力量的華商企業家，在推進泰國經濟現代化中扮演了重要的角色。他們從大米貿易開始，興起了四處做買賣的風氣，從仲介商、零售商變成了現代企業家，形成新興的商人階層。

到了現代，華人憑著經商經驗和資金基礎，依然在工、商和金融業扮演主導角色。在曼谷，華人及擁有華裔血統泰人數目幾乎占一半人口，華人已進入了泰國的主流社會。目前，泰國60%大機構及銀行由華裔人士控制，泰國最大規模的銀行如大成、盤古、京

華等，都以華人為主要股東，華人華裔企業遍佈泰國的各行各業。

大批華人移居泰國，其中尤以華東南岸的潮州人居多。他們將中國的風俗習慣帶到這裡，在飲食方面，泰國菜受到中國的烹煮方法影響很大，與潮州菜相近，就連泰語中也滲入了一些潮州語。

說到潮州會館，方煒頗為自豪。他對記者說，我們會館是泰國規模最大的華人團體，會員成千上萬，光理事就有好幾百。我們的宗旨之一是促進中泰親善。建館初期，組織潮州米業公司購運米糧到潮汕平賣，減輕當地糧荒。曼谷黃橋及彭世洛府大火災後，開展救災活動，開創泰國華人社團大規模救災先例。

方煒說，抗戰勝利後，潮州會館曾組織暹羅華僑救濟祖國糧荒委員會，複辦培英華文學校，創辦會館醫務處，修建華人公墓，籌集米糧賑濟泰國各地水災、火災災民。1957 年泰國發生流行感冒、霍亂等傳染病時，不分種族，大量施醫贈藥。歷年來救災恤難，捐款慰勞，修建學校、醫院寺廟，對繁榮泰國經濟，推動社會公益事業，受到泰國政府及各界人士好評。

3. 泰國僑領廖梅林六十年兵法情

「泰國華人華僑很喜愛《孫子兵法》，我為此學了六十年，用了六十年，她是一部精警思想、經營戰略、人才管理的專書，很有裨益。」今年八十三歲的泰國梅林基金會主席廖梅林謙和的臉上寫滿睿智。

這位泰國著名學者、文化僑領對記者說，他從 1952 年就開始讀《宋本十一家注孫子》，以後就一發不可收拾。受《孫子兵法》十三篇的影響，他三十多歲就寫成《商場經緯》十二篇，由台灣商務印書館故董事長王雲五作序，發行三千多冊，時隔四十餘年，《泰國風》雜誌作了連載。

1982 年，廖梅林開始著手白話注解《孫吳兵法》，花了大量時間對泰文版《孫子兵法》進行校正，先後出版兩個版本。之後，又出版《商場進取》，此書與《商場經緯》堪稱姐妹篇，是廖先

生四十年商場馳騁的經驗總結，具有商戰實用價值，深受泰國華人華僑尤其是華商的歡迎。

廖先生僅有初一學歷，卻能用白話把博大精深的典籍撰寫得準確

圖為泰國文化僑領廖梅林編撰出版《孫吳兵法》、《商場經緯》等書籍

透徹，通俗易懂。這源自他對中華文化的熱愛和孜孜不倦的研究。千古流傳、燦若明星的中華文化讓廖梅林取之不盡，用之不竭。他以商帶工，多元發展，目前在泰國和中國已擁有物業、地產、工廠，設立了基金會，建成一所現代化的亞洲商學院。

位於芭堤婭的三仙宮是廖梅林傳播中華文化的傑作，除了有傳播儒家學說的「孔子杏壇」、「二十四孝圖彩色壁雕」和「中山園」內的孫中山銅像外，還充滿了兵家智慧，文武之道，交相輝映。如金身彩色關公坐像、關公辭曹操手繪竹詩、仿製關公青龍偃月刀和赤兔馬等，《三國演義》彩圖六十三幅，講述了「草船借箭」、「赤壁之戰」、「失街亭」、「空城計」等三國故事。每天參觀者達三千人次，數年來免費接待來自世界各國遊客三百多萬人次。

廖梅林向記者展示了三件寶貝，一件是他的《孫吳兵法注解》手稿；另一件是他四十年經商年鑒，字裡行間充滿了兵法與商戰的謀略；還有一件是他四十年前用過的老式打字機。廖梅林告訴記者，他十九歲從廣東梅州大埔移居泰國，先在華校執教三年，自修泰文，後到曼谷五金行當店員，早晚打字，還讀古文、背誦四書五經，自己規定，不達目標，不吃不睡，如今過古稀還學電腦上網。

在廖梅林的家庭藏書室，記者看到僅國學基本叢書精裝四百本就有一千多冊，還有中華國粹等書籍林林總總，擺滿了一屋，地上則堆滿了他撰寫的準備贈送人的白話註解《孫吳兵法》。在他的書櫥裡，「文化僑領」、「愛護僑教」等銅牌、證書、獎章特別耀眼。

廖梅林自豪地對記者說，老祖宗留下的文化遺產非常寶貴，幾十年來，我努力把中華國粹在海外大力弘揚，以現代漢語、英語、泰文編寫出版了大量中國的經典著作，包括論語精選、老子今解、孟子摘選、大學綱領、中庸摘選、朱子摘選、程子摘選，中國儒家文化精華合訂本、《孫子兵法》等，六次重版，印數萬計，全部免費贈閱，被泰國大學圖書館收藏。

4. 解讀泰國僑領廖梅林《商場經緯》十二篇

泰國梅林基金會主席、泰國文化僑領廖梅林六十年潛心研究《孫子兵法》十三篇，寫就《商場經緯》十二篇，由台灣商務印書館故董事長王雲五作序，《泰國風》雜誌作了連載。此書是廖先生四十年商場馳騁的經驗總結，具有商戰實用價值，深受泰國華人華僑尤其是華商的歡迎。

立身第一。孫子主張「修道保法」，從而「勝於易勝」。廖梅林把立身作為開篇，他提出，為商之道，首重立身。立身者，凡所舉動，可作楷模，猶若形影，猶若雷聲。立身貴乎長久不渝，然後佳境可保。缺雄心，不可立大業；缺信心，不可成大業；缺恒心，不可保大業。不知開源者，不可以登高；不知節流者，不可以安久。得人者必昌，獲智者必勝。

技術第二。孫子將技能分為「風、林、火、山」四系。廖梅林認為，大匠為藝，思巧技精，故能巧奪天工。商務之事，轉接交替，川流繁複，故其技術，必快必精。為商技術，口筆算手，統須精煉，四者具備，乃為成才。能用人才，斯為大才，事業越大，人才越多。

經驗第三。孫子說：「兵者，國之大事，死生之地，存亡之道，不可不察也。」在廖梅林看來，商場如戰場，為商經驗，乃成敗之

關鍵，不可不察也！經驗當居七，學識僅居三。學識不足，而經驗豐厚者，可以成業；學識有餘，而經驗缺乏者，難有作為。經驗者，知時序之適應，明貨物之季令。經驗巧化者，順時適事，避爭就利，時適則進，時乖則守，貨轉如輪，財流若海。

建業第四。孫子注重「道天將地法」，廖梅林重視建業之三大要素：人才、資金、地理，三者全美，業必昌隆，全而未美，業可穩定，缺而未全，顛簸難穩。人才上乘，枝葉繁茂；資金綽餘，穩者不羈；迴圈就利，適者生存。他提醒建業之初者必自問：立身正乎、技術練乎、經驗得乎、人才聚乎，四者得矣，業乃可成。

經營第五。孫子宣導「穩勝思維」，廖梅林的經營之道是：順境為要，最忌急躁；量資而為，顏以養信；購入必精，兌出必警；先求其穩，再求其定；既穩且定，乃可前進；待機而動，穩操勝券。

進守第六。孫子提出「攻守兼備」戰略，廖梅林推崇進守有道，攻防有序。進者擴展，由少變多，由弱變強；守者順變，以守為攻，等待機遇。進守有三忌：時局不定不可進，幣值不穩不可進，環境不安不可進。不可進者，必先察利害，若害多利少，不若苦守。得之則進，不得則守。進守有據，正立不偏。擇優而為，見機行事。

競爭第七。廖梅林把《孫子兵法》的謀略應用於商業競爭：冷戰熱戰，短守長攻，參謀籌畫，出奇制勝，非有謀劃，安能穩進。避其鋒銳，取其疏忽，催其重點，爭其優勢，銷其銳氣，易其比重。利之以時，爭之于智，先為不可勝，以待人之可勝。

開擴第八。廖梅林的開擴篇充滿了孫子的智慧：為商之為開擴也，可由一部而充十部，可由一地而擴十地。其始謀也，必先知己、明鏡。知己者，知自己之資力、能力、衝力；明鏡者，明該地、該貨、該人。審我資力，亮觀環境，多作假設，審而較之，步步為營，顛簸不亂。

人事第九。廖梅林把孫子的用人之道應用的如火純青：得其人，盡其才，致其用，此業務之所以興也！用人之道，首須甘苦與共，工作等分，賞罰分明。職員有疾苦，即宜助之，其有隱衷，即令言

之，反躬自省，扶正去邪，能如此者，必得其心。

養銳第十。 養精蓄銳，乃兵家常勝之道，也為商家所用。廖梅林總結：夫為事業者，必三氣並用，即和氣、威氣和銳氣。養和氣以行事，養威氣以治事，養銳氣以成事。銳氣者快速精到，蓄勢待發，催堅拉朽，穿甲移山，靜如山嶽，動似萬馬，蓄於內心之浩氣也！

處事第十一。《孫子兵法》講究處事技巧，廖梅林對此也有獨到見解：商場事務，繁複雜杏，當將各務，分綱別類，繁則簡矣，多者少矣。事無巨細，當理出輕重緩急，千頭萬緒，必先鎮定，切忌惶惑，定其神而發其智。

養生第十二。兵家與商家都須休養生息，韜光養誨，以利再戰。廖梅林的養生之道：夫為商者，長遠之奮鬥也，聚精匯神，故其養生，必有調節。

5. 泰拳曾用於軍事與兵法不可分割
——訪世界泰拳理事會副主席方煒

「泰拳直接用於軍事實戰，與兵法密切相關。」世界泰拳理事會副主席方煒在接受記者採訪時說，當時士兵們在戰場上遠距離作

圖為世界泰拳理事會副主席方煒

戰時使用刀槍劍矢，近距離搏鬥時則以拳肘膝腳作為進攻武器。因此，泰拳自古與兵法不可分割。

方煒介紹說，泰拳已有了五百年的歷史，作為泰國

的傳統搏擊技術，其特點是可以在極短的距離下，利用手肘、膝蓋等部位進行攻擊，是一種非常狠辣的武術，具有很強的殺傷力。而泰族和中華民族有著密不可分的血緣關係，包括兵家文化、武術文化在內的泰族文化，深受中國文化的影響。泰拳是幾百年來抵禦外族侵略的搏鬥的歷史背景下產生的，泰族立國後，戰事連年不斷，歷朝皇帝都崇尚武力，不少王侯本身就是泰拳高手。

1518 年暹羅王改革兵制，下諭令編制了《制勝術》一書，內容包括了兵器、武術和武備等方面。方煒接著說，在西元 1555 年至 1606 年，泰拳術被列入軍事訓練科目，名為「奔南」。「奔南」為暹羅土拳，兇狠毒辣，招式包括頭撞，口咬，拳打，腳踢，蹬踹，掃絆，肘擊，膝頂，肩抵，臂撞。推拽，抓捏，壓打，摔跤等無所不用其極。全身任何部位，可用則用，是一種用於實戰的拳術。古代泰族士兵習練拳術後，無不強悍勇猛。

據考證，泰拳又屬是武術體系，堪稱格鬥技中的極品，而武術的元素源於《孫子兵法》。脫胎於暹羅武術的泰拳，其根源是中國南派格鬥，可能源出華文，音譯也可同「太」字共通，其義為「太極」。太極拳的戰略戰術與《孫子兵法》一脈相承。中國的傳統兵家思想，賦予了太極拳獨有獨有的神韻。

泰國的孫子研究學者認為，泰拳融入了《孫子兵法》的智謀、勝變、進攻、防禦等軍事思想。泰拳師決勝條件是智謀、技藝、氣力及精神力量的總結合，其最高領域為機巧圓通，變化無常。實戰攻防招數，「母招」與「子招」之分，各十五式，合共三十式，招招狠毒，不僅要有進攻的強大爆發力，而且要有被打的強大抵抗力。

克敵制勝的泰拳，汲取了《孫子兵法》的精華，方煒認同孫子研究學者的觀點。泰拳拳法中的右直拳力量大，速度快，左鉤拳發出產生鞭打效果，如同子彈射出一般，展現了「兵貴神速」；泰拳腿法中的蹬技和踢技利用身體擰轉，使泰拳手腳法靈活多變，剛柔相濟；泰拳膝法中的沖膝、彎膝、紮膝、穿膝、飛膝；泰拳肘法中的平肘、迫肘、砸肘、蓋肘、反肘、雙肘，泰拳步法中的進步、

退步、衝刺步、急退步、閃步、環繞步、前滑步、後滑步，都充滿了孫子的「變中求勝」戰略戰術。

泰國拳風鼎盛，俗話說：「十個男人，九個打拳」，走在曼谷街頭，冷不丁會遇到一位泰國拳手，可見拳鬥在泰國普遍流行的程度。如今，在泰國各種泰拳練習館、泰拳比賽館遍佈城鄉，其中不乏華僑華人開班的泰拳館。不僅外國遊客來到泰國都會去看泰拳比賽或是學泰拳，就連當地達官貴人也喜歡泰拳。在泰國泰拳學校數不勝數，就連偏僻山村也不例外，泰拳電影在泰國深受歡迎。

方煒拿出授權書向記者透露，世界泰拳理事會已在一百二十七個國家和地區建立了泰拳運動組織，今年將與中國武術協會合作，在中國拓展泰拳運動，中國國家體育總局也剛發文將泰拳正式列為全國推廣的體育項目，而他被授權任命為泰拳中國事務總代表。

6. 泰國僑領從圍棋中領悟兵學智慧
——訪世界華人圍棋聯合會會長蔡緒鋒

案頭上放了一本圍棋書，一本《孫子兵法》，作為一名在泰國長大的華人、世界華人圍棋聯合會會長蔡緒鋒，對中華傳統文化情有獨鍾。他對記者道出了圍棋與兵法的共同哲理：圍棋的最高境界是不求勝，求不敗，這也是《孫子兵法》的最高境界「不戰而屈人之兵」。

蔡緒鋒對記者說，圍棋高手講究的是防衛，而不是進攻，主動進功往往會被對方抓住漏洞被擊敗；《孫子兵法》不提倡戰爭，認為戰爭是禍害，會帶來許多災難；提倡和平，給對手機會。經商也是如此，要加強自己，而不要總想著打敗自己的對手，這樣會消耗自己。

蔡蔡緒鋒對記者說，由於中西方文化體系的差異，西方的經營管理方法很難在東方人中實現，只有真正地從深層次理解了東方文化，才能管理好東方企業，才能讓它在世界競爭的大舞台上具有更強的生命力。圍棋，正是汲取《孫子》等中華傳統文化的有效途徑。

說到與圍棋的結緣，蔡緒鋒告訴記者，他人生的第一副圍棋，是媽媽做衣服用的「紐扣棋」。而真正與圍棋的結緣，起自中國棋院前院長陳祖德的那本自

圖為世界華人圍棋聯合會會長蔡緒鋒收藏的竹簡《孫子兵法》

傳《超越自我》。其後三十多年來，他一直把圍棋融入自己的生活和事業中。蔡緒鋒為圍棋業餘五段，曾七次代表泰國參加世界業餘圍棋錦標賽，不僅中、日、韓三國分別授予他棋手段位證書，而且吳清源也以個人名義授予他品位證書，這使得從商的蔡緒鋒具有了一種傳奇色彩。

蔡緒鋒七歲隨父母從廣東移居泰國，生活在曼谷華僑社區，他平時耳濡目染的都是中國的人文風俗，父母對他最多的教誨都是中國傳統文化。受這種環境影響，他對中華文化更是鍾愛有加，潛心研讀孔子、老子、孫子等眾多先賢的著作。

蔡緒鋒認為，圍棋是盡顯大謀略、蘊涵大智慧的對弈。圍棋棋經十三篇多引《孫子兵法》，這說明《孫子兵法》歷來與圍棋有極大的淵源。圍棋對弈的形式，同兩軍作戰頗為相似，兵法上的很多思想都可以在圍棋上得到體現。

蔡緒鋒告訴記者，從圍棋中可以看到整個東方文化世界。圍棋是惟一一門把不同的整體格局濃縮在一個小小棋盤上的藝術；圍棋教人們懂得重視評估對手的能力，評估爭取每次勝利所付出的代價；圍棋教人們懂得有謀略、有原則地生活。學會圍棋後，蔡緒鋒深深

感到像圍棋這麼好的東西，他有義務、有責任介紹給泰國人，讓大家通過學習圍棋來掌握高明的思考方法、吸取中國傳統文化的精髓。

於是，蔡緒鋒花了十多年的心血，在泰國普及、推廣圍棋，傳播中華傳統文化。由於蔡先生的推動，在泰國這塊圍棋「處女地」上培養出一百二十多萬圍棋人口，僅正大集團就有二千多位圍棋迷，有五十多所高校參加聯賽，其中有六所學校還把圍棋列為學分，幼稚園到也開設了圍棋課，蔡緒鋒也被尊為「泰國圍棋之父」。

2003 年 10 月，由蔡緒鋒、陳祖德、沈君山共同發起，成立「世界華人圍棋聯合會」，總部設在泰國曼谷，在北京、上海、台北等地區分別設立辦事處。還將設立專項圍棋基金，開闢專用網站，普及圍棋教育、開展網上圍棋對弈、遠端圍棋教學；設立專業圍棋學府，培養下一代圍棋棋手並積極支持青少年圍棋活動，舉辦各種圍棋賽事。

蔡緒鋒表示，下圍棋本身就是創造，彰顯了和平，他希望政府領導人都會下圍棋。如今，從泰國總理的兒子到殘疾人學校的孩童，再到他的兒女們，都曾接受過蔡緒鋒的圍棋訓練。蔡緒鋒與泰國其他一些大企業聯合發表聲明，只要年輕人有業餘 1 段證書，就可以保證他在這些企業找到工作。

7.「泰國圍棋之父」的圍棋管理法

圍棋與兵法的關係十分密切，自古至今以兵論棋或以棋論兵者不乏其人。「經營中運用棋藝，棋藝中又滲透著管理理念，CEO 和圍棋在他身上已分不出你我彼此，你中有我，我中有你」，這就是被譽為「泰國圍棋之父」、世界華人圍棋聯合會會長蔡緒鋒圍棋與兵法的真實寫照。

蔡緒鋒任泰國正大集團副董事長、執行董事會主席和首席行政官，上海正大企業發展有限公司董事長，是泰國現代企業管理的領軍人物，在泰國工商界享有很高的知名度。由他負責運營的易初蓮花國際商業連鎖項目，自 1997 年 6 月在上海浦東開設第一家店，在中國大陸開辦的大賣場已達八十餘家。

　　蔡緒鋒坦言，他之所以能夠取得這些成就，關鍵在於把學習中國的《孫子兵法》等中華傳統文化，應用到商業經營上。他用孫子「和」的思想來管理團隊，大家快樂工作，創新力、競爭力明顯增強；他用《孫子兵法》中的一些理念和謀略來開拓市場，事業迅猛發展。為此，他曾專門把自己的有關思考撰寫下來，出版了《東方CEO》一書。

　　孫子說的「昔之善戰者，先為不可勝，以待敵之可勝；不可勝在己，可勝在敵」，蔡緒鋒能脫口而出。他從圍棋中感悟到，圍棋是同時有好幾個戰役的一盤棋，需要考慮如何將資源分配給各個戰役，雙方從零開始競爭誰創造得多、誰更優秀。商界競爭也是這樣，以圍棋意境來進行企業管理，首先要完善自己，使自己成為不可戰勝的，而不是想方設法、不擇手段地打垮對手。

　　企業自然是要追逐利潤的，但理想目標並非是利潤最大化。蔡緒鋒認為，如果把企業經營目標定為達到利潤最大化，往往會讓團隊損耗、員工疲憊，對企業今後發展不利。利潤合理化、力量最大化才是企業的最佳經營目標。

　　以兵解棋，以棋喻兵。蔡緒鋒用他對圍棋棋道的理解，來詮釋如何把中華文化中用於商業經營。他談及全球金融危機時說，這場發端於美國的經濟危機，充分暴露了西方經濟界在思想理念和經營方式上的一些弊端。如果我們立足東方，特別是發揮中華文化中諸多思想精華的作用，對擺脫困境、贏得發展將很有幫助。當年，亞洲金融危機發生時，他曾將這一理念付諸實施，效果顯著。

　　蔡緒鋒講，應對危機，不妨借鑑棋道。起源於中國的圍棋，看似規則簡單，但變化多端，奧妙無窮，可增強一個人的計算能力、記憶力、創意能力、判斷能力、控制能力等，能幫助我們更好地分析事物。圍棋注重對全局的把握，下一盤棋，往往是在多個地方展開戰役，每一手的價值，在於加強自己的力量，而不是去打敗對方。

　　用圍棋管理企業二十多年的蔡緒鋒，有一套自創的「圍棋管理法」。他認為圍棋是一種哲學，追求的是一種團隊力量，同管理企業一樣，能賺多少錢並不是最重要的，擁有一個好的團隊，而不是

一個「病團」，才是關鍵。十多年前，他的團隊曾使泰國的十一個便利店在一年時間內扭虧為盈。

蔡緒鋒深有體會地說，我運用圍棋的理念管理企業近二十年，八萬人並沒有顯得亂糟糟，在工作中有時候一句圍棋中的「術語」，要比其他煩瑣的解釋更有效。比如，圍棋中的「急場重要過大場」，指的就是做事情要講究輕重緩急。學過圍棋的人會有大局感，講究策略。

蔡緒鋒表示，中國的經典名著充滿了許多智慧，《孫子兵法》等都能給管理企業帶來許多啟示。他以棋為媒，在全世界傳播和推廣中華文化，通過圍棋，讓西方人學中國的思想。他在德國一家大學演講，講的題目主題為「圍棋管理法」，如何用圍棋來管理企業。

8. 華文媒體有責任傳播中華兵家文化
——泰國華文媒體老總訪談記

「我們《中華日報》故名思義，就是要傳播中華文化，弘揚中華文明」。泰國《中華日報》副社長、曼谷華文日報僑團記者聯誼會會長周子飛在接受記者採訪時如是說。

今年八十四歲的周子飛出生於泰國，在中國讀的書，在泰國從業華文媒體已有五十個年頭，先後在《新中原報》、《亞洲日報》、《京華日報》編文藝版面。他介紹說，泰國有六家華文媒體，長期以來，以傳播包括兵家文化在內的中華文化為己任，這關係到海外華文媒體的生存與發展，因為華文媒體與中華文化的傳承是息息相關的。可以說，沒有中華文化的傳承，海外華文媒體就沒有影響力和生命力。特別是華文報紙，不能不依靠中華文化的傳承，尤其是影響華人生存與發展的傳統文化和中華智慧。

周子飛介紹說，《孫子兵法》在泰國傳播很早，泰國人和華人都非常熟悉，至今電視台都在播，我們華文媒體也不間斷地報導。我們做到副刊偏重中華文化的宣傳，新聞中經常報導，華人僑團版更是熱鬧，每天兩到三個版面，六家華文報紙每天達到二十個版面

左右，其中不乏反映中國儒家文化和兵家文化內容的，很吸引華人讀者的眼球。

《星暹日報》總編輯馬耀輝表示，沒有中華文化就不成華文報紙。1997 年發生金融風暴時，泰國的英文、泰文報紙大都辦不下去關門了，惟獨我們有六家華文報紙沒有一家停辦。泰文報總編為此不可思議，問我這是什麼原因？我告訴他們，因為我們有泰國華人和華商龐大的讀者群，他們需用我們的華文報紙的存在，他們一天也離不開中華文化。在泰國，不看華文報紙，華人在華人社會中就會被淘汰。被淹沒。

馬耀輝認為，泰國八成以上華人經商成功，離不開中華傳統文化的薰陶，尤其是《孫子兵法》的智慧，在泰國華人中所起的作用很大。他認為，在泰國《孫子兵法》的應用餘地還很大，泰國華人企業很需用，我們華文媒體傳播的力度要加大。

數十年來，泰國華文媒體一直很重視《論語》、《孫子兵法》等中華傳統文化的傳播。馬耀輝列舉說，該報著重宣傳《孫子兵法》的戰略思想和現代意義，宣傳泰國華商經商智慧和理念，宣傳泰國華人企業家應用中國兵法取得成功的典型案例，先後多次李光隆、謝國民等泰國重量級僑領把《孫子兵法》用於商戰的傳奇經歷，還有圍棋兵法創立者蔡緒峰、泰國文化僑領廖梅林六十年潛心研究《孫子兵法》等。

《京華中原聯合日報》副社長林興也認為，半個多世紀以來，泰國華文報紙之所以能生存下來，並越辦越好，其中很重要的一個原因，是豐富多彩的中華文化的支撐，成為泰國華人必看的報紙，也是泰國人華人學漢語、瞭解中華文化的重要載體。泰國華人是看著華文報紙成長、成熟的。

林興欣慰地說，泰國華人在中華兵家文化中找到智慧，受到影響，這使我們辦華文報紙的看到中華文化的力量，看到《孫子兵法》智慧的無窮魅力，也看到了我們華文報紙傳播中華文化的責任。

9. 曼谷唐人街的「黃金兵法」

曼谷唐人街有座「黃金佛寺」，所供奉的純金佛像高近 4 米，總重 5.5 噸，為泰國三大國寶之一。而曼谷唐人街更是流淌真金白銀的地方，是泰國最大的黃金交易中心，影響著泰國的黃金市場，這裡還是全球唐人街中「黃金兵法」應用的最神奇的地方。《孫子兵法》黃金版一面世，很快就被泰國華商全部買光，泰國華文媒體的老總也證實了這一點，華商笑稱「書中自有黃金屋」。

位於曼谷湄南河畔繁華的唐人街最多的是金店，門面雖不大，但裝飾得富麗堂皇，據說曼谷金店的 70% 分布在唐人街。在全長不到兩公里的耀華力路上，記者看到有上百家大大小小的金店，都是華人開的，有經營一百四十多年以上的老字型大小金店，也有經營規模現代化的新式金店。金店門口豎著巨大的金字招牌，櫃檯裡陳列著金光閃閃的首飾和黃金製品。這些黃金飾品花色品種繁多、做工精細、設計美觀、價格便宜，常年吸引著大量國內外尤其是華人買家。

此間從業黃金生意的華商說，《孫子兵法》比黃金還值錢，充滿了「金點子」。作為現代金融交易的黃金期貨投資，激烈對抗程度絲毫不亞於殘酷的戰爭，其精髓要義完全涵蓋黃金投資的操作策略。

記者來到泰國金業公會主席陳振治開的和成興金行，這是曼谷唐人街最大的金行，金飾的出口量占全泰國出口量的四成。店經理告訴記者，在黃金情報方面，要數陳振治最懂孫子的「用間」。他是潮籍後裔，從小就被父親送回祖籍地潮州接受中華文化教育，返回泰國後在黃金行業摸爬滾打了五十多年。他每天按時收聽國際黃金報價，分析倫敦、香港的黃金價，計算出泰國是日的黃金價格，帶動整個唐人街大金行的當天黃金價。如今，陳振治每週都要在泰國電視第三和第七台出鏡，成為泰國媒體公認的金價發言人。

在交易計畫方面，陳振治學會孫子的「妙算」，一直以來黃金到高價時就出售，低價時就買進，由於黃金價格不斷上升，該金行

推出五十兩也就是二錢的款，非常受歡迎；在資金管理方面，他遵循孫子「不可勝者，守也；可勝者，攻也」，不虧損是防守，盈利需要進行交易；在應對黃金行情的演變方面，他信奉孫子「故兵無常勢，水無常形」的教誨，黃金行情演變是沒有定法的，唯一不變的就是變化，如果能夠在變化的行情中取勝，謂之高手也。

和成興金行經理說，近年來黃金價格波動勵害，有下降趨勢，加上在通貨膨脹的壓力下，開始出現了排隊搶購金條的現象，這是歷史上罕見的，幾百塊加班出來的金條一到店裡，還沒上櫃檯，就被登門等候的熟人顧客從辦公室買走。人們從習慣購買金飾成品到突然搶購金條，這裡面奧妙無窮，充滿了兵法的神奇。

泰國孫子研究學者評價說，陳振治有很濃厚的中華文化底蘊，他的智慧在於很好地運用了中國古哲學的兵家思想，他既有將帥之氣，又有經商智慧，懂得「不可勝在己，可勝在敵」。不虧損在己，而盈利多少在於行情的演變，只有真正懂得演變並駕馭演變的謂之神。

在陳振治的帶領下，曼谷唐人街的金店都學會「黃金兵法」，就連金店門口的工藝品攤位也把《三國演義》的兵家人物形象都鍍上了金。

印尼篇

1. 印尼人把中國兵法視為大智慧大寶典

在印尼最大連鎖書店，有不少中國古典哲學和文學的印尼語譯本《老子》、《論語》、《三國演義》等，但最耀眼的莫過於《孫子兵法與企業管理》等印尼文書籍。書店工作人員告訴記者，目前出版的印尼版《孫子兵法》有十多個版本，銷售一直很好。

印尼和中國關係源遠流長，印尼人民和中國人民早在數千年前就有密切的文化交流。記者在印尼博物館看到，明朝時鄭和下西洋經過了印尼，不僅帶來了絲綢、瓷器、航海、禮儀等中國文化，而且給印尼帶來了和平的理念和環境。

此間資深傳媒界人士告訴記者，自 1998 年以來，在印尼受到三十年壓制後的中華文化又重新恢復生機，印尼各大城市開始重新拾起遺失已久的中華文化，並使之重放光彩。中國與印尼成立六所孔子學院的協定簽訂，將推動中華文化在印尼的交流融通。

中國的兵家文化，也成為印尼文化中不可或缺的一部分。印尼歷史上第一位由民主選舉產生的總統第四任總統瓦希德，熟讀中國的《孫子兵法》。2004 年，時任中國國務委員的唐家璇出訪印尼，以國家主席胡錦濤的名義，將一部中英文對照的黃金版《孫子兵法》贈送印尼總統蘇希洛；2005 年，編號為 W0016 號的純金版《孫子兵法》也贈送給印尼總統蘇希洛。

印尼《國際日報》總編輯李卓輝對記者說，印尼人非常重視《孫子兵法》，把它視為大智慧、大寶典，

目前出版的印尼版《孫子兵法》有十多個版本

認為很適合用於商場謀略與競爭，許多印尼人都知道「知知彼己，百戰不殆」。印尼人說，為什麼中國人商業頭腦這麼靈，經商這麼厲害，九成印尼華人經商都這麼成功，而印尼人卻上不了富豪榜？他們開始感到很驚訝，後來才明白，原來這與中國的《孫子兵法》有關：企業要成功，就必須要學孫子戰略。於是，印尼人很相信中國的孫子，買了英文版、印尼版《孫子兵法》來研讀，作為商場立於不敗之地的秘密武器。聽到有兵法與商戰的講座，都踴躍報名。

此間孫子研究學者稱，印尼學術界、文藝界和新聞界，對《孫子兵法》都很認可。印尼學者認為，《孫子兵法》非常經典，短短六千多字，把國家、軍事、戰略、人生、做人、做事的道理都說出來了，孫子的「道天將地法」把治理國家、管理企業的哲理都講的很透徹，完全可以用於國家管理、企業管理，乃至社會和家庭都用的上。

印尼的電視台經常播放《孫子兵法》、《三國演義》等反映中國兵家文化的電視劇，收視率很高。印尼的報刊雜誌也常年刊登此類新聞報導和文藝副刊作品，頗受歡迎。在印尼，包括毛澤東兵法在內的著者也受到歡迎。一位印尼學者說，印尼過去和現在都從中國身上學到很多智慧，中華文化會給印尼的文化和經濟帶來許多好處，使印尼人受益匪淺。

2. 印尼華人致力傳播中華兵家文化
——訪印尼《國際日報》總編輯李卓輝

印尼《國際日報》總編輯李卓輝在接受記者採訪時說，印尼華人作家、翻譯家出版和翻譯了大量的中國文化作品，在印尼學術界、文化界、傳媒界的華僑華人，長期以來在傳播包括兵家文化在內的中華文化方面做出了重要的貢獻。

祖籍福建的李卓輝從事華文媒體已有六十個年頭，長期熱心研究華人問題，在該報兼任主筆。他贈送給記者的四本《印華寫作精英奮鬥風雨人生》書中，披露了一大批印尼華僑作家、翻譯家、華

印尼《國際日報》總編輯李卓輝收藏了八種版本印尼版《孫子兵法》

僑歷史學者、僑校校長、華文媒體先驅人物和印尼儒商為傳播中化文化嘔心瀝血、鞠躬盡瘁的動人事蹟。

李卓輝將他收藏的八個版本印尼版《孫子兵法》贈送給記者，向記者介紹了印尼華僑華人致力傳播中華兵家文化的相關情況

印尼華人早在 1859 年便將最有代表性的兵家文學著作《三國演義》譯成爪哇詩歌。據統計，從 1882 年至上世紀六十年代，印尼華人作家和翻譯家共有 806 人，他們共創作小說和故事 1,398 篇（部）、詩歌 183 篇、劇本 73 部，翻譯《三國演義》、《西遊記》等中國文學作品 759 部。在印尼各地辦了二十餘種馬來文報刊並出版大量的馬來文版中國作品，還引進了租書店和租書攤點。

「二戰」以後，以吳天才、葉新田和楊貴誼等教師為主體的華人翻譯家群體用馬來文翻譯了《論語》、《孫子兵法》、《道德經》，廣泛而持久地傳播中華文化，活躍了印尼社會的精神文化生活，引導華僑回歸華夏文化。

當中華文化在印尼受到三十年壓制後又重新恢復生機，印尼華人傳播中華文化興起新一輪高潮。印尼中華經典協會創辦人吳宗盛用印尼文講解包括《孫子兵法》在內的中華文化經典，其目的就是要引發年輕一代華裔對中華文化的興趣，把它融入到印尼華人的血液中。吳宗盛用通俗的語言解釋《孫子兵法》，以及和諧、誠信、

睿智等中國經典文化的優秀哲學。他希望年輕的一代華人多讀、多聽、多寫，學而時習之最為重要，特別是中華文化富有許多哲理，要善於利用，將之成為華僑華人生活的指南。

2008 年，印尼中華總商會和中國國際書畫交流中心聯合舉辦「中印名家書畫作品《孫子兵法》等小楷書法系列展。2010 年，為慶中印建交六十週年，印尼思源美術館館長阮淵椿策畫舉辦《孫子兵法與三十六計書法雕刻藝術展》，榮獲「傳播中華文化貢獻大獎」。

李卓輝稱，印尼華文媒體一個世紀以來，從創辦華文媒體的先驅到新報人，堅持不懈地傳播《孫子兵法》等中華文化。在印尼擁有包括中文、英文、印尼文子報達十多份報刊的《國際日報》，是印尼最大的華媒集團，記者看到該報目前仍在連載《文韜武略陳毅元帥》等反映中國兵家文化的文章，發表《越南華僑的「東方兵法」》等中國兵法的報導。

記者在印尼華人文化公園看到，園內建有中華文化牌樓、鄭和紀念館、關公和鄭和的雕像，展出武城門和施琅將軍的圖片，充滿了中國兵家文化的氛圍。

3. 鄭和是踐行孫子「伐交」思想的和平使者
──訪印尼鄭和紀念館

記者來到印尼華人文化公園，園內有座鄭和紀念館，大門前的河邊塑立著鄭和雕像，是從中國訂製的。館內的鄭和圖片展覽，展示了鄭和的歷史事蹟。該紀念館由印尼華人企業家江慶德捐資建設，他認為，鄭和是了不起的人物，只有接受鄭和的精神，世界就會和諧，我們華族才能跟友族一起安居樂業，共同繁榮印尼。

印尼鄭和紀念館的李先生得知「孫子兵法全球行」記者來到印尼採訪，專門來尋訪印尼鄭和紀念館的，敬佩地對記者說，孫子和鄭和都是中國的偉人，都是華人的驕傲。孫子崇尚智慧，宣導和平，體現了中華文化的核心價值。而鄭和是踐行孫子思想的偉大和平使者，是偉大的航海家、外交家，具有超凡的勇氣與智慧。

2005 年，記者「探尋鄭和之路」曾到造訪過印尼三寶瓏。鄭和七次下西洋三次都抵達千島之國印尼，並到過眾多小島。在印尼至今還保存著許多三寶公的遺跡，流傳著許多鄭和的動人傳說。印尼東爪哇鄭和基金會主席柳民源告訴記者，泗水的清真寺是世界上第一個以鄭和名字命名的清真寺，而採用這種獨特設計的原因，是希望多種宗教文化能夠相互尊重、和平共處。

「當時鄭和帶來了許多中國瓷器、絲綢、茶葉，而不是血腥、掠奪或者殖民。直到今天，仍然作為友好和平的使者而被世人銘記，這對印尼人的生活產生了很大影響。」這番話是當地華人華僑說的，記者記憶猶新。

確實，鄭和船舶龐大、種類齊全、武備精良，在六百年前海上首屈一指。但是，鄭和始終積極推行孫子的「伐交」思想，充當和平使者。在下西洋過程中，難免發生誤會，鄭和則是忍辱負重，化干戈為玉帛。例如，第一次下西洋時前往印尼爪哇，誤遭其西王軍隊殘殺者一百七十人，鄭和採取忍辱負重的克制態度，只令其納金贖罪而已，從而避免了一場大規模的廝殺，和平友好的誠意在東南亞各國深入人心。

滿拉加國（今麻六甲）變得強大以後，曾經想要強占印尼舊港，與爪哇發生衝突，也是通過鄭和的調停，和平解決了兩國的爭端。蘇門答剌國內發生王位之爭，該國王後在親生兒子和繼子之間左右為難，還是請鄭和去那裡「排難解紛」。

鄭和首次踏上印尼三寶瓏的土地，把愛好和平的民族精神留在了這裡。當年，這裡是一片蠻荒之地，人們為了紀念鄭和，將這塊地方命名為三寶瓏。在鄭和離開之後數年，印尼政府開始在這裡設立行政機構。

鄭和忠實地執行了明朝政府和平友好政策，運用各種外交手段，竭盡全力，廣交鄰邦，緩和矛盾，慎重進取，成為中國和平友好的使者，受到亞非各國的景仰。亞非局勢和平安定，中外交往日益密切。

陪同記者的郭居仁介紹說，印尼上演大型歌舞劇《鄭和海軍上將》，是印尼建國以來第一次把鄭和的史實正面搬上舞台，成功地塑造鄭和這個和平使者的偉大形象，揭示了六百多年前鄭和和平船隊的遠航能對現實世界的教益。

從「探尋鄭和之路」到「孫子兵法全球行」，記者兩次印尼之行感悟到，我們推崇孫子，紀念鄭和，是向世界說明，熱愛和平是中華民族的高尚品德和偉大傳統，中華民族追求民族復興的理想，是在國內構建和諧社會，對外奉行和平政策，與世界各族人民共用大同。

4. 印尼僑領兵法書法藝術展獲大獎
──訪印尼書藝協會名譽主席阮淵椿

「印尼人把孫子的書法警句不僅當藝術品，而且當座右銘，掛在案頭，時刻提醒自己牢記孫子的教誨。」印尼文化僑領、印尼書藝協會名譽主席阮淵椿如數家珍地向記者介紹說。

阮淵椿對記者說，2008 年，他策畫《三國演義書畫聯展》，在印尼、馬來西亞、新加坡三國展出；2009 年，又創意《中國四大名著四國書畫聯展》，在中國、美國、印尼和馬來西亞展出；2010 年中印建交六十週年，再舉辦《孫子兵法與三十六計書法雕刻藝術展》，榮獲「傳

印尼文化僑領阮淵椿策劃舉辦《孫子兵法書法雕刻藝術展》榮獲「傳播中華文化貢獻大獎」

阮淵椿 1948 年出生於雅加達，從小就在華校讀書，在初高中時開始接收中華文化的薰陶，讀過《論語》、《孫子兵法》和中國四大名著，尤其是對《三國演義》非常喜歡。2006 年進入印尼文化圈，學習畫兵家人物，並產生了要舉辦兵法書法藝術展的念頭，要把博大精深的中華文化通過書法形式介紹給印尼人和新一代印尼華人。

《三國演義》書畫在東盟三國巡迴聯展，《三國》與「三國」巧妙對接，創意極佳，反響也頗佳。時任中國駐印尼大使館臨時代辦楊玲珠發來賀詞說，三國聯展有助於東南亞人民對中國文化的瞭解，對促進兩國在文化領域的交往與合作，推動中印戰略夥伴合作關係的全面發展將產積極生影響。

為了籌辦《孫子兵法與三十六計書法雕刻藝術展》，阮淵椿從中國、日本、台灣等國家和地區收集《孫子兵法》資料，從中選出警句，組織印尼五大城市三十多名知名華人書法家參與，雕刻家大都也是華人，其中兩人來自中國。作品首次以傳統手工與機器融合之雕刻藝術創作，精雕細琢，美侖美奐。

被寫成書法的孫子警句有：「兵者國之大事，死生之地。存亡之道，不可不察也」、「知己知彼，百戰百勝」、「五德兼備，可為大將」、「多算取勝」、「隨機應變」、「出奇制勝」、「剛中柔外」、「處變不驚」、「兵貴神速」、「用兵如神」等上百句，每句都充滿了兵法的哲理。

《孫子兵法與三十六計書法雕刻藝術展》開展後，參觀者紛至遝來，達數千人之多，反響十分熱烈。之後又在印尼香格里拉大酒店畫廊展出一個月，中英文對照，引起廣泛關注。不少頭腦精明有眼光的、對《孫子兵法》感興趣的印尼人，對書法兵法非常欣賞，許多作品被買去作為寶貝收藏。

印尼華人書法家的書法風格熔百家於一爐，展示楷、行、篆、隸、草不同書法形式，創造不同的文字藝術，有的龍蛇飛舞，有的俏俊飄逸，有的大氣磅礴，有的豪放酣暢。印尼龍文化協會主席陳

立輝創印尼最大「龍」字紀錄，他用「龍」的象形字書寫出「兵字」，極其傳神。

阮淵椿表示，華夏文化所蘊涵的智慧與謀略，是國與國、人與人之間的都用的到的寶貴財富，它應該屬於全世界。身為在印尼土生土長的中國人，能夠為弘揚中華文化做些事情而趕到光榮和自豪。

5. 印尼華商用兵法謀略成就大業

印尼《國際日報》總編輯李卓輝對記者說，九成印尼華人經商獲得成功，一個重要原因是他們善用《孫子兵法》，很懂奇正術，做人講正，做事講奇，無正不勝，無奇也不勝，只有奇正相生，才能無往不勝，在競爭中永遠立於不敗之地。

記者在雅加達採訪，看到印尼知名地產實業家湯錫林投資建造的高樓大廈有好幾處，他過世後由下一代在經營管理。同是廣東梅州籍的印尼華商吳國豪告訴記者，在印尼上層社會人士當中，提起安頓。哈里曼來，幾乎無人不曉，他就是湯錫林的印尼籍名字，名氣響噹噹。

用《孫子兵法》的謀略以成就大業，是湯錫林的經商秘訣。他為自己得益於中華文化而自豪：從小接受中華文化的薰陶，紮穩中華民族的根基。他說，我愛讀兵書，常以「三國」的典故以謀事。湯錫林用中國人的智慧從事經營房地產業，成為僑居國信譽卓著的實業家和慈善家，為印尼的經濟繁榮作出了積極的貢獻。

提起李文正，印尼與東南亞的華人幾乎是人人皆知，被人們譽為「印尼錢王」。而在三十多年前，他創業打天下時手中僅有二千美元，如今擁有十幾億美元。他成功的關鍵在於抓住機遇，果敢決斷。他應用孫子的謀攻篇，當基麥克默朗銀行瀕臨倒閉時，籌集二十萬美元拯救了這家銀行，並坐上第一把交椅。

李文正奉信孫子的智、信，他說，銀行業不是一種買賣貨幣的事業，而是買賣信用。由某人某處獲得信用之後，再授予其他人」。他說到做到，從不拖延，哪怕是借債也要給客戶如期兌現，從而漸

漸建立起基麥克默朗銀行的信譽，影響也越來越大。經過三年的奮鬥，這家銀行終於扭虧為盈，並獲得巨額利潤，走上了蒸蒸日上的大道。

哥倫比亞集團是印尼發展最早、規模最大的 4C 家電自營連鎖零售公司，擁有七百多家 4C 電器零售連鎖店，遍布全印尼四百多個大中小城市，集團擁有二十家子公司。該集團把《孫子兵法》的思想方法應用到員工管理上，遵循孫子的「道天將地法」，而最核心的價值是一個「道」字，確立「上下同欲」的「道」的追求。

現任總裁劉正昌遵循孫子「視卒如嬰兒」的教誨，善待對三萬多名員工和八百多萬顧客，定期發「獎學金」給員工和全印尼顧客，對二千多名經驗豐富的維修員工給予優厚條件；以分期付款的經營方式讓現代化產品早日走進尋常百姓之家；本著促進印尼各民族融合的美好願望，大量吸收、培訓印尼友族員工，比例高達九十八，為印尼華人企業中友族員工比例最高企業。由此，得到了印尼政府和國家銀行的嘉獎和支持，使集團不斷發展壯大，成為當之無愧的家電連鎖之王。

知名僑領印尼國際日報董事長熊德龍從包括兵家文化在內的中國文化中學會了「巧借外力」、「借力使力」、「借船出海」，善於借助海內外的力量，在印尼擁有包括中文、英文、印尼文子報達十多份報刊的《國際日報》，發行到全印尼九十二個城市，發行量飆升至佔有全印尼華文報市場率的 70%，一躍成為印尼最大的華媒集團。

目前，印尼《國際日報》在中國已與二十一個省市合作，在該報出定期或不定期的專刊。今年該報還計畫在南美洲、港澳和澳大利亞同步發行日報，進一步擴報業集團的影響力，並計畫於 2012 年上市。

緬甸篇

1. 緬甸議員人手一冊華人翻譯《孫子兵法》

「《孫子兵法》是我們老祖宗留下的寶貴文化財富，在翻譯上我們華人有自己的優勢，緬甸一千二百位議員都有一本我翻譯的緬文版《孫子兵法》，並給予很高的評價。」緬甸華人劉漢忠自豪地對記者說。

今年六十六歲的劉漢忠，緬甸名字叫山萊，出身於緬甸。他在仰光華僑中學畢業後，曾在僑校擔任中文教師，後就讀福建廈門大學。1976 年後在中國駐緬甸大使館文化處擔任翻譯近十個年頭，參與過《今日中國》、喬冠華在聯合國大會講話等緬文翻譯。

劉漢忠告訴記者，緬甸版《孫子兵法》在 1965 年就曾出版，但是從英文版翻譯成緬甸文的，有諸多錯漏地方，表述不夠準確，也不太適合緬甸人閱讀。於是，他想到從中文版翻譯成緬甸文，讓緬甸人看的明白。為此，他參閱了二百四十本文言版、白話版、翻譯版《孫子兵法》，花了三年時間，終於如願以償。

記者問及他從何時開始關注和研究《孫子兵法》的？劉漢忠回答說，中國改革開放後，他先是從緬甸的報刊上瞭解《孫子兵法》，後來又看到連環畫《孫子兵法》，發生了濃厚興趣。他研究發現，日本和韓國等發達國家應用中國兵法取得巨大成功，他希望緬甸也借鑑中國的兵家智慧，以利發展。

劉漢忠於 2007 年翻譯出版的《孫子兵法》緬文版，由緬甸著名研究孫子戰略思想的學者南達登山作序。南

圖為緬文版《孫子兵法》華人譯者劉漢忠

達登山曾撰寫孫武生平事蹟介紹給緬甸讀者，出版過《孫子與商戰》一書，後來又將英文版孫子戰略思想運用於當今世界經濟領域的連載文章譯成緬文，發表在《財富》雜誌上，結集成冊，並以《經濟與戰略》為書名出版單行本。南達登山說，他自己不懂中文，只能從英文版中翻譯，沒有中文對照，使他對孫子的戰略思想很難準確把握。當他看到直接從中文版譯成的《孫子兵法》，在高興之餘，向譯者表示祝賀。

劉漢忠的緬甸版《孫子兵法》出版後，贈送給緬甸國民大會一千五百本，每位議員人手一冊，引起緬甸許多高層官員的關注，緬甸聯邦文化部長欽昂敏少將稱《孫子兵法》在緬甸影響深遠。

劉漢忠向記者表示，中緬兩國是山水相連的友好鄰邦，兩國文化交流源遠流長。二十世紀八十年代以來，中緬高層文化代表團互訪頻繁，文化藝術交流門類日益多樣化，涉及考古文物保護、民族民間文化研究以及圖書出版事業等各個方面。他將與緬甸學者和兵法研究者一起，繼續修訂，精益求精，推進《孫子兵法》在在緬甸的傳播和應用。

2. 華人靠中國人智慧立足緬甸
──訪緬甸華商商會會長賴松生

記者在仰光鬧市中心的一棟四層樓漂亮樓房裡見到緬甸華商商會會長賴松生，他祖籍福建龍岩，兼任籍福同鄉會副會長、龍岩同鄉會理事長。他的會客室櫥櫃內，擺放著《孫子兵法》、《出師表》等竹簡，還有戰國時期的馬車仿製品等，充滿了濃濃的中華文化的氣息。

「我們華人在緬甸立足十分艱難，我們來的時候一無所有，主要靠的是老祖宗留下的博大精深的中華文化，靠的是中國人的聰明、智慧和勤勞致富，孔子、老子、孫子的思想對我們很有用。」賴松生對記者侃侃而談，這棟總面積三千多平方的四層樓房，是緬甸政府於 2010 年 4 月 1 日歸還給我們華商商會的，也是憑我們華

圖為緬甸華商商會會長賴松生收藏中國兵家文化工藝品

人的智慧重新失而復得的，因為我們華人在緬甸有智慧、有作為，所以贏得了地位。

賴松生說，華商除了經商賺錢，在緬甸別無出路，而經商的智慧寶庫是《孫子兵法》，它給了我們緬甸華人生存與發展的智慧和膽略，經商沒有中國人智慧不行。賴松生向記者贈送了《緬甸華商商會世紀華誕紀念冊》，厚厚的兩大本，承載著緬甸華商百年奮鬥的厚重歷史，字裡行間透出中國人的智慧——

緬甸華商商會自 1909 年成立起，就注重傳播中華文化，建立緬甸僑中，傳授《論語》、《孫子兵法》等，培養了一大批精英人才；成立仰光青年體育文藝團體巨輪社，創辦華文媒體《新仰光報》，弘揚儒家文化和兵家文化。

戰後的緬甸工商業，絕大部分都是華商建立的，華商為緬甸市場物質的交流、供應、生產付出了聰明才智；上世紀五、六十年代，華商商會興辦工廠，開緬甸民族工業之先河；到了九十年代，緬甸實行市場開放政策後，華商的智慧得到更大發揮，在各個經濟領域施展雄才大略，有把緬甸土特產打進國際市場的林成隆，有拓展緬甸木材市場的楊立賢，還有發展緬甸橡膠園的雷明都等，如今華人經營者約占橡膠業的九成左右。開拓緬甸寶石市場的佼佼者楊釗玉遵循孫子的教誨，發明了「謀而不爭，做而不搶，防而不害，備而不戰」的玉石「十六字方針」。

作為新一代華商商會會長，賴松生有著新的理念和思路。他認

為，華人企業要參與激烈的國際競爭，更需用包括兵家文化在內的中國人的大智慧，傳承和創新文化是擺在他面前新的課題。賴松生的父親是緬甸老一輩知名愛國華人，賴松生是長子，他父親從小就告誡兒子，不能忘記自己是中國人，不能丟掉中國人的傳統文化。賴松生是帶著父輩的囑託挑起緬甸華商商會會長的重擔的，他正帶領華商繼續用中國人智慧在緬甸創造新的輝煌。

賴松生對記者說，過去沒有錢，華商商會要搞中華文化活動，四處籌款；現在我們有錢了，今年 9 月 9 日要接待中國僑聯的「中華文化」大型演出，我們拿出了一千多萬，原來只演一場，我們要求增加一場，費用由我們華商商會承擔，讓更多的緬甸人和華人接受中華文化的傳播。

如今，緬甸華商商會創辦了「孔子課堂」，建立了東方語言與商業中心，開設了漢語部共二十三個班級，建立了福星語言與電腦學苑，開通了《緬華網》，支持緬甸當代首家華文報紙《金鳳凰報》……中華文化的傳播生生不不息。

3. 中國遠征軍紀念碑見證兵法神威

記者從仰光驅車 280 公里來到緬甸南部小城東籲，此地又名同古，由東籲市僑領楊光漢等人建立的一座 8 米多高的中國遠征軍紀念碑，佇立華人華僑文化宮裡。紀念碑兩旁蒼松翠柏鬱鬱蔥蔥，碑底四周刻著中緬文碑文，有周恩來的挽聯：「黃埔之英，民族之雄」。

緬甸華商商會長賴松生曾帶領僑領來此憑悼，他稱中國遠征軍紀念碑見證了中國《孫子兵法》的神威。東籲華人華僑文化宮管委會陳先生也向記者講述了中國遠征軍運用孫子謀略「可圈可點」的經典戰役——

皮尤河前哨戰，200 師長戴安瀾運用「避實就虛」的戰法，構築的假陣地偽裝得十分巧妙，不易被敵人發現。經過三小時的激戰，200 師取勝。此次前哨戰，是侵緬日軍第一次受到中國遠征軍的打擊，同時也拉開了同古戰鬥的序幕。

由緬甸東籲市華僑建立的一座 8 米多高的中國遠征軍紀念碑

第一次遠征軍入緬作戰，以同古保衛戰規模最大，最為激烈。戴安瀾面臨四倍於我的日軍，率領 200 師不惜冒孤軍深入的危險，開進同古，採取百米決鬥術，以犧牲八百人的代價，打退了日軍二十多次衝鋒，殲滅敵軍五千多人，俘敵四百多人，使日軍受到侵緬以來最為沉重的打擊，打出了國威。

第 200 師在被迫放棄同古時有計畫的主動的撤退，並演繹了一出「空城」。撤退前對敵實施佯攻，撤退後仍留少數部隊牽制敵人。大部隊已安全渡過色當河，日軍仍圍住這個空城，而 200 師卻連傷兵都未丟失，全師而歸。

在遠征軍入緬作戰中，還有一位被西方媒體稱作「東方隆美爾」、被日軍在緬甸戰後史料上尊稱他為「軍神」的孫立人。據《孫氏家譜》記載，孫立人的遠祖是中國古代軍事家孫武。

孫立人在第一次緬甸戰役的仁安羌戰役中，出敵不意，強行渡河，以少勝多，擊退數倍於己之敵，救出九倍於己之友軍，解救了被圍困的英軍七千多人及美國傳教士和新聞記者五百多人，在中國抗戰史、「二戰」史及世界軍事史上已成為一個光輝的戰例，舉世聞名，大振國威。為此，英王授予他「英國帝國司令」勳章，美國總統羅斯福授予他「美國豐功勳章」。

在中國遠征軍曾經的傷心地——野人山，孫立人率領的新 38 師對素有「叢林作戰之王」之稱的日軍第 18 師團發起攻擊，採取

迂回戰術，克敵制勝，該師團死傷過半，狼狽逃出胡康河谷。孫立人部勢如破竹，連克欣貝延、達邦加、孟拱、密支那等戰略要地。

孫立人運用孫子「用間」計謀，獲知日軍加邁城內兵力極為空虛，師團長田中新一坐守空城，便不拘泥於原定計畫，秘密渡過南高江，向加邁南面的西通迂迴，切斷加邁日軍的後路，實施大縱深穿插，攻克孟拱。至此，反攻緬北的第一期戰鬥結束，一雪兩年前兵敗緬甸的恥辱。史迪威稱此戰為「中國歷史上對第一流敵人的第一次持久進攻戰」。

反攻緬北的第二期戰鬥開始，孫立人率新一軍為東路，沿密支那至八莫的公路向南進攻，連續攻取八莫、南坎；與滇西中國遠征軍聯合攻克中國境內的芒友，打通了滇緬公路。隨後，孫立人指揮新一軍各師團攻佔臘戍、南圖、細胞，攻克猛岩，勝利結束第二次緬甸戰役。

孫立人遠征緬甸的卓越戰績，引起各國關注，廣受嘉獎，他成了運用《孫子兵法》的傳奇人物，聯軍最高統帥艾森豪邀清盟軍將領到歐洲視察戰場，孫立人是中國將領中唯一被邀者，受到蒙哥馬利的熱烈歡迎。

4. 用中國兵法築就的滇緬公路

「昔日的老滇緬公路如今大部分已是高等級的現代公路，而在抗戰期間，滇緬公路成了唯一的一條援華通道，也是一條用中國兵法築就的中華民族生存的一條不折不扣的生命線。」緬甸華人在談及滇緬公路時，抑制不住敬佩和興奮之情。

緬甸攝影總會終身會員劉培峰是老一代華人，他曾多次赴滇緬公路，拍攝了許多珍貴的歷史圖片。他向記者描繪說，滇緬公路真的很壯觀，也很神奇，居然修築在高山峽谷激流險灘上，沿滇西、緬北 959.4 公里的山野裡。從下關至畹町 547.8 公里公路要翻越橫斷山系的雲嶺、高黎貢山等六座大山的支脈或餘脈，跨越漾濞江、瀾滄江、怒江等五條大江大河。由畹町出國界，外接緬甸臘戍，再

與緬甸中央鐵路連接，成為中國抗戰的輸血管。

緬甸老華僑、老新聞工作者駱錫龍向記者介紹說，日軍入侵緬甸後，圖謀切斷滇緬公路，對中國形成合圍，以武力強迫中斷「第三國」的援華活動，先後斷了中國通往越南海防的國際交通線、轟炸滇越鐵路，迫使法國接受停止中越運貨，滇越線全面中斷。這條事關中國抗戰成敗的生命線，處在了被徹底切斷的危機關頭。而抗戰急需大量物資和外援，運輸線萬萬不能斷。

劉培峰講述道，1938 年初，來自滇西二十八個縣的二十萬民眾風餐露宿，劈石鑿岩，歷時十個月，修建了這條穿越緬甸境內的熱帶叢林、在「二戰」期間充滿了迷幻的色彩的具有重要戰略地位的滇緬公路，它穿過了中國最堅硬的山區，跨越了中國最湍急的河流，蜿蜒上千公里的運輸幹道，對於中華民族的生存是一條不折不扣的生命線。

緬甸華人翻譯家劉漢忠告訴記者，從 1938 年 8 月至 1942 年 5 月，國際社會通過滇緬公路向中國運輸物資四十九萬多噸，運進汽車一萬餘輛，運送了二十多萬遠征軍部隊。因而，滇緬公路也被稱世人稱之為「中國抗日戰爭的大動脈」。1942 年 2 月，十萬餘眾的中國遠征軍從滇緬公路出發，進入緬甸對日作戰，戰略物資源源不斷從滇緬公路運往中國戰場。滇緬公路的建成，發揮了戰時國際運輸通道的重要作用。

中國遠征軍兩次出征緬甸和滇西，都是圍繞著這條滇緬公路運輸線與日軍展開殊死的奪路之戰，不惜代價保衛滇緬公路這條命脈。抗戰勝利六十週年記者「抗日戰地行」曾探訪滇西抗戰主戰場龍陵，拜謁騰衝抗戰烈士陵園。龍陵爭奪戰為整個滇西反攻中規模最大的要塞爭奪戰，在長達一百五十天的戰鬥中，遠征軍先後經過三次拉鋸爭奪方攻克縣城。騰衝攻城戰役歷時五十一天，全殲日軍三千餘人，騰衝成為中國抗戰第一個收復的縣城。

尤其是中國遠征軍兩次出國作戰，沉重地打擊了日軍，保衛了中國對外貿易的唯一通道滇緬公路，從而讓日軍全面封鎖中國的企

圖破滅。「二戰」期間，為了保證中國抗戰外緩線的正常運轉、保證將印度的國際援助軍用物資源源不斷地運往中國抗日戰區，中國遠征軍為此作出了不可磨滅的貢獻。駱錫龍稱，可以說，沒有滇緬公路，就沒有抗戰的勝利。

5. 仰光唐人街充滿華人智慧傳奇

位於中南半島西部的「佛塔之國」緬甸，在人們的心目中至今仍然是一個神秘的國度，而前首都仰光的唐人街自然與其他國家的迴然不同，尤其是到了夜晚，這個籠罩在神秘面紗之下的鬧市，也許是全球最神秘的唐人街了。

據介紹，仰光唐人街的形成在十七世紀前後，當時中國大商隊以三、四百頭牛，或以兩千匹馬在中國與緬甸八莫之間駄運貨物，也有以大船運送貨物，輸入緬甸的貨物有銅器、鐵鍋、剪刀、絲綢、布匹、瓷器、煙茶等，對緬甸發展生產和商貿起到了推動作用。於是，緬甸就在仰光的唐人街附近建造了碼頭，唐人街也就隨之形成。

仰光的唐人街群集於市中心廣東大道附近的二十一條縱橫交錯的大街小巷，華人總人口在十五萬上下。記者走在仰光唐人街上幾乎聽不見華人用漢語交談，同是華人卻都用緬語交談，身穿紗籠褲，腳穿日本鞋，讓人難以分辨出他們的真正身份。緬甸婦女頭頂著貨物在街上行走，不時有和尚、尼姑在街頭徘徊，更憑添了幾分神秘色彩。

緬文版《孫子兵法》譯者劉漢忠也在唐人街開了一家鴻福貿易公司，他告訴記者，華人與緬族人通婚在這裡是十分平常的事。如今的緬甸老華人，沒有淡忘漢語，新華人正在努力學習漢語，他們身上一直流淌著中華民族的血液。在這條的唐人街上，其所謂的神秘背後仍舊是中華民族的智慧、勤奮與打拼精神，中華文化得以彰顯和弘揚。

劉漢忠說，與其說仰光唐人街充滿神秘色彩，倒不如說充滿中國兵法的神秘色彩。《孫子兵法》云：「兵者，詭道也。」仰光唐

人街的「詭道」，就是「神奇」，既神秘，又奇特。劉漢忠向記者講述了緬甸華人在仰光唐人街「菜籃子」、「皮鞋王」、「小家電」等神奇故事。

緬甸人親切地稱務農種菜的華人為「瑞苗胞波」，緬甸是一個農業資源豐富的國家，各種土產豆類糧油和農產品眾多。智慧的閩南籍華商看好緬甸這片冒油的神奇土地，在農產品經營者中約九成以上，並有幾代人的歷史。直到今日，他們仍把南北各地的農產品收購、儲藏，運輸到仰光的唐人街，各類海產品百分之百也都是華人經營，使這裡形成了「菜籃子」集市。此舉關係民生民計，不僅公德無量，而且財源廣積。

皮鞋業在緬甸的興起，也充滿了傳奇色彩。華人的先輩們把中國硝皮技術帶到了緬甸，掘池闢地曬製皮鞋，然後用一種紅樹皮製成燃料，染成紅色皮鞋，頗受緬人的歡迎。後來皮鞋、皮箱、皮帶等皮革製品應運而生，在仰光唐人街掀起一股「中國皮革風」。

緬甸有「免費停電」一說，仰光地區經常停電，緬甸的點子電器生產基礎又非常薄弱，近幾年銅價持續高漲，緬甸私人製造的電源穩壓器、逆變器等產品都比中國製造的貴。華人看好這個潛在市場，在唐人街五十尺路形成了家電一條街，經營者大都為華人，給緬甸小家電和電子市場帶來了繁榮，同時極大程度解決了全緬各地停電所帶來的不便。

印度篇

1.印度旅遊景點兵家文化串聯成珠

　　記者抵達印度新德里甘地國際機場，就看到荷槍實彈的軍人。在世界七大奇觀之一的泰姬陵，及印度的幾個著名城堡等旅遊景點，幾乎都有持槍的軍人在巡邏站崗，印度的軍事防務可略見一斑。

　　印度城市宮殿博物館主入口的三座拱形門，也稱為大象門，拱門間架設著大炮，館內收藏著昔日珍貴的雙輪戰車。最奇特的是普拉塔普的戰馬穿成大象般的軀幹，傳奇戰士 Maharana 普拉塔普和 Chetak，一次偉大戰役期間立下赫赫戰功。而普拉塔普的原始護甲，從頭到腳都用細金屬條串聯而成。

　　城市宮殿博物館內開設了古代兵器博物館，林林總總的印度古代兵器，令人眼花繚亂，有印度戰象、印度長弓手、印度長刀、印度的盔甲、印度烏茲刀、波斯圓月彎刀。而出自中國的刀，則有強漢環首刀、盛唐大橫刀等。這些冰冷的武器如今雖已經告別了昔日戰場，但刀與劍，戈與矛，弓與弩、甲與盾，這些五花八門古代兵器，卻向現代人講述著古代兵法的神奇。

　　登上琥珀城堡，圍繞城市的小長城延綿 4、5 公里，雖不能與北京的八達嶺相比，但也縱橫交錯，橫架豎疊，氣勢雄渾，建築堅固，構成了一道道天然的軍事防禦體系。

　　蒙兀兒王朝首都阿哥拉城堡和德里的紅堡，氣勢恢宏，建築物都有兩層城牆。紅堡周圍護城河長 2.5 公里，牆高

圖為印度城市宮殿博物館內開設的古代兵器博物館

20 餘米，十分壯觀。城牆上依次築有無數個防禦槍眼。紅堡是印度歷史上最輝煌的第三大帝國也是最後一個王朝所建的帝王宮殿，令人想起了與此相關的一代天驕成吉思汗。城牆的城防建設對城池的防守起著很決定性的作用，精通《孫子兵法》的成吉思汗後代們，在這裡構築堅固的防守城牆，如同深藏於地底。

印度門類似於法國的凱旋門，高約 42 公尺，為紀念第一次世界大戰死亡的九萬名印度與英國軍人，以及死於印度與阿富汗戰爭中的士兵，牆壁上刻有 13,500 名陣亡將士們的姓名。印度門上空很多和平鴿和鳥在悠然飛翔，不時停落在門牆上或又飛往空中，彷彿在給世界和平銜去橄欖枝。甘地陵墓向瞻仰者無聲地傳播聖雄甘地非暴力和平思想，世界各地也舉起了這面和平的旗幟。

圖為印度人喜愛三國兵法，印度餐廳裏擺放著手握青龍偃月刀的關公雕像

在新德里的街頭，不時可以看到兵家文化的雕塑

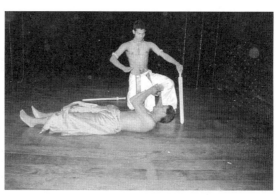

圖為遊客觀看印度民族表演，能欣賞到古代舞劍和格鬥

在印度特色手工藝商店，可買到印有兵家文化的印度絲綢地

和壁畫，在印度空軍總部門前，三架新型戰鬥機淩空翔翔。在印度的五星級酒店走廊的鏡框裡，掛著一幅幅古代刀劍和近代洋槍的圖片。

在酒店的餐廳裡，記者看到手握青龍偃月刀的關公雕像，餐廳的印度大廚和服務員說，他們很信奉中國的「三國兵法」。

遊客觀看印度民族表演，能欣賞到古代舞劍和格鬥。在當地特色手工藝商店，可買到印有兵家文化的印度絲綢。商店老闆說，印度是僅次於中國的第二大絲綢生產國，也是第一大絲綢消費國。中國的絲綢連同《孫子兵法》等中華文化經絲綢之路傳到印度，極大地豐富了印度的文化和生活。

2. 中印聯盟主席稱印度要學中國智慧

「印度人普遍對來自喜馬拉雅山另一邊的中國，這個全球發展最快的經濟大國有極大的興趣，需要認識中國。」中印教育科技聯盟印方主席穆迪用略顯生硬的中文對記者說。

穆迪說，印度人越來越多拿自己與中國比較，印度和中國有許多驚人的相似之處，都是文明古國，絲綢王國，發展中大國。中國有太極，印度有瑜伽；中國有神龍，印度有神象；中國有古老的哲學，印度也有古老的哲學，都很神奇。

穆迪還說，印度人也越來越多學習漢語，學習包括儒家文化、兵家文化在內的中國傳統文化。目前漢語已經成為印度大學裡相當熱門的專業了，許多印度人以會講漢語為榮，印度商人和在當地中

資公司工作的印度員工學漢語的也越來越多，對孫子的哲學思想也越來越喜愛。

　　穆迪告訴記者，他從小成長在華人眾多的馬來西亞，對中國傳統文化早已耳濡目染。華人們對《孫子兵法》都很熱衷，他小時候的夥伴很多都是中國人，也喜歡聽他們講中國的故事，如《三國演義》等經典的兵家故事，深深吸引他。加上他娶了中國湖南的妻子，喜歡抽中國煙，吃紅辣椒，那份濃濃的中國情愫，總是希望能為推動中印交流做點力所能及的事。

　　2003 年，懷揣美好夢想的穆迪在印度最大的 IT 城市班加羅爾創建了中印教育科技聯盟，據瞭解，這是印度首個致力於推動兩國之間的教育合作，促進中印文化教育交流的民間機構。穆迪不僅是助推中印文化交流的民間友好使者，更是印度建立孔子學院的「紅娘」，由該機構牽線，促成了印度第一個孔子學院正式成立。

　　「只有通過文化的交流，兩國民眾才能真正看到、瞭解彼此的長處。」鍾情中國文化的穆迪對記者說，由於歷史緣故，中印教育合作初期，困難之多、障礙之多，超出常人想像。直到 2004 年 4 月，溫家寶總理成功訪問印度後，中印聯盟利用民間組織的優勢，通過搭建教育平台，終於打破僵局，於 2005 年成功促成歷史上第一批中印聯合辦學的五百名學生展開交流。

　　穆迪表情嚴肅地說，印度必須面對中華文化，學習中國人的智慧，這是兩國關係發展互相利益的需要，符合印度的經濟利益。中印經貿發展更需要中國文化包括儒家文化和兵家文化。印度十二億人口中，60% 是二十五歲以下的年輕人。不斷增長的人口需要更多就業機會，印度大學生在不斷地提高自己，需要瞭解中國文化。

　　印度的企業面臨挑戰，也需要吸取中國人的智慧，更需要孫子的智慧應用於企業發展。穆迪接著說，中國目前是印度最大的貿易夥伴。近年來，隨著中國同印度政治、經濟、文化交流的日益加深，漢語在印度不少地方持續升溫。

　　穆迪表示，印度第一個孔子學院成立還遠遠不夠，目前他正在

力促在印度建立更多的孔子學院，讓更多的中印大學展開交流。孔子學院不僅要學漢語，也要系統傳播包括孫子在內的中國的哲學，傳播博大精深的中華文化。

3.印度「唐伯虎」不點秋香點孫子

印度年輕學者古拉爾，在德里大學國際經貿系攻讀了碩士研究生，又進修了三年漢語。因他長的帥氣，濃眉大眼，操著一口流利的漢語，又酷愛中國傳統文化，喜歡唐伯虎的書畫，所以人稱印度的「唐伯虎」。

然而，這位印度的「唐伯虎」，不點秋香，獨點孫子。他說，唐伯虎是蘇州人，是江南才子，其實他並不風流，「唐伯虎點秋香」只是民間流傳的故事，是美好的傳說。而孫子是外來的蘇州人，在蘇州寫下了舉世聞名的《孫子兵法》，這是真實的，而不是傳說。他的智慧正被轉換成為現代社會智慧，成為全世界的智慧，非常了不起。

這位印度「唐伯虎」點評起孫子，有著獨到之處，令人耳目一新──

在春秋時代是最輝煌的時代，寫了很多的書，最典型的是《孫子兵法》，被譽為「百世談兵之祖」、「世界古代第一兵書」。它是當今社會先進軍事文化的源頭，也是全世界不可或缺的智慧來源與精神養料。

如果要想知道為什麼當中國經濟不斷的發展，中國重新崛起，就要讀一讀《孫子兵法》，這是一部中華文明所代表的歷史巨作，它揭示了走出一條中國特色成功之路的道理。

中國從開闢絲綢之路、張騫出使西域，到鄭和下西洋，中國從不輸出武力，還依靠自己文化的感召力同化了昔日戰場上的敵人，與鄰邦和平共處。這是孫子「上兵伐謀」，「其次伐交」，崇尚智慧，宣導和平的結晶，體現了中華文化的核心價值。儘管《孫子兵法》未明確提出和平的概念，但蘊涵了豐富的和平理念，為世界所推崇。

大約二千多年前，印度的阿育王後悔自己率領軍隊參加戰爭的殘酷，毅然放棄戰爭，致力於和平發展自己的社會。他又號召世界上都不要發生戰爭，把自己分到的佛祖舍利分給各個國家，一夜之間，在世界上建立八萬四千座寺塔。他的和平與非暴力理念一直延伸到動植物的保護——超前的可持續性。印度聖雄甘地宣導的非暴力和平思想，也被世界各國接受。

阿育王和聖雄甘地的非暴力和平思想，與孫子「不戰而屈人之兵」的和平理念是一致的，與當今世界堅持走和平發展、合作發展、和諧發展之路也是吻合的。

如果我們再換一種角度讀《孫子兵法》，不是從戰爭的角度而是從戰略的角度來看，從企業管理角度來看，《孫子兵法》還是一部關於企業戰略的書，被商學院重視，走進世界知名商學院的課程。《孫子兵法》的哲學精髓和現代價值轉化為行政管理的理論與方法，對於今天的企業家而言更是最高水準的經營教科書，它能給企業家足夠的智慧。因此，它是印度企業家必讀的經商教科書。

這位印度「唐伯虎」評價說，《孫子兵法》十三篇，篇篇精彩，句句經典，敵我雙方皆可讀，世界各國皆可用，這在牛頓物理中學不到，象牙塔裡想不出，西方人理解不了，只有到《鬼谷子》裡才能尋找到的神秘無比的「東方智慧」。

4. 印度學者用孫子詮釋亞太安全

亞太地區是二十一世紀最具活力的地區，維護亞太安全是亞太地區各國共同的願望，而亞太安全亦有其深厚的利益基礎。《孫子兵法》中「利」的思想可以幫助人們認識亞太安全的利益基礎。印度學者如是說。

印度學者拉比在〈孫子與發展中國家的國家安全〉一文中說，冷戰的結束並沒有產生一個和平的世界，這已是一個不爭的事實。強權政治和少數國家的霸權主義野心使情況更加複雜化。

拉比提出，要努力建立於一個新的世界秩序，以更公正的方式

來處理所有國家的安全，促使所有的國家都能夠經濟繁榮。而要建立一個公正的國際秩序，《孫子兵法》的一些要領直到今天仍是正確的。

正如孫子的智慧所指出的，安全是不可分割的，它需要一種整體的方法。拉比指出，印度正處於一個關鍵的發展階段，作為一個擁有十億人口，快速發展的亞洲國家，印度最迫切的需要是快速發展。如果這個世紀是「亞洲世紀」，那麼印度的發展就是必不可少的一步。

拉比認為，為了達到這一發展目標，印度不僅需要和平的周邊環境，而且需要積極的國際環境。上個世紀印度的偉人甘地曾把殖民制度下的和平指為「墓地的和平」。現在，我們尋求的不是這樣的和平，而是允許占人類六分之一的人口的自由發展的和平。而且，我們不僅只為印度人民爭取這樣的和平，還要使這種「和平與發展」的果實惠及所有生活在發展中國家的人民及那些並未分享到好處的發達國家的人民。

印度學者稱，「利」是《孫子兵法》的核心思想之一。「兵以利動」、「合於利而動，不合於利而止」以及「雜於利而務可信也，雜於害而患可解也」的思想體現了孫子的利益觀和戰略思想。謀略的籌畫與運用皆因「利」而動，決定戰爭與否要以「利」為衡量的尺度。中國數千年前這一智慧的火花，至今依然閃爍著燦爛的光輝。

5. 中國兵法與印度哲學的交匯融通

「中國古代兵書《孫子兵法》與印度古書《薄伽梵歌》先後變成了哈佛等商學院的必修課，並成為歐美大企業總裁及高管的必讀秘笈，這不是一種偶然的巧合，而是東方智慧必然的融合，是中印兩個東方文明古國交匯融通，曾創造了世界上最燦爛文明的結晶。」印度學者拉卡評價說。

拉卡說，《孫子兵法》不僅是一本兵書，而且是商界必備實戰手冊和啟迪人生的智慧，被翻譯成二十多種語言文字，全世界有數

千種刊印本。《薄伽梵歌》是印度的一部有關靈魂修煉的古書，甘地的哲學和非暴力思想深受其影響，印度管理學者將《孫子兵法》與《薄伽梵歌》同時應用在企業管理和領導力培養上，相得益彰。

《孫子兵法》與《薄伽梵歌》，兩者的觀點有很多相似之處。拉卡詮釋說，中國哲學與印度哲學儘管有差異，但要闡釋的道理卻有許多相通之處——

《孫子兵法》的核心在於挑戰規則，唯一的規則就是沒有規則，兵法是謀略，是大戰略、大智慧。孫子雖然注重「戰術」、「兵者詭道」的競爭法則，但其精髓是「不戰而屈人之兵」，從而生髮出的「以德服人」、「天人合一」等哲學思想。《薄伽梵歌》強調「集中」力量來修行，「持續、連貫」地向著目前進，最終必定會達到「與祂合一之境」。

《孫子兵法》有很多經典的哲學思想，它既教商人如何去「取」，也教他們如何去「給」。《薄伽梵歌》宣揚人應恪盡職守，建構更持久的經營觀，讓公司在盈利之餘，兼顧雇員和顧客利益。如今市場正往一個更成熟的方向發展，企業不僅要追求利潤，要關注利益相關者。

《孫子兵法》將「仁」用於對士卒的管理和教育方面，「視卒如嬰兒」、「視卒如愛子」，提倡「上下同欲」，「同舟共濟」。《薄伽梵歌》重視企業與社會環境和諧發展的理念，並引申出「僕人領袖」及「綠色企業」等理念。

《孫子兵法》主張「主不可以怒而興師，將不可以慍而攻戰。合於利而動，不合於利而止」。將帥要克服五種性格上的弱點，保持平和的心態。《薄伽梵歌》宣導心態平和，可以使管理者平衡多方面的關係，有助於這些管理者更好地保持精神的專注、創造力以及更好地為公司創造價值。

《孫子兵法》在講將領的五德時，把「智」放在首要地位，要「修道而保法」，加強內部管理。《薄伽梵歌》強調向內收縮，向內自省，增進智力，增進對自身以及世界的理解，強化商業領袖對

內的作為，通過內部因素的強大而強大，而非在與他人的競爭中靠外部的刺激而強大。塔塔、瑞萊恩斯、INFOSYS 公司和 SATYAM 等為代表的印度企業，就是靠自我修煉，化蛹為蝶，在全球市場上以 IT、軟體等後來居上。

印度學者認為，無論是《孫子兵法》還是《薄伽梵歌》，都充滿了東方智慧的光芒。在全球市場競爭格局中，企業管理者應求同存異，博取眾長，既要不斷迎接外來的挑戰，靠「兵道」來贏取更大的市場，也著眼於長遠的發展，對內創造更為和諧的工作氛圍。

6. 中印龍象共舞「合於利而動」

在印度著名旅遊景區野象谷，觀看精彩的大象表演和一睹野生印度象的風采，無疑是最有吸引力的項目。印度學者古拉爾向記者介紹說，印度傳統文化中大象是神聖的，是神話中的智慧之神、破除障礙之神。在冷兵器時代的印度，攻城的利器是箭，撞開城門的先鋒則是大象，印度戰象是重要的兵種，能給敵人帶來極大的恐慌。

古拉爾說，中國龍，印度象，一個是翱翔九天的王，一個是威震大地的主。中印龍象可以共舞，二千五百多年前誕生的中國古代軍事經典《孫子兵法》，就蘊涵著這種「天人合一」的思想光輝。

「合於利而動，不合於利而止」，是孫子提出的用兵作戰的指導原則。孫子十三篇，幾乎篇篇講「利」，可見，孫子「合於利而動」的原則，在其兵法中占有舉足輕重的地位。高明的將帥要善於「趨利避

在冷兵器時代，印度戰象是重要的兵種，圖為遊客在騎大象

害」，不僅要看到眼前的局部利益，而且要著眼於長遠的全部利益。

孫子的哲學思想啟迪印度人，簡單的競爭絕非最高境界，競爭的最高境界是合作，是共贏。古拉爾坦言，中印關係進入了長達十幾年的冷戰、對抗。事實證明，合作比對抗好，夥伴比對手好，這一觀點逐步為印度各黨各派的政治家所接受。

古拉爾對記者說，在世界的東方，人口約占世界五分之二的全球最大的兩個發展中國家之間的關係，牽動全球的眼光。二十一世紀，中印關係迎來了快速發展的十年，作為同是「金磚國家」，中印深化戰略合作夥伴關係正面臨新的機遇，對於全球新興市場的開發和世界和平發展，都非同反響。2012 年為「中印友好合作年」，讓我們看到了喜馬拉雅山兩邊露出了復甦的曙光。他列舉說——

印度總理辛格說：「只要印度和中國用一個聲音說話，世界就會傾聽。」印度外交部部長克里希納說，作為鄰國，我們具有年代久遠的關係，特別是在貿易和文化領域。東方的海上航線，以及絲綢之路或茶馬古道是一些比較知名的例子。佛教是兩國之間強大的文化紐帶。

印度環境和林業國務部長賈伊拉姆・拉梅什也說，一系列的數字與事實證明，印度與中國是天然的夥伴而非敵人，我們這兩大巨人，最終必須實現合作。印度不僅關注中國，而且開始走向中國。

而在一位歐洲企業家看來，當中國與印度走到一起，我們可以將兩個市場結合起來，互為支撐。所以在亞洲，我們看見的不是兩頭大象或一龍一象，而是一個巨大的機會。

印度《經濟時報》撰文指出，中印共同利益大於分歧。未來五年的目標是中印雙邊貿易年均超過 1,000 億美元。 據預測，印度將成為中國增長最快的大型貿易夥伴，預計中國對印度出口增速將在未來五年達到每年 11.25% 的水準。《印度時報》今年初也發表評論稱，印度和中國以前所未有的積極姿態進入了新的一年。

《孫子兵法・九地》中說：「夫吳人與越人相惡也。當其同舟而濟，遇風，其相救也如左右手。」中印關係風風雨雨六十年告訴

我們，互利才能合作，合作才能共贏。如今，中印已開始合作能源、重塑氣候變化、貿易和金融的全球性規則。「中印兩大文明古國在當代國際舞台上『龍象共舞』，正在舞出一個亞洲世紀。」古拉爾如是說。

7. 中國兵法經絲綢之路傳到印度

「《孫子兵法》經絲綢之路傳到印度，也要歸功於精通中國兵法的成吉思汗及其他的後代。」印度學者說，當成吉思汗及他的子孫們孜孜不倦的開闢著廣闊的疆土時，包括南方絲綢之路、海上絲綢之路，都已經在相當程度上成為蒙古帝國內部的交通路線，包括兵家文化在內的中國文化傳統播撒到古老的印度。

記者發現，在印度國家博物館裡，除了藏有二百餘幅中國甘肅敦煌繪畫、西藏宗教器物及古代中國的武器、青銅器等各種珍貴歷史文物外，還珍藏了《詩經》、《論語》、《孫子兵法》等中國文化經典讀本。可以看出，自古以來印度就對中國文化很感興趣。印度參觀者感歎，被稱為軟實力的中華文化輸出滌蕩人的心靈。

印度講解員講解說，中國歷史上一些著名人物，如出使西域的張騫，一代天驕的成吉思汗，投筆從戎的班超，西天取經的玄奘，這些膾炙人口的故事都與絲綢之路有關。在偉大的絲綢之路上不僅運輸東西方珍寶，而且傳遞資訊、傳播文化。

「火藥是從中國經過印度傳給阿拉伯人，又由阿拉伯人和火藥武器一道經過西班牙傳入歐洲。」這是恩格斯說的。早在鴉片戰爭之前的一兩千年間，中國文化早已傳播印度。中國的造紙、火藥、蠶絲、瓷器、茶葉、音樂傳入印度，極大地豐富了印度文化。

中國的老子、孔子、孟子、孫子、易經、儒學、禪宗、道家等也早為印度知悉。印度的哲學家、思想家、文學家、藝術家、軍事家都深受中國文化影響，並且對中國文化推崇備至。

有印度學者稱，成吉思汗熟讀孫子，軍事才能卓越，用兵如神。而《孫子兵法》也並非十八世紀傳入歐洲，而是早在十三世紀中葉，

伴隨成吉思汗的大軍鐵騎流入歐洲地區。

成吉思汗是站在高高的阿爾泰山頂上，放眼遠望整個亞歐大陸的人。他率蒙古騎兵占領的地域橫跨亞歐大陸，曾經建立和統治過一個空前絕後的地域遼闊的國家。他的後代在印度建立了莫臥兒帝國，是一個「盛世帝國」。

印度前總理尼赫魯評價說：「成吉思汗即使不是世界上惟一的、最偉大的統帥，無疑也是世界上最偉大的統帥之一。」成吉思汗的功績是大大地開通和擴大了亞歐兩洲各國之間的貿易往來，增強和促進了亞歐兩洲各國之間的宗教、文化和藝術交流，從而也推動和加快了歷史的前進、社會的發展和人類的進步。

文化交流是柱石。中國和印度曾創造了世界上最燦爛的文明，中印文化源遠流長，古老而富有生命力。正如譚雲山先生上世紀三十年代在印度創辦中國學院時所提倡的那樣：溝通中印文化，融合中印感情，聯合中印民族，創造人類和平，促進世界大同。

8. 印度學生狂學漢語酷愛孫子

「在印度，漢語教材缺，漢語書籍缺，漢語學校缺，漢語老師更缺。」這是記者在印度期間聽到頻率最高的話。

「知彼知己」、「上兵伐謀」、「致人而不致於人」、「不戰而屈人之兵」，不僅時下中文流行辭彙不陌生，就連《孫子兵法》的經典語錄，印度學生也能隨口說上幾句，令記者感到十分親切。

記者去了幾家新德里書店，果然漢語書籍奇缺，漢語教材也所剩無幾，《論語》、《孫子兵法》、《三國演義》等中國古典名著的中文版和英文版都脫銷。書店工作人員告訴記者，近年來，漢語書籍成了搶手貨，奇貨難居，供不應求，尤其是中國經典名著一上櫃就銷售一空。《孫子兵法》進了多個版本都買完了，我們還在進，因為有銷路。

新德里尼赫魯大學中文系的大學生對記者說，由於就業前景看好，印度學生幾乎是瘋狂地學習漢語，目前漢語已經成為印度大學

裡相當熱門的專業了，許多印度人以會講漢語為時尚，認為學漢語前景廣闊。

尼赫魯大學中文系是印度最早開設中文課程的高等院校之一，該校中文系目前有本科、碩士及博士等在校學生約一百一十名。隨著中印經貿及民間交往的快速發展，學習漢語的需求將會越來越大，並逐漸由新德里、孟買等主要城市向二、三線城市擴散。目前印度國內開設可授予正式學位漢語課程的高等院校僅有四所，這樣的教學資源遠遠不能滿足印度漢語教育市場的需求。

德里大學的一位大學生說，隨著中國成為印度最大的貿易夥伴，印度人學習漢語從未像今天這麼強烈，人數呈上升趨勢，其中經商或商務溝通是他們學習漢語的主要目的之一。如今，學生和專業人士都開始認清經濟現實，轉而學習起漢語。他們普遍酷愛《孫子兵法》，認為孫子的謀略對商務很有用，是哈佛等商學院的必修課。

德里大學的一位學者稱，印度獨立後，中印文化關係是印度學者的首選課題。他曾讀過 K. P. S. 梅儂撰寫的《中國的過去與現狀》一書，該書既有關於孔子、孫子等古代中國文化的介紹，也有關於毛澤東等現代思想家的介紹，拓寬了印度一般民眾對中國文化的瞭解範圍。在包括《孫子兵法》在內的中國古典名作的譯介中，印度學者近二十年來表現出了非常大的熱情。

身穿統一校服、系著學生領帶、稚氣未脫的印度中學生也與記者交流，他們非常喜歡讀《三國演義》、《水滸》，對《孫子兵法》連環畫愛不釋手，希望能有中國老師教他們地道的漢語，讀更多的中國古典名著。

9. 甘地非暴力哲學符合孫子和平理念

記者來到位於新德里亞穆納河畔的甘地陵墓，瞻仰這位被泰戈爾尊稱為「聖雄」，即聖人與英雄於一身的印度國父。此處是焚化甘地遺體之處，陵園呈凹形，肅穆幽雅。在陵園正中靜臥著一座黑色大理石陵墓，墓後是盞長明燈，晝夜不熄，這是印度爭取民族獨

立精神的象徵。

　　陪同記者瞻仰的印度朋友介紹說，甘地是印度近代史上一位傑出的政治家，也是上世紀國際政壇一個叱吒風雲的重要人

圖為身著民族服裝的印度民眾在甘地陵園瞻仰國父聖雄

物，他為反對英國殖民統治，爭取印度獨立奮鬥了畢生，成功領導了印度的民族解放運動。非暴力的思想貫穿著甘地的一生，他的「非暴力」的哲學思想，在印度以外國家和地區被廣泛地接受，影響了全世界的民族主義者和爭取能以和平變革的國際運動。

　　據介紹，1906 年，甘地在南非領導印度僑民反對種族歧視鬥爭中首先提出這種學說，後來回到印度，在開展民族獨立和社會改革運動中又不斷地實踐和完善它，使之逐步成為一種較為完整的政治學說。甘地的非暴力哲學，既繼承了印度傳統宗教與倫理學說，又吸收了許多西方現代政治哲學和人道主義思想，可以說是一種東西方思想的融匯。

　　甘地的哲學充分印證了孫子「不戰而屈人之兵」的最高境界。印度朋友評價說，甘地用非暴力不合作的和平方式，把印度從西方強國大英帝國完全的殖民地變成了一個亞洲大國，使印度實現了獨立自主。

　　二戰之後，甘地希望印度能夠獨立並成為一個完整的國家，但最後，為了印度獨立，甘地接受讓印度與巴基斯坦分別獨立的方案，巴基斯坦成為一個獨立的穆斯林國家。印巴分治之前，面對錯綜複雜的宗教矛盾和教派衝突，甘地呼籲團結。他主張印度教徒和穆斯林是和平相處於一個國家甚至一個民族的概念之內的。

當今，在全球範圍內的各種戰亂和衝突時起時伏，恐怖主義和海盜劫掠蔓延、大規模殺傷性武器擴散、能源資源安全等眾多全球性重大挑戰日益突出，印度聖雄甘地的非暴力原則再次被提出來，他曾三次被提名為諾貝爾和平獎候選人。

2007 年聯合國大會決定將每年的 10 月 2 日，即印度聖雄甘地的誕辰定為「國際非暴力日」，訂立非暴力日的目的是希望建立「和平、寬容、理解和非暴力」的文化。 聯合國秘書長潘基文在致辭中表示，非暴力的永恆力量在所有國家都可以發揮至關重要的作用。非暴力不僅是一個有效的戰術，而且也是戰略和遠見卓識。諸如和平那樣的永恆目標只有通過永恆的手段才能實現——那就是非暴力。

印度朋友認為，甘地非暴力哲學符合孫子和平理念。儘管人類尚不能消除戰爭的根源，但是卻可以借鑑宣導人道主義與和平精神。甘地非暴力和平思想，與《孫子兵法》主張不戰、慎戰，理性認識和控制戰爭和平理念，可謂「英雄所見略同」。借助中國先賢和印度聖雄的和平思想，可以遏制戰爭和恐怖主義威脅。

記者看到，和平鴿在甘地陵園的上空自由地飛翔，無數身著印度民族服裝的人們從四面八方趕來，在門前脫鞋，赤腳進入，以示尊敬，令人感受和平的氣息。

印度朋友由衷地說，無論是在現在還是未來，聖雄甘地的非暴力哲學思想都具有重要的意義。願中印兩個東方文明大國回歸古代的友好與合作，攜手促進人類邁向和平與安樂。

10. 神秘的巴基斯坦三軍情報局

印度媒體人士向記者披露， 巴基斯坦三軍情報局有不少動物間諜，它們經常「奉命」搜集情報。前些年，印度就曾捕獲巴「間諜鷹」，這種鷹經過嚴格訓練，在它的身上裝有一個小型天線和發報機。由於鷹行動自如，加上不易被人懷疑，因而經常穿越印巴邊境，在印度眼皮底下「大搖大擺」地刺探情報。

據介紹，印巴衝突由來已久，1947 年 8 月印度和巴基斯坦正式分治後，民族、宗教、領土等各種矛盾愈益加深，長期兵戎相見，印巴之間曾發生的三次戰爭。1947 年到 1949 年爆發的一場戰爭，是印度與巴基斯坦之間大規模戰爭中的第一場；1965 年 4 月爆發了第二次印巴戰爭，使印巴戰爭陷入僵局；1971 年 11 月，在因東巴基斯坦脫離巴基斯坦而爆發的第三次印巴戰爭，本次戰爭導致孟加拉脫離巴基斯坦獨立。

印度媒體曾多次披露巴三軍情報局刺探包括印度在內的情報。據報導，該情報局坐落在伊斯蘭堡，長長的圍牆上布滿鐵絲網，柵欄前有一塊碑上，刻著中國《孫子兵法》「用間篇」的警句：「非聖智者不能用間，非仁義者不能使間」。

該情報局堪稱世界上最老牌的情報機構之一，是一個神秘的間諜機構，現有一萬名特工和雇員，這還不包括分布在世界各地的「線人」和「間諜小組」成員，情報員經常穿著白色紗麗。幾十年來它也一直戴著神秘的面紗，運行方式不為人知。直到今天，國際情報界也弄不清它的廬山真面目。

巴三軍情報局雖沒有美國中情局、以色列摩薩德、英國軍情六處那樣出名，然而，在「九一一」事件後，巴三軍情報局抓獲了三大「基地」巨頭，在反恐鬥爭中戰績傲人而名揚天下，令中情局都嫉妒。2002 年 9 月 16 日，號稱「賓拉登第二」的拉姆齊落網，當時他正在巴基斯坦卡拉奇市的一套公寓裡；2003 年 3 月，「基地」組織三號人物、「九一一」事件「總策劃」哈立德在巴基斯坦落網，轟動了全世界；基地組織頭目賓拉登被美軍擊斃後，他的三名妻子和九名年幼的兒孫一直被巴三軍情報局扣押。

據印度媒體報導，巴三軍情報局諜報手段不勝枚舉，還包括不少「獨門暗器」，這也是其屢立戰功的原因所在。其中，在敵人內部安插臥底，或者發展「線人」堪稱一絕。據說，其負責北方事務的情報處及聯合信號情報處，對阿富汗及塔利班瞭若指掌。早在「九一一」前，他們就已在阿富汗建立了情報網絡，有很多「線人」

提供情報，還有特工打入「基地」內部。

巴三軍情報局特工「臥底」十分出色。2006 年，英國挫敗恐怖分子炸機陰謀，起到關鍵作用的臥底，不是英國特工，而是代號為「拉卡」的巴基斯坦特工，該特工從情報人員搖身變成極端分子，並成功打入恐怖組織，冒生命危險搜集情報，正是他提供了準確的襲擊計畫。該情報局竊聽技能也很高超，這在此次粉碎炸機陰謀中已顯現。特別是巴印邊境，建有大量偵聽設備，境內電子通訊都能監控到。

印度多次指責三軍情報局支持喀什米爾武裝分裂分子，發展不惜代價發展「教徒情報員」，為其情報活動帶來極大便利。2008 年印度孟買恐襲造成 166 人死亡，證人供稱巴基斯坦報機關三軍情報局 (ISI) 協助武裝分子策劃這宗驚天恐襲。

蒙古篇

1.《孫子》蒙文譯本成為蒙古暢銷書

2005 年 6 月 14 日，蒙古國首次正式發行蒙語譯文版《孫子兵法》，譯者是蒙古─中國友好協會秘書長其米德策耶。此譯本由烏蘭巴托 ADMON 公司出版，書中除蒙文翻譯《孫子兵法》十三篇外，另有三篇評述《孫子》的文章，插圖極具「馬背民族」特色，彰顯蒙古騎兵戰法。

其米德策耶 1979 年畢業於蒙古國立大學語言文學系漢語專業，在蒙古廣播電台、蒙古通訊社做過記者、編輯，擔任過蒙古消息報社長、總編輯；1986 年，他作為中蒙兩國恢復派遣留學生制度後的首批蒙古學生，到北京語言學院學習；2006 年在蒙古國立大學外語與文化學院任教授；1991 年出任蒙中友協秘書長，2007 年任孔子學院蒙方院長。

其米德策耶是位地地道道的中國通，他用流利的漢語向記者介紹說，1987 年他從北京語言大學畢業後，發現《孫子兵法》說對世界的影響越來越大，於是便開始研究孫子思想，翻譯孫子的典籍，目的就是向蒙古國人民介紹中國古典文化的精華。

圖為蒙古國首次正式發行蒙語譯文版

「要讓蒙古人能讀懂，首先自己要讀懂」。其米德策耶說，翻譯《孫子兵法》的過程並不是一帆風順，他對深奧的漢語古文也曾一籌莫展。為了理解原文，他查閱了大量的資料，參考了中國兵法研究領軍人物郭化若將軍的《孫子譯注》，以及上海古籍出版社、山西籍出版社、吉林文史出版社、中國華僑出版社等十二家中國出版社的中文和英漢對照《孫子兵法》，許多中國學者

出版的《孫子兵法》注釋給了他莫大說明。他為此研究了五年，翻譯了二年，終於完成了這部譯作。

他還翻譯並出版了中國儒家經典《論語》、《大學》等典籍翻譯成蒙古文，並因此榮獲蒙古國「金羽毛」文學獎，這是蒙古國優秀翻譯作品的最高獎，每年僅有一人能獲此殊榮。

其米德策耶告訴記者，蒙語譯文版《孫子兵法》成為當今蒙古國暢銷書之一，被蒙古國圖書館、國防大學收藏，作為蒙古人文大學的必修作品。該書出版後銷量可觀，蒙古國人對這本書比較歡迎，達到《論語》銷量的一半，目前已第三次再版。有許多蒙古讀者與他交流，很多蒙古人說中國的傳統文化是巨大的財富，他們渴望從中汲取營養，可見蒙古國人開始對孫子這位哲人有了更深的瞭解，對中國文化有了更深的看法。

其米德策耶認為，《孫子兵法》是世界哲學思想的瑰寶，蒙古國人不僅應該瞭解它，而且應該運用它。孫子軍事理論在今天的商業競爭中仍能發揮很大作用。蒙古經濟研究院的學者以其米德策耶的翻譯本為基礎，出版了一本《商務孫子》，成為蒙古人經商的經典書籍。

蒙古國和平友好組織聯合會主席查希勒岡在主持蒙語譯文版《孫子兵法》發行儀式致辭中說，其米德策耶多年來為蒙中友好合作與文化交流所做的重要貢獻，在研究中國名著方面取得的學術成就。《孫子兵法》是中華民族瑰麗的文化珍寶，這朵奇葩現在盛開在蒙古國土地上，相信將對蒙古國人民瞭解中國歷史和文化起到積極作用。

2. 海外孫子傳播對漢學研究影響重大
——訪蒙古孔子學院蒙方院長其米德策耶

蒙古孔子學院蒙方院長其米德策耶在接受記者採訪時表示，隨著孔子學院在全球遍地開花，孫子熱也在全球升溫。以孫子為代表的中國兵家文化，已成為世界智慧，跨越幾千年時空，越過千山萬

圖為蒙古孔子學院蒙方院長其米德策耶

水，再次征服海外；而海外《孫子兵法》研究傳播和普及對漢學研究產生重大影響。

其米德策耶 1979 年畢業於蒙古國立大學漢語專業，1986 年作為中蒙兩國恢復派遣留學生制度後的首批蒙古學生，到北京語言學院學習。回國後任蒙古國立大學教授、中蒙友好協會秘書長、蒙古漢語俱樂部主任，熱衷於傳播中國傳統文化，他將中文典籍《論語》、《大學》、《孫子兵法》等翻譯成蒙語，榮獲「中國大使獎」。

這位元蒙古知名漢語學家、語言文學博士告訴記者，《孫子兵法》譯成蒙文並出版，為在蒙古國開展中國古代哲學、兵學研究提供了寶貴的資料，在蒙古國漢學界引起較大反響，促進了蒙古國漢學研究的發展。如今，蒙古國立大學中文系上的中國文化課，其中《孫子兵法》是必修課。其米德策耶每週除了為孔子學院的學生上課外，還經常通過各種講座傳播孫子思想。

其米德策耶認為，傳播和普及《孫子兵法》等中國經典文化，對於加深拓寬蒙中兩國的文化交流，增進彼此瞭解、消除隔閡最根本、最有效的辦法，對漢語推廣也有很大的促進作用。 近年來，蒙古青年人熱衷於漢語學習，漢語學生人數逐年增加。目前，蒙古大約有四十多所大學和中、小學開設漢語課程，僅蒙古國立大學就有幾百名漢語專業的學生，他們中絕大部分是衝著中國文化來的。

蒙古社會各界都對中國文化保持著濃厚的興趣，通過文化的交

流更有利於兩國的友好交往，而中國傳統文化對蒙古的發展及教育益處很多。其米德策耶介紹說，在蒙古，中國傳統文化的研究是個很重要的課題，但資料缺乏，學者也少，必須要繼續推動這方面的工作。由於他特別喜愛漢語言的研究，希望向蒙古人民介紹包括《孫子兵法》在內的中國傳統文化。

孔子和孫子是同時代的聖人，一位是文聖人，一位是武聖人。其米德策耶說，中國文武兩聖人被全球普遍接受，其儒家思想和兵學智慧被廣泛應用，表明中國「軟實力」的影響隨之擴大，對研究和普及對漢學研究的影響甚廣。所以他在翻譯《論語》、《大學》的同時，把《孫子兵法》也翻譯成蒙文，讓蒙古人民全面瞭解中華文化的「文武」兩大精髓，相輔相成，相得益彰。

其米德策耶詮釋說，「漢學」一詞，原本指海外學者對有關中國的各種學問的研究。從這個意義上講，海外的《孫子兵法》研究本來就是漢學研究的一個組成部分，不僅有力地促進了漢學研究的發展和普及，擴大了漢學研究的影響，而且必然與漢學研究的其他領域互相借鑒，互相促進。

中國五千年博大精深的文化有著巨大的魅力，其米德策耶對記者說，西方出版的《一百個歷史上最有影響的人物》中孔子名列第五，而《老子》、《莊子》、《孫子兵法》、《三國演義》等中國國學，在世界文化中也占有重要位置，產生深遠影響。值得充分肯定的是，海外《孫子兵法》廣泛研究和應用，已經產生了重要的影響，並將繼續產生影響。

其米德策耶坦言，孔子學院其實無關孔子，乃是對外漢語教學機構，孔子也只是諸子百家中的一家，為何要打孔子旗號呢？因為中國文化需要一個代言人，孔子代表的是諸子百家，而不是一家。要讓外國人全面瞭解中國，就要全面介紹中國。如果中國的文化僅僅侷限於一個《論語》，還有九十九家沒戲唱，「漢語熱」很快就會隨之降溫。

蒙
古
篇

3. 蒙古國孔子學院崇尚「尊老愛孫」

「上下五千年，上有老下有小，諸子百家一個也不能少，蒙古國孔子學院在這方面作了成功的嘗試。」中國駐蒙古國資深記者評價說。

「在蒙古國孔子學院，不僅能學到漢語，還能系統學習《論語》、《大學》、《孫子兵法》這些中國典籍，進了孔子學院，就像進了中國文化的大家庭。」蒙古國立達學孔子學院學生感歎地說。

「從老子、孔子到孫子，孔子學院應該成為中華文化的大家庭，要『尊老愛孫』，既要要傳播中國儒家學說，也要傳播中國兵家文化；既要傳播中國傳統文化，也要傳播中國現代先進文化。」蒙古國孔子學院中方院長于健對記者說，中國傳統文化是中華民族幾千年文明的結晶，除了儒家文化外，還包含有其他文化形態，如道家、兵家、墨家、法家、陰陽家、縱橫家等等。

于健來自孔子和孫子這兩位全球最著名的文武聖人故鄉山東，長的眉清目秀，溫文儒雅，一看就很「文化」。他從小受齊魯文化的薰陶，受孔子和孫子的哲學思想影響很深。在大學時曾讀過海外兵學大家呂羅拔的《孫子兵法》，瞭解中國兵法作為哲學如何走向世界；他也學過《周易》，教他易經的山東大學的博士生導師劉大鈞，是中國周易學會會長、易經大師，而易學與兵法有著深厚的淵源。

齊魯文化源遠流長，博大精深，光輝燦爛，浩浩蕩蕩，影響著中國，也影響著世界。于健說，在齊魯文化中，文武之道兩位聖人是最閃光的兩個亮點。文聖孔子，創立了儒學，經典是《論語》；武聖孫子，創立了兵學，經典是《孫子兵法》。《論語》以道德治理天下，《孫子兵法》以智慧平定天下。

于健對記者說：「中國傳統文化最具代表性大學。」這個提法很契合山東大學的內涵。山東是中國傳統文化的發祥地，尤其是儒家學說和兵家思想的發祥地，齊魯文化培育出來許多傳統文化大師。作為山東大學派到蒙古孔子學院的中方院長，理應在傳播齊魯文化、傳播中國傳統文化方面做得更出色。

孔子學院的學生當然是因為喜歡漢語、喜歡中國文化才來的。于健介紹說，有的同學同時也有發展上的需要，比如說留學、貿易、文化交流等。對於蒙古國來說，文化交流也是中國經濟發展帶來的必然要求。我與蒙古大學生交流很多，也給他們上課，講中外哲學比較。大學生們對中國文化和哲學非常好奇，對《孫子兵法》都很喜歡，許多大學生讀過，不僅讀該院蒙方院長其米德策耶翻譯出版的蒙語譯文版，也讀中文版，對照起來讀更能讀懂和理解。

孔子學院主要是進行中國綜合文化交流的平台，並非只是推廣如今文化或孔子思想的機構。而中國文化是完整的思想體系，是各種中國文化教育流派的大集成，孔、老、莊、孫子學說既有聯繫又有區別，聯繫的紐帶是哲學。作為外國哲學專業博士的于健認為，中國傳統文化的核心是哲學思想，而《孫子兵法》飽含了樸素的唯物論和樸素的辯證法，充滿了哲學思想。

于健表示，為了在蒙古孔子學院弘揚中國傳統文化與哲學，該院邀請了山東大學哲學系博士生導師王新春前來主講，開拓思路，並準備與蒙古大學社會哲學系合作編寫中國哲學史，其中包括中國兵家哲學。于健翻譯出版了《論語連環畫》等一批中國文化普及讀物，他打算再翻譯出版《孫子兵法》、《成吉思汗》連環畫或漫畫，面向蒙古學生和兒童。

4. 蒙古孔子學院文武兼備百家爭豔
——訪蒙古國孔子學院中方院長于健博士

「建院五年來，我們力爭把孔子學院辦成『文武兼備，百家爭豔』的中蒙兩國文化交流堅實平台、中國文化推廣基地，打造成全球領先的孔子學院。」蒙古國孔子學院院長于健在接受記者採訪時表示說，孔子學院是在全球傳播中華文化的最佳平台，諸子百家都是中華文化的經典，都應列入孔子學院傳播內容。

于健原是山東大學哲學與社會發展學院黨委副書記，外國哲學博士，2009 年被國家漢辦和山東大學選派至蒙古國立大學孔子學院

擔任中方院長，榮獲蒙古國立大學社會學院榮譽博士稱號，榮獲由蒙古國教育、文化和科技部頒發的「蒙古國先進教育工作者獎」，這是蒙古國政府授予教師的最高獎，還榮獲「烏蘭巴托榮譽獎章」，是蒙古國首次獲得該獎項的中國人。

于健介紹說，這所蒙古國唯一的孔子學院，集中國文化之大成，推出了重點文化推廣專案和系列文化交流活動，影響日益增強，引得了一片喝彩聲──

推出《中文典籍譯叢》，先後將中國傳統經典《論語》、《大學》、《孫子兵法》翻譯成蒙文並出版，翻譯出版了《論語連環畫》等一批中國文化普及讀物，現在正在翻譯《孟子》、《中庸》等中文典籍。出版《今日中國》雜誌，聘請了一批蒙古國漢學研究專家擔任客座教授。

成立蒙古國漢學家俱樂部，設在孔子學院，依託這個平台推廣中國傳統文化。俱樂部現在有成員有五十多人，都是蒙古的知名漢學家，不乏中國文化研究者，有的熱衷研究《孫子兵法》、《三國演義》、《成吉思汗》等兵家文化。

舉辦「孔子學院論壇」、「漢語和中國文化研究」等國際學術研討會、「中蒙政治與經貿關係」等專題報告會。其中「中蒙傳統宗教與哲學」論壇，中蒙兩國的專家教授就「中西文化會通與傳統文化復興」、「漢宋易學與中國哲學」等多個論題展開討論，充滿了孔子、老子、莊子和孫子的哲學思想。

舉辦首屆蒙漢翻譯比賽頒獎典禮，孔子學院蒙方院長其米德策耶教授翻譯的《論語》、《孫子兵法》和《大學》等著名譯著獲獎。此外，還舉辦兩屆「孔子學院杯」蒙古國大中學生漢語寫作徵文比賽、「品味漢語文化」大型攝影圖片展、「中國文化月」活動、「漢語文化周」活動。

中國駐蒙古大使館和蒙古孔子學院給蒙古國國立大學外國語言文化學院贈送了兩千多冊漢語圖書和一千張DVD光碟，蒙古孔子學院舉辦首屆大型中國圖書展，都有一定數量的中國兵家文化書

籍，受到蒙古大中學生的歡迎。

去年 11 月，蒙古孔子學院在烏蘭巴托還開闢了一個新的校區，正在建設成一個中國文化體驗中心。今年計畫開設中國書法、中國音樂、中國象棋、太極拳等二十多個包括中國兵家文化元素在內的體驗課程。

于健說，在新時代應宣導世界文化的融合、創新，正是由於人類各種文化的相互吸收、整合和重組，才使人類文明不斷融生、向前。而蒙古日益增長的漢語熱、中國文化熱，說明弘揚中國傳統文化是世界文化融合的重要組成部分。

要打造成全球領先的孔子學院，就要讓中國文化全方位、多層次地「走出去」。蒙古孔子學院作為中國提高漢語文化「走出去」能力的試驗田，大力開展中蒙教育文化交流活動，在蒙古社會產生了積極影響。2010 年 12 月，該學院被評為「全球先進孔子學院」，得到中蒙國家領導人的高度評價，證明瞭「文武兼備，百家爭豔」的孔子學院具有無窮的生命力。

5. 蒙古高原領略「古韻今風」兵家文化

成吉思汗機場、成吉思汗紀念館、成吉思汗山、成吉思汗銅像……成吉思汗是蒙古歷史上傑出的軍事家，一直都是蒙古人的驕傲。在烏蘭巴托，成吉思汗的畫像從啤酒、伏特加酒瓶上的標籤，到 T 恤衫、紙牌、錢幣、郵票上的圖案，四處可見。

成吉思汗景區是一個具有濃鬱民族特色的草原風情旅遊點，距離烏蘭巴托 60 公里。這裡有高 30 米的成吉思汗騎馬銅像，館內有高 9 米、用二百二十五張牛皮製成的成吉思汗穿的皮靴，長 4 米的成吉思汗的馬鞭，展示了「一代天驕」成吉思汗東征西討、威震歐亞的「蒙古兵法」。

這裡還有蒙古包以及供遊人娛樂的射箭、賽馬場、摔跤場。

蒙古講解員向記者講解說，偉大的軍事家成吉思汗軍事才能卓越，熟讀《孫子兵法》，「用兵如神」，注重詳探敵情、分割包圍、

圖為烏蘭巴托蘇赫巴特廣場的成吉思汗雕像

遠程奇襲、佯退誘敵、運動中殲敵等戰法。他麾下的鐵騎，在廣袤的歐亞大陸，勢如破竹。成吉思汗已經成了戰無不勝的神，對手無不聞風喪膽，屈服於腳下。有學者稱：「什麼人才能稱得上戰神？惟有成吉思汗！」

在烏蘭巴托蘇赫巴托廣場，成吉思汗雕像栩栩如生。陪同記者採訪的蒙古朋友引用了馬克思對成吉思汗的評價「成吉思汗戎馬倥傯，征戰終生，統一了蒙古，為中國統一而戰，祖孫三代鏖戰六、七十年，其後征服民族多至七百二十部」。

位於蘇赫巴托廣場的西北角，坐落著蒙古國家歷史博物館，原稱革命博物館。該館共分為七個展區，最主要的部分是成吉思汗以降的蒙古帝國最輝煌的時期，其中著重介紹成吉思汗統一蒙古及其繼承者建立蒙古帝國，進而建立元朝的珍貴資料。館內陳列著帶有血跡的戰衣、兵器、馬鞍等，收藏有漢語版的《元朝秘史》，有一面成吉思汗的聖旨牌及大清康熙皇帝征討葛爾丹獲勝後立的軍威碑等。

記者驅車來到翟山腳下，拾階而上，但見一座巍峨壯觀的蘇蒙紅軍抗日紀念碑，環形的牆上磁磚彩，記錄近代的戰役與歷史。1940 年二次世界大戰期間，由蒙古與蘇聯的聯軍，重創日本軍隊，斷絕軸心國在中亞會師的計畫。

翟山下有一座坦克紀念碑，一輛坦克炮口昂首雲天，碑上標出了攻克柏林的路線圖。1943 年，前蘇聯衛國戰爭時期，蒙古國二戰曾援蘇三百公斤黃金，生產了 T34、T70 等型號的坦克五十三輛，組建以「革命蒙古」命名的坦克旅。這支坦克縱隊在戰鬥中英勇作戰、屢戰屢勝，一直打到德國首都柏林，建立了赫赫戰功，受到蘇

聯和蒙古共九枚勳章嘉獎。

領略了蒙古歷史上的兵家文化，記者來到了蘇赫巴特廣場右側的現代化香格里拉大酒店。電梯乘到七樓，烏蘭巴托中國文化中心就坐落在這裡，這是在與中國領土接壤的國家中第一個設立的中國文化中心，中國總理溫家寶與蒙古國副總理恩赫包勒德共同為該中心揭的牌。中心主任孟樹德介紹說，這裡正在舉辦中國圖書展，展出五千餘冊經典圖書。

記者看到，這裡展出的中國典籍放滿了好幾個書架，僅《孫子兵法》、《孫臏兵法》、《三國演義》等中國兵家文化書有十多個版本，有三位蒙古女大學生正在閱讀兵書，令記者稍稍有點吃驚。蒙古國漢語教師協會會長巴特瑪告訴記者，蒙古大學生經常到中國文化中心閱覽、借書，這裡成了他們的「第二課堂」。

記者又來到位於中國駐蒙古大使館對面的，被蒙古人親切稱為「塔鴿塔」的內蒙古自治區新華書店烏蘭巴托分店，各類圖書琳琅滿目，有漢語教材、中國文學、中國國情、漢語工具書以及音像製品等。《孫子兵法》中文版、蒙文版，《三國演義》、《成吉思汗》等兵家文化書籍，吸引讀者眼球。

書店總經理達林太在接受記者採訪時表示，在蒙古語中，「塔鴿塔」意為鴿子，書店的作用也正像一隻活躍在中蒙文化交流中。該書店致力於向蒙古國讀者介紹中國經典圖書，傳播中國文化，「要買中國書，就到鴿子書店」，成了蒙古書迷的口頭禪。

圖為蒙古孔子學院女大學生正在閱讀《孫子兵法》

6. 蒙古學者稱中國和平發展源於孫子思想

蒙中友協秘書長、蒙古國立大學孔子學院蒙方院長其米德策耶教授在接受記者專訪時表示，中國堅持走和平發展道路符合孫子思想，對維護世界和平與穩定做出了積極貢獻。

其米德策耶是蒙古國首次正式發行蒙語譯文版《孫子兵法》的譯者，該書成為蒙古國的暢銷書。他在蒙古國國立大學孔子學院舉辦的研討會上曾作過主題演講。他認為，中國提出的「和平發展」根源於孫子的觀點觀察、處理國際問題，有利於化解各種矛盾。

其米德策耶說，《孫子兵法》通篇貫穿著「非戰、和平」的崇高理念，追求和平、謀取發展是孫子的核心思想。孫子說「百戰百勝，非善之善者也，不戰而屈人之兵，善之善者也。」孫子的這一思想，用現代語言來表達，就是取得世界和平，不僅要求要重視贏得戰爭的勝利，而且必須十分注重遏止戰爭的爆發，如果戰爭不可避免，也要把戰爭帶來的災難降到最低程度。

孫子給我們的啟迪是極為深刻的。其米德策耶認為，孫子雖直接沒講和平，但是卻道破了在戰爭中創造和平的玄機，道破了一種以最小的消耗最小的投入取得最大最優效果的方法論的原型。孫子極力宣導「不戰而屈人之兵」，充分體現了一種和平主義思想，對當今世界仍有指導意義。正如軍事專家所說，孫子的和平主義思想超越了兩千五百多年的歷史，具有超越時代、超越國界的永恆價值和普世價值。

其米德策耶說，和平與發展是密不可分的，沒有和平就沒有發展。經過三十多年的改革開放，中國經濟得到飛速發展。中國堅持走和平發展道路，奉行互利共贏的開放戰略。中國宣導建設持久和平、共同繁榮的和諧世界，更是博得世界一切愛好和平人們的讚賞。中國領導人在各種場合都向世界表達一個觀點，就是中國無論多強大，永遠不稱霸。

其米德策耶表示，中國的發展有利於世界和平。一方面，中國作為發展中國家的代表，在國際舞台上的地位不斷提升，另一方面，

中國經濟發展對世界和平的貢獻也越來越大。例如，中國積極參與聯合國維和行動，中國海軍赴亞丁灣、索馬里海域執行護航任務等。中國為鞏固亞洲和平，促進亞洲發展做出了巨大貢獻。中國在世界舞台上發揮著越來越重要的作用，中國已成為維護世界和平的重要力量。

說到中國和平發展對蒙古國帶來利好時，其米德策耶說，「睦鄰、富鄰、安鄰」的周邊外交政策對世界和平與發展有積極意義，中國的和平發展對包括蒙古國在內的周邊國家的發展有利，帶動了蒙古國的經濟發展，中國連續十多年是蒙古國最大的貿易夥伴和投資來源國，蒙古國與中國的關係已提升為戰略夥伴關係。

其米德策耶最後說，「中國威脅論」曾經有一定的市場，但讀過《孫子兵法》的人對中國和平發展道路會有進一步理解。目前世界各國許多政治家和學者越來越認識到中國發展不是威脅，而是對各國有利的機遇。事事證明，中國的發展沒有對地區和平發展造成「威脅」，相反，為地區發展提供了良機。

7. 蒙古國高原的「漢語旋風孫子熱」

蒙古國漢語教師協會會長巴特瑪在「漢語橋」蒙古賽區接受記者採訪時說，蒙古國刮起「漢語旋風」，蒙古學生感慨學漢語就像過節，中國文化受熱捧。隨著中蒙兩國經貿關係的不斷發展，漢語已成為蒙古國學生最熱衷的外語專業之一，「漢語熱」在蒙古國正在逐年升溫。

巴特瑪說，漢語普及主要在蒙古的大學和中學。據不完全統計，目前蒙古國有六十多所大中學開展了漢語教學，比 2003 年增加了一倍。未來蒙古國的「漢語熱」還將持續升溫，漢語將被越來越多的蒙古國學生所喜愛。

巴特瑪認為，傳播中國文化離不開漢語，開設漢語課的蒙古學校，都同時開設中國文化課程，將《論語》、《孫子兵法》等中國經典列入教學大綱，在各個學校普遍推廣。每個學校也都會安排很

多文化活動，如中國功夫、太極拳等，在課外閱讀都有中國文化的布置，每個學期還會組織演講比賽、作文比賽，內容都與中國文化相關。

在「漢語旋風」裡，一股中國文化熱同時在蒙古高原流淌。白雲其木格曾在「漢語橋」蒙古賽區中學組獲第一名，現在蒙古國立大學中文系就讀，她對記者說，她八歲就開始學習漢語，學了九年，喜歡中國兵家文化的故事書，從小就買了《三國演義》。

蒙古人文達學中文系主任倫札向記者介紹說，近年來，蒙古青年人熱衷於漢語學習，漢語學生人數逐年增加。目前，蒙古大約有大學和中、小學普遍開設漢語課程。蒙古人文大大學漢語系成立於1989年，目前有幾百名漢語專業的學生，我們每年舉辦漢語節，通過各種豐富多彩的活動展示中國文化，尤其是閱讀研究《論語》、《孫子兵法》等中國典籍，使人文大學同學們的漢語水準越來越高，對中國文化也越來越瞭解。

在蒙古孔子學院志願者白雲其木格，她喜歡中國兵家故事，從小就讀《三國演義》

在蒙古國首次出版蒙語譯文版《孫子兵法》的蒙古孔子學院蒙方院長其米德策耶說，孫子思想受到蒙古學者、企業家的青睞，蒙古經濟研究院學者出版了一本《商務孫子》，成為蒙古企業家經商的寶典。孫子也深受蒙古大學生喜愛，蒙古國立大學和其他大學開始把《孫子兵法》列入必修課，不少大學生潛心研究孫子，有的兵學論文獲得碩士學位，

帶動和影響了一大批大學生對孫子研究的濃厚興趣。

其米德策耶告訴記者，如今蒙古民眾也對《孫子兵法》開始有興趣了，蒙古電視台常年翻譯播放《三國演義》等中國兵家文化的電視劇，許多蒙古人喜歡參加孔子學院舉辦的包括中國兵家文化在內的活動，希望多瞭解神奇的中國和中國文化。蒙古人說，世界上有這麼了不起的兵書，是天下第一兵書，是智慧人必讀的書。

其米德策耶說，目前他正在寫一本《我們知道和不知道的中國文化》一書，其中就有《孫子兵法》，今年5月出版。他還向記者透露，蒙古經濟學家正在籌建孫子兵法研究會，請他加盟。

8. 蒙古大學生賽漢語比智慧展中國功夫

記者在蒙古採訪期間，正巧趕上第十一屆「漢語橋」世界大學生中文比賽蒙古國賽區預選賽決賽。在蒙古國首都烏蘭巴托青少年宮裡，從半決賽二十三名選手中進入前十名的選手展開激烈角逐，展示了儒家學說和兵家文化的豐富內涵。中國駐蒙古國大使王小龍、文化參贊魏宏勝及蒙古國教育、文化和科技部副部長奧勒格爾瑪等饒有興趣地觀看了比賽。

本次蒙古國「漢語橋」預選賽以「我的中國夢」為主題，來自蒙古國國立大學、人文大學、科布多大學、東方學院、烏蘭巴托學院等高等院校漢語系的十名選手發表主題演講、回答問題，然後進行才藝表演。他們的演講中文發音標準，用詞講究，表達內容豐富，才藝表演彰顯了中國文化，給記者留下了深刻印象。

國立大烏蘭巴托學院女大學生烏德娃樂表演的中國功夫，出拳、亮掌、踢腿、翻騰，一招一式，俐落有勁，盡顯中華武術精神，博得陣陣掌聲。她在隨後題為《我希望成為中國通》的演講中說，學好漢語是邁向二十一世紀的「通行證」，我希望成為一名中國通，研究中國的歷史文化，成為蒙中文化交流的使者。

蒙古人文大學女大學生恩赫其米格的演講題目是「向中國的民族和諧學習」，她深情地說，中國有五十六個民族，象一個大家庭，

把各民族視為兄弟，和睦相處，互相尊重，不僅為中國也為世界和諧與和平作出了表率和貢獻，體現了孔子和孫子和平仁義的思想。如果都象中國這樣，世界和平指日可待，全世界將變成和平的樂園！

經過兩個多小時的競賽，蒙古國人文大學的米喜樂在演講中暢述了從中國人的修身養性看中國人的智慧，它來源於孔子、老子、莊子和孫子的智慧，中國的智慧也是世界的智慧，我們要學習中國智慧，共同描繪未來的智慧生活。她精彩的演講打動了每一個評委，獲得第一名，並將代表蒙古國去中國參加決賽。

比賽勝出後，米喜樂對記者說，通過參加「漢語橋」的比賽，對中國文化的博大精深有了更深的體會。今天「漢語橋」選擇了我，明天我選擇傳播漢語，北京回來後立志當一名漢語教師，致力於傳播中國文化。

在評委打分間隙，中國公派教師登台表演了太極拳。表演中國功夫的烏德娃樂在接受記者採訪時說，她喜歡中國功夫，特別愛看李小龍主演的功夫片，已風行世界。中國功夫也稱中國武術，她讀過《孫子兵法》、《武經總要》、《武備志》等中國古籍，知道中國功夫與中國兵法密不可分。

蒙古國國立大學孔子學院中方院長于健在比賽結束後對記者表示，此次「漢語橋」中文比賽由該學院和蒙古國漢語教師協會共同承辦，旨在弘揚中華優秀文化、增進蒙古國人民對中國文化的瞭解和認識，推動中蒙兩國的文化交流與合作。

9. 蒙古華僑學校不忘「老子」不丟「孫子」
——訪蒙中友誼學校校長江仙梅

「既不能忘掉『老子』，也不能丟掉『孫子』，我們華僑學校重視在蒙古華僑孩子和蒙古學生中傳播中國傳統文化，老的道家、孔子的儒家、孫子的兵家思想，這些中國經典文化都傳授，學生們都很有興趣，優秀學生尤其喜歡。」被譽為蒙古高原「漢語花」的蒙中友誼學校校長江仙梅在接受記者採訪時說。

蒙中友誼學校建校已有四十八年歷史，坐落於烏蘭巴托市，是旅蒙華僑協會為滿足當地僑胞子女的教育需求創辦的一所華僑學校，原名旅蒙華僑子弟學校，九十年代初學校開始招收當地蒙古學生。該校現有二十一個班級，八個週末漢語補習班，在校生近七百名，其中90%以上生源為蒙古學生，多年來為中蒙兩國之間交流發揮了重要作用，同時培養出一大批漢語成績優秀的雙語人才。

江仙梅祖籍河北，在蒙古長大，畢業於這所華僑學校，並在該校多年負責文教宣傳，擔任校長將近十五年。她自豪地對記者說，蒙中友誼學校長期致力於漢語教學和中華文化傳播，引導學生讀中國經典名著，包括兵家故事，許多學生都讀過《三國演義》、《三十六計》，不少學生知道老子、孔子和孫子，不僅弘揚了中國文化，而且促進了漢語教學，該校學生在蒙古國舉辦的漢語奧林匹克比賽、「漢語橋」比賽等活動中多次獲獎。

江仙梅介紹說，蒙中友誼學校在多年的辦學積累中，形成了獨具特色的辦學模式，實行上下午兩部制，一至十二年級都以漢蒙雙語授課，並有歷史、書法、口語、寫作等漢語特色課，把儒家學說、兵家文化融入其中，從小對學生們進行中國文化薰陶。如今，該校成為蒙古諸多漢語學校中的佼佼者，深受蒙古國中小學生的青睞，前來報名就學的學生「一桌難求」，每年不得不拒收很多學生。為滿足蒙古漢語熱、中國文化熱的需求，該校於2011年新建了1,400平方米的新校舍。

該校除了結合課堂教學傳播中國文化，還經常組織豐富多采的課外活動，如作文比賽、漢語知識比賽、漢語歌曲比賽、詩歌朗誦比賽、書法比賽、才藝展示等，都滲透中國兵家文化。該校許多小學生喜愛閱讀《孫子兵法》漫畫、《三國演義》連環畫，中學生則有機會經常閱讀和朗誦中國經典兵家故事。

參加國務院僑辦組織的「尋根之旅」夏令營、「中華文化大賽」優勝者夏令營等活動，是傳播中國文化的最佳時機。該校注重遊教並舉，寓教於遊，結合參觀中國歷史文化名勝、學習中華武術等活

動，尋找中國文化之「根」，華僑孩子和蒙古學生加深了對中國文化完整體系的認知度，更加不忘「老子」，不丟「孫子」。

蒙中友誼學校辦學成績得到了當地教育界的一致認可，獲得了很多成就和榮譽。2009 年，蒙中友誼學校被中國國務院僑辦評為「華文教育示範學校」；而江仙梅在教授漢語、傳播中國文化方面取得了驕人的成績獲得了諸多獎勵和榮譽，每年獲得教育界各種獎項，其中有蒙古國總統頒發的最高獎項——北極星勳章和功勳教師獎，成為海外優秀華人的代表。

在談到未來的設想和目標時，江仙梅說，該校力爭辦一份華文報刊，開闢中國文化專欄，把學校建成傳播中國語言文化、促進中蒙文化交流的視窗；做好漢語教材本土化建設和優秀教學讀物的引進工作，重點引進《論語》、《孫子兵法》等中國典籍；加強與孔子學院等漢語學校的合作，普及蒙古文《孫子兵法》，為漢語文化在蒙古國廣泛傳播，弘揚中華民族的燦爛文化作出更大貢獻。

10. 蒙古華僑用孫子團隊精神擁抱成功
——訪旅蒙古國華僑協會會長白雙占

記者在蒙古飛往北京的飛機上巧遇蒙古國中華總商會名譽會長、旅蒙古國華僑協會會長白雙占，他 1958 年出生在內蒙，1959 年就隨父母來蒙古尋找伯父，他的伯父 1945 年跟隨蘇軍和蒙軍到蒙古，參加過抗日。他就讀於蒙古華僑學校，從小受中國文化的的薰陶，讀過《孫子兵法》、《三國演義》等中國兵家書籍。

白雙占介紹說，旅蒙華僑史大致分為四個階段，由四代華僑組成。第一代華僑在民國初年蒙古獨立前從山西、河北等地來蒙做皮毛生意並留下來的；第二代華僑是 1945 年蒙蘇聯軍從中國撤軍時，順帶一批東北年輕人來蒙做建築工、開飯館、做小買賣；第三代華僑為 1956 年來蒙「淘金」的一批中國人；第四代華僑為上世紀九十年代的新移民；如今蒙古華僑已進入第六代了。

「我們蒙古華僑好比是一個團隊，孫子說要上下同欲，團隊

能否抱團，關乎團隊的存亡，這是孫子的道，我們蒙古新老華僑就是靠孫子的團隊精神擁抱成功。」白雙占說，旅蒙古國華僑協會成立於 1952 年，是旅蒙華僑唯一的僑團組織。目前旅蒙華僑共約二千三百餘人，僅占蒙古國總人口約 1%。我們蒙古華僑圈子很小，不是沾親就是帶故，有利於抱成一團。

白雙占接著說，為了提高旅蒙華僑的文化水準和整體素質，華僑協會於 1964 年創辦了旅蒙華僑子弟學校，教授漢語華人傳播中國文化，許多華僑子弟在僑校讀過《論語》和《孫子兵法》，學到了中國人的智慧。四十八年來，僑校共培養出數千名的優秀畢業生，為提高華僑的文化素質發揮了巨大的作用。

團隊間逐漸形成的「道」則預示著團隊的未來。白雙占認為，孫子所說的：「主孰有道？將孰有能？天地孰得？法令孰行？兵眾孰強？士卒孰練？賞罰孰明？吾以此知勝負矣。主孰有道？」這對華僑團隊同樣適用。我們蒙古華僑人數雖少，但很優秀，是有謀略、有意志、有勇氣的，在各種惡劣的環境下，成就了不屈不饒的性格。僑胞之間非常團結，傳承了中國人的美德，和居住國人民一起，同守藍天白雲。

白雙占對記者說，當蒙古華僑進入第六代時，華僑的文化素質和生活品質大打提升。原來華僑大多聚居在蒙古首都市中心區名為「一百戶」的地方，現在大都搬到柏格達社區，分散到不同的樓房中。過去聚居一區顯得華僑強勢，如今分散很難相見，要發揮「抱團精神」，我們華僑協會的擔子更重了。

對此，我們每月印發免費報刊，發送到烏蘭巴托三十多個華人單位、中國餐館、華人旅社，與廣大蒙古華僑華人定期交流，為他們服務，排憂解難，你事我事，事事關心，彼此守望，互相照應。蒙古華僑華人都知道有一群志願付出代價，任勞任怨的一批人，為蒙古的華僑團結友愛作出奉獻。

白雙占告訴記者，目前，中國大陸和港澳台在蒙古國註冊的兩千多家企業，成為中國在蒙投資貿易的主體。蒙古國市場就像一朵

蒙

古

篇

「帶刺的玫瑰」，因此新僑經濟在蒙發展既面臨良好機遇，也面對嚴峻挑戰。於是，我們把加強與蒙投資的華資企業廣泛聯繫，加強新老華僑的團隊建設作為僑協的重要使命。

白雙占表示，如今走在烏蘭巴托的大街上，每天都能見到新來的中國人。在烏蘭巴托市內有一百多家中餐館，生意非常火爆。烏蘭巴托新建的大量樓房，許多是新僑建築企業承建的。近年來新華僑創辦了建築建材公司數百家，其中新華僑投資的磚廠就有一百多家。蒙古的新老華僑，正在用孫子的智慧在蒙古高原擁抱新的成功。

11. 讓孫子和成吉思汗走進蒙古孔院

蒙古國立大學孔子學院中方院長于健提出，要讓孫子和成吉思汗共同走進蒙古孔子學院，讓中國傳統文化經典《孫子兵法》與成吉思汗的「蒙古兵法」在此交融。

這位來自孫子故鄉山東的哲學博士，對《孫子兵法》和「蒙古兵法」頗有研究。他指出，孫子是中國兵學傑出代表、百世兵家之師、東方兵學鼻祖，至今仍是巍峨的豐碑；而「一代天驕」成吉思汗是草原軍事文化最傑出的代表，是全世界最偉人的軍事實踐家，其軍事思想和實踐，是草原民族軍事文化的最高峰。

于健比較說：孫子領兵打仗，戰無不勝，北威齊晉，南服越人，其著有巨作《孫子兵法》十三篇，為後世兵法家所推崇，被譽為「兵學聖典」，置於《武經七書》之首，被譯為二十多國文，成為世界上最著名的兵學典範之書。成吉思汗軍事才能卓越，熟讀《孫子兵法》，戰略上重視聯遠攻近，戰法上變幻莫測，史稱「深沉有大略，用兵如神」。

中國學者劉樂土在其《成吉思汗》一書中說：「成吉思汗是後人難以比肩的戰爭奇才。他逢敵必戰、戰必勝的神奇，將人類的軍事天賦窮盡到了極點。」十三世紀，成吉思汗及其子孫們征服了亞歐大陸的大部分，這場規模空前的戰爭，奠定了蒙古兵學在世界軍事史的歷史地位。

孫子比成吉思汗早出生約一千七百年，《孫子兵法》誕生在二千五百多年前的中國，成吉思汗誕生在歷史悠久而又富於傳奇色彩的蒙古族。有學者考證，成吉思汗的「蒙古兵法」不僅受《孫子兵法》的影響，而且是成吉思汗通過軍事實踐把中國兵法傳到了歐洲。

于健表示，孫子和成吉思汗是東方兩個偉大的戰略家和軍事家，也是世界偉大的戰略家和軍事家；孫子和成吉思汗是中蒙兩國人民都非常崇拜的，也是全世界都公認的，兩者結合，珠聯璧合，是中蒙文化的結晶。讓孫子和成吉思汗共同走進蒙古孔子學院，對於促進中蒙文化交流，推進中蒙兩國教育、文化領域的合作具有深遠的意義。

據瞭解，近年來蒙古國立大學孔子學院已先後舉辦了「孔子學院論壇」、「中蒙文化論壇」、「中蒙傳統宗教與哲學」論壇及「漢語和中國文化研究」等國際學術研討會，推出《中文典籍譯叢》，先後將中國傳統經典《論語》、《大學》、《孫子兵法》翻譯成蒙文並出版，中國文化的研究傳播有聲有色，中蒙文化交流成果斐然，學院的影響力日益增強，已進入「全球先進孔子學院」行列。

于健透露，蒙古孔子學院將籌備「孫子與成吉思汗國際研討會」，邀請中蒙兩國孫子和成吉思汗相關專家學者和兵學家、漢學家、教育家、企業家共同研討，出版系列叢書，開展多種形式的文化活動，把孫子和成吉思汗打造成蒙古孔子學院獨特的響亮的品牌。

12. 成吉思汗是草原民族軍事文化的峰碑

成吉思汗機場、成吉思汗紀念館、成吉思汗山、成吉思汗銅像……成吉思汗是蒙古歷史上傑出的軍事家，一直都是蒙古人的驕傲。在烏蘭巴托他的形象無處不在：從巨型雕像到伏特加酒瓶和紙牌上的圖案，從山巒圖案到 T 恤衫，從錢幣到郵票，從機場設計到文化景。書店裡各種版本的成吉思汗書籍，十分醒目。

記者驅車來到距烏蘭巴托 60 公里的成吉思汗景區，一座高 30

圖為成吉思汗景區高 30 米的成吉思汗騎馬銅像

米的成吉思汗騎馬銅像在陽光下閃著耀眼的銀光。陪同記者採訪的蒙古朋友說，這座銅像的底座也有 10 米高，是在內蒙古定鑄運過來的。走進館內，但見高 9 米、用二百二十五張牛皮製成的成吉思汗穿的皮靴，還有長 4 米的成吉思汗的馬鞭，展示了「一代天驕」東征西討、威震歐亞的「蒙古兵法」。

在烏蘭巴托蘇赫巴特廣場，成吉思汗雕像栩栩如生，旁邊是成吉思汗的後人，也是幾位優秀的大汗，兩邊則是威風凜凜的蒙古騎兵。蒙古國家歷史博物館內陳列著成吉思汗的聖旨牌，騎兵的絲質長袍、皮制盔甲、弓箭等，記錄著成吉思汗統一蒙古大業的豐功偉績。

蒙古講解員介紹說，偉大的軍事家成吉思汗軍事才能卓越，熟讀《孫子兵法》的他，一人雙馬編制，上陣父子兵，戰略上重視聯遠攻近，用兵注重詳探敵情、分割包圍、遠程奇襲、佯退誘敵、運動中殲敵等戰法，史稱「深沉有大略，用兵如神」。

大迂迴戰略是成吉思汗及其子孫們在長期的征戰中所形成的作戰韜略之一，在全面偵察敵情、地形，「知彼知己」的前提下，再用「計謀」將對方制服，與孫子的「詭道」思想一脈相承。成吉思汗憑藉騎兵的持久耐力和快速機動能力，出其不意地向敵人的深遠縱深大膽穿插、分割，並與下面進攻部隊相配合，四面包圍敵人，迫使對方迅速瓦解。

蒙古國孫子研究學者稱，成吉思汗奠定了蒙古兵學在世界軍事史的地位，世界偉人和著名軍事家對成吉思汗及其「蒙古兵法」給予了高度的評價——

馬克思評價：「成吉思汗戎馬倥傯，征戰終身，統一了蒙古，為中國統一而戰，祖孫三代鏖戰六、七十年，其後征服民族多至七百二十部。」孫中山評價他：「亞洲早期最強大的民族之中元朝蒙古人居首位」，「元朝時期幾乎整個歐洲被元朝所占領，遠比中國最強盛的時期更強大了。」毛澤東將成吉思汗稱為「一代天驕」，將他與中國歷史上著名的帝王秦皇、漢武、唐宗、宋祖相提並論。

美國五星上將麥克亞瑟評價他：「那位令人驚異的領袖（成吉思汗）的成功使歷史上大多數指揮官的成就黯然失色。」「他渡江河、翻高山，攻克城池，滅亡國家，摧毀整個文明。在戰場上，他的部隊運用得如此迅速和巧妙，橫掃千軍如卷席，無數次打敗了數量上占壓倒優勢的敵人。」

英國人著名孫子研究專家利德爾・哈特評論說：「在中世紀裡，戰略的最好例證並不出在西方，而是來自東方。西元十三世紀，對於西方戰略的發展來說，是一個卓有成效的時代。」

蒙古孔子學院蒙方院長、首部蒙語譯文版《孫子兵法》譯者其米德策耶說，成吉思汗是草原軍事文化最傑出的代表，是全世界最偉人的軍事實踐家，其軍事思想和實踐，是草原民族軍事文化的最高峰。可以說，成吉思汗與戰國時期的孫子是中國軍事史上的兩座奇峰。

13. 蒙古騎兵深受中國兵法的影響

崛起於蒙古大草原，以朔漠之雄奮其神武，縱橫捭闔，首創橫跨歐、亞大帝國，名揚全球，今古不朽。他戎馬一生，率領蒙古鐵騎，自 1227 年滅西夏開始，先後三次舉兵西征，所向披靡，席捲天下。在迄今為止的世界上，唯有一人可以被稱為「戰神」，他就是成吉思汗。

蒙古篇

圖為具有濃郁民族特色和草原風情的成吉思汗景區牌樓上的蒙古騎兵

蒙古國孫子研究專家考證，蒙古別稱「馬背民族」，而成吉思汗發揮蒙古民族從小善騎好獵、人皆習武的優勢，組建驍勇剽悍、忍苦耐勞、機智靈活、所向無敵的騎兵集團。他們上馬則戰鬥，下馬則牧養，全國軍事化，全軍騎兵化，蓄兵於民，兵民合一，使生活、生產、行軍作戰完全一致。

　　成吉思汗的軍事思想及若干戰略戰術無不源於《孫子兵法》。蒙古孔子學院蒙方院長、首部蒙語譯文版《孫子兵法》譯者其米德策耶認為，蒙古騎兵作戰時，講究部隊作戰的機動性和戰術的靈活性，講究兵無定勢，出「詭道」，明顯受《孫子兵法》的影響。正如孫子所說：「兵以詐立，以利動，以分合為變者也。」這就是說，用兵打仗，必須依靠詭詐多變來爭取成功，依據是否有利於決定自己的行為，按照分散或集中兵力的方式來變換戰術。

　　「十三翼之戰」是成吉思汗登上汗位後的一次保衛戰，採取了以攻為守的戰術。戰前，成吉思汗建立了斡耳朵制度，把部隊分為十三古列延，巧妙地將狩獵與遊戲變為軍事訓練，各古列延隊形有變化，並進行迂迴、包圍、攻擊、機動等基本戰術的演習，使騎兵行動敏捷，作戰大膽，適應戰爭需要，逐漸成為一支守紀律、聽指揮的騎兵隊伍。

　　成吉思汗所處的時代，乘馬不僅是運載工具，而且是戰鬥武器。在無數的戰鬥中，成吉思汗的騎兵，既具有坦克式巨大的衝擊力，

又具有機械化部隊的遠距離快速機動能力。「屯數十萬之師不舉煙火」的騎兵如從天降，其神奇快速，如入無人之境。

孫子云：「兵貴速，不貴久。」作戰中的所有戰術，全基於神速。無論是寬正面進攻戰術、閃擊戰術、運動戰術，還是無後方作戰的戰術等，都是「風林火山」的快速行動。美國海斯・穆恩・韋蘭在他所著的《世界史》上稱其為「蒙古旋風」，即戰場範圍廣，「千里殺敵」；戰鬥力強，「速不及防」或「措手不及」。

「蒙古旋風」即蒙古騎兵，可分三類：一類是由身體健壯、具有軍事技術的人組成，像近衛軍；二類是由作戰勇敢，不怕死的小夥子組成，猶如敢死隊；三類是號稱「十萬騎兵」，由九十五個千戶組成，這是主力部隊。他們每人都有「從馬」二三匹，輪流騎乘，保持旺盛的馬力，出征時羊馬隨行，不受後方補給之約束。

成吉思汗的戰術以以孫子〈九變篇〉為核心，根據不同的地理環境，不同的敵情，採取相應的措施，隨機應變。或合圍戰術，或奇襲戰術，或合圍鉗型戰術，或誘伏戰術，或窮追猛打戰術，或布疑陣精神戰術，「出其不意，攻其不備」。

成吉思汗還遵循孫子在〈謀攻篇〉所說的：「善守者，藏於九地之下，善攻者，動於九天之上。」他統帥的蒙古騎兵部，隊是一支既善攻，又善守的部隊，有時他們隱蔽前進，如深藏於地下，有時又如天兵而降，自九霄而來，勢不可擋。

歐洲軍事家曾評價，在戰術的運用上，蒙古騎兵特別強調部機動性，以遠距離的包抄迂迴、分進合擊為主要戰術特徵。蒙古騎兵的遠距離機動達到了歷史上空前未有的程度，他們常常可以上百里地大規模機動，使敵人很難預料和防範到他們的攻擊。他們在歐洲消滅了大量裝甲堅固但行動笨拙的歐洲軍隊。蒙古軍隊在創立草原帝國中出色的戰術，是應該被後世所銘記。

14. 成吉思汗大迂迴戰略創造戰爭奇觀

　　瑞士軍事家若米尼也曾指出，一些偉大軍事統帥，在戰爭中取得勝利的秘密就在於，善於「集中他的主力迂迴攻擊敵人的一翼」。他確信，如果在戰略上採用這一原則，「那就發現了全部戰爭科學的鑰匙。」成吉思汗與孫子、毛澤東都是世界軍事史上當之無愧的軍事家和戰略家，他們異曲同工之妙的大迂迴戰略，正是找到了這把「金鑰匙」。

　　大迂迴乃是進攻部隊避開敵之整個防禦體系，向敵之翼側或後方實施遠距離機動而形成合圍態勢的作戰行動，是戰略追擊的最高階段。早在中國的春秋時期，著名軍事家孫武在〈謀攻篇〉就有此論述。據史載，西元前718年4月，鄭國曾大敗衛國之屬國南燕軍隊，這是史書上首次記載的採用迂迴戰，克敵制勝的戰例。

　　西元1216年，成吉思汗就曾召見漢族降將郭寶玉，問攻取中原一統天下之策。成吉思汗在臨終之前，提出了借道宋境實施戰略大迂迴，從而一舉滅金滅宋的戰略決策。這一傑出的戰略構想，後由其後代大顯身手，付諸實施。

　　西元1244年，根據成吉思汗生前的戰略構想，蒙古軍開始實施先下西南迂迴夾擊南宋的第一次大迂迴戰略，即避開南宋的長江防線，首先攻取川、滇，然後從後方攻打長江中下游重鎮襄樊。到了西元1253年忽必烈興兵十萬開始對南宋的第二次大迂迴戰略，蒙古騎兵在數百萬廣袤的地域裡縱橫馳騁，所向披靡，實施了雙層大包圍圈，創造了十三世紀的戰爭奇觀。

　　從作戰的方式看，蒙古軍以騎兵大兵團實施大縱深迂迴作戰，無疑是他們克敵制勝的法寶。他們鋒芒所向，往往是以密集的隊形衝擊敵方的。據《聖武成吉思汗戰書》載，我們蒙古騎兵的衝殺拼搏極為厲害，我們的騎兵在衝鋒臨陣時大喊聲、殺聲，震天動地地嚇破敵人。

　　從作戰的靈活性看，蒙古軍在大迂迴作戰中往往是清一色的輕騎兵。在冷兵器時代，騎兵比步兵或其他兵種優越的地方，有靈活

多變，突擊力強的特點，尤其適應遠端快速奔襲作戰。如在蒙古軍對金的大迂迴作戰中，拖雷當時所指揮的三萬人的西路軍，均是清一色的輕騎兵，僅就作戰速度來說，金軍是無法與其抗衡的。

從作戰的快速性看，蒙古軍在對金的快速迂迴作戰中，每當遇到敵方堅固城堡時，通常只留下少數部隊以待後續的攻堅工兵，主力部隊憑藉迅速敏捷的條件，仍然繼續高速向前推進，使敵人無法作出戰爭準備。

從作戰的出奇性看，孫子說，「凡戰者，以正合，以奇勝」，蒙古軍往往利用自己騎兵部隊常常以出其不意的反擊或追擊殲滅敵人。如蒙古軍在對金實施的大迂迴作戰中，有意不攻戰略要地潼關，卻出沒無常，假道唐縣，鄧縣，大張旗鼓而直搗汴梁，引誘潼關金軍移師援汴而破之。

再從後勤保障看，大迂迴戰略中雖然在作戰時要遠離後方，但成吉思汗和他的繼承者們卻有一整套體系，從而保證蒙古軍的遠征。當蒙古軍進軍南宋之時，他們本可以設法攀越長城，進而兵圍中原，然而這樣做的結果，不僅會耗損資源，也會使蒙古軍的軍力減弱。於是，他們便另闢蹊徑。

歷史穿越到七百年後，即西元 1949 的 5 月，人民解放軍百萬雄師以排山倒海之勢，渡過長江。雄才大略的毛澤東果斷地提出了對敵實施大迂迴作戰的決策，同樣實施了雙層大包圍圈，而戰爭空間則更為廣闊。

此間孫子研究學者稱，實施大迂迴戰略，必然依託於廣闊的戰爭空間，營造一個廣闊的戰爭空間，否則就很難對敵戰而勝之。歷史已經證明，成吉思汗和毛澤東的大迂迴戰略是符合戰爭形勢發展，適應戰爭規律的正確的指導方針，而這一切正是有效地運用了《孫子兵法》，也體現了他們非凡的膽識與超人的智慧。

伊朗篇

1. 伊朗學者翻譯波斯文《孫子兵法》

在華留學多年的伊朗學者胡塞尼於 2008 年翻譯首部波斯文《孫子兵法》在首都德黑蘭面世，出版後受到伊斯蘭國家的歡迎，初版五千冊很快銷售一空，修訂版業已上市。近年又有兩種版本波斯文新譯本在伊朗相繼出版，由胡塞尼改寫的波斯文版本也由寧夏出版社於 2010 年出版。

胡塞尼 1993 年從伊朗來到中國， 在廣西醫科大學、西安中醫大學留學九年，現在伊朗駐中國大使館從事翻譯事務，他用一口流利的中國話與記者交談。他告訴記者，他熱心中國文化，熟讀經典書籍《紅樓夢》《三國演義》《西遊記》等，特別對《孫子兵法》精研細讀，百學不厭。

胡塞尼對記者說，二千五百多年前在蘇州誕生的《孫子兵法》，是一部包含戰略睿智的不朽名著，自古以來一直是兵家必讀之經典。近現代以來，《孫子兵法》除了應用於現代軍事領域外，還被廣泛應用到經濟、科技和體育競技等各個領域。可以說，中國的古代經典對現實世界影響最大的是《孫子兵法》。

胡塞尼在國外觀察和瞭解到，許多國家都在學習應用《孫子兵法》，美國總統老布希的桌子上經常放著兩本書，一本《愷撒傳》，一本《孫子兵法》，美國網上零售巨頭亞馬遜評選的 2001 年度全美最暢銷的人文書即是《孫子兵法》。日本的企業家應用孫子兵法管理企業，使公司興旺發達，新加坡、馬來西亞等東南亞國家的商人們也

圖為伊朗孫子研究學者胡塞尼翻譯的兩本波斯文《孫子兵法》

成功的運用《孫子兵法》經商。

老布希用《孫子兵法》打贏了海灣戰爭，更引起他對《孫子兵法》的興趣。「我們國家也很需要孫子思想，而伊朗的國民對《孫子兵法》卻很陌生，不懂它的道理。」胡塞尼說。

胡塞尼為此很著急，想把《孫子兵法》推廣到伊朗去。為了更好的向伊朗人民介紹中國文化，普及《孫子兵法》，胡塞尼決定翻譯首部波斯文《孫子兵法》。

圖為伊朗學者胡塞尼翻譯的波斯文《孫子兵法》

從 2006 年起，胡塞尼用了三年時間，在香港、新加坡、馬來西亞和中國各地跑了許多書店，搜集了六個漢語版本、八個英文版本、一個德文版本和一個法文版本，以及阿拉伯版本等各種語言的《孫子》書籍作為參考，他把孫子的每一句話在各個版本中反複比較，力求翻譯準確。

胡塞尼在比較中發現，有的翻譯版本與《孫子兵法》的原意出入較大，有的版本不易理解，為了讓伊朗人民看得懂，他在翻譯時加了許多解釋，放在括弧內。伊朗伊斯蘭出版社很感興趣，很快就出版了首部波斯文《孫子兵法》，並推薦到伊朗國家圖書館、大學和軍事院校。

有學者稱，在伊斯蘭國家短時間內如此集中出版一部外國兵書，這在世界翻譯史上也是罕見的。

2. 伊朗學者推動《孫子》在西亞影響

「每讀一次《孫子兵法》都有新的收穫，有新的啟發。這部兵書博大精深，價值很大，誰也不能說自己讀過幾遍就掌握孫子精髓

不要再學了。」膚色棕褐、留著髭須，操著一口流利中文的伊朗學者胡塞尼，談起孫子來不亞於東亞學者。

胡塞尼說，從世界範圍來看，不少現代的成功者都以中國古代經典作為案頭常備的書籍。中華文化遺產眾多，如果說，《論語》與《孟子》堪稱東方倫理的源流，那麼，《孫子兵法》無疑是東西方智者汲取智慧的寶庫。孫子思想所蘊含的文化理念能融合東西方共同的思想，是全世界的智慧。

胡塞尼認為，《孫子兵法》在東南亞傳播廣泛，是由於東南亞受東方文化影響較深，從殷代甲骨文演變而來的漢字，是東亞國家和中國少數民族創造文字的模式，形成「漢字文化圈」。而西亞文化以伊斯蘭教為基礎，屬於西方文化圈，受西方文化影響頗深。穆斯林一手持經一手持刀，傳教殺敵，對東方的孫子文化知者甚少。

包括《孫子兵法》、太極在內的中國文化元素，越來越受伊朗人的重視。《道德經》、《莊子》等中國古典書籍在伊朗已有英文版，但還沒有波斯文版。胡塞尼決定要率先把《孫子兵法》翻譯成波斯文，介紹給伊朗人民。

《孫子兵法》是現代成功者不可多得的智慧之書，胡塞尼相信，從孫子那裡可以找到許多商貿、管理、競爭的智慧，是完整的舉世無雙的世界智慧寶典，這些智慧屬於全人類，也屬於伊朗人民。他希望伊朗不僅要在軍事上應用孫子謀略，更重要的是在商戰上應用。

為推動《孫子》在西亞影響，胡塞尼多次到孫子及《孫子兵法》誕生地山東和蘇州考察，參加了六次孫子兵法國際研討會，以便向伊朗人民傳播孫子文化。他翻譯首部波斯文《孫子兵法》在首都德黑蘭面世，近年又有兩種版本波斯文新譯本在伊朗相繼出版，受到伊斯蘭國家的歡迎。

胡塞尼在伊朗伊斯蘭自由大學開設了《孫子兵法》課程和培訓班，已有兩年時間，用他翻譯出版的首部波斯文《孫子》作為教材，講了四個學期，他還給伊朗企業界和學術界作了十多場講座，伊朗大學生和企業管理者被神奇的東方智慧深深吸引。

胡塞尼表示，他創建了一個名為「伊朗兵法」的網站，還計畫在伊朗成立孫子兵法研究會，進一步推動《孫子兵法》在西亞的傳播。

香港篇

1. 香港兵法應用會長稱孫子價值貴在應用

香港國際孫子兵法應用協會會長孫重貴在接受記者採訪時三句話不離「應用」：「《孫子兵法》的價值就在於應用，它千古流傳至仍在全球普遍適用其價值也在於應用，不應用就失去了它應有的寶貴價值。」

香港國際孫子兵法應用協會成立於 2004 年，是經香港特區政府批准的具有法定地位的社會團體。該協會由孫武第七十九代子孫孫重貴和香港九龍總商會理事長黃熾雄博士等人發起成立，宗旨是在香港傳承和弘揚孫子文化，應用到現代商戰中指導商家經營和發展。

孫重貴介紹說，該協會經過六年多的發展，已吸納了香港香港商界精英近百人，還吸納美國、澳大利亞、菲律賓等國的會員，開展各種交流活動，致力實踐能力，貴在具體應用，多次成功將《孫子兵法》應用於商戰，取得了明顯的成果。

《孫子兵法》在香港是很受歡迎的，很有號召力和影響力。孫重貴告訴記者，不管是在一些大學、民間組織和個人，尤其是香港知名企業家，都在研究和應用，不少人還寫了專著，香港各社會階層對《孫子兵法》都很欣賞。他組織香港第一屆孫子國際文化節時，告訴了香港立法會主席范徐麗泰和香港民政事務局長何志平，他們都十分支持，專門為孫子國際文化節題了詞。

孫重貴對記者說，香港是個商業社會，是國際金融、貿易、和航運中心，《孫子兵法》在香港不是用來打仗的，而是主要用來商戰的，把孫子的謀略用於香港的商業發展和經濟繁榮，為香港創造財富，因此受到香港人的青睞。香港作為一個國際大都市，很多人都會受中國傳統文化的影響，在有形或無形之中應用《孫子兵法》。

作為兵聖孫武的後人和孫子兵法應用協會會長，當然對弘揚和應用《孫子兵法》義不容辭。孫重貴說，我們協會的主要任務是出版孫子香港刊物，組織孫子文化交流，在香港宣傳和普及中國兵家文化，反映研究和應用成果，還準備在香港率先承辦兩岸四地孫子兵法研討會。

孫重貴向記者透露，他現在剛出版《孫中山與辛亥革命》一書，孫中山也是孫子後裔，他領導辛亥革命推翻滿清，應用了孫子的大智大慧。他現在正在寫一本新書，主要是總結《孫子兵法》應用於現代商戰。他還擬推出《孫子兵法與香港商戰》等知識經濟叢書，通過身邊的故事，讓讀者明白在和平年代下如何應用孫子「計謀」，進一步豐富它在這個時代的內涵。

孫重貴表示，我們的協會為什麼叫「國際孫子兵法應用協會」，就是希望把《孫子兵法》變成活的東西，如果只停留在書本上那只能是紙上談兵，就失去了原有的價值。因此，《孫子兵法》真正的價值還是在於應用，不應用就不會有生命力。

2. 孫武後裔蘇州「尋根之旅」

香國際孫子兵法應用協會會長、孫武第七十九代子孫孫重貴撰寫的《孫武後裔蘇州尋根之旅》，在「蘇州穹窿山杯」《孫子兵法》全球徵文大賽中獲得一等獎。此文字裡行間流露出來的不僅是對祖先孫武的無比敬仰，更表達了對《孫子兵法》誕生地吳地的一片深情。

孫重貴還記得，宗族家中的大門楹聯為「稽源虞舜，派衍東吳」。族中老人告訴他：「本孫氏宗族，考其始也，系於虞舜，源於陳齊、發祥於吳。他們家族是『東吳苗裔』，故稱『派衍東吳』。」於是，他明白「吳」是家族的發祥之地，也是自己的根脈所在。所以，他自幼就對「吳」懷著深深的眷念，有一種濃得化不開的情結。

轉眼到了 2007 年，也正是香港回歸中國十週年，孫重貴終於來到了蘇州吳中，登上了太湖之濱的穹窿山，實現了多年的願望。留給孫重貴第一印象是不凡氣勢。此山氣勢雄偉，地域寬闊，山色秀美，如入仙境。

對於走遍神州的孫重貴來說，或許穹窿山並不算是最巍峨的高山。然而，他借用了「山不在高，有仙則名」這句話來形容它。當年，兵聖孫武便是在這片幽靜而蔥郁的山坳之中的茅蓬塢裡寫下了聞名於世的《孫子兵法》。

孫武苑草堂共是五開間的茅屋，依山而建。屋前的一泓清泉是用竹筒從山上引下。屋內設有古床、古凳、蓑衣、鋤頭等設施，屋外一側是菜地，另一側則是一個竹亭，模擬出了孫武當年隱居生活的狀況。沿著被綠蔭覆蓋的山路，孫重貴穿過門樓，在竹子之間，柴門後面，看到了漸漸顯出的那間茅屋。嚮往已久的、所要追尋的情景，在這一刻終於和現實重疊。

走進茅屋，猶如走進二千五百多年前的歷史時空，仿佛看見先祖端坐案前，時而凝神思考，時而奮筆疾書。《孫子兵法》這部「世界第一兵書」，漸漸在竹簡上清晰而精采地呈現出來。孫重貴深情地說。

孫重貴來到吳地穹窿尋找祖先痕跡的日子裡，恰好孫武文化園奠基、孫武書院成立典禮暨蘇州第三屆孫子兵法國際研討會也同期召開。作為孫武後裔，他被邀請以嘉賓的身分在典禮上致辭。

此次發言，經不住又是一份感情的流露。他動情地說，我的先祖是睿智的，他選擇了一片山清水秀、文化厚重的熱土來孕育他的思想、揮灑他的智慧；我的先祖是幸運的，他幸遇伯樂識他鯤鵬之志，又逢明君展他的雄才偉略；我的先祖是幸福的，他的智慧得以穿越歷史的滄桑，在現代文明的世界裡依然大放異彩。

作為香港著名詩人，孫重貴用詩情畫意的語言結束了他的發言和首次尋根之旅：「萬頃太湖朝穹窿，兵聖孫武建奇功」。今天，我在這裡看到了攬萬頃太湖、凌億丈穹窿，看到了民族傳統文化與現代社會發展相融合的勃勃生機，看到了東方古老的智慧與世界先進文明相交融的和諧世界。

3. 孫子文化傳承是一種星火傳遞

——訪香港國際孫子兵法應用協會會長孫重貴

「就像火炬傳遞一樣，對《孫子兵法》的研究和傳承是一種星火傳遞。」香港國際孫子兵法應用協會會長孫重貴在接受記者採訪時說，二千五百年前的《孫子兵法》流傳至今，歷久不衰，證明它

是人類智慧的寶典，全球許多五百強企業都在應用，全世界再次興起「孫子熱」。

孫重貴自豪地對記者說，中國國家主席胡錦濤贈送給美國總統布希《孫子兵法》，孫子成了國家的「名片」，是我們中華民族的寶貴遺產。有傳承才有發展。如果能夠把中國古老的文明發揚光大，我們這個民族是大有希望的。

作為孫武後裔，孫重貴一直在為弘揚孫子文化而忙碌著，他對先祖的名著《孫子兵法》頗有研究。他說，我們老祖宗孫武這個「武」字很巧妙，把它拆開正好是「止」和「戈」，就是「止戈為武」，停止戰爭，推崇和平，這是《孫子兵法》的核心思想，在當今世界仍具有重大的指導意義。

孫重貴表示，受到世界人民讚賞的中國和平復興之路，極好地體現了《孫子兵法》的精髓。先祖孫武撰寫的《孫子兵法》昭告世人：「百戰百勝，非善之善者也；不戰而屈人之兵，善之善者也。」顯示其推崇和平的獨到之處。

2010 年 10 月，一百多位孫氏後裔還在《孫子兵法》誕生地蘇州穹窿山舉行了中華孫氏庚寅年孫武祭祀大典儀式，孫重貴在致辭中說，先祖孫武在穹窿山中寫下了震古鑠今的《孫子兵法》，西破強楚，北威齊晉，南服越人，為吳國立下了不朽功勳。如今，《孫子兵法》已成為全世界尊崇的智慧寶典，這是孫氏的驕傲，也是蘇州的驕傲，更是中國的驕傲。

孫重貴自豪地對記者說，中華孫氏

圖為香港國際孫子兵法應用協會會長孫重貴在孫武祭祀大典上

源遠流長，薪火相傳，開枝散葉，蔚為大族。如今孫氏人口號稱二千萬，為中國第十二大姓。孫氏族人，人才輩出，孫武、孫臏、孫權、孫中山等，為神州的繁榮強盛立下了豐功偉績，不愧為偉大的龍的傳人。我們孫武後裔要為共同繼承和弘揚先祖孫武的精神，推動孫武文化的發揚光大，實現中華民族的偉大復興作出新的貢獻。

孫重貴稱，《孫子兵法》可以為王者之師、將者之師，也可為學者之師、商者之師。目前海內外越來越多的專家、學者和有識之士在潛心研究孫子，不僅將軍士兵在學習，企業家行銷商在學習，政府官員在學習，在校的學生們也在學習。更可喜的是，有一批專業、正規的《孫子兵法》培訓機構應運而生，在香港有國際孫子研究學院、國際孫子兵法應用協會，在互聯網上有香港孫子兵法商學苑。

近年來，孫重貴致力於孫子文化的研究、傳播和應用，出版的《香港寓言選》，就是運用孫子思想觀察社會百態後總結出的警世益人的箴言。他說，面對這本祖先留下的瑰寶，除了要研究它的意義，更要把它運用到現實的生活中去。他主編的《華夏經濟文化》重點宣傳和普及了《孫子兵法》和研究成果，還擬推出《孫子兵法與香港商戰》等知識經濟叢書，從古代兵法中體悟現代商法。

4. 孫武後裔論孫中山與孫子

香港國際孫子兵法應用協會會長、孫武第七十九代子孫孫重貴出版《共和之父孫中山》，該書是孫重貴教授為了紀念辛亥革命一百週年而編寫的一部大型文史作品，濃墨重彩地反映了孫中山傳奇的一生與辛亥革命這一重大的歷史事件，書中還披露了孫中山在領導辛亥革命推翻滿清中運用《孫子兵法》等鮮為人知的歷史。

《共和之父孫中山》全書十餘萬字和四百餘幅珍貴的歷史圖片，圖文並茂，精采紛呈，翔實的描繪了孫中山從事革命活動一生中可歌可泣的歷史畫卷，清晰的勾勒出孫中山領導的辛亥革命波瀾壯闊的發展歷程。

孫重貴對記者說，無論是作為孫子的後裔還是辛亥革命的領導者，孫中山都非常崇敬古代兵家的軍事思想，多次研讀《孫子兵法》。他對《孫子兵法》給予了高度評價，他說：「就中國歷史來考究，兩千多年的兵書，有十三篇，那十三篇兵書，便成立中國的軍事哲學。所以照那十三篇兵書講，是先有戰鬥的事實，然後才成那本兵書。」

孫重貴在這本書中，特別描敘了孫中山在革命生涯中多次運用《孫子兵法》的事例。如 1911 年 10 月 10 日，當武昌起義的第一槍打響時，孫中山正在前往美國科羅拉多州的旅途中。10 月 12 日上午，他在丹佛市購買報紙時讀到「武昌為革命黨占領」消息，不由得驚喜交集。不幾日，國內革命黨人多次來電催促他回國主政。孫中山經過一番思考，決定暫時還是留在國外，走訪美、英、法三國政府，爭取國際上對新政權的支持。

孫中山認為：「當盡力與革命事業者，不在疆場之上，而在樽俎之間，所得效力為更大也。」因為孫中山長期流亡海外，與各國政要接觸較多且建立了一些關係，這一優勢任何革命黨人都無法相比。他認為上兵伐謀，其次伐交，革命政權若能通過「伐交」取得列強支持，就能站穩腳跟，徹底推翻清王朝。在這關鍵時刻，外交活動是「可以舉足輕重為我成敗存亡所系者」，於革命成功更有裨益。

他決定先從外交方面做出努力，協調革命黨與歐美各國的關係，籌措借款，然後再回國。孫中山從與各國政要的接觸磋商中，爭取到列強對中國反清起義後的新政權，採取暫不干涉、觀望和「中立」政策，這使他贏得了列強暫時中立的有利時機，立即回國部署革命政權的成立。

孫重貴稱，辛亥革命成功的一個重要因素是應用了《孫子兵法》的「勢」。孫子說：「故善戰者，求之於勢，不責於人，故能擇人而任勢。」這就是說，善於指揮全局的人可造就大「勢」。辛亥革命的成功正是以孫中山為代表的革命党人審時度勢，順勢而為，因時而變，才成就了一番大業，改變了歷史發展的方向和進程。

5. 香港著名詩人的〈兵聖孫武交響樂〉

「滄海桑田兩千年，孫子兵法十三篇，誰能識得此韜略，世界潮流必為先。」香港著名詩人孫重貴的詩歌〈兵聖孫武交響樂〉，發表在香港散文詩學會主辦的《香港散文詩》雜誌2011年6月號上，並廣為流傳。

孫重貴是國際華文詩人協會會長，香港音樂文學學會監事長，發表的百餘首詩歌已譜成歌曲傳唱被選入各種歌曲集，獲「冰心獎」、「文化藝術成就獎」。他的山水詩、生態詩、財經詩別具一格。

他還是香國際孫子兵法應用協會會長、孫武第七十九代子孫，對老祖宗的兵家文化情有獨鍾，曾創作〈孫子商法竹枝詞〉八首，寫〈兵聖孫武交響樂〉的散文詩自然有其獨特的感受。

他對孫子寫兵書的歷史背景頗為熟悉，春秋戰國之世，中國社會發生了長久、全面、激烈的震盪和變動，百家之學啟動了中國思想開宗的千古未見的一大運會。於是，他詩的開頭彌漫著春秋的硝煙：「春秋時代，風雲際會。大動盪、大分化、大變革、大改組——列強紛爭，英雄輩出。我看見一個偉岸的身影，統帥吳軍，叱吒風雲。運籌於帷幄之中，決勝於千里外。」

他多次赴孫子故里山東考察，孫武出生在齊國的一個軍事世家，祖父、伯祖父軍事思想和作戰經驗，都深刻地影響著和震撼著當時只有十幾歲的少年孫武，一個有血有肉、大智大慧的兵聖形象躍然紙上：「西破強楚，南服越人，北威齊晉，顯名諸侯，建立了不朽功勳，成為歷史天空中一顆燦爛的星辰。這位戰神是何許人也？他就是彪炳史冊的兵聖——孫武！」

他一次次走進《孫子兵法》誕生地蘇州穹窿山，置身谷中之谷，林中之林，探尋充滿智謀和神機的色彩孫武隱居地，在茅蓬塢中沉浸，在兵聖堂前遐思，才寫出：「春寒料峭，殘陽如血。齊國國都駛出一輛馬車，匆匆駛向南方，直奔吳國。馬車中走出的青年才俊孫武，走進了太湖之濱的穹窿山，避隱深居，靜觀時局，潛心著述。」

他對孫子的兵書情有獨鍾，對孫子的謀略無比推崇：「一部震

古鑠今的兵書寶典《孫子兵法》誕生了，一部智慧全書的《孫子兵法》誕生了。孫武胸中韜略，筆底波瀾。兵法十三篇，文能安邦，武能定國。誰能全爭於天下，誰能致人而不致於人，誰就能成為戰爭的贏家。」

他把《孫子兵法》的最高境界領悟的十分透徹：「戰爭與和平，人類的永恆話題。孫武是戰神，卻止戈為武，以戰制戰。非戰之戰。以智謀化解戰爭，以外交換取和平，這是何等非凡的思維，何等高尚的境界。」

他綜觀全球，先人遺作，歷經千古，廣為流傳，引以為豪：「孫武是智者，也是勇者，更是善者。智者能謀，勇者能戰，善者能愛。大智無惑，大勇無懼，大愛無疆。博大精深的《孫子兵法》穿越歷史的滄桑，依然閃耀著智慧的光輝，在現代文明世界依然大放光彩。」

他把古代的兵法與現代商戰的融合起來，深深感悟：「《孫子兵法》可以為王者師，為將者師，為學者師，為商者師。」於是，他發出了「給我一部《孫子兵法》，我會改變世界」的感歎，道出了千千萬萬孫子推崇者的心聲。

6. 香港學者稱全球有二十五億人學習《孫子兵法》
——訪香港國際孫子研究學院院長盧明德教授

原香港理工大學博士生導師、香港國際孫子研究學院院長盧明德教授在接受記者採訪時宣稱，全球約有二十五億人直接或間接在學習《孫子兵法》。

盧明德告訴記者，這個數字並不是他統計出來的，而是西方學者先提出的，說古今中外有二十五億人學習《孫子兵法》，引起了他的興趣和關注。他經過潛心研究，查閱了中西方學者的對《孫子兵法》研究、出版、傳播、應有的大量資料和相關資料，綜合分析論證，認為這個結論能站得住腳。這雖然不是一個精確數字，但也許還是個保守數字。

　　盧明德說，《孫子兵法》是中國古籍在世界影響最大、應用最為廣泛的著作之一，不僅是中華民族傳統文化的瑰寶，也是世界級別的智慧寶庫。它博大精深，影響了世界二千五百年的智慧與謀略，古今中外推崇備至。它所闡述的謀略和哲學思想，至今仍被廣泛地運用於全世界各個領域，在當代世界範圍內興起新一輪《孫子兵法》熱。

　　目前全世界《孫子兵法》的譯本已有數百多種之多，被譯成日、法、英、德、俄、朝鮮、越南、泰國、馬來、印尼、緬甸、捷克、西班牙、希伯來、波斯語等近三十種語言版本，出版的《孫子兵法》研究專著逾萬部，地域涵蓋世界各大洲。盧明德作了一個簡單的算術題：出版一部兵書發行量至少有一千冊，一萬部兵書就是千萬冊，一冊兵書十個人讀，就有一億人讀。

　　盧明德和黃熾雄博士於 2006 年創立香港國際孫子研究學院，致力於孫子文化的研究與傳播。他說，《孫子兵法》研究機構遍布全球，世界著名的商學院、軍事學院都有研究，專業或業餘的研究人員數不勝數。近來年，《孫子兵法》越來越受中外政治家、軍事家、思想家和企業家的重視，已融入了現代軍事學、管理學、經濟學、社會學、教育學、情報學、行為學等諸多學科之中。全球孫子研究學者的學術論文數以萬計，開設的課程和講座不計其數，直接或間接在學習《孫子兵法》的恐怕都是上億的。

　　如今網路資訊、電視傳媒發達，《孫子兵法》的影視劇、動漫收視率非常高，全球的觀眾也是上億的。盧明德舉例說，中國國家主席胡錦濤贈送給美國總統布希《孫子兵法》，僅美國電視台播出就有三億美國民眾知道，這還不包括全球的觀眾。中國總理溫家寶與美國國務卿希拉蕊談《孫子兵法》，道明同舟共濟的真正來歷和涵義，這條新聞在全球各大媒體和互聯網顯著位置出現，億萬受眾關注。

　　談到全球許多企業在應用《孫子兵法》時，盧明德分析說，日本、韓國、香港、台灣及世界各地，應用《孫子兵法》從世界五百

強企業發展到中小企業,有萬人企業,也有數十萬人的特大型企業,華人社會估計在全世界有十四億人,把這些數字加起來,熱衷於研究、應用孫子思想的數量在全球相當可觀。

盧明德指出,中共六屆七中全會提出要「弘揚中華文化」,實施推動中華文化走出去工程,增強國家文化軟實力、中華文化國際影響力。文化是一個民族的精神和靈魂,是一個國家立於不敗之地的決定性因素。包括兵家文化在內的中國優秀的傳統文化,是中華民族的重要凝聚力,是祖先留給炎黃子孫最好的智慧之源。

《孫子兵法》作為最優秀的中國傳統文化之一,所蘊含的深刻哲理和豐富智慧,對維護世界和平有重大的貢獻。盧明德表示,其中一個高層次的智慧,是「不戰而屈人之兵,善之善者也」,其中一個例子,是大國以軟實力及硬實力和小國和平相處,使小國心悅誠服的敬服大國,對促進世界發展及和平具有十分重要的參考價值,已越來越多地被世界所認同、所接受、所傳承。

盧明德預示,《孫子兵法》將是繼孔子學院遍布全球後,又一個在全球有重大影響力的中華文化品牌,必將在全球研究越來越濃,傳播越來越熱,應用越來越廣,影響越來越大。

7. 香港儒商論孫子古謀略與新經濟
——訪香港協成行集團主席、方樹福堂基金會主席方潤華

「《孫子兵法》實際上是一部戰國謀略攻伐之書,歷經二千五百餘年之滄桑,事異時移,而它的哲學思想至今仍放射出璀璨的光芒」。八十八歲高齡的香港協成行集團主席、香港方樹福堂基金會主席方潤華在接受記者採訪時,仍思路敏捷,精神滿腹。

方潤華是廣東東莞人,香港「地產大亨」,被《福布斯》選為亞洲慈善英雄,曾獲中國政府頒發最高榮譽「中華慈善獎」,是香港著名愛國企業家、慈善家、社會活動家。他經商五十多年,而研究孫子有六十餘載,出任《孫子兵法》誕生地的蘇州孫吳子研究會名譽會長。

圖為香港協成行集團主席、方樹福堂基金會主席方潤華

方潤華贈送給記者由他編印的《如何將中國兵法運用於工商業》的紅本子，彙集了中國兵法之精華，上面題寫了「永留天地間」。

難能可貴的是，耄耋之年的方潤華思維既有古典哲學，又有現代理念。他在《略論孫子兵法與商業競爭》一書中寫道：「在今日資訊時代，新經濟大行其道，以為曠古未有之奇變。處此變局，恰如賽跑。潤華於孫子之書，經年窮索，驗之實際，深感此書之妙，實在是今日新經濟謀略之無盡寶藏也。」

今日新經濟之商戰，勝敗安危全系乎資訊，得資訊者得天下，失資訊者失天下。方潤華對記者說，孫子所云居利之地者，實即尋找一資訊高地也，以資訊戰理論解釋，就是要取得敵我的「資訊不對稱」。所以我之優勢，必在居易利之地。所謂利者，通也，資訊暢通，無所不知；所謂易者，簡也，環節簡明，減少運作成本。

方潤華運用孫子的地形觀詮釋說，今日投資當選擇一人地兩宜，風土熟悉之地，而所投資領域必須構築起資訊高地，遂能與對手形成競爭態勢。企業拓展海外市場，在資訊等諸多方面不能和本土競爭對手相比，這種不對稱態勢於我不利，則須慎思區處之策，尋找發展高機。如果有就抓住機遇，大幹快上；如果毫無機會就全身而退，不作無謂之消耗戰，做到審時度勢，進退得宜，永居不敗之地也。

在談到現代企業如何啟用人才時方潤華說，孫子總結戰爭取勝之道有五，其一即「能而君不禦者勝」。出師行軍，大將最重，一

軍之勝敗，一國之安危，系其一身。企業之高階經理人，須有統禦各級主管之能力，各級主管又須有統禦員工之能力，否則威權不立，事事無成也，「將之至任，不可不察也」。

今日商場企業，方死方生，盛衰無常，正所謂你方唱罷我登場。方潤華總結出一般投資者常見弊病二十九條，其中為害最大者，當數羊群心理，盲目投資，有勇無謀，貪多求大，不自量力，知進不知退，知買不知賣，此領域一躍而起，彼領域一敗塗地。如此種種，實未能領悟孫子九變之戰略。

方潤華告誡，在孫子時代就重視「廟算」，籌畫廟堂之上，決勝於千里之外。今日生逢資訊爆炸、網路縱橫之新經濟時代，萬事無完美，有利必有害。決策者若能定、靜、安、慎、慮，正確判研，通盤考慮，洞悉市場，趨利避害，方能立於不敗之地。

方潤華認為，在新世紀經濟全球化的今天，中國企業正面臨著前所未有的挑戰，需要以更高的智慧和勇氣巧妙面對，而《孫子兵法》古謀略將在新經濟時代發出新的光芒。

8. 方潤華五十年香港營商話兵法

香港協成行集團主席、方樹福堂基金會主席方潤華，是香港商界的元老之一，其擁有近百億家產，他自上世紀六十年代已活躍於香港地產界，創辦的老牌地產商號「協成行」，在香港無人不知，與霍英東、鄭裕彤、李嘉誠等地產界老行尊平起平坐。方潤華能夠在競爭激烈的香港地產界屹立不倒，其中一個重要原因是遵循了《孫子兵法》的「道」。

回顧五十多年的經營經驗，方潤華總結了企業成功之道九大要素，充滿了兵法和智慧和謀略——

誠信為本，真誠待客。孫子說「主孰有道」，為將五德其中一條是「信」字，講究誠信和信用。重道義守正道是兵家的思想和品德，也是商家必須遵循的。信譽是企業之最大資本、是成功的基石，文明經商、提高信譽是走向成功之第一步。

學會妙算、瞻前顧後。孫子提出「多算勝，少算不勝「。無論是投資還是做生意，買股票及談生意之前，均應計算可能虧蝕之百分比，自己能否應付及是否承擔得起？借款前要考慮還本付息的能力，不可過度借債。

審時度勢、隨機應變。務以「保守、保本、保險、保健」為宗旨，活學活用《孫子兵法》，何時攻？何時守？根據時勢及當時的環境、能力而定，做到進退有序、攻守自如。

危中有機、逆境求變。孫子告誡「智者之慮，必雜於利害」。企業經營危機無所不再，如掌握得宜，恰是事業發展的契機及推動力，只要勇敢面對，化危為機，逆境就可能是成功的前奏屈。

掌握資訊、緊貼市場。孫子名言」知彼知己，百戰不殆「。要調查分析各路消息，切忌「羊群心理」，盲目跟風投資、投機，在決定投資前要靠個人的智慧、信心和判斷力作出決策。

制度清晰，獎罰分明。孫子說強調「善用兵者，修道而保法」。又說「賞其先得者」，「卒善以養之」。確保必勝離不開法度，加強企業管理，調動積極因素，對於員工要功過有別，不可混淆含糊。

與時並進，以德服人。孫子主張「以智克力」、「以柔克剛」、「以德服人」、「天人合一」。公司「舵手」應多讀書、多思考、多諮詢，不能以偏概全，誤聽流言、偏聽偏信。應廣納賢才，集思廣益，建立優秀團隊，集體管理，慎重選擇及培訓接班人。

靈活機動，當機立斷。孫子強調「因敵而致勝」。不可與股票或某種貨品「談戀愛」，萬一形勢不對就要儘快「斬纜」及止蝕。世事無絕對，每隔三、五年時勢便有變動，投資一個項目，如經過五年觀察不見效果，就要中止，改變方向，不可固執己見，一路輸下去。

縝密思考，長運不衰。孫子宣導「慎戰」。經商是一門精深的學問，千變萬化，相信只有謙遜謹慎、虛心學習的人，才能闖出一片天地，最終踏上成功之路。

9. 方潤華的兵法、智慧、人生

2006 年 3 月 19 日香港大公報刊登消息，中國孫子兵法研究會正副會長姚有志、吳如嵩少將一行蒞港，前往方樹福堂基金探望該基金主席、蘇州市孫武子研究會名譽會長方潤華。姚有志等盛讚方潤華充分運用孫子兵法於商業活動，並提出聘任方潤華為該會特邀理事。方潤華高興接受，希望更好地宣傳和弘揚此一中華文化瑰寶，共同為世界和平貢獻力量。

方潤華出生於 1924 年，祖籍廣東東莞。1948 年他協助父親方樹泉在中環創立「協成行」，經營工業原料，很快發展成企業集團，成為香港開埠以來首批大地產商之一。六十年過去，「協成行」這一老牌地產商號執著而穩健，依舊在香港唱響大風，這與方潤華把成功總結是得益於中國傳統文化，尤其是古代兵法給了他特殊而深遠的教益和影響。

因為生逢戰亂，方潤華雖然沒有機會念大學，但非常重視中華文化。他認為，中華文化歷經數千年不會消亡主要是因為很特別，中國文字深奧而有哲理，與西方文字有很大的不同。比如中文是「危機」，在危險看到機會；中文說「錯失」，即做錯事就會失去一些東西，英文裡卻有錯而沒有失。站在香港這個中西文化交融的制高點，方潤華點評中西文化洋洋灑灑、信手拈來。在採訪中，他不時冒出一些蘊含哲理的孫子警句。

方潤華告訴記者，「協成行」的發展經歷了抗日戰爭、解放戰爭、朝鮮戰爭、1983 年中英香港談判、1997 年香港回歸、亞洲金融風暴等很多風波，又上又落，最終經受住了考驗，《孫子兵法》對我的影響很大。人生若想出類拔萃，必須靈活運用前人的智慧，中國古代的智慧，今日仍能大派用場，這是中國人的驕傲。如何將中國兵法，包括孫子、孫臏、吳起、孔明、劉伯溫、鬼谷子等的智慧，運用於企業運營，是一個非常重要的課題。

《孫子兵法》最重要的一點是「知彼知己」。2003 年，方潤華判斷香港地產市場調整基本到位，存在巨大投資機會，斷然出擊，

先後斥資近七億元購入中環金城銀行大廈、尖沙咀崇山大廈以及港島南區大潭道紅山廣場，變成今日的協成行中心，升值了一倍多。方潤華說，這裡所運用的就是毛澤東兵法「敵退我進，敵進我退」的戰術。

方潤華之所以高人一籌，是他集各家兵法智慧，從中探索從商的真諦，把學習的體會和感想編寫成書，指導本企業的經營活動，還贈送給各地圖書館和友人，提供給別人參考。他的《孔明兵法運用於工商業》一書，獨具匠心地分為〈將器篇〉、〈將弊篇〉、〈將志篇〉、〈將剛篇〉、〈智用篇〉。從不同的方位和角度，汲取古代兵法之精華，演變為自己的從商謀略，應用於商場之中。

有了這些兵法智謀，做起事來就穩健，穩中求勝。方潤華經商的金科玉律是「保守經營，穩穩陣陣」。他只求「開慢車，求寸進」，穩健當頭。他不同意過分地投機冒險，甚至不同意「失敗是成功之母」的說法，不能忍受全軍覆沒。

方潤華始終遵循孫子的告誡居安思危，慎之又慎，隨時洞察商場風雲。1997 年 6 月香港金融風暴爆發前夕，他已預料到香港的經濟泡沫即將爆破。一日，他偶然看到雜誌上一幀照片，一個小孩在車內正愉快地吹肥皂泡，立即聯想到香港當時的經濟，很快就會像肥皂泡那樣破裂。於是，他將這照片保存下來警示自己。不久，香港的金融風暴真的發生了，因為他早有準備，採取了防患措施，在金融風暴中只輸少許，避免了重大損失。

10. 方潤華的經典「兵法語錄」

香港協成行集團主席、方樹福堂基金會主席方潤華，作為一個商海人士，他除了投資房地產，也投資股票，運用《孫子兵法》獲勝。他把三十年來總結出來的「股票兵法」公諸於眾，告誡千千萬萬的小股民：不可貪平、貪細股票及弱勢股；冷門股投機，避之則吉；狂升勿追，提防一時迷惑；萬一買錯，輸 20% 就要切割，忍痛拋售；票是用紙印出來的，只是一種籌碼，不宜當「古董」長久持有；適

時上車,適時下車;散戶投資者要做「五保戶」,即保守、保本、保持鎮靜、保障身心康泰和保障家人生活安定⋯⋯

像這樣的經典「兵法語錄」,在方潤華精金百煉的生活和事業中「點石成金」,在他平時的言談中常有「金玉良言」,在他的《言論集》和《永留天地間》的小冊子裡也成「金科玉律」——

《孫子兵法》時至今日仍有它實際的參考價值和現實意義,學習兵法,貴在運用,要像毛澤東所說的「活學活用」;

孫子富有睿智和卓見,只要看准和掌握危機中的「機」,高瞻遠矚,先見而不惑,能謀慮,通權變,就可以化不利因素為有利因素,變被動為主動,轉危為安,渡過難關,通向勝利;

「知彼知己」是企業經營的手法,對市場調查、產品品質、客觀因素等必須有自知之明。成功出眾者,先知也。先知者才能獲勝。以敵為師,向敵方學習,是商戰的一著好棋;

孫子經五事校七計的原理,運用於工商業,必須注意企業管理階層的決策是否英明,注意提高企業的資金、人力、物力、技術、地理環境的有利條件等;

物競天擇,智勇生存。一般商人的通病是有勇者無多謀,有謀者多無勇,智勇雙全者,乃良將也;

如果能製造精良的產品,卻沒有發揮宣傳和交易上的謀略,胸無成竹,就迷迷糊糊地進入交易,就會在市場的爭奪戰中落敗;

孫子用兵之道是「形與勢、虛與實、奇與正」。不論從事何種經營,除了使用正攻法之外,還應能巧妙地利用奇法;

在任何行動之前,應該先客觀地洞察各種情況,減少主觀的看法,多加客觀的研判,才是明智之舉。進十步,不妨退三步,待觀察清楚,然後再前進;

生意之道,必須要「定、靜、安、慮、慎」,即是要有部署,無論投機還是投資都要有定性,不可以意氣用事,經驗尤其重要;

要相信「旺久必衰、衰久必旺」,因為淡市和旺市是不會永恆不變的,達到了一定的條件就會向相反的方向變化和發展。淡市中

宜守不宜攻，宜靜不宜動；

經營工商百業不進則退，缺乏勇氣、眼光、智慧、靈機、組織力，很容易退步，但是過分投機、激進和盲目投資，容易被挫敗。要因時制宜，識時順勢，掌握良機，創造輝煌的業績。

方潤華投資金句有：「忍耐待時」、「遲走一步，機會便可能永久消失」、「順境時要謙遜，逆境時要忍耐」、「市場漲跌如浪潮，漲得越高，跌的越低」、「高處每每不勝寒，價位太高勢必危」、「失敗未必是成功之母，一次大失敗可能從此爬不起來」、「借債經營商業，等於店內有了吸血蟲」、「穩紮穩打是上策，輕敵冒進必失敗」、「積經驗成智慧，積小財成大財，積小勝成大勝」。

11. 香港學者稱太史公是孫子首研者

香港學者曾志雄考證，最早把孫武當作歷史人物而記述他的生平事蹟的是《史記》中的〈孫子吳起列傳〉，這個記載具有廣泛的歷史事實基礎。《史記》中多處評價孫武之功業。可以說，司馬遷是研究孫武的首創者，也是為中國古代最偉大的軍事家孫武立傳的第一人。

曾志雄是廣東中山人，二歲就到香港。現在香港城市大學中文翻譯語言系擔任講座教授，研究《孫子兵法》二十多年。他利用研讀古書的經驗，看《史記》、孫子注釋、司馬兵法、曹操兵法。他對記者說，孫武是世界軍事史上的顯赫人物，可是歷史上有關他的生平資料卻十分模糊，也不完整。漢以前典籍中，很少孫武的記載，只有《尉繚子》、《荀子》和《呂氏春秋》提到孫武，但都隻言片語。

曾志雄告訴記者，《尉繚子·制談》：「有提三萬之眾而天下莫當者誰？曰：孫武子也。」《荀子·議兵》：「孫武、吳起用之無敵於天下。」《呂氏春秋·上德》：「闔閭之教，孫、吳之兵，不能當矣。」因《尉繚子》中和吳起對舉的武子是孫武，所以人們把先秦常見的「孫、吳」理解為「孫武、吳起」的定式，特別是闔

閭和孫武有密切關係，所以《呂氏春秋》中的「孫、吳」因出現「闔閭」也理解為「孫武、吳起」。

最早把孫武當作歷史人物而記述他的生平事蹟的是《史記・孫子吳起列傳》。曾志雄說，司馬遷根據文獻記載，並到吳國古戰場實地考察和社會調查，第一個在《史記》中為孫武作了傳記，以生動形象的筆法，詳細描寫了「吳宮教戰」等重要場面。該傳記通過對這篇原始資料重新考辨，可以進一步地理清孫武宮庭勒兵、仕吳時間、孫武和孫臏之關係等幾個基本問題。

根據這篇最早的傳記，可見孫武原為齊人，而到吳國發展，與吳王闔閭同時。闔閭西元前514年至前496年在位，屬於春秋末年。此外，孫武與孫臏在歷史上是兩個人，後者晚於前者一百多年，是前者的子孫。曾志雄認為，這是《史記・孫子吳起列傳》有關孫武資料的重要內容。

曾志雄考證，孫子「以兵法見于吳王闔廬」此句，說明孫子不是自己主動獻兵書給吳王的。司馬遷用「以兵法見于吳王闔閭」而不寫作「以兵法見吳王闔閭」，相差一個「于」字，是兩個不同的意思，前者是被動句，後者是主動句；當中的「于」字是個被動記號，是略懂古代漢語的人都得同意的。

他接著闡述說，原句的被動意思就是「因為他的兵法著作而被吳王召見」，沒有「于」字的主動句的意思是「他拿兵法求見吳王闔閭」，兩者所顯示的孫武進見闔閭的態度和身分截然不同。前者是吳王對孫武優渥寵召，後者是孫武干祿求見；榮辱貴賤，並不相同。也只有在闔閭慕名召見之下，孫武才不用先行推薦自己的兵法，而吳王劈頭向孫武探詢兵法的實效，也就自然不過了。

中國《史記》研究會常務副會長張大可對曾志雄的考證給予充分肯定，稱找到了他多年想找但沒找到的證據。

12. 香港學者論孫子殺姬與吳王愛才

香港城市大學中文翻譯語言系講座教授曾志雄向記者介紹說，孫子吳宮教戰殺了吳王兩個寵姬，一直成為中國古代兵家嚴格治軍的經典案例，成語「三令五申」最早也出自《史記‧孫子吳起列傳》。

據《史記》記載，西元前 512 年，吳王闔閭仔細閱讀了孫武晉獻的兵法十三篇，又召見他進行了廣泛的交談，內心非常敬佩，但又心生疑竇，在諸侯國間雄辯善談的說客很多，他們往往缺乏真才實學。為了試探孫武的軍事才能，吳王從後宮挑選宮女一百八十名，領到練兵場上，交給孫武演練。孫武將她們分為兩隊，指定兩名吳王寵妃為隊長，執黃旗前導。

演練開始，隊伍一片混亂。孫武為嚴肅軍紀，要求處斬兩名隊長，吳王為兩名妃子求情，孫子不許，堅持將兩位妃子處斬。另選兩人為隊長，再演練時，所有動作完全符合要求。孫武向吳王稟報後，吳王傳旨「就館舍」，自己卻沉浸在痛失愛妃的傷悲之中。

在整個勒兵過程中，孫武以軍法當眾斬殺吳王寵姬之時，吳王闔閭下令禁止也不留手；闔閭既捨不得失去愛姬，但愛姬被孫武處死後卻又不加追究，最後還被孫武批評為「徒好其言」。司馬遷正是利用這幾處行文流露他史筆的樸實凝練，渾然一體，並以此勾勒出孫武在吳國享有的地位和敬意。

曾志雄認為，試想，身為外來人，如果沒有吳王的優尊禮遇，孫武即便想刻意一露兵家本色，諒也不敢在吳王下令「寡人非此二姬，食不甘味，願勿斬也」之後，不顧自身安危而貿然殺姬。況且吳王「願勿斬也」的請求，語氣也表露出相當給他面子的樣子。傳文描述孫武所受到特殊待遇貫穿全篇：

其一，吳王在不加追究之餘，還以「子甘休就舍」一語結束這次演兵，頗有慰解孫武之意。句中的「就舍」在《史記》中又作「就館舍」，是君王禮遇賓客的用語，如果吳王不把孫武當作貴賓，何以說「就舍」？東漢袁康、吳平的《越絕書》卷二記載：「巫門外大塚，吳王客，齊孫武塚也。」更清楚說明孫武為吳王客。

其次，「就舍」也表示了留用之意，似乎吳王深怕孫武一走會被他國挖走。因此，孫武在宮庭勒兵中演出斬美情節，雖然有點超出人情之常，但只要注意到這幾個重點細節環環相扣，互相呼應，就看到這是嚴密的歷史筆法而不是文學的浮誇。

其三，孫武是兵家第一人，前所未有。吳王因看過孫武的著作而召見孫武，叫他在自己眼前小試勒兵，此乃人之常情。相反，對於戰將來說，勝負本乃兵家常事。《銀雀山漢墓竹簡》中，又有〈吳問〉一篇殘簡，記載吳王和孫武的問答。如果說孫武宮庭勒兵是初見吳王時小試牛刀的話，那麼吳問便應該是勒兵之後「卒以為將」的後續對話。〈見吳王〉、〈吳問〉和「勒兵斬美」同樣顯示了吳王闔閭對孫武的尊崇和重視。

據此，曾志雄認為，司馬遷如果光從戰事的勝敗來描寫這樣的一位兵法奇才，未必能夠顯出他的英雄本色；況且孫武這個兵聖早已在十三篇兵法中明言「百戰百勝，非善之善者也」以勝負論孫武，實不足道，只有借助這次宮庭勒兵的表現和所受待遇的殊榮，才能突出這樣罕有的歷史軍事人物，同時也顯出太史公獨特的撰史筆法。

13. 香港三聯書店讀書會孫子兵法開講者
——訪香港嶺南大學持續進修學院學務主任邱逸博士

2008 年 10 月 14 日，香港媒體發出一則消息：中西方的兵學有何異同，孰強孰弱？《孫子兵法》是否有益於後世呢？三聯書店於本月 18 日下午舉行的「月讀·悅讀·讀書會」，請來嶺南大學持續進修學院講師邱逸博士，通過對中國兵學經典《孫子兵法》的講解，從史學和兵學的角度去探討這些問題。

邱逸 1974 年出生，廣東潮州人，歷史學博士、時事評論員，是香港出類拔萃的年青一代孫子研究學者。他專研宋史、軍事史及近代史，尤專於孫子研究，曾在大學教授軍事史及《孫子兵法》。

他的碩士研究〈宋代的孫子兵法研究〉破格升為博士研究，成為港大中文系首位沒有碩士學位的博士生，也是香港為數不多的兵學論文獲博士學位的學者。現為嶺南大學持續進修學院學務主任及高級講師。

自 1998 年起，他曾任職報社，擔任評論版編輯，在報章上評論財經及國際問題達十年之久，其評論領域多涉及國際與兩岸關係，文章見諸於《星島日報》、《成報》和《經濟日報》。

邱逸發表評論文有〈讀《世界是平的》〉、〈解讀日本退出「四國聯盟」〉、〈中國不再韜光養晦了嗎？〉、〈各種背景下的最佳策略〉、〈兩岸關係格局不變〉、〈兩岸與兩韓·與南方朔先生商榷〉、〈美國在台灣問題上的戰略意圖〉等，引起讀者關注。

在三聯書店邀約開講前，邱逸已就兵法和戰略舉辦多達六十多場的講座，較受歡迎的包括為資優學生演講的「兵法與人生」；為中小學生而談的「神奇的兵法世界」；及面向社會大眾的「西洋棋對圍棋——西方的脅迫與中國的突圍」。三聯書店希望邱逸能以純軍事的角度講解中國的兵法，並介紹其為「香港最嚴謹，最正統的《孫子兵法》研究者之一」。

邱逸在三聯書店開講的「風雨飄搖五百年——西方鐵蹄下的孫子兵法」，講述了五百年來西方諸國並起，窮兵黷武，血流成河，人類歷史進入了世界範圍內的戰國時期。這對二千五百年前誕生於中國的戰國年代的，被後世推崇為「百代談兵之祖」的《孫子兵法》是嚴

圖為香港三聯書店中國兵書版本眾多

峻的挑戰，中華民族如何運用孫子的智慧解救民族於強敵鐵蹄下呢？邱逸對此作了精彩的詮釋。該講座成為最受歡迎講座之一，在短短四年共開辦十場之多。

「西洋棋對圍棋──西方的脅迫與中國的突圍」，講述中西方戰略思考的異同，以圍棋棋法為例，說明中國在以美為首的西方勢力包圍下，如何突破和發展，特別是正在復興的中國如何揚長避短，守著重要的戰略機遇期。

2008 年至 2010 年，邱逸連續三年在各大教學機構開設孫子講座，還講了「中西兵法與戰爭觀」、「兵以詐立與仁至義盡」、「戰與和、抗與退的抉擇」、「讀孫子‧善謀略」等課程。

「中西兵法與戰爭觀」介紹世界戰爭史輪廓與中西方戰爭觀，由石器時代到二十一世紀人類戰爭形式的轉變，對東西方兵法文化進行比較研究，凸現中國兵家文化的特質和東方智慧；「戰與和、抗與退的抉擇」以朝鮮戰爭為例，講解《孫子兵法》的要旨；「讀孫子‧善謀略」則以商場「博弈為實例，帶出《孫子兵法》的謀略。

邱逸向記者透露，他參加過多次內地舉辦的《孫子兵法》國際研討會，目前在嶺南大學上孫子課，每週一課，聽課的都是成年學生。他的孫子專著《兵書上的戰車》將在 2012 年由香港中華書局出版。

14. 香港學子宋代兵學論文獲博士學位

「宋代兵書的數量遠遠超過以往任何一個朝代」、「宋朝兵書著者身份呈現多樣性」、「宋代兵書的種類繁多」……這是邱逸在香港大學中文系碩士研究〈宋代的孫子兵法研究〉中的論點。此文使他破格升為博士研究，成為港大首位沒有碩士學位的博士生，也是香港為數不多的兵學論文獲博士學位的學者。

邱逸考證，「杯酒釋兵權」的宋太祖趙匡胤曾採取一系列「崇文抑武」政策。到了仁宗趙禎在位時，著述兵書的情形有了翻天覆地的轉變，不僅「士大夫人人言兵」，仁宗更是中國歷史上第一位

親撰兵書的皇帝，其《攻守圖術》三卷、《神武秘略》十卷、《行軍環珠》及《四路獸守約束》一卷等四部兵書雖已佚失，但他下令編修大型軍事類書《武經總要》作為將帥的教授書，這更是前朝所無之舉。

此外，始立於仁宗天聖七年的武舉常選制度，在英宗趙曙朝終成定制，武舉考試形式仿照文試的明經科，英宗更開創先河，在武試題中引入古兵書的內容，以古兵書作為考試的範疇，其時宋廷對兵書的重視已非宋初時可比。神宗皇帝趙頊對兵學的態度更為進取，把古代七部兵書置於「經」的位置，稱作《武經七書》，並設立武學作為研習兵書的場所。這種對兵書的重視態度，都是宋代以前所無的。

宋朝「兵學興盛」有三個具體標誌。邱逸在他得博士論文中論述道，首先，宋朝兵書的數量為歷朝歷代之最。《漢書・藝文志》所著錄的兵書有 53 部 790 卷，圖 43 卷；《隋書・經籍志》著錄的兵書有 135 部 512 卷；而《宋史・藝文志》著錄的兵書竟多達 347 部 1,956 卷之多。但是，根據近人許保林的整理，宋人著述兵書的實際數字遠較《宋史・藝文志》所載為多，達 559 部。

其次，宋朝兵書著者上至天子，下及在野文人，他們有研究古代兵書的學者，有著名文人，有朝中樞臣和邊疆大吏，更包括了不同階層的官員。就以北宋兵學著述最興盛的的仁宗到神宗朝為例，撰寫兵書而官至宰輔者包括了曾公亮、丁度、韓縝、薛向、王存、王韶、張商英及呂惠卿等八人，其他職銜的官員更是不勝枚舉。宋代兵書著者職級之高，涉及官員之多，也是前代所沒有的。

再次，兩宋兵書包括了注解類、權謀類、兵錄類、兵鑒類、兵制類、兵器類等十二種類，內容不僅遍及古代兵書的各個領域，還有所創建。宋人或匯輯前人兵學研究成果，或整理校勘古兵書典籍，或分門別類摘錄歷代兵論和戰例，兵書如《武經總要》、《武經七書》、《十一家注孫子》等書，系統地保存了古代兵學的珍貴資料。

此外，宋朝兵書還十分注意從新的角度，在新的領域裡探討兵

學原理，如專門論述謀略戰法的《百戰奇法》；專門論述兵制的如《歷代兵制》、《補漢兵制》、《西漢兵制》；專門論述軍事歷史人物和事件的《何博士備論》、《百將傳》、《宋朝南渡十將傳》；專門記述防城制度的《守城錄》等，皆言前人之所未言，推陳出新，完善了中國的兵學體系。

邱逸現為香港嶺南大學持續進修學院學務主任及高級講師，他在梳理宋代兵書時發現，作為《武經七書》之首的《孫子兵法》，在宋兵書發展中處於最重要的位置，不僅研讀者眾、注本最多、官方最為重視，並且和宋代的武舉取士關係最為密切。宋代兵書在版本校勘、注解講義、集注匯解、分類輯編等方面，均對《孫子兵法》研究有突出的貢獻。事實上，《孫子兵法》的兩大體系《武經七書‧孫子》版及《十一家注孫子》版都是在兩宋期間完成的。

15. 香港學者邱逸解答宋代兵學疑案

香港學者邱逸在孫子研究中提出一個為歷代所忽視的問題：宋廷既有著明顯的「崇文抑武」的傾向，但宋人著述兵書的數目卻較前朝有大幅度的增加，如何解釋「崇文抑武」和「兵學興盛」兩個看似矛盾的現象共存呢？

宋朝「兵學興盛」有三個具體標誌。邱逸在他的博士論文中論述道，宋朝兵書的數量為歷朝歷代之最，宋代兵書總目較唐代增長了 158%，較秦漢以來一千一百多年的兵書總和還多；宋朝兵書著者著者職級之高，涉及官員之多是空前絕後的；兩宋兵書有十二種類，內容遍及古代兵書的各個領域，還有所創建。

對「崇文抑武」和兵書發展的矛盾關係，邱逸研究後認為，「抑武」和「崇文」兩項都影響著宋代兵書的撰述，前者規範了宋人撰述兵書的領域，使兵書在宋廷許可的範圍內撰述；後者則通武舉文試等方法，引導兵書的發展，特別是《孫子兵法》詮釋方向。

宋廷「崇文」的一面，卻對「兵學興盛」有重大影響。太宗朝始，文人漸成兵書著述的主流，文人論兵現象在仁宗時到達了一個

高潮，這除了因為外患深重、人熱心國事外，文人長於文字而短於領兵的特點，也是因素之一，因此，武風熾烈的五代，其兵書數目反遠不如「崇文」的宋代。

另外，武舉制度和官定兵書對「兵學興盛」也起了推波助瀾的作用。和前代不同，宋武舉重文輕武，「墨義試」，主要環繞《孫子兵法》內容、注文作題，有助《孫子兵法》合注體的形成和豐富；「策問」以《孫子兵法》用兵原則為試題，催生了以《孫子兵法》理論來討論史事的兵書，兩宋的「以史論兵」的兵書與武學講義書的出現，實有著武舉的影子。

對「兵學興盛」影響極大的武舉也深受趙宋「崇文抑武」心態影響。武人地位低微，試生多視武舉為終南快捷方式，目標仍是置身文官之列，武舉生及第後其檔案多放於吏部而非兵部，多以鎖廳試換文，形成了兩宋特有的「武舉及第——鎖廳換文」的致仕之法。

邱逸現為香港嶺南大學持續進修學院學務主任及高級講師。據他介紹，其研究另一重點是梳爬宋人對《孫子兵法》的貢獻，主要包括：

首先，宋代是兵學合流的時期。這合流有兩條脈絡：一方面是《孫子兵法》體系內的合流，另一方面則是古兵書合流。前者指的是《孫子兵法》是合注體的合輯，北宋由「五家注」到末年的《十家孫子會注》，再發展至南宋的《十一家注孫子》，注家越收越多，內容則越見豐富。後者則是從北宋初年《兵法七書》、宋太宗時的《太平御覽‧兵部》到神宗時校定《武經七書》。另外，據邱逸考證，《十一家注孫子》和《武經七書》有著「注」和「經」的關係。

其次，北宋《何博士備論》成書開創了注《孫子兵法》的新體例——「以史論兵」，此補充了唐「以史注兵」的不足，通過對人物事蹟的評論，帶出兵法原則的討論，史事在兵書的詮釋作用上不再是條條的「死資料」，而能發揮更大的作用，集中一人或一事論兵，條理清晰，重點突出，且靈活多變。史書和兵書互通，史例不再只是兵書的注釋，而兵法也可反過來解釋歷史上的治亂興衰。

再次，《孫子兵法》作為武舉試書、武學教授書，又進一步使冀以武試進仕的考生對《孫子兵法》投入更多的關注，大大有助對《孫子兵法》的研究，更為集注本《十家孫子會注》的面世提供氛圍。形成了以《武經七書》及《十一家注孫子》兩大存世版本，此兩本迄今仍是研究《孫子兵法》學者的經典。

16. 香港石油公司老總「販賣兵法」

香港中華廠商聯合會、壓鑄總會、金屬業協會、螺絲業協會、製造業聯合會、旺角街坊會……記者在香港會展中心舉辦的創意企業頒獎大會上看到，幾乎全香港的中小企業都來了，幾乎所有經理人稱他為老師，都聽過他的孫子講座。他叫溫昭文，是香港壓鑄及鑄造業總會榮譽會長、香港力孚石油有限公司董事總經理。一個「販賣石油」老總怎麼會去「販賣兵法」呢？這要從他《孫子兵法》誕生地蘇州穹窿山旅遊說起。

買兵書「買」到了兵法協會會長

昭文今年不到五十歲，個頭不高，戴了副眼鏡，長的人如其名，溫文而雅。他的學歷也「很人文」：香港工業專業評審局院士、美國普萊斯頓大學管理哲學博士研究生、澳洲南澳大學工商管理碩士、中山大學行政工商管理碩士，還獲北京大學總裁研修證書。他嫌文的還不夠，再來點武的，可

圖為香港力孚石油有限公司董事總經理溫昭文收藏的一百多版本《孫子兵法》

謂文韜武略。2007 年，他來到蘇州穹窿山，兵聖孫武曾隱居在這密林深處充滿智謀和神機色彩的茅蓬塢，寫出天下第一兵書《孫子兵法》。

參觀了孫武苑、兵聖堂後，溫昭文對孫子崇敬有加，想買一本《孫子兵法》帶回香港研讀，無奈山上的兵書只展不賣。他一再要買，工作人員看它這麼執著，就把當地孫子研究會會長談世茂的聯繫方式給了他。溫昭文與譚會長一見如故，從此交上了朋友，也與孫子有了不解之緣，還當上了《孫子兵法》誕生地蘇州吳中區孫子兵法研究會的名譽理事。現在，他已收集到《孫子兵法》書籍一百多部。

讀兵書讀出「兩個腦袋一台潤滑機」

有了兵書，溫昭文如癡如醉，抽空就讀。自 2008 年起，他連續四年參加在蘇州舉行的中國《孫子兵法》研討會，向孫子專家學者吸收與學習最新的研究成果，得到了大量的一手研究資料，在香港雜誌連載孫子與香港商業現實結合的相關文章。

用溫昭文的話說，他對孫子的追求用數字表述是「一二三」：樂安首尋，赴孫子故里山東惠民（古稱樂安）參加「孫子故里兵學論壇」；銀雀二訪，赴銀雀山兵法竹簡出土博物館探訪；穹窿三謁，每年 5 月 12 日代表香港參加國際性孫子紀念活動。他的太太告訴記者，自從溫昭文迷上孫子後，有了「兩個腦袋」，一個是自己的，另一個是孫子給他的，他變的智慧型了；他是做潤滑油的，孫子又給了他潤滑機，石油生意也越做越「潤滑」。

代講兵法講出個香港中小企業「兵法講師」

一次偶然的機會，香港一場商業講座主講人臨時有事，讓溫昭文代課。從來沒上過講壇的他，一上場就緊張，出了一身汗。就在將要冷場時，溫昭文靈機一動，居然朗誦起孫子十三篇來。孫子經典的警句，深刻的哲理，通過他用廣東話抑揚頓挫的朗誦，深深吸引了聽講者，給他報以熱烈的掌聲。打那以後，溫昭文一發而不可收拾，成了香港中小企業曉有名氣的「兵法講師」。

香港螺絲業協會常務副主席林志明對記者說，六年來溫昭文到

底講了多少場《孫子兵法》，聽眾有多少人，他都記不得了，因為他是免費的「販賣兵法」，沒有收一個人的聽課費，所以也從沒統計過人數。香港六百多個中小企業協會及分會，大都組織聽過他的孫子講座。於是，香港石油公司老總既「販賣石油」，又「販賣兵法」成為美談。

17. 香港　巨賈由孫子悟營商之道

香港國際孫子兵法應用協會會長、孫武第七十九代子孫孫重貴在接受記者採訪時說，香港巨賈由孫子悟營商之道。李嘉誠非常會用《孫子兵法》「善戰者，致人而不致於人」，在房地產跌到最低時，在險境中大量購置，成為首富。包玉剛收購九龍倉，就是應用孫子「知彼知己」的思想，才敢於蛇吞象。金利來的創始人曾憲梓諳熟兵家的「以迂為直」，才能從乞丐到領帶大王。

香港協成行集團主席、方樹福堂基金會主席方潤華，是香港商界的元老之一，其擁有近百億家產，他自上世紀六十年代已活躍於香港地產界，創辦的老牌地產商號「協成行」。他能夠在競爭激烈的香港地產界屹立不倒，其中一個重要要原因是他長期研究並遵循《孫子兵法》。

香港大新公司主席陸孝佩積四十年商戰的經驗，認為要想事業成功，必須熟讀《孫子兵法》，1980 年他在強手如林的商業競爭中擊敗了所有對手，奪得了承建造價昂貴的滙豐銀行大廈工程，就是由於運用了《孫子兵法》。

香港李錦記上百年來一直尊崇的使命，就是將中華優秀飲食文化傳播到全世界，實現有華人的地方就有李錦記產品的理想。李錦記第三代傳人李文達的經商之道是孫子的「信」，他認為只有自己首先誠信才有互信，只有站在對方立場考慮問題，才能在生意往來中真正實現雙贏。

老一輩香港鉅賈精通兵法，新一代香港商人也喜歡孫子。到了李錦記第四代傳人李惠森當掌門人，雖然他從小接受西方教育，但對中

國傳統文化名著很推崇，《孫子兵法》成為李錦記家族企業的哲學參照，將孫子的某些思想引入家族管理也是成為一種必然的選擇。李惠森給每位中層以上幹部送了《孫子兵法》，以此構成策略思考平台。如今，「富不過三代」的魔咒已經在李錦記的身上被打破了。

怡高集團香港有限公司行政總裁施維雄說，當今社會，高科技資訊技術日益發達，全球經濟一體化日趨明顯，各路手手層出不窮，商機稍縱即逝，市場競爭更加白熱化。如何在這種比七國還亂的市場競爭條件下找到一個立足點、打出一片天地呢？歷代被奉為「兵學聖典」的《孫子兵法》或許能為我們在商場這個特殊的戰場上搏殺提供一些制勝良方。

施維雄認為，《孫子兵法》提出五事「智信仁勇嚴」，關鍵還是一個「信」字。該公司創立之後收穫的第一桶金，也就是因為一個「信」字。我們相信客戶並且講心有餘悸，我們就成功了。有信才有智，才能充分發揮團隊中每一個人的才智；有信才有仁，我們從不苛扣員工待遇；有信才有勇，才能憑著對自己員工的信任，勇敢地承擔決策責任；有信才有嚴，才能獎懲分明，上下同欲。

鳳凰衛視控股有限公司董事局主席、行政總裁劉長樂解甲從商，將「兵法」、「軍魂」注入企業，帶領鳳凰騰飛。《孫子兵法》有言「必以全爭於天下」。據此，劉長樂提出全媒體核心是爭取用戶。他說，在鳳凰全媒體進程中，鳳凰品牌優勢將得到進一步彰顯，極具個性、特色的鳳凰內容，包括電視節目、週刊、廣播等差異化內容，將附著在完美的媒體組合，包括衛星電視、戶外大屏、廣播、個人移動終端設備中推向細分的客戶群，並產生良性互動。

劉長樂遵循孫子「夫未戰而廟算勝者」，為了一開始就能先聲奪人，鳳凰為此做了認真準備，反覆推敲、打磨方案，進行了世界範圍的考察。先後去了美國、英國、日本，還有香港、台灣的相關媒體，對東西方新聞頻道的方方面面進行了仔細的考察與探求。傳統媒體與新媒體之間必然兵法的融合，將使媒體界限打破，迎來一個資訊自由共用、交流互動的全媒體時代。事實證明，鳳凰「勝在於算」。

18. 香港特區行政官員熱衷《孫子兵法》

香港特區第四任行政長官參選，梁振英發表施政綱領，提出「穩中求變」的治港理念，運用了《孫子兵法‧九變篇》的思想；而唐英年舉行造勢大會，香港政商界、演藝界重量級人馬都有出席，參加人數多達八百人，則運用了《孫子兵法‧勢篇》的謀略。

此間兵法學者稱，香港特區行政官員熱衷《孫子兵法》，並運用於實踐。香港特區行政長官曾蔭權引用《孫子兵法》中的「知彼知己，百戰不殆」，指亞太地區經歷金融風暴後，有更多經驗應對金融海嘯，並藉著中國經濟高速增長及經濟改革而獲得龐大商機。他在 2011 年 1 月舉辦的亞洲金融論壇開幕禮致辭時表示，亞洲經濟能戰勝危機，及早復原，關鍵在於累積應對危機的策略及經驗，採取了適當的策略和戰術，才能比歐美更早走出「險境」。

無獨有偶。早在香港回歸的 1997 年爆發亞洲金融危機時，香港證監會原主席、香港金融管理局副總裁沈聯濤，就求教於二千五百年前的孫子，試圖引用孫子的戰略思想，為亞洲金融改革描繪一種可能的途徑。

為什麼一位有經驗的監管者要轉而向孫子求教呢？沈聯濤認為，《孫子兵法》已經是當今商學院的必讀書。通過閱讀孫子原文運用現代管理，開始意識到他的見識在現代更加有用、微妙和深刻。無論是社會行為還是企業間的競爭和衝突，戰爭可視作其中一個極端的例子。孫子考慮到了戰爭（包括現代戰爭）的所有方面，並有針對性地給出了五種關鍵性的戰略因素：道（人和）、天（天時）、地（地利）、將（統帥）、法（法制），這些因素為何不運用於現代市場呢？

有意思的是，被稱為曾家「文兄武弟」的曾蔭權的弟弟、前香港警務處處長曾蔭培，掌管萬軍憑藉《孫子兵法》。他 1990 年被派往世界著名的英國國防學院學習，必修科目就是《孫子兵法》。當年課本是《孫子，打仗的藝術》，一年後畢業校長送給同學每人一本《戰爭語句字典》，裡面都是孫子語錄。打那以後，兵書一直

陪伴曾蔭培左右，他擁有線裝、卡通、絲綢印刷的《孫子兵法》。

曾蔭培借了孫子統兵之道，用來管理警隊。他的用人之道是「視卒如子」，對待下屬，一定要愛護、教導、照顧，經常提醒自己，要迎合下屬訴求、加強內部溝通。他把「日費千金，久戰不利」，「兵貴勝，不貴久」作為警世名言。熟讀《孫子兵法》曾蔭培笑稱，一書在握，放諸四海皆准，料必得心應手。

香港特區政府前知識產權署署長謝肅方研究《孫子兵法》已有三十多年，在《孫子兵法》與知識產權保護方面形成自己的理論。他認為，在知識產權保衛戰中，《孫子兵法》有許多可以活學活用之處。比如作戰篇之「兵聞拙速，未睹巧之久也」，一旦發現有侵權情況便得馬上解決；謀攻篇之「全軍為上，破軍次之」，與侵權者溝通正式授權作為解決之道；虛實篇之「善戰者致人而不致於人」，採取防範措施避免侵權發生；九地篇之「奪其所愛」對侵權者最重要的資源做致命的一擊。他把這些歸結為「知識產權兵法」，對於保護知識產權非常實用。

香港特區政府策略發展委員會委員、香港特區政府中央政策組非全職顧問劉夢熊，1989 年在台灣出版《期貨決勝 108 篇》一書，在兩岸引起轟動，1993 年 1 月由廣州出版社發行大陸版，被全國各期貨交易所及經紀公司採用為基本教材，連續六版銷量以十萬計，榮獲「全國優秀暢銷書」、「粵版優秀暢銷書」等多項大獎，1994年又推出香港版，被譽為「期貨孫子兵法」。

香港前特首董建華對《孫子兵法》也頗有研究，從台灣請來教授開設《孫子兵法》講座，且善於運用到實際商戰中。他收藏微書《孫子兵法》、中英文版的《孫子兵法》和《同舟共濟》龍舟。

19. 香港開設高階管理博士兵法班

香港理工大學中國商業中心主任王詩華博士在接受記者採訪時透露，香港與內地有共通的語言和文化，為內地政府、企事業提供策略性管理人才服務，《孫子兵法》是最有特色、最實用也最受歡

迎的課程，我們打算單獨開設「孫子兵法高級管理班」，邀請海內外知名孫子學者授課。

據介紹，成立於 1992 年的香港理工大學中國商業中心，與香港、內地及海外政府機構和工商界建立策略性夥伴關係，重點研究中國的經濟、商業和市場走勢，已成為在香港培訓最多內地公務員及企事業管理人員的機構，獲「國家外國專家局」指定認可的境外培訓基地，截止目前已培訓近二萬人。

在香港，開設高階管理兵法班已有先例。香港中文大學邀請海峽兩岸和新加坡的華裔學者連續多次召開「中國式企業管理研討會」，提出要建立《孫子兵法》的競爭模式，並建議將其與西方企業競爭模式進行比較研究。香港大學碩博士論文注重對《孫子兵法》的核心思想的理解，弘揚中華謀略，沉澱智慧結晶，構建專業思維平台與智力庫。嶺南大學持續進修學院學務主任及高級講師邱逸，在香港大學中文系從碩士研究《宋代的孫子兵法研究》破格升為博士研究，成為港大首位沒有碩士學位的博士生，也是香港為數不多的兵學論文獲博士學位的學者。香港亞洲商學院也開講「孫子兵法與商戰謀略」。

2011 年 1 月 15 日，香港商學院開設「孫子兵法與高階管理博士班」。課程從籌創伊始，得到美國管理技術大學、中國孫子兵法商學苑等教育服務機構的全力支援。課程專注於中西文化精髓的融合借鑒，在提供高品質的課程服務下，將《孫子兵法》與西方經營管理融為一體，培養博古通今、具有國際化觀念及全方位策略思維的商業領袖及高級經營管理者；搭建高品質、獨具財富的交流與溝通的商業平台。

課程參照國際著名院校管理專業的博士體系，課程結構邀請國內孫子兵法領銜設計，並由國內外著名專家、學者主講，學期兩年。第一階段為課程授課學習，共有六門孫子兵法高階管理專業課程和三門管理研究專題課程；第二階段為博士論文寫作與答辯，在入學及授課期間內選題，在完成課程學習後完成寫作，成績合格、通過

論文答辯後，可申請獲得美國管理技術大學工商管理博士學位；第三階段為出國學習考察，參加畢業典禮及商務考察活動等。

課程設置：「孫子兵法之戰略管理模式」，通過五事七計確立戰略競爭思想；「孫子兵法之商業組織思維」，通過中西管理思想與職能的對比，深層次揭示古代思想在今日管理應用中的應用；「孫子兵法之市場競爭格局」，對行銷論進行重釋；「孫子兵法之人力資本戰略」，闡述企業經營使命與以人為本的經營觀；「孫子兵法之專題研究」，以實戰案例將兵法重「勢」的精髓再現於市場征戰中；「孫子兵法之哲學思維」，啟迪當代商業領袖在思辨中領悟華夏祖先的智慧源泉。

原香港理工大學博士生導師、香港國際孫子研究學院院長盧明德教授認為，香港開設高階管理博士兵法班、孫子兵法與商戰謀略班，香港大學首開兵法碩博士論文先河，香港理工大學中國商業中心欲開設「孫子兵法高級管理班」，不僅對於弘揚博大精深得中國兵家文化，而且對於培養現代化、多元化、智慧型、高層次的戰略人才，都具有十分重大的意義。

20. 香港十大名人演繹「多彩兵法」

香港孫子研究學者在接受記者採訪時，談及本港名人與《孫子兵法》來津津樂道。他們介紹說，香港工商界、出版界、影視界，包括演藝圈的不少名人都喜歡《孫子兵法》，最突出的當屬列入「香港十大名人」的劉德華、李嘉誠、成龍和金庸，把孫子文化演繹的多姿多采。

華仔有感話兵法

排名香港十大名人第一位的劉德華，是對中國文化認知度很高的歌星。他曾在港台推薦「十本好書」招待會上說，他已看過《孫子兵法》，因一直都想拍一套關於孫子的電影，想瞭解它是怎樣的一本書。看過之後，發覺它實在是一本很有趣味的書，也是一部值

得經常翻看的書，古今中外的人都對這本書很感興趣。美國西點軍校必修《孫子兵法》，美國哈佛大學MBA課程亦必修《孫子兵法》。此外，電腦金童前兩年出版了一本很著名的書《數位神經系統》，書中亦引用到《孫子兵法》，為他寫序言的香港李澤楷亦有提到《孫子兵法》。

劉德華有感而發，我覺得《孫子兵法》不是一次就看完的書，而是把它放在書架上，每遇到困難或什麼疑難雜症時，就可以翻一翻。它提供一條鑰匙去開啟你的思想寶庫，對我們事業、人生道路各方面都有參考價值。它還是一套心理學，例如「知彼知己」、「攻其不備」，這些道理往往能應用在生活和事業上。例如身為較成熟的歌手面對二十來歲新歌手，如不瞭解自己的位置，就可能做了浪費的舉動。很多現代人視「計」為貶義詞，其實，「計」亦可視為「計畫」的意思。當我們清晰地去計畫人生的時侯，便能對號入座。

李嘉誠商場用兵法

李嘉誠在香港十大名人中排名第二位，而他在當今華人社會中是最有成就的華人企業家，也是世界首富之一，名列「福布斯」十大富豪榜之內。他在商場上的布局，有和孫子兵法如出一轍的地方，從而使他在商場內得心應手，無往而不利。

孫子學者評價說，打造財富天下是需要大氣魄和大智慧的，孫子成為李嘉誠智慧泉源，韜略基礎。他每一次過招皆有過人智慧，總能借機而起、趁勢追擊，不錯失良機。他懂得借力使力，化危機為轉機、化被動為主動。慎謀足慮從穩健中拓展，在謹微中進取，眼光犀利先機占盡，終能縱衡商場富甲天下，榮登「華人首富」。

成龍教兒學兵法

著名電影演員成龍在香港十大名人中排名第三位。香港流傳成龍「逼」兒子讀《孫子兵法》，他在談到自己剛進入娛樂圈的兒子房祖明時說，為了躲避狗仔隊，兒子從小被他送到美國，但他還是不忘嚴格教導兒子學習中國傳統文化，讓他每天看《孫子兵法》。

據傳，成龍準備投資六億拍攝電影《孫子兵法》，該片可能是香港電影史上最昂貴的影片，估計會花費八千萬美元。他在一次晚宴上曾對傳媒談及《孫子兵法》時說道，我們將不會在新片裡採用電腦特技，也能夠製造出多個大型而壯觀的場面，我希望做出來的效果可以和好萊塢電影裡的那些電腦特技相媲美。

金庸武俠藏兵法

金庸在香港十大名人中儘管排名最後一位，但它精通國學歷史、精通兵法無疑能拔頭籌。他有「金庸兵法」之美譽，主編過《孫子兵法》，他的小說中也多次出現《孫子兵法》。如《書劍》陳家洛曾言「以火佐攻者明，以水佐攻者強」；《射雕》郭靖說「卷甲而趨，日夜不處，倍道兼行，百里而爭利，則擒三將軍。勁者先，疲者後，其法十一而至」；《倚天屠龍記》中武當六俠議敵少林諸僧，是「先勝而後求戰」；而《鹿鼎記》中一再提及的「知己知彼，百戰百勝」，都是《孫子兵法》中的警句或是從孫子那裡演化出的。

金庸武俠的故事情節和人物活動，暗合兵法之妙。《孫子兵法》十三篇的大部分重要謀略，在金庸筆下的武俠小說裡都能反映出來。如《書劍》霍青桐欲營救陳家洛、喀絲麗等紅花會眾人，面對兆惠四萬大軍，即命軍中精兵白旗第一隊只許敗不許勝，其目的正是誘敵深入。再如《射雕英雄傳》中速戰速決，源自孫子的「故兵聞拙速，未睹巧之久也。」有學者稱，用金庸小說可註解《孫子兵法》，用《孫子兵法》可圈點金庸書中所蘊藏的兵法謀略，金庸小說亦能作為兵法的參考書。

21. 香港大牌明星主演《孫子兵法》影視劇

數百演員，千匹駿馬，數十萬將士，數不盡戰車，旌旗招展，刀光劍影……香港電視劇《孫子兵法之孫武篇》氣勢磅礴地再現了風雲際會大時代，亂世英雄大點將，古今翹楚大智慧。

香港電視劇第一部上卷《孫子兵法之孫武篇》「叱吒風雲」，

第二部下卷《孫子兵法之孫臏篇》「戰國傳奇」，以春秋戰國群雄割據的動盪時代為背景，在這個戰爭伴隨著變革、動盪、創新的時代，在這個強者生、弱者亡、智者興、愚者衰的時代，兵法始祖孫武用他的大智大慧，創造出流傳百世的兵法與計謀。

香港電視劇《孫子兵法》全二十集，眾多香港大牌明星主演，在北京寶地取景拍，2000 年香港發行。「叱吒風雲」由鄭則士飾演孫武，郭晉安飾演伍子胥，關詠荷飾演南宮明珠。「戰國傳奇」由莫少聰飾演孫臏，吳毅將飾演龐涓，俊賢飾演田景，黎美嫻飾演饒灌娘。

該電視連續劇規模宏大，真實再現孫武創造出曠世兵法奇書《孫子兵法十三篇》，向世人形象展示世界上最為傑出的兵法。劇中通過戰國時期著名的軍事謀略家孫式對人性的弱點，以及自古人性之不變乃千古定律的精髓領悟，並加以運用發揮，改變了冷兵器時代的戰爭模式。

香港 1979 年古裝電影《孫子兵法》，又名《孫臏下山鬥龐涓》，主演高雄、岳華、張複健、王利、黃玲、吳金華、劉文斌、張宗貴。電影再現了戰國奇人孫臏叱吒風雲的王者風範，在馬陵戰役中與龐涓鬥智鬥勇的恢宏戰爭場面。孫臏和龐涓鬥智的故事以嶄新的面孔出現在螢屏上，令香港觀眾在耳目一新。

由香港、日本聯合製作斥資港幣四千萬元拍攝的火爆反恐影片《第六計》，源自《孫子兵法》。香港演員方中信、任達華和日本演員千葉真一在影片中大飆演技，合演一場孫子智謀「反恐戰」。香港導演梁德森說，香港警方識破與恐怖集團的詭計，正是領悟了《孫子兵法》中虛實篇的要義。〈虛實篇〉是《孫子兵法》的第六篇，因此命名為〈第六計〉。一部朝著國際化方向去拍的電影，手法上比較西化，加入《孫子兵法》就融入了東方的元素，能兼顧東西方觀眾的口味。

香港導演吳宇森是目前唯一一位在好萊塢星光大道留下印記的華人導演，拍攝充滿兵法謀略的《赤壁》。他說，西方人都知道《孫子兵法》，但具體陣法都沒見過，因此片中我展現了「八卦陣法」，這

樣西方觀眾就能看到中國兵法的智慧，我覺得中國文化的智慧肯定有讓全世界能分享的部分，希望《赤壁》能作為一個好的傳播工具。

由內地拍攝的三十六集電視連續劇《孫子兵法與三十六計》，一計一集，計計相扣，在展現中國古代兵法和東方智試想文化的同時，濃彩重墨描繪出一幅二千五百多年前中國戰國時期政治、軍事與各階層不同的人物情感相交融的歷史畫卷。該連續劇在香港銷售勢頭很旺，香港電訊收費電視台以每集 5,000 美元的價格購買了其在香港有線、無線、衛星電視包括互動電視在內的全部播映權。

資深香港演員午馬披掛長袍，在內地拍攝的人文史詩劇《孫子大傳》中飾演吳王叔季札。該片講述「百代談兵之祖」孫武跌宕起伏的一生，演繹古今第一兵書《孫子兵法》中「止戰」與「和」的至高境界。

香港影視媒體普遍看好《孫子兵法》題材，他們認為它既是一部為世人矚目的中國古代兵書，又是一部可供當代企業、商業活動的指南。通過影視，更形象地瞭解中國古代的兵法、計謀及輝煌的中國古代兵家文化。

22. 香港媒體全方位傳播孫子思想

香港《文匯報》曾發出一則〈招商禮品：孔子像換成《孫子兵法》〉新聞吸引港人眼球。報導稱，山東省長韓寓群一行所帶禮品一改往年傳統，不再選用孔子像。在拜會工商界時大多選用了聞名於世的《孫子兵法》。送上此書的寓意當然不言自明：商場如戰場，何況香港又是國際金融貿易中心，商界之爭在所難免，韓省長自然希望港商能夠利用這部奇書知己知彼，在國際商界常立不敗之地。此外，更重要的是，這部奇書作者孫武祖籍山東濱州，可代表山東除儒家外的另一種文化。

香港媒體熱衷傳播包括兵家文化在內的中華文化，說起孫子來常常賦予新的思維，古典智慧折射出現代哲理的光芒。用《亞洲週刊》總編輯邱立本的話說，香港媒體競爭激烈，在傳播孫子文化方面，也各有招數，善用孫子的戰略思想傳播孫子的文化精髓。

2009 年 10 月 2 日，香港《文匯報》發表題為「國慶大閱兵振奮民族精神備受全球矚目」的評論時說，《孫子兵法》：「兵者，死生之地，存亡之道，不可不察也。」儘管和平與發展已經成為當今時代主流，但全球局部衝突和摩擦此起彼伏，傳統與非傳統安全威脅相互交錯，世界仍很不安寧。

2011 年 5 月 25 日，香港《文匯報》發表題為〈中國軍方謀大勢得大勢〉的文章：孫子說：「善戰者，求之於勢。」中國軍方沒有忘記老祖宗的教誨，在建立中美新型軍事關係中，著重謀畫大勢，而事實上也不斷得勢。該報還發表「違反孫子兵法焉不挫折」、「孫子兵法與美伊戰爭」等評論，認為現代戰爭發展了《孫子兵法》，美國取得軍事勝利而政治被動，讀兵書精要在領悟。

香港大公報發表評論文章稱，中國要堅定走向「二洋戰略」，面對海洋領土爭端中國應擴建海軍。「不戰而屈人之兵」是《孫子兵法》的最高智慧，如果中國有航母艦隊，他國挑釁的可能性就會減少。該報對於中國政府通過調整三項經常專案外匯管理政策，為過高外匯儲備「洩洪」的做法，認為可媲美《孫子兵法》，稱得上是大師級的開局讓棋法。

香港《明報》刊文說，多年來，中國都是《孫子兵法》的忠實信徒，尤其在外交方面，「韜光養晦」就是「強而避之」的典範。香港晶報刊登「孫子兵法通商界」的文章。香港鳳凰衛視著名軍事評論員時常引用孫子警句，舉一反三。近年來，香港報紙、電視、雜誌和網路媒體全方位、多角度傳播《孫子兵法》——

在文化領域方面刊登了「孫子思想擁有曆久不衰的魅力」、「三聯書店推文化通識工作坊，讀《孫子》善謀略」、「劉德華借《孫子兵法》開動腦筋」、「華仔愛《孫子兵法》」、「成龍籌拍《孫子兵法》」、「李鐸：筆走龍蛇書兵法」、「《孫子兵法》全文行草巨幅長卷問世」、「首部書法剪藝作品《孫子兵法》」、「孫子兵法用漢字布陣」；

在體育領域方面刊登了「斯帥《孫子兵法》傍身」、「《孫子

兵法》武裝巴西隊」、「斯哥拉利靠讀《孫子兵法》」、「『假小子』王濛愛《孫子兵法》」、「中國男乒隊學《孫子兵法》」；

在商戰領域方面刊登了「方潤華論《孫子兵法》與商業決策」、「《孫子兵法》用人不疑的人力資源戰略」、「《孫子兵法用於現代管理》」、「由《孫子兵法》悟營商之道」、「應運而生：「中國式」MBA 授《孫子兵法》」；

在軍事及其他領域方面刊登了「《孫子兵法》受外國軍官推崇」、「《孫子兵法》列軍官教材」、「《孫子兵法》在美暢銷」、「台海成《孫子兵法研討熱點》」、「3000 記者傾巢出，《孫子兵法》圍委員」、「曾蔭培治警憑《孫子兵法》」、「黃大仙醫院憑孫子兵法抗沙士」、「醫院版《孫子兵法》」。

23. 香港興起《孫子兵法》出版銷售熱

記者在香港三聯書店看到，《孫子兵法評注》、《三略·六韜》、《吳子·司馬法》、《兵家金言》、《三國兵法》、《蔡志忠漫畫孫子說》等兵法書籍，吸引許多讀者流覽。《取勝之道——孫子兵法的競爭思維》，在該店 2011 年 6 月工商類排行榜中被列入暢銷書榜。

三聯書店還舉辦「孫子兵法讀書會」，請來嶺南大學持續進修學院講師邱逸博士，通過對中國兵學經典《孫子兵法》的講解，從史學和兵學的角度去探討中西方的兵學比較等課題。

香港中華書局出版《圖解孫子兵法》，從「揭開孫子和《孫子兵法》之迷」、「洞悉兵法奧秘，鑄造輝煌人生」兩方面來闡釋，並以大量古今中外的準確實例，生動地闡釋《孫子兵法》，揭示了其中所包含的深刻哲理，啟發讀者聯繫生活實際活學活用。該書圖文並茂，極具知識性、趣味性。

香港大學出版社 1956 年就出版《孫武辨》，香港中華書局、香港中國圖書刊行社、香港乾坤出版社、香港信文圖書有限公司、香港中和出版有限公司先後出版了《孫子集校》、《孫子白話解——

十一家注》、《孫武》、《孫子——揭示制敵的智謀與技術》、《孫吳兵法與企業管理》、《吳子兵法全譯》、《孫子兵法的競爭思維》。

《書評：孫子兵法》為「中華傳統文化精粹」叢書之一，這套叢書最初由中國對外翻譯出版公司於二十世紀八九十年代同香港商務印書館合作陸續推出，叢書的編者和譯者都是在各自領域做出貢獻的學者、教授，使得該套叢書在讀者中獲得了很好的口碑。

近年來，港版《白話孫子兵法》、《臨機應變之孫子兵法》讀本等相關書籍在香港各大書店熱銷。香港書城專為香港及澳門地區讀者銷售《宋代孫子兵學研究》，該書書包括了宋代孫子兵學的時代背景、發展軌跡、文獻學考察、理論發展及宋代孫子兵學與軍事實踐五章內容。該書城還銷售《中華古典珍品·孫子兵法》、《插圖本孫子兵法》。

為紀念香港回歸而發行的竹簡《孫子兵法》已成為珍貴的收藏品，世界第一套《孫子兵法》純金純銀紀念幣、全文個性化《孫子兵法》金銀郵幣典藏冊、香港版金箔書寫的《孫子兵法》，都成為香港的熱門收藏品。

香港大學推薦學生看的六十本書中就有《孫子兵法》，推薦理由是：它濃縮了中國古代最優秀的戰略智慧的精華和兵家韜略之首，不僅是中國的謀略寶庫，也是人類智慧之源，最能代表中華文明，影響著世界歷史的進程。凡讀過這部兵法的人，無不傾心於它所蘊含的深邃而奧秘的思辨內容、博大而精深的軍事學說內涵、清新而鮮明的實踐風格，以及辭如珠玉的文學性語言。

香港學者稱，《孫子兵法》問世雖久，但書中所包容的一些哲學思維，以及在這些 哲學文化意識指導下所闡述的戰爭規律和原則，至今仍然閃爍著熠熠光輝，被稱為令人歎為觀止的罕世之作。香港公開大學人文社會科學院署理院長閔福德教授說，以他個人翻譯過的作品為例，其中只有《孫子兵法》較受歡迎。香港嶺南大學中文系榮休教授劉紹銘認為，《孫子兵法》賣得好，可能與全球大企業家廣泛應用有關。

24. 用書畫藝術弘揚中華兵家文化

──訪香港志成國際集團董事長計佑銘博士

　　記者見到計佑銘博士是在他的香港中華書畫藝術中心，該中心由他出資 1.5 億港元創辦，占地超過 3,000 平方米，是香港最大的私人書畫藝術中心。中心展出上千幅的藝術加值相當特別計子高書法作品，以及大量名人書畫、篆刻，其中不乏反映中華兵家文化的作品。

　　計佑銘為全國政協文史和學習委員會副主任、香港志成國際集團董事長。他致力於弘揚中華文化，為文化事業貢獻良多，榮獲香港特首董建華授予銅紫金星章和國家文化部頒授的「共和國的脊樑」主人公──「世紀之星」金杯獎。

　　計佑銘對記者說，中華民族之所以幾千年來發展繁衍，就是因為有博大精深的文化，這是中華民族的精神與靈魂。同時，中華文化亦激勵民族進步與繁榮。而以《孫子兵法》為代表的中華兵家文化，是中華文化的一朵奇葩。孫子的智慧不僅被商人廣泛應用於商戰，而且使文化人從中汲取創作的養料。

　　如今，以《孫子兵法》為題材的影視、動漫風靡全球。計佑銘說，反映兵家文化的書畫、篆刻、剪紙、雕刻、泥塑等佳作頻出，開發製作以孫子文化系列文化藝術產品，成了不少文化人和民間藝人的追求。

　　計佑銘告訴記者，他熱愛中華文化深受父親的影響。他的父親計

圖為香港書法家為「孫子兵法全球行」書寫的書法作品

子高畢業於保定軍校，雖然是個軍人，但卻是一位傳統的文化人。書法頗有造詣，尤擅金石篆刻，是民國時期與于右任、梁寒操、賈景德齊名的四大書法名家。他經常教導自己要傳承中華文化，不要丟掉老祖宗留下的文化瑰寶。

孫子的戰略思想讓計佑銘「以小博大，以弱變強」。1978 年，他來香港定居身上只有十元港幣，但他一年中就為老闆節省了一百多萬，年終時得到一萬元的獎金。他用這筆錢與幾位朋友創辦企業，象滾雪球般壯大了企業，成為「世界電剪大王」。如今，世界各地所銷售的電發剪，每四把中就有一把是計佑銘的工廠所生產的。

陪同記者採訪的香港孫子兵法應用協會會長孫重貴介紹說，在金融風暴來臨時，香港許多企業陷入困境，而計佑銘卻是「常勝將軍」，原因是他懂得和應用兵法，善於「因勢而變」，「藏於九地」。

他信奉孫子的「擇人任勢」，成立專門管理機構，建立人才資料庫，就是計佑銘在全國「兩會」上提出的設想。他建議從高校開始就篩選優異人才進入人才資料庫，掌握這些未來人才的成長和發展狀況。他推崇孫子的競爭思想，認為二十一世紀國與國的競爭實際上是人才的競爭，中國要在新世紀立於不敗之地，關鍵在於能否保住人才和能否擁有一流人才，這已顯得日漸緊迫。

計佑銘表示，中共六屆七中全會提出提升軟實力，我們香港文化人要積極推動。文化是最大的財富，最強的軟實力。我要用書畫藝術為弘揚包括兵家文化在內的中華文化，帶動香港民眾熱愛文化，創建文化，要將中華傳統文化和民族意識溶化在國人血液之中，推動文化中華文化在香港的大繁榮、大發展。

25. 香港畫家李志清丹青十年漫畫兵法

走進香港漫畫家李志清位於銅鑼灣的畫室，彷彿走進兵家和武林天地，戰國時代兵學圖、三國兵法人物像、水滸梁山好漢譜，以及《射雕英雄傳》、《笑傲江湖》等金庸武俠小說日文版的插圖，掛滿一室，畫板上正在為香港三聯書店即將出版的《孫子兵法》一書插圖。

圖為香港畫家李志清《孫子兵法》
漫畫獲國際漫畫最優秀大獎

戴著一副黑框眼鏡，頗有學者風度的李志清，從 1981 年開始進行漫畫創作，擅長繪製兵家與武俠類漫畫。2007 年，在日本首屆國際漫畫獎中，李志清的漫畫《孫子兵法》擊敗多個國外漫畫家，成為獲得最優秀大獎的中國漫畫家。該獎被日本人戲稱為「漫畫大臣」的外相麻生太郎提出，號稱漫畫界的「諾貝爾獎」。

李志清拿出他獲獎的得意之作《孫子兵法》國際漫畫最優秀作品受賞作，書的封面上印有「由日本外務大臣麻生一郎創設」。該書歷時十年，共分十冊，暢銷數十萬冊，轟動日本，影響國際漫畫界。

記者欣賞這十冊漫畫兵法，該畫冊《孫子兵法》改編自中國兵法家孫武的同名作品，把孫子背後的傳奇故事搬上畫紙，分別以作戰、謀反、軍形、兵勢、虛實、軍爭、九變、行軍、地形、九地、火攻、離間等兵法名稱命名 , 深入淺出的筆調和強烈的節奏感，丹青重墨描繪了中國春秋時期軍事家孫子的兵學人生。

陪同記者採訪的香港美術研究會會長、中華文化藝術交流學會副會長王子天評價說，李志清的水彩作品曾入選 1992 年香港當代藝術雙年展，為香港藝術館收藏。他開拓了一套獨特的漫畫風格，把中國水墨與現代繪畫相結合，在香港鶴立雞群，有金庸御用漫畫家之稱，被譽為香港漫畫界中創作歷史與武俠類型漫畫作品的首席大家。

李志清告訴記者，漫畫《孫子兵法》的獲獎在一定程度上顯示了中國文化的力量。這部中國古典名著本身蘊含著中國兵家文化的豐富元素。他在創作過程中多次使用了中國傳統的毛筆和相關技法，使畫面更富於表現力。

《孫子兵法》講述的是戰場上的智慧和謀略，而他更希望通過自己的作品告訴人們，戰爭是殘酷的，應該避免戰爭。李志清說，為畫好作品，他反覆閱讀《孫子兵法》原著，並下了很大工夫研究孫子的生平。他認為繪畫秘訣最重要的是要理解故事內容，每個畫面都要傳遞孫子的精髓和風貌。孫子的性格是「攻心計、有智慧」，作品要表達其內斂的神情。

日方評審委員、日本漫畫高峰會營運主任里中滿智子評價說，《孫子兵法》頗具故事性，又是日本人熟悉的題材，非常符合漫畫可以給人感動、讓人類歷史更為豐富的特質。

李志清是第一位在日本發表漫畫作品的香港漫畫家，漫畫代表作品頗受日本讀者的喜愛，大都認為他的畫中人物比日本漫畫人物更加英俊美麗，構圖更為細緻生動。他以其濃鬱的中國水墨式畫風技壓群芳，讓不少日本漫畫作家羨慕不已。

而真正讓李志清走入日本市場的是另一兵家漫畫傑作《三國志》，儘管不是原創作品，但他用中國傳統水墨技法精心繪製，用心演繹，畫風獨特，創下了香港漫畫作品首批在日本出版的紀錄。他的《諸葛孔明》、《水滸傳》等漫畫作品被陸續翻譯成日語，《三國志》在日本報刊上連載。

26. 弘揚孫子文化具有世界價值
──訪《亞洲週刊》總編輯邱立本

「《孫子兵法》是全人類的共同財富，在當今世界很有價值，弘揚孫子文化和智慧具有世界意義。中國和平發展，不能靠飛機大炮，要靠輸出經典文化，輸出有世界價值的軟實力。」《亞洲週刊》總編輯邱立本在接受記者專訪時表示，現代中國不僅要梳理好老祖宗留下的智慧寶庫，還需要提煉出令世人驚奇為世人所用的現代智慧。

邱立本有著四十年新聞生涯，是香港資深媒體人。他認為，中國現在不再關起門來而是面向全球做事情，做有世界價值的的事情。他看到了目前孔子學院在全球遍地開花，認為中國有五千年文

化，《論語》、《孫子兵法》、《三國》等優秀傳統文化精髓信手拈來，中華文化是很強的「軟實力」。

但他同時認為，除了輸出漢語教學、太極拳等老祖宗的東西外，還要將老祖宗留下的中華文化重新整理，創造性轉化為讓世人共用的大智大慧，這才是最重要的。

《孫子兵法》作為經典在全世界暢銷，孫子的智慧受到全世界的尊敬。邱立本對記者說，近代中國運用孫子思想贏得了巨大的成功，提升了國際地位。老祖宗留下的智慧，體現在國際關係上也發揮了最佳效能。如中美關係的正常化，改變了中國在世界上的格局，實現了「和平崛起」、「和平與發展」的大戰略，這是孫子戰略思想的最有效的實踐。

邱立本說，沒有實力就沒有尊嚴，這是孫子的思想。中國增強了經濟實力，變強大了，但《孫子兵法》還有一個很重要思想，就是互惠、和諧、雙贏、多贏。中國要長期和平，持續發展，就要運用孫子的思想，爭取多贏局面，通過爭取和平的國際環境來發展自己，又以自己的發展來維護世界和平，促進共同發展，堅持互利共贏的開放戰略。

中國提升「軟實力」，符合孫子之道。邱立本關注到，中國的經濟發展了，綜合國力上去了，開始注重建設和輸出「軟實力」，走出了過去的模式，重視將中國的優秀文化走向世界。面對經濟全球化大潮，中國在文化層面上進入全球化體系，正在顯示孫子「不戰而屈人之兵」最高境界的微妙力量。

邱立本坦言，過去中國之所

圖為《亞洲週刊》總編輯邱立本

以沒有在全球大張旗鼓地打《孫子兵法》牌，因為它是一部兵書，怕人家誤解，一聽到兵法就毛骨悚然，認為是要打仗。隨著《孫子兵法》在全球自發傳播，許多人都明白，《孫子兵法》與西方的《戰爭論》不同，其實是一部講和平的書，孫子不是讓人對抗，而是教人圓融。

「孫子文化是一個很有世界價值的交流平台，可以平等對話，自行應用。進行有文化價值的交流，讓人從心底裡尊敬你，佩服你，與你交朋友。」邱立本如是說。

從「中國崩潰論」到「中國威脅論」，從「中國機遇論」到「同舟共濟論」，西方世界對中國的「論述」幾經變異。邱立本認為，如今中國越來越有機會輸出「軟實力」，對全球作出貢獻。中國遵循孫子「同舟共濟」的教誨，踏上了跟全球各國文化密切接觸的路上，這是過去歷史未曾有過的機遇。整理和輸出中國人傳統的經典，這是中國目前的優勢。

邱立本表示，中華文化幾千年智慧的整理，為中華民族的「軟實力」墊下重要的基礎。對中國傳統智慧，如今有機會做出一個創造性轉化，這不只是重新回去整理故紙堆，而是把老祖宗的智慧發揚光大，包括我們的《孫子》。如果講「軟實力」，對自己的《孫子兵法》都不懂，那怎樣去談「軟實力」？

27. 邱逸博士向香港大眾推廣兵法

十年來，在香港，有一個講座辦了百多場，同一講者，同一題目，但內容千變萬化，聽眾各行各業：由小學生到大學生；由專業人士到退休老人；由孩子到家長。這個叫「兵法與人生」的講座，由《孫子兵法》研究學者邱逸博士主講，他希望藉著講座以推廣中國兵家文化在香港的普及與應用。

邱逸博士現為香港嶺南大學持續進修學院學務主任及高級講師，他認為，面對複雜的社會、多變的人生，如何能馳騁而立於不敗，很視乎個人的修為和應變能力，《孫子兵法》是幫助人面對困

境的有益讀物，它雖是一本關於行軍打仗的書，但由於它具有高度的概括性原則和規律，所以經過演繹後，可視之為處理各種問題的方法學。有見及此，《兵法與人生》的講座以相同的哲學，演繹不同的故事。

《孫子兵法》之所以能夠恆久有效，是書內主要提出一種思想的境界，不涉及實際步驟。邱逸舉例說，書中提到「出奇制勝」，但並沒有教人出奇制勝的方法，實際如何做法，則要靠自我修行，熟讀孫子策略，可大大提高「作戰」思想；《孫子兵法》提到「知彼知己」，知道自己實力、對方的底細，無論在哪個年代，都非常重要。知彼知己的次序很重要，通常人總會把自己的弱點美化，以為自己最瞭解自己，其實系旁觀者清，當局者迷。天時地利人和，不止可用於戰事，在人生任何時候，都要掌握局勢，勝算才會更高。

邱逸博士的《兵法與人生》講座，既面對不同聽眾，教授的內容也豐富多采，如對學生主要講解情緒管理、減壓、傳意及人際關係；對專業人士則重點放在自我效力、逆境智慧、現代化管理、領導才能、危機處理等；對社會大眾則是提升個人信念、個人視野、終身學習和修養智慧等。

講座內容取材自《孫子兵法》十三篇，如從〈始計篇〉學習自我目標管理；從〈作戰篇〉學習機構管理方針；從〈謀攻篇〉學習自我效力及危機處理；從〈虛實篇〉學習人際關係；從〈地形篇〉學習逆境智能；從〈用間篇〉學習如何搜集資料等。

他舉了孫子提出的五大原則——即「道、天、地、將、法」為例，示範如何教授年青人。道者是指思想，年青人容易迷茫，人生規畫上先要搞清自己的思想，想自己是一個怎樣的人，就猶如一支軍隊，思想要一致，事才可好辦；天者是指時機，人生目標要分階段，不同階段有不同的處理方法；地者是指環境，可引伸到居住、學校和工作的環境，如何擇校、如何選擇讀書環境，都要反復考慮的；將者是指人的因素，和誰人合作、誰人有能力，可引伸到老師和同；法者指執行和編制，即使生活和學業都要有嚴謹的管理制度。

　　講座也面對不少意想不到的問題，如有人問：用兵法可否令我一年讀完大學？兵法如何增加吸引力，可在情場上百戰不勝？等等。可見講座的啟發性和趣味性。而邱博十也根據自己所學所知，生動形象地回答所有問題。

　　邱逸博士對記者談及東西方文化分野，中國文化的深遠之處，在於思維角度比較系統性、整體性，西方文化較為著重心理、個人、潛意識。他之所以要推廣中國傳統兵家文化，就是希望帶出從學習新思維。《孫子兵法》講求應變，因時制宜，強調方向、規畫、管理、深思，作最壞打算，設最保守戰略，盡力保存自力的力量，並在知識和行動上配合，從中悟出個人管理和培養個人在事業生活上，應有的進退之法。

澳門篇

1. 澳門大炮台見證武力與和諧

大炮台頂層位於澳門博物館入口處的的小山上，此山高約 150 米，地處澳門城市中心。從大炮台頂層俯瞰，澳門全景盡收眼底。站在子牆和炮口凹槽間積目遠望，蓮花狀的新葡京娛樂城與黑沉沉沉的大炮構成了同一幅圖景，遊人以此為最佳背景競相拍照留念。

大炮台又名聖保祿炮台、中央炮台或大三巴炮台，占地約 10,000 平方米，是澳門主要名勝古蹟之一。記者沿著一條彎曲坡道爬上寬大的平台上，但見三十多門巨型鋼炮雄踞子牆邊，蔚為壯觀。

這裡牆高約 9 米，女兒牆高約 2 米，成雉堞狀，堅固異常。東南牆角設有碉堡，顯示出大炮台對外的防禦設計。這些火炮，與澳門松山炮台、媽閣炮台形成一個軍事防護牆，再加上望廈炮台，居高臨下，形成優勢軍事地形，構成一個覆蓋東西海岸的寬大火力網。如《孫子兵法》上所說：「夫地形者，兵之助也。」

據介紹，澳門大炮台建於明神宗年間，原為祭天台，後被澳葡政府轉為軍事防禦設施，以防範海盜之用。相傳大炮台下有秘道可通往松山炮台上，是澳門初期最重要的軍事重地。該大炮台與七十多處海防遺存，分布在中國 18,000 公里的海岸線上，作為中國國防體系的重要組成部分，在明清兩代乃至中國近代史上發揮了重要作用，目前已被列入保護方案。

澳門大炮台與其他海防遺存一樣，數百年來見證了武力征服與和平安寧。

大航海時代，澳門曾是許多歐洲殖民擴張者覬覦的寶地。葡萄牙等西方列強在來到東方之後，他們首先想到的征服方式就是武力。

1515 年，第一個來華的葡萄牙官方使臣皮雷斯就在報告中狂妄地宣稱，只要有一艘 400 噸的船就可以毀滅廣東，只要有十艘船就可以征服中國沿海的所有地帶。而此後，又有人一再提出征服中國的詳細計畫。

搶先登陸的葡萄牙人，花十年時間修建了這座龐大的炮台，並靠著它成功地把其他後來的「海盜」擋在了澳門的海岸線之外。那

個時代，大炮台一直是澳門的防禦核心。炮台入口處前頂的石雕，記錄了此座炮台抗禦外敵的戰績。

史書記載，1601 年到 1627 年，荷蘭艦隊先後五次攻打澳門，曾一度登上澳門海岸，如果不是大炮台上的大炮發威，準確命中荷蘭軍火庫，把荷蘭人驅回海上，葡萄牙人在澳門的地位也許已被取代，歷史也得重寫。不過，那都是殖民者在中國土地上的撕咬，歷史同樣記載下近代中國之痛。

從 1623 年至 1740 年間，大炮台便一直作為城防司令和澳門總督的住所，駐紮重兵。此後三百多年中，大炮台向來是不能靠近的軍事禁區，直至 1966 年澳門氣象台遷入，才開放為遊覽區。1996年起，氣象台改建為澳門博物館。

在澳門博物館裡展出的鄭和寶船，向世界說明中華民族熱愛和平反對武力征服。當年鄭和船舶龐大、種類齊全、武備精良，在六百年前海上首屈一指。但是，鄭和始終積極推行孫子的「伐交」思想，充當和平使者。

如今，大炮台上飄揚著象徵和平與安寧的綠色澳門特別行政區區旗。十二年來，澳門恰似一朵恬淡且嫻靜的蓮花，政治穩定、經濟繁榮、社會和諧、人民安居樂業。澳門人推崇孫子，紀念鄭和，希望與世界人民共建和諧，共用大同。

2. 澳門從戰爭堡壘到中西文化共融的大展館

位於大炮台山的澳門博物館裡，進門首先映入眼簾的是博大精深的中華文化，有新石器文化，有春秋戰國時代的孔子像、《論語》、《孫子兵法》竹簡、中國古代武士石像，有明代的鄭和下西洋寶船，同時展出與中國傳統文化交融的西方文化。

講解員介紹說，大航海時代開始後，一批西方人駕帆船來到廣州沿海的珠江口，這些被稱為「南蠻」的葡萄牙人不僅帶來了火銃與大炮，還帶來了三稜鏡和聖母像。正是從那時開始，全球一體化的大幕徐徐開啟，澳門成為東西文化和文明相遇、對話的前沿地

帶，東西方文化在澳門開始相互碰撞、交融和滲透。

　　記者看到，澳門博物館裡正在舉辦「孫中山與澳門」、「盛世危言」展覽。中國近代史的偉人孫中山正是在青少年時代在澳門接觸西方思想並在海外尋求救國之道，「三民主義」學說及軍事思想在這裡初步形成，他還把澳門作為實現其革命理想的重要基地。

　　澳門文化協會會長鄭國強在接受記者採訪時說，澳門作為西方在遠東的第一商埠，迅速成為中西文化交流的「橋頭堡」，包括儒家學說、兵家文化在內的中國傳統文化，從澳門走向世界。

　　1594 年，澳門出現第一所西式大學，即聖保祿學院，把包括儒家學說、兵家思想的中國傳統哲學傳播到西方，同時也將西較為先進的科技、軍事，包括天文學、地理介紹進中國。該學院在中西文化交流中起過重要作用，不僅培養了一大批優秀的漢學家，也造就了中國第一代精通西方文明的專家。西方的製砲技術是傳教士從澳門傳到中國去的。林則徐通過對「澳門新聞紙」的翻譯掌握了敵情並接觸了近代世界，放眼了全球。

　　十七世紀中葉，東西方文化間的相互交流達到一個前所未有的高度，以諸子百家為代表的中國文化大量流向西方。當時西方思想家、哲學家、軍事家對中國文化極感興趣，對中國文化進行了深入研究，使歐洲興起了漢學研究熱。

　　作為兵家必爭之地的彈丸之地澳門，東西方兵學文化也在這裡交融碰撞。東方兵學產生於大陸的農耕文化，而西方兵學產生於海洋的商業文化。東方兵學重道，而西方兵學重利；東方兵學重智慧，而西方兵學重兵器；東方兵重不戰慎戰、和平伐交，而西方兵學重武力征服、攻城掠地。

　　自從十五世紀地理大發現以後，西方殖民者開始了對亞洲的入侵。葡人占領滿剌加後，就把目標對準了垂涎已久的中國。他們採用各種手段力圖敲開明政府因歷行海禁而緊閉的國門，並相機占領了澳門。四百多年後，澳門這個戰爭堡壘變成了中西文化共融的大展館，和平繁榮替代了血雨腥風。

數百年來，隨著中國內地居民不斷遷入澳門，中國的傳統文化也被帶入澳門，形成了澳門華人的主體文化。澳門這種華洋並存、相容並收的文化現象，是由於澳門人從未與母體文化割裂，而總是以中國人為自豪。對於這種現象，澳門前特首官何厚鏵稱之為「不同而和，和而不同」，這正是孫子所宣導的。何厚鏵珍藏一部純金版《孫子兵法》，他也是孫子的推崇者。

鄭國強表示，過去人們往往只瞭解世界文明影響中國，而不瞭解中國文明影響世界，澳門就是最好的見證。博彩業並不能真正代表澳門的文化，東西方文化的融合才讓澳門更有獨特魅力。包括儒家學說、兵家文化在內的中國許多經典文化是從澳門傳到西方、走向世界的。澳門回歸後，在發展經濟的同時，澳門人對中國傳統文化的繼承和認同也不斷加強。

3. 澳門兵法會長談「用藥如用兵」

「防病如防敵，用藥如用兵，選方如選將。疾病重在防禦，醫者用藥善於調兵遣將；藥用錯了要死人，兵用錯了要傷亡。」說這番話的澳門孫子兵法學會會長孫保平，他竟然是澳門協和醫療中心主席、西醫教授，這是記者「孫子兵法全球行」採訪所見到的「醫生兵學會長」第一人。

孫保平是孫武七十九代子孫，十幾歲就對老祖宗的兵家文化有興趣，上小學開始讀《三國》和《孫子兵法》。他從醫近四十年，把

澳門孫子兵法學會會長孫保平

《孫子兵法》運用到臨床醫學上；他花費了數十年時間，查閱了數百本書籍，在澳門出版了包括兵家文化在內的《中華至理名言》一書；他寫了許多孫子警句的書法，在澳門廣為流傳。

孫保平對記者說，《孫子兵法》是人類歷史上智慧的最偉大結晶，是一部思想深邃、體系完整、文采斑斕、說理精微、詞約義豐、結構謹嚴、空前絕後之軍事巨著，是中華文化之瑰寶，亦是世界人民之共同精神財富，被廣泛應用於軍事、外交、商業、文化、體育、生活等各個領域，也同樣適用於醫學領域。孫保平根據他的臨床經驗列舉──

《孫子兵法‧謀攻》提出：「知彼知己，百戰不殆」，體現在醫學上就是「對症下藥，治病如神。」大凡高明的醫者都懂得「知彼」，始見患者必先經望、聞、問、切之四診而準確掌握病之來由，邪（病原體）之性質、數量及其特徵，然後施以有效之藥處之；高明的醫者也都懂得「知己」：必先清楚患者自身之抗病免疫力，若抗病能力強盛，則以驅邪（抗病原體）為主，若抗病能力弱，則宜扶正，增強肌體抵抗力，亦稱之為支持療法為主，祛邪為輔。

《孫子兵法‧用間》提出：「明君賢將，所以動而勝人，成功出於眾者，先知也。」醫術精湛者，必先明確診斷，而後方能手到病除，事半而功倍。孫子又云：「先知者，不可取于鬼神，不可像于事，不可驗于度，必取于人，知敵知情者也。」這就是說，必須依靠科學的多來明確診斷病情，不可求神問鬼，亦不可以類似患者類推，更不可靠觀測天象度數來論證病之性質。《黃帝內經》有「拘於鬼神者，不可與言至德」其理相通。所以我們要信科學而不能信巫師的胡言亂語。

《孫子兵法‧火攻》提出：「夫戰勝攻取，而不修其功者凶，命曰費留。故曰：明主慮之，良將修之。」「合於利而動，不合於利而止……此安國全軍之道也。」在醫學上，具有聰明睿智的醫生治癒患者疾病後，必定會告誡病人必須做到的幾項措施，以防舊病復發。精明的病人也會總結經驗教訓，有益身心事多做，無益健康事莫為。此乃養生健康之善道者也。

　　《孫子兵法‧軍形》提出：「善戰者，立於不敗之地。」「故能自保而全勝也。」這與《黃帝內經》之「精神內守，病安從來」、「得神者昌，失神者亡」、「德全不危」其旨相融，大有異曲同工之妙。我們知道防病之功甚於治病，欲遠離疾病者，必須要注意勞逸結合，保持良好心態，增強體質。所謂正氣內存，邪不入侵，自然之理也。

　　《孫子兵法‧勢》提出：「聲不過五，五聲之變，不可勝聽也；色不過五，五色之變，不可勝觀也；味不過五，五味之變，不可勝嘗也。」五音、五色、五味等皆是人之本能所必需，但如縱情於犬馬聲色，必然耗傷精氣神而損及年壽。

　　孫保平表示，孫子十三篇每篇都貫穿了「用藥如用兵」的哲理。用兵靠良將，用藥靠良醫；用兵瞬息萬變，用藥千變萬化。深諳兵法，靈活運用，才能克敵制勝，化險為夷。《孫子兵法》在臨床醫學上的精彩應用還很多，冀望對孫子有研究的高人良醫共同探討，發掘利用，造福人類，則社會幸甚，世界幸甚者也。

4. 澳門媒體傳播孫子打「組合拳」

　　「孫子兵法創韓國出版記錄」、「孫子兵法帶領兩岸走向共利雙贏」、「兩岸讀懂孫子就能走到一起」……2011 年，《澳門日報》、《澳門華僑報》等澳門媒體，連續轉載中新社記者「孫子兵法全球行」的稿件。澳門媒體傳播孫子文化的顯著特色是善打「組合拳」，各家媒體協同，新聞、圖片、評論配套，產生了整體傳播效應。

　　近年來，《澳門日報》刊登了「著名孫子兵法研究專家陶漢章來到解放軍駐澳門部隊」等報導，發表了「韓美軍演明在朝鮮暗指中國」、「須防美以引爆新中東戰爭」等一系列社論，大量引用《孫子兵法》。如「反恐專家教你攻心術」一文說，「攻心」來源於《孫子兵法》，「攻心為上，攻城次之」。事實上，攻心並不是通過某些旁門左道來控制他人的心智，而是一種與人真誠交往和合作，從而達至雙贏的技巧。

　　澳門《新華澳報》2009 年 11 月發表文章說，近期台灣涉入大陸各領域的很熱鬧。與過去相反，今回大陸方面「主動出擊」。曾任中央軍委辦公廳主任及軍事科學院副院長，現任中國孫子兵法研究學會會長李際均前往台灣出席「兩岸一甲子研討會」，將就兩岸政治、經濟、文化、外交，軍事各項事務進行深入研討。由此，有媒體分析，這個研討會將會談及台灣參與國際活動問題、兩岸建立軍事互信機制等敏感議題，所做成的結論將會提供給兩岸官方參考。

　　《新華澳報》還登載〈美國人讀懂了孫子兵法嗎？〉等評論文章。該報社長兼總編輯林昶對《孫子兵法》等中華文化頗有研究，他出版的《中葡關係與澳門前途》、《澳台關係縱橫談》、《澳門回歸前後的問題與對策》、《亦硬亦軟對台策》等書籍，充滿了孫子的戰略思想和哲理。

　　林昶發表的一系列「兩岸觀察」評論，多運用孫子的哲學。如「對台工作宜廣開言路海納百川求同存異」、「大門緊閉開小門，兩岸談判開新道」、「批獨文攻與和平攻勢雙管齊下」、「兩岸新時代共同建立新的中國折射新思維」、「北京主動靈活出招扭轉台海政治局勢」等。

　　他在〈台灣包機曲航符合毛澤東兵法〉這篇評論指出，大陸方面面對目前的間接包機直航模式，雖不滿意但積極協助配合，符合「先打分散和孤立之敵，後打集中和強大之敵」、「將與取之，必先與之」、「讓開大路，占領兩廂；積聚力量，伺機反攻；積少成多，量變轉質變」的「毛澤東兵法」，為兩岸直航鋪墊了道路。

　　《澳門商報》社長田亮對記者介紹說，該報以傳播中華文化為自任，不間斷地報導中國兵家文化，刊登了福州「孫氏祠堂」與孫氏先祖孫武、篆雕大師郭勁帆以中國的篆、金、行、草、甲骨文等文字形式弘揚中華傳統優秀文化，其代表作為《孫子兵法》。該報主辦一年一度的中國諸葛亮策畫獎，弘揚「諸葛亮兵法」。

　　《澳門早報》社長兼總編輯劉達求在接受記者採訪時說，澳門人對《孫子兵法》這個中華文化的瑰寶並不陌生，在日常生活中也

圖為澳門餘風采堂書法巡迴展覽展出 11 米孫子兵法書法

經常應用，這與澳門媒體長期宣傳中華兵家文化分不開的。該報經常刊登傳播孫子文化的文章和報導，他身邊帶著新近出版的報紙，就刊登了「《孫子兵法》11 米長軸書法澳門率先展出」的新聞和圖片。

5. 學部委員楊義　澳門「還原孫子」

記者見到中國社會科學院學部委員楊義是在澳門大學，他剛剛卸任社科院文學研究所所長之職，受邀前往澳門特區，擔任該大學社會科學及人文學院中國文學講座教授、博士生導師，講《史記》、先秦諸子中的老子、莊子，接下來打算開講孫子。

楊義在海內外出版學術著作四十餘種，今年出版了「諸子還原」四書，即《老子還原》、《莊子還原》、《墨子還原》、《韓非子還原》。他在接受記者採訪時津津樂道地「還原孫子」，他認為諸子學必須參照文獻文本、考古資料與諸子身世，對之作為一個有血有肉的人所創造的智慧進行生命還原，這是諸子發生學的基本命題。

楊義考證，孫武是田完家族的七世孫，出身將門巨族。根據族譜記載，這個家族還出過一個重要的人物孫權，是孫武的後代。孫武著述兵書的原始體制，作於吳闔廬九年（西元前 506 年）「西破強

圖為「還原孫子」的中國社會科學院學部委員、澳門大學講座教授楊義

楚，入郢」之前的春秋晚期。

《史記・孫子列傳》記載：「孫子武者，齊人也。以兵法見吳王闔廬。」成語「三令五申」也出之孫武訓練宮娥。儘管闔廬自稱「盡觀」十三篇，但他渾然以遊戲態度對待宮娥練兵，並沒有把十三篇開宗明義的「兵者，國之大事，死生之地，存亡之道，不可不察也」的戰爭嚴峻性存乎心中。

孫武作為「客卿」不同於伍子胥，初見吳王時不能不以血的代價，以確知吳王是否對自己竭誠信任。對此，十三篇中已有明言：「將聽吾計，用之必勝，留之；將不聽吾計，用之必敗，去之。」在孫武看來，君臣嫌隙是用兵的大患，惟有「上下同欲者勝」。本是闔廬用練女兵試孫武，孫武卻反而用練女兵試闔廬。如果闔廬過不了這一關，孫武是會拂袖而去的。

楊義認為，《孫子兵法》的大智慧，是蘸著血寫出來的，並非空泛的紙上談兵。據先秦子史典籍記載，春秋時代大國兼併小國的戰爭頻繁，出身將門的兵學天才孫武，在祖父孫書伐莒時已是十餘歲的少年，家學承傳，堂前商討，案前凝思，列國殺伐和將門論學的交織，給兵學經典的形成注入了豐厚的經驗和博大的智慧。

楊義舉例說，比如孫武以前百餘年的齊魯長勺之戰，在《孫子兵法・軍事篇》中可以發現某些投影。《左傳》記載的伐莒之役，是可以作為《孫子兵法・軍爭篇》所說的「兵以詐立」，「其疾如風」，「動如雷震」的戰例的。〈九地篇〉所說「去國越境而師者，絕地也」，以及〈軍事篇〉所說「倍道兼行，百里而爭利，則擒三

將軍」，就會讓人聯想到離孫武百年的秦晉殽之戰。

還有晉楚爭雄，屢開戰端而勝負輪替，也是兵家不會輕易放過的話題。〈計篇〉所說「攻其無備，出其不意」，這些原則可以在城濮之戰晉大勝楚之後，疏於防備，而在邲之戰中敗於楚；楚在鄢陵之戰中，又因將帥醉酒誤事，慘敗於晉這一系列的戰爭教訓中得到印證。

楊義說，在考量《孫子兵法》的家族記憶時，絕不能忘記另一位與孫武祖父孫書同輩的大軍事家司馬穰苴，他也是田完之苗裔，因抗擊晉、燕的侵伐立有大功，被齊景公尊為大司馬。根據《史記・司馬穰苴列傳》記載，齊威王使大夫追論古者司馬兵法而附穰苴於其中因號曰《司馬穰苴兵法》。

楊義論證，穰苴「將在軍，軍令有所不受」深刻影響了孫武的治軍作風；「文能附眾，武能威敵」也被〈行軍篇〉演繹為「令之以文，齊之以武」的治軍原則；「士卒次舍、井灶飲食、問疾醫藥」與〈地形篇〉中「視卒如嬰兒」、「視卒如愛子」如出一轍；「必取於人」的實踐性「先知觀」，與〈謀攻篇〉的至理名言「知彼知己，百戰不殆」相互映照，使整部《孫子兵法》摒棄了巫風迷思的糾纏，閃耀著深刻的實踐理性的光彩。

6. 學部委員楊義觸摸「孫武體溫」

「破解千古之謎的重要方法，致力於破解空白的深層意義，這應該看作是我們的哲學的文獻學的妙用。」中國社會科學院學部委員、澳門大學中國文學講座教授楊義在接受記者採訪時說，要盡可能地從文獻的蛛絲馬跡上，進入先秦諸子的生命本質，接觸到諸子的生命的密碼，對孫武就要觸摸他的「體溫」。

楊義說，《左傳》中沒有記載孫武。在吳國和楚國的「柏舉之戰」，《左傳》只記載伍子胥、吳王闔閭，卻沒有孫武的影子，所以疑古派的學者就懷疑歷史上孫武有沒有這個人。實際上，歷史記載的事情不一定全是真實，沒有記載的事情不一定不存在。《左傳》所採用的材料，是官方的材料，官方材料記載有官方的規矩，一切

成績和榮耀都歸於國王、重臣，還有國王的弟弟。至於孫武，只是一個客卿，一個高級的軍事參謀，談不上有什麼爵位，官居幾品，所以官方文獻就秤不準他的分量，也就忽略不記。

但是先秦的兵家文獻記載了，《尉繚子》說，有提三萬之眾，而天下莫敢當者，是誰呢？是孫武子。《韓非子‧五蠹篇》裡面也講，「境內皆言兵」，國家裡到處都在講兵，「藏孫、吳之書者家有之」，孫武、吳起成了兵家的標誌性人物。這說明同一件事情，官方記載和民間專業書的記載，因為價值標準不同，關注的重點人物就大不一樣。

先秦史書中都沒好好記載孫子，那麼我們研究《孫子兵法》，怎樣觸摸到孫武的體溫呢？楊義考證，《史記》卷六十五，是〈孫子吳起列傳〉，身世記載簡略，也沒有認真交待孫武的祖宗脈絡，只說到孫武是齊國人，他遇見吳王闔閭，就拿出了《十三篇》，使現在的《孫子兵法》十三篇有了著落。

楊義指出，問題在於此時大概只有三十餘歲的孫武，在這之前並沒有作戰的紀錄，但是他一出手就是《十三篇》，而且竟然成為千古兵家的聖典，這樣的奇蹟怎麼產生的？先秦材料並沒有提供奇蹟產生的足夠資料，我們只能從先秦以來的可能留下來的有限而零碎的材料中，尋找蛛絲馬跡，去彌補和破解這個空白。

楊義講述說，清代學者孫星衍說自己是孫武的後代，指認出孫武的祖父叫做陳書。《左傳》記載的齊國將領孫書，就是孫武的祖父，他曾經率領軍隊去討伐一個東夷國家叫莒國，就是現在臨沂東北部的莒縣。陳書攻打莒國的紀鄣城，城牆很高，難以攀越。城裡有個老太太天天紡織麻繩，當陳書率領軍隊攻城的時候，她夜裡從城上把麻繩垂下來，陳書的軍隊抓著麻繩就登上城樓，上了六十人，麻繩斷了。

這六十人在城樓上大聲鼓譟，外面軍隊也鳴鼓攻城。莒國的國君被搞懵了，不知進來多少人了，看到聲勢不妙，就逃跑了，齊軍就拿下這個城市。因為這個戰功，齊景公恩賜陳書姓孫，孫是公子

王孫，是個貴族的姓。孫武后來寫成的《孫子兵法》講兵不厭詐，可以看到這個戰例一些影子。

《孫子兵法》專設〈用間篇〉為壓卷，而以鄉間居首，「因其鄉人而用之」，還寫了個反間計，認為內奸，或者「暗線」，對於打仗能夠知己知彼、裡應外合非常重要。哪部兵書專門為「反間計」寫上一章呢？就是《孫子兵法》。這跟孫武的祖父討伐莒國小城，得到城內那個老太太作為內線的支援，是有關係的。《孫子兵法》反映和昇華了孫武的祖父輩的戰爭經驗。

孫子家族對一場與齊國有關的戰爭的討論總結，注入了《孫子兵法》的理論思考之中。如齊魯長勺之戰中曹劌論戰「一鼓作氣」，對孫武影響很大，他在兵法中講戰爭非常重視氣：「三軍可以奪氣，將軍可以奪心」，「是故朝氣銳，晝氣惰，暮氣歸。故善用兵者，避其銳氣，擊其惰歸，此治氣者也」。

楊義稱，《孫子兵法》實際上是他的政治軍事家族的經驗和智慧的結晶，也是春秋列國重要戰爭經驗的哲學性的昇華。對《孫子兵法》的這些認識，都離不開「從文獻處入手，在空白處運思」這種諸子生命還原的學術方法。

7. 楊義略論孫氏家族與兵學傳家

中國社會科學院學部委員、澳門大學中國文學講座教授楊義說，孫武出生在齊國的一個軍事世家，祖父、伯祖父軍事思想和作戰經驗，都深刻地影響著和震撼著當時只有十幾歲的少年孫武。這個政治軍事家族平時的家教，廳堂上的談論、辯論、爭論，都直接成為孫武軍事思想形成的催化劑。家族的記憶，長輩成功的典範，已經成了《孫子兵法》字裡行間裡的精神氣脈。

楊義對記者說，尚應探索的是，家庭文化是古代中國文化承傳的重要機制。孫武的祖父孫書同輩的大軍事家，叫司馬穰苴，〈司馬穰苴列傳〉見諸於《史記》卷六十四，他曾以《司馬兵法》聞名於世，他的軍事思想、軍事行為，對從孫輩的孫武影響極深。

當時，齊國受到了晉國和燕國的威脅，經常打敗仗，齊景公任命了他當大將軍，派一個寵臣來做監軍。這個寵臣倚寵賣寵，到處應酬酒席，接受禮品，耽誤軍機，司馬穰苴要殺他，齊景公馬上派使者來制止，說不能殺。司馬穰苴說了一句「將在軍，君命有所不受」，就把他殺掉了。這句話跟孫武殺掉吳王的兩個寵姬的話是一模一樣的。

在孫武南遷百餘年後，孫氏家族又誕生了一位兵學天才孫臏。楊義考證，《史記》稱「臏亦孫武之後世子孫也」，這裡的「孫武」後面似應加上「本族」二字。《史記》又稱「世傳其（孫臏）兵法」，但《隋書‧經籍志》已不著錄《孫臏兵法》，曹操注《孫子兵法》不及孫臏，可見此書失傳已久。宋以來直至近代，疑《孫子兵法》乃孫臏所著者頗有其人。到 1972 年銀雀山竹簡同時出土《孫子兵法》和《孫臏兵法》，才算了卻這樁聚訟紛紜的公案。

楊義認為，既成公案就又從另一角度催人反思：孫臏是把《孫子兵法》作為家族文化承傳的，對之爛熟於心，運用自如。比如《史記》敘寫孫臏以軍師身分為主將田忌謀畫圍魏救趙戰役，採取「批亢搗虛」的策略，分析「今梁、趙相攻，輕兵銳卒必竭於外，老弱罷於內。君不若引兵疾走大樑，據其街路，沖其方虛，彼必釋趙而自救。是我一舉解趙之圍而收弊于魏也。」

這種謀略實踐了銀雀山漢墓竹簡《孫臏兵法》中「攻其無備，出其不意」，「必攻不守，兵之爭者也」的思想 ，而且與《孫子兵法‧計篇》之「攻其無備，出其不意，此兵家之勝，不可先傳也」，以及〈虛實篇〉之「攻其所不守」、「攻其所必救」若合符契，並且運用得更加出彩。

由此引發的桂陵之戰，竹簡本《孫臏兵法》明言龐涓和田忌各「帶甲八萬」，可補《史記》、《戰國策》之不及載。在兵力相敵的情形下，孫臏遵循《孫子兵法》「敵則能分之」的原則，避實擊虛，以逸待勞，在運動之中「先為不可勝，以待敵之可勝」，相機破敵。

《孫臏兵法》竹簡尚存的〈威王問篇〉中，孫臏回答了齊威王

問用兵的三個問題和若干小問題，回答了田忌的五組問題。其中提出的「讓威」，誘敵、輕兵試敵一類計謀，在馬陵之戰中都在運用中有所變通。《史記》記這場戰役中孫臏對田忌說：「彼三晉之兵素悍勇而輕齊，齊號為怯，善戰者因其勢而利導之。兵法，百里而趣利者蹶上將，五十里而趣利者軍半至。」這種讓威誘敵的計謀，使魏軍驕躁輕進，在馬陵狹道為伏兵重創。

孫臏節引《孫子兵法・軍爭篇》的「百里而爭利，則擒三將軍，……五十里而爭利，則蹶上將軍，其法半至」，而只稱「兵法」、不稱全書之名，既存尊崇本族先祖之意，又表明兵法已成其家傳之學。

楊義評價說，從柏舉之戰到桂陵之戰、馬陵之戰，《孫子兵法》及齊國孫氏兵法傳家，給中國古代兵學的理論和實踐增添了智慧、文采和光彩，改寫了春秋晚期到戰國中期吳、楚、齊、魏等大國的歷史，也豐富了人類聰明才智的深遠的構成。

8. 楊義妙語連珠話「老子與孫子」

澳門大學社會科學及人文學院中文系講座教授楊義在接受記者採訪時說，《孫子兵法》十三篇的行文不過六千餘言，略長於《老子》，而化韻體為散體。如果說《老子》言道妙以機趣，那麼《孫子兵法》則述「詭道」以精誠。

楊義教授最近在北京中華書局出版了「先秦諸子還原」四部專著，對先秦諸子進行富有創造性的研究，破解諸子學中的關鍵性難題共有三十八個之多，尤其是《老子還原》對諸多謎團一一破解。他告訴記者，春秋末年，只有老子和孫子兩本書，孔子的《論語》到了戰國時期才有，目前他正在「還原孫子」。

楊義對記者說，春秋戰國之世，中國社會發生了長久、全面、激烈的震盪和變動，催化了整個民族的思想創造能力，中國文化在突破和超越中出現思想原創，裂變為百家之學。率先開宗的堪稱「春秋三始」：一是老子言道德五千言，開道家之宗；二是孔子聚徒講學，開儒家之宗；三是孫武以《兵法》見吳王闔廬，開兵家之宗。

　　孫子把老子的「道」引進兵家，「道」是春秋時期的一個「關鍵字」。楊義說起老子與孫子來，妙語連珠，令人耳目一新——

　　《老子》提出「人法地，地法天，天法道，道法自然」的綱領。《孫子》提出「道天將地法」，把「道」放在五事之首，成為整部兵法的核心思想「全勝之道」， 這與這與《老子》五千言，用了七十三個「道」字後先輝映。

　　《老子》突出了以柔弱勝剛強的智謀方針「將欲翕之，必故張之；將欲弱之，必故強之；將欲廢之，必固興之；將欲奪之，必固與之。是謂微明；柔勝剛，弱勝強。」《孫子》說「故善用兵者，避其銳氣，擊其惰歸，此治氣者也。以治待亂，以靜待嘩，此治心者也。以近待遠，以佚待勞，以飽待饑，此治力者也。」「亂生於治，怯生於勇，弱生於強。」

　　論道重虛實相生，是《老子》為中國哲學和美學發明的一條重要的原理，用了古時冶煉業使用的風箱設喻「虛而不屈，動而愈出」。《孫子》奇正虛實之論，是中國古代兵學精華所在：「凡戰者，以正合，以奇勝。」「避實就虛」，「攻其所必救」。

　　《老子》是從水中體驗道體、道性的。所謂「上善若水」，「譬道在天下，猶川谷之于江海」，「天下莫柔弱于水，而攻堅強者莫之能勝」，全書散發著水文化的氣息。《孫子》「兵無常勢，水無常形」，「若決積水於千仞之者，形也」。以水形喻兵勢，極具神韻。

　　《老子》以嬰兒喻道：「載營魄抱一，能無離乎？專氣致柔，能如嬰兒乎？」《孫子》說：「視卒如嬰兒，故可與之赴深谷，視卒如愛子，故可與之俱死。」

　　擔任過《文學評論》主編的楊義評論說，在述學方式中《老子》堪稱獨特的，是寫成韻散交錯，時或句式整齊、時或長短不拘的道術思想性的詩，或哲學詩，行文律動著一種抑揚頓挫的節奏之美。孫子不是文章家，勝似文章家。《孫子兵法》是一流文章，一錘打下，落地有聲，文字功夫已達到了無意為文而文采自見，高明而精微的境界。

楊義還評論說，《孫子兵法》還善用連喻，〈九地篇〉又說：「將軍之事，靜以幽，正以治。」在比喻等待和把握戰爭機遇時還說：「是故始如處女，敵人開戶，後如脫兔，敵不及拒。」這些比喻或意蘊飽滿，或辭采飛揚，說理多有力度，組合常語而能開拓深刻的意義，以簡練的文句包容宏富的內涵，同時著述大概只有《老子》能與比肩。

9.《孫子》是人類競爭發展智慧學
──訪澳門大學中國文學講座教授楊義

「《孫子兵法》首先是兵學聖典，但不僅僅屬於兵學，而以其精闢的思想成為人類競爭發展各個領域都可受啟迪的智慧學。」中國社會科學院學部委員、澳門大學中國文學講座教授楊義說，此兵書詞約理辟，不須浮辭而直指本原，務實之論多成智慧名言，以獨到的思維方式和術語措辭使思想魅力得以千古保存。

楊義評價說，孫子十三篇，是精心傑撰之結構，無隨意述錄之蕪雜，得智慧運思之經典。先以兵道籠罩全書，再述戰前的廟算以及物質、編制的準備，繼之以戰爭中攻守、奇正、虛實、形勢諸端的運用，其後為地形、戰區、火攻、用間等具體戰術，形成一個相當周圓有序的篇章學結構。正如曹操〈注孫子序〉所云：「吾觀兵書戰策多矣，孫武所著深矣，審計重舉，明畫深圖，不可相誣。」劉勰《文心雕龍・程器》也說：「孫武兵經，辭如珠玉，豈以習武而不曉文也？」

孫子把智慧放在第一位，把勇放在第四位，是有別於其他兵家的。《孫子兵法》不是羅列戰例，而是抽象地變成一個世人生存的智慧。《孫子兵法》是最抽象的，也是最實用的。它能觸動各種各樣的思考，能串透人類智慧，是啟動人的智慧發條。楊義說起孫子的智慧，話匣子打開，就滔滔不絕──

孫武是「中國式」的兵學智慧，其武道是「止戈為武」。由於立足歷史實踐和歷史理性，《孫子兵法》往往能夠簡捷地揭示戰爭的本質特徵和實質性的規律。它坦誠地告示：「兵者，詭道也。」

戰爭面對的對手是一個活動著的、甚至是詭異莫測的變數。因此戰爭的過程，是一種以詭道破詭道的智謀和實力的較量，這就難怪曹操注解說「兵無常形，以詭作為道」了。

但通觀《孫子兵法》，詭中有正，以正制詭，意在充分發揮以敵情為根據的自由精神的優勢。因而這種詭道並非神秘主義的，而是全面地多維度地論述和掌握兵學的「五事」、「七計」，即俗稱「詭道十二法」。

探究兵道於兵事之外，有利於把兵事納入人類生存的更深廣的時空框架來思考，在血與火的學問中化生出智慧與謀略的學問。《孫子兵法》之所以受到普世的尊崇，一個基本性的原因是它在透徹的言兵中，蘊含著深厚的人類生存的關懷。既然以「詭道」概括兵學的本質特徵，兵法也就以智為先，具有濃郁的重智色彩，這就使《孫子兵法》成為舉世矚目的智慧啟示錄。

孫子的奇正虛實之論，展現了活潑潑的中國智慧的辯證法神采，是中國很高的智慧。後世兵書記載，唐太宗曾俯首贊同李靖這番話：「若非正兵變為奇，奇兵變為正，則安能勝哉？故善用兵者，奇正在人而已。變而神之，所以推乎天也。」唐太宗本人則說：「朕觀諸兵書，無出孫武。孫武十三篇，無出虛實。夫用兵，識虛實之勢則無不勝焉。」

在談到毛澤東把孫子「知彼知己，百戰不殆」改為「知己知彼，百戰百勝」時，楊義說這是毛澤東的一大創造，要認識敵人先要認識自己，要戰勝敵人先要戰勝自己。力量的源泉在於自己，根本也在於自己，先把自己調整好，把自己做強大了才有實力與敵人較量。中國要和平崛起，走向世界，就要把自己做強，才有說話的分量。孫子和毛澤東都是大軍事家，都是大智慧，只是他們說的角度不同而已，毛澤東是發展了孫子的智慧。

台灣篇

1. 台灣學者論孫中山與《孫子兵法》

在紀念辛亥革命百年之際，記者採訪了一些台灣兵法研究專家學者。他們認為，無論是作為孫子的後裔還是辛亥革命的領導者，孫中山都非常崇敬古代兵家的軍事思想，將孫子尊為軍事智謀的理論源泉，多次研讀《孫子兵法》。他領導辛亥革命推翻滿清，吸取了中國兵家文化的大智大慧。

台灣中華孫子兵法研究會學會會長傅慰孤對記者說，孫中山領導的辛亥革命，不僅在革命實踐中運用了《孫子兵法》，而且在引發的「五四」新文化運動中弘揚了《孫子兵法》。在這面新文化運動的旗幟下，孫子兵學文化也獨樹一幟。在這個時期，對孫子其人其書的評價，對孫子文化現實價值的研究，高論巨著層出不窮，蔚為大觀。

台灣中華戰略學會孫子組召集人李啟明說，孫中山對《孫子兵法》為代表的傳統兵學文化有著深刻的理解，曾給予了高度評價。他說：「就中國歷史來考究，兩千多年的兵書，有十三篇，那十三篇兵書，便成立中國的軍事哲學。所以照那十三篇兵書講，是先有戰鬥的事實，然後才成那本兵書。」

台灣中華戰略學會的王榮慶認為，縱觀辛亥革命武昌首義，其乘勢「伐謀」，及夜戰「火攻」，以寡勝眾及小兵夜戰破大兵，這都能契合《孫子兵法》用戰之妙。加上革命軍上下同心，置之死地而後生，攻勢的英勇，盡合兵之道理。辛亥革命的成功正是以孫中山為代表的革命黨人審時度勢，順勢而為，因時而變，才成就了一番大業，改變了歷史發展的方向和進程。

孫中山的一些著作反映出，他受到了中國傳統兵家思想的影響。台灣學者告訴記者，內戰連綿和軍事力量薄弱的歷史環境，使孫中山在《建國方略》中強調，國家如要繼續生存，軍事起著非常重要的作用。這番話聽上去很平常，卻很容易使人聯想起《司馬法·仁本篇》裡的話：「天下雖安，忘戰必危。」還有《孫子兵法·計篇》說的：「兵者，國之大事也。死生之地，存亡之道，不可不察也。」

台灣學者還認為，孫中山十分重視民生和國防的聯繫，這源於《武經七書》和諸子百家。人民的幸福是一種力量的源泉。1932年5月南京軍用圖書社鉛印袖珍本《孫吳司馬兵法》，首頁為孫中山遺像和遺囑，其正文《孫子兵法》與《吳子》、《司馬法》合為一編，這也從一個側面說明孫中山思想與中國兵家文化的淵源。

有台灣學者稱，孫中山的三民主義與孫子思想也存在一定相通之處。孫中山最重要的戰略論著《軍人之精神培育》，強調精神或訓導重於物質；有必要通過「三民主義」的思想教育來鼓舞士氣。這些思想源於《孫子》。孫中山還詳細闡明了軍人應培養的品質：智、仁、勇。對任何瞭解《武經七書》的人而言，這些恐怕並不陌生。精神力量的重要性，還包括用謀略和詭道制服敵人。

台灣中華企業研究院副研究員張建華表示，在辛亥革命百年紀念的今天，我們從中華文化的經典智慧中，看到孫中山以《孫子兵法》的道勝為核心，以全勝為目標，知彼知己的知勝，同心合力的合勝，掌握趨勢先立不敗的勢勝，建立共識眾心共信的意勝，在天時地利人和中，乘勢轉機，出奇制勝。

2. 台灣《孫子兵法》書籍層出不窮

台北是一個為愛書的人設計的城市，在重慶南路書店一條街，包括《孫子兵法》在內的中華文化書籍放在各書店醒目的位置。而在台北最大的誠品書店，令記者感到意外的是，《孫子兵法》竟然在歷史文化書區裡找不到，而放在哲學書區裡，滿滿的一大櫃，有一百多種版本。看來台灣民眾是把《孫子兵法》當哲學來讀的。在士林夜市裡，居然也有孫子圖文解讀和連環畫出售。

台灣重視孫子書籍出版，起步較早。上世紀五十年代初，多家出版社就著手重印《孫子兵法》書籍。如1953年世界書局重印的鄭英漢對照本《孫子兵法》；兵學書店1954年再版的齊廉所著《增訂孫子注解》，以及世界兵學社於1956年先後再版李浴日著《孫子兵法總檢討》和《孫子兵法新研究》等，使得台灣的孫子研究保持

圖為台北最大的誠品書店《孫子兵法》有一百多種版本

了連續性並帶動一批新作的問世，僅五十年代台灣地區就有二十餘部孫子書籍出版。

1975 年，在大陸文物出版社公開出版《銀雀山漢墓竹簡》後，台灣學者即紛紛投入對竹簡兵書的研究。《孫臏兵法注釋》由台灣黎明文化事業公司率先出版，這也是漢簡出土後出版的最早的為數不多的研究專著之一。1982 年後，台灣里仁書局和正華書局先後重印大陸郭化若譯注的《十一家注孫子》。台灣世界書局又於 1987 年復刊楊炳安的《孫子集校》，開啟了台灣引進大陸圖書之先河。

隨著《孫子兵法》的普及和經濟發展的需要，台灣應用研究異彩紛呈，一批研究專著陸續面世。如《商戰孫子兵法》，是兩岸較早將孫子謀略用於商業經營的專著。此後相繼出版了《孫子兵法處世哲學新譯》、《孫子兵法的賺錢哲學》、《孫吳兵法與企業管理》、《孫子兵法與人生》、《孫子兵法股票入門》、《談判孫子兵法》、《孫子保險兵法》、《全方位新女子兵法》、《孫子兵法快讀》和《與孫子兵法同步思考》等。特別是 2010 年台灣學者在大陸出版的《孫子兵法與競爭優勢》，引起兵學研究界的關注和興趣。

在兵學理論和學科建設方面，台灣學者也走在了前面。代表作為鈕先鐘的《孫子三論》，以西方戰略詮譯《孫子兵法》，提供了新的研究方向。還有《孫子今註今譯》、《孫子體系的研究》、《孫子兵法思想體系精解》、《孫子思想研究》、《孫子戰爭論》等專著，在孫子思想的探討上成績斐然。李啟明所著《孫子兵法與現代

戰略》、《孫子兵法與波斯灣戰爭》、《從孫子兵法看兩岸雙贏戰略》，將孫子的軍事思想與現實緊密結合，充分體現了孫子理論的指導價值，成為人類認識和解決矛盾的經典哲學。

1990 年，大陸著名學者注譯的《孫子校釋》問世，也引起了台灣學術界的關注。台灣著名慈善機構立青文教基金會盛讚該書「全面性、系統化且相當深入的研究總結，大大的提升了此一方面的研究水準」，並於 1992 年斥資再版重印廣為贈閱，使台灣民眾及時暸解大陸《孫子兵法》最新研究成果。

此後，台灣引進大陸研究成果進入常態化，幾乎每年都有大陸相關圖書在台出版。據不完全統計，至今再版重印大陸《孫子兵法》圖書達五十餘部。大陸出版社也自 1991 年出版了台灣知名漫畫家蔡志忠的《孫子說──兵學的先知》、嚴定暹的《格局決定結局──活用孫子兵法》等研究著作不下二十部。

據王長河《台灣研究孫子兵法二十年》一文披露，1990 至 2009 年，台灣出版相關《孫子兵法》專業書籍計二百八十五冊，其中二十一冊為日英等譯作。類別涉及研究考訂、學術思想、哲學原理、兵法戰略、謀企業管理、領導談判，以及通俗作品、卡通漫畫、兒童繪本等方面，並有錄影資料、多媒體等數位圖書。

3. 台灣商務印書館弘揚中華兵家文化

記者來到台灣商務印書館總編輯方鵬程的辦公室，書櫃裡整整齊齊地排列著仿古版《文淵閣四庫全書》。這是該館與台北故宮博物院合作出版的，其中兵家類有《六略》6 卷、《孫子》1 卷、《吳子》1 卷、《尉繚子》5 卷、《黃石公三略》3 卷、《黃石公素書》1 卷、《李衛公問對》3 卷、《太白陰經》8 卷、《武經總要前集》20 卷、《虎鈐經》20 卷、《守城錄》4 卷、《武編前集》6 卷、《陣紀》4 卷、《江南經略》8 卷、《練兵實紀》9 卷、《紀效新書》18 卷。

方鵬程告訴記者，台灣商務印書館繼承上海商務印書館的傳統精神，以「弘揚文化，匡輔教育」為己任。本館還出版新版「古籍

圖為台灣商務印書館《文淵閣四庫全書》等目錄和兵學書籍

今註今釋」，彙集中華文化精髓，重現國學經典。這套古籍叢書中華兵家文化占了一定的篇章，有《孫子》、《太公六略》、《黃石公三略》、《司馬法》、《尉繚子》、《吳子》、《唐太宗李衛公問對》等系列中國兵書今註今釋。

新版「古籍今註今釋」系列出版後，台灣各界評價很高，一時洛陽紙貴，後又重現刊印。該印書館在重印〈古籍今註今釋序〉中寫道，古籍蘊藏著古代中國人智慧精華，顯示中華文化根基深厚，亦給予今日中國人以榮譽與自信。台灣商務印書館前董事長王學哲稱，二十一世紀必將是中華文化復興的新時代，讓我們共同努力。

文化總會前會長馬英九先生作了題為〈永恆的經典，智慧的源泉〉的序，他指出，中國傳統經典是民族智慧與經典的結晶，期待古典文化的智慧，就像在歷史長河中的一盞明燈，繼續照亮中華民族的未來。

記者拿到 2011 年台灣商務印書館的《圖書目錄》，發現其中中華兵家文化書籍眾多，有《孫子兵法一百則》、《中國古代兵書》、《中國古代著名戰役》、《兵書四種：孫子、尉繚子、吳子、司馬法逐字索引》、《諸葛亮武侯的素養與戰略》、《先秦戰爭哲學》、《孫子十三篇語文課本》、《孫子：談判說服的策略》，還有與兵法相關的《周易今注今釋》、《易經白話例解》、《鬼穀子：說服談判的藝術》、《中國古代兵制》、《中國古代士兵生活與征戰》、《中國古代兵器》、《中國近代軍事思想》等。此外，哲學、文學、

史學、心理學、經濟學、美學（漫畫）類也融合了兵學。

　　方鵬程向記者介紹說，仿古版《文淵閣四庫全書》、新版「古籍今註今釋」，把中國古代兵家文化作為重要系列之一，旨在留住中華文化的根基。長期以來，兩岸孫子書籍出版交流一直很熱門，在兩岸開放前就通過各種管道交流，兩岸開放後就更頻繁了，始終沒有停止過。大陸許多孫子書籍在台灣市面上都銷的不錯，台灣出版的孫子書籍有不少成了大陸的暢銷書。

4. 台灣學者編撰《中國兵學名著大全》

　　台灣雲台兵研社社長林金順在接受記者採訪時透露，中國兵學名著是中華文化的瑰寶，是燦爛的文化遺產。目前他正在編撰《中國兵學名著大全》，從中國古代的西周一直到清朝，是一個浩大的工程，旨在弘揚中國兵家文化。

　　林金順介紹說，中國兵家文化源遠流長，兵書浩瀚，《孫子兵法》是其中的代表，集中國兵學之大成。他要把中國上下五千年的兵家經典彙集起來，成為最完備的中國兵學資料庫，可在網上分類檢索，這對全面研究《孫子兵法》提供了依據。該大全分基本兵法類、綜合兵法類、戰法類、兵謀類、治軍練兵類、戰爭文選類等，共計十個大類一百零九節一百二十萬字，出版後讓海峽兩岸共用。

　　基本兵法類包括西周時期的《太公六韜》、《太公兵法逸文》；春秋時期的《孫子兵法十家註並殘簡本》、《孫子兵法武經注》、

圖為台灣孫子兵法研究學者出版的部分孫子專著

《司馬兵法》；戰國時期吳起的《吳子兵法》、《尉繚子兵法》、《孫臏兵法》、秦《黃石公三略》、《李衛公兵法》等 10 節。

綜合兵法類有唐《太白陰經》、《長短經》，北宋《虎鈐經》、《守城錄》，明《武編》、《草廬經略》、《兵機要訣》，清《黃建崗兵法》等 12 節。戰法類有北宋《武經總要》；明《百戰奇法》、《揭暄兵經》、清《魏禧兵法》等 5 節。

兵謀類有西漢《黃帝陰符經》、西周《陰謀》，春秋《范子計然》，戰國《鬼穀子》、《縱橫》，西晉《司馬彪戰略》，明《經世奇謀》，清《魏禧兵法》、《兵京或問》、《三十六計》等 16 節。

治軍練兵類有秦《素書》，三國《心書》、《便宜十六策》、《諸葛忠武侯文集》，北宋《教戰守策》，南宋《美芹十論》，明朱元璋《太祖寶訓》、戚繼光治兵語錄》及清曾國藩的《曾胡治兵語錄》等 12 節。

戰爭文選類有秦《諫逐客書》、西漢《答蘇武書》、《過秦論》，東漢《為袁紹檄豫州文》，三國《雜雜諸葛亮隆中對》、《前後出師表》，隋《為李密檄洛州文》，唐駱賓王《為徐敬業討武曌檄》，南宋《岳武穆遺文》，北宋《前後赤壁賦》，清《議汰兵疏》 等 25 節。

此外，戰史評述類有《左傳》、《國語》、《戰國策》、《史記》、魏禧兵跡》 等 8 節。戰略思想類有《管子》、《老子》、《尚書》、《易經》、《孔孟》、《範蠡》、《商君書》、《谷梁傳》、《公羊傳》、《墨子》、《荀子》、《呂氏春秋》、《韓非子》、《淮南子》、《曹操令文》、《道德經論兵要義》等 29 節。

林金順研究《孫子兵法》三十多年，是台灣中華孫子兵法研究學會理事。他編撰的《孫子勝道初探》已經出版，後續將持續撰擬《孫子勝道初解》以及《孫子十二勝道實用》，這三部書是《中國兵學名著大全》全部工程的第二階段啟始。還將繼續就《太公六韜》、《黃石公三略》、《素書》等一系列有實用價值的兵學重加注釋，期待能對中華兵家文化傳承作最大的奉獻。

5. 台灣中華孫子兵法研究學會力創兩岸和平雙贏願景

「《孫子兵法》作為炎黃子孫的智慧結晶，是海峽兩岸民眾的共同財富」，「《孫子兵法》引領兩岸人民走向共利雙贏」。中新社記者在採訪台灣中華孫子兵法研究學會中獲悉，近年來該學會多次參加兩岸孫子國際論壇和文化交流活動，發表了一系列學術論文，引起兩岸學界的關注。

2007 年 1 月 10 日成立的中華孫子兵法研究學會，是第一個在台灣「內政部」申請立案的孫子兵法民間研究組織，現有會員二百六十多人。學會章程明定：「本會主以研究、弘揚《孫子兵法》『全勝』思想為宗旨；並宣導中國傳統易經對宇宙本體的認識，及至軍事思想的演進，進而創造兩岸和平雙贏之願景。」章程還宣稱「贊助兩岸國際研究交流活動，將孫子兵法原則傳揚於世界」

該學會會長傅慰孤在學會成立之初曾表示，中華文化瑰寶《孫子兵法》早已超越軍事領域，引起國際性重視。學會成立有三項目標：急起直追國際孫子研究風潮；創新應用兵法使之更具現代意義；弘揚孫子「全勝之道」，維護海峽兩岸和世界和平。

為推動台灣全民孫子文化的傳播和應用，該學會深耕基層，在台灣北、中、南地區分別成立三個分會，吸收地區會員，每月定期召開研討會。學會還成立了財團法人孫子文化藝術交流基金會，開通

圖為台灣中華孫子兵法研究學會銅牌

孫子兵法網站，定期出版《華孫學刊》，致力於在台灣島內普及孫子文化，指導商戰決策，達到研究普及化，人員年輕化。

該學會選擇台灣兩所頂尖公立大學和私立大學，開班授課，開展《孫子兵法》入台灣校園活動，提升青年學子對兵法的興趣與認知。連續兩年與孫子故里山東濱州聯合舉辦「海峽兩岸大學生孫子兵法友誼辯論賽」，2012 年將移師台灣，成為一個由兩岸輪流互辦的常態性孫子文化活動。目前，台灣多所大專院校都規畫了有關《孫子兵法》選修課程。

如今，學會經過深層次研究中華兵學文化，舉辦專家學者小型群英論壇，廣泛開展史料考證、兵法釋意、著書立說等，在島內已形成氛圍。學會的「全勝論壇」成為海內外關注的品牌論壇。學會與元智大學合作，聯合舉辦多次年度大型學術論壇，邀請者包括前「國防部長」孫震，前「行政院長」郝柏村、唐飛等，議題圍繞「以中華文化為依歸，孫子全勝思想為主軸，探討兩岸前途發展之未來」。

前「行政院長」唐飛作的題為「舍霸權思想‧揚王道文化」的發言，對中西兩大兵學思想進行比較。他提出：「西方兵學對後世的影響遠遠不如孫子，是因為克勞塞維茨的《戰爭論》求勝需使用武力遂行攻城掠地，是霸權思想；而孫子宣導的全勝思想強調『不戰而屈人之兵』、『雙贏共利』，是王道思想。」論述題目還有〈孫子兵法對台海兩岸和平互信之啟示〉、〈從孫子的「勢」解析兩岸經貿順勢發展〉、〈兩岸握勢、杜危‧同舟共濟〉等，內容涵蓋「情勢發展、經貿交流、和平互信」等多個方面。

近年來，該學會還推動台灣宗教界與大陸河南省鶴壁縣雲夢山，在八卦廟落成典禮上舉辦兩岸《鬼谷子》與兵法學術文化交流活動；接待大陸孫子兵法學者赴台參訪團，舉行小型論壇，拜會中國國民黨榮譽主席連戰、海基會董事長江丙坤等，推動了兩岸孫子文化的傳播。

6.孫子兵法精髓符合兩岸和平共贏主旋律
──訪台灣中華孫子兵法研究學會會長傅慰孤

「《孫子兵法》不僅是一部指導戰爭的兵法，也是一部指導和平的兵法，符合海峽兩岸和平共贏主旋律，是解決兩岸問題的寶典。」台灣中華孫子兵法研究會學會會長傅慰孤在接受記者採訪時說，《孫子兵法》的內涵博大精深，海峽兩岸同根同脈，一道攜手領略中華傳統文化的非凡魅力，挖掘其當代價值，對於兩岸實現共利雙贏具有積極意義。

傅慰孤是浙江鎮海人，七十多年前，他母親得知鎮守上海四行倉庫的八百壯士被日軍俘虜，押往南京做苦役，身懷六甲的她冒險從上海到南京傳遞情報，孤軍終得以營救，轟動全國。為紀念這段抗戰故事，將他取名「慰孤」。

傅慰孤說，中華文化是海峽兩岸共同的寶貴財富，兩岸同胞都要做中華文化的傳人。而《孫子兵法》作為炎黃子孫的智慧結晶，其內涵是王道與民本思想，全篇貫徹「慎戰不戰、全勝而無殺」主張，崇尚和平、理性、人道主義，將作戰犧牲視為極大痛苦的理念，永遠符合時代要求，也正代表了海峽兩岸民眾期待兩岸和平發展的訴求。

傅慰孤表示，《孫子兵法》已超越了戰爭和有限空間的對抗形式，思維的哲學意涵已經超越了軍事範疇，被海峽兩岸的各個層面廣為運用。對於如今的兩岸關係，我們完全可以從《孫子兵法》中找到解決的答案。對孫子思想的正確解讀和在台灣的廣泛傳播，也將

圖為台灣中華孫子兵法研究學會會長傅慰孤

有助於運用孫子的智慧去促進兩岸和平、穩定與繁榮。

「自古知兵非好戰」。殺敵一萬自損八千是「慘勝」，不值得誇耀，斬盡殺絕贏得戰爭卻贏不了和平。傅慰孤說，孫子的軍事理論可以上升為一種戰爭哲學，並更加廣泛地應用於外交、經濟等多個方面。他認為，對當前兩岸的景況，《孫子兵法》早就有可以提供我們借鑑的方策。

首先，《孫子兵法》開宗明義指出「兵者，國之大事，死生之地，存亡之道，不可不察也」。這一「慎戰」的主軸思想，正是給兩岸最終「不要輕啟戰端」的思維。戰爭不是解決紛爭的唯一辦法，事實上，兩岸的紛爭是可以透過文化交流、經貿合作等，獲得雙方共利、互贏的圓滿解決。

其次，《孫子兵法》以「全勝之道」為核心思想，這一雙贏互利的「全勝」和順應天意、民心的「道勝」，是解決衝突的關鍵所在。因此，發揚《孫子兵法》精髓與全勝思想，可以根本的解決與弭平世界的紛擾與不安。兩岸如能以孫子的全勝之道，消弭雙方現存的歧見，成為兩岸人民一致的共同理念，就能朝「共利雙贏」的「全勝」方向邁進。

再則，觀諸世界發展趨勢，二十一世紀儼然已進展到以大中華圈為中心的世界潮流。誠摯的期盼兩岸應善用這有利的「天時」、「地利」、「人和」，共創中華民族的輝煌未來。

7. 台灣女軍事評論員：兩岸讀懂《孫子兵法》就能走到一起

田金麗是台灣鳳毛麟角的女性軍事評論員，她祖籍廣東梅縣，畢業於台灣新竹女中和中國文化大學。田金麗從一個女大學生變成軍事評論員、軍事女作家，緣於《孫子兵法》。

田金麗對記者說，二十多年前還在大學時她就讀《孫子兵法》，開始讀的都是日本出版的，還有金庸主編的，讀過好多版本。後來兩岸關係趨於緩和，有機會讀到大陸的。田金麗拿出一本中國孫子

兵法研究會會長李際均給她簽名的《孫子兵法》說，近年常去北京、杭州參與孫子兵法國際學術交流，2010年在廈門還作了專題發言，感

圖為台灣研究孫子兵法的女軍事評論員田金麗

覺跟對岸的距離拉得更近。

對孫子的濃厚興趣，使她成為台灣中華戰略研究會研究員，研究領域為國際戰略、兩岸關係、孫子兵法，參與孫子「全勝」論壇，給企業講了二十多場「孫子與商戰」。大量的時間是做軍事撰稿人，在台灣東森、年代等電視台出任時事和軍事評論員。田金麗說，她在評論時，經常引用孫子的警句，如「知己知彼」、「避實擊虛」、「水無常勢」等。

談到孫子兵法思想與兩岸關係的走向，熟知日本應用中國兵法的田金麗向記者講述說，日本戰國時代的三個著名武士都研讀《孫子兵法》，一次三人討論「杜鵑不啼」的對策：織田信長主張要殺了它；豐臣秀吉說我等待它啼，德川家康則說，我想辦法讓它啼。後來德川家康重現新統一了日本。

田金麗說，這個故事告訴我們，孫子「非戰」、「止戰」、「全勝而無殺」的和平思想，是解決問題最佳辦法。她告訴記者，這幾年她注重用孫子思想思考兩岸問題。兩岸正逢歷史上難得的機遇，現在已經是雙方重新認識對方的時侯了。大陸與台灣未來的發展如何締造永久的和平，是考驗兩岸共同的智慧，要以高度的智慧來解決高難度的問題。

胡錦濤用戰略的眼光看兩岸問題，他比較瞭解台灣的想法。提

出以中華民族的根本利益為重，以兩岸同胞的福祉為重，主張兩岸避免內耗，盡可能照顧台灣同胞的合理願望，盡可能呼應台灣方面的積極訴求。「如果兩岸都讀懂《孫子兵法》的話，就能走到一起」。田金麗如是說。

田金麗在贈送記者的軍事書上這樣寫道：「期望兩岸人民用愛和智慧終結歷史悲劇。」

8. 海峽兩岸《孫子兵法》交流第一人

「我在淡江大學國際戰略研究所研究的第一本書就是《孫子兵法》，而讓我對中國兵家文化執著研究了三十多年的一個重要原因，是海峽兩岸的學術交流。」台灣極忠文教基金會董事長、原台灣淡江大學國際戰略研究所教授兼所長李子弋在接受記者採訪時透露，他是台灣第一個帶隊到大陸進行孫子文化學術交流的。

今年八十六歲高齡的李子弋，曾在上海《申報》當記者，參加過周恩來在南京梅園召開的記者招待會。1948 年被《申報》派到台灣，六十三年間，他在新聞媒體十八年，在淡江大學任教三十六年，創立孫子兵法研究所，發表孫子論文四十多篇，經常作孫子文化演講，參與台灣孫子兵法研究學會與台灣元智大學舉辦的「全勝論壇」。

圖為原台灣淡江大學國際戰略研究所所長李子弋

李子弋回憶，他第一次回大陸參加《孫子兵法》學術交流是 1989 年，應大陸社會科學院的邀請，他帶了台灣二十八位孫子研究專家學者到北京。可以說，這

次交流是海峽兩岸的「兵學破冰之旅」。

1990 年 10 月，第二屆《孫子兵法》國際學術討論會在北京舉行，李子弋第二次帶團到北京。他清晰地記得，那次會議規格很高，由姬鵬飛致開幕詞，國防部長秦基偉、總參謀長遲浩田等前大陸軍方高層出席大會。大陸方面出席的著名學者有陶漢章、謝國良、吳如嵩、吳九龍等，海外有美國、日本、義大利、英國、法國、德國、加拿大、印度、南朝鮮、希臘和台灣、香港等二十多個國家和地區的代表共三百多人，是《孫子兵法》研究史上的一大盛會。就在這次會上，他與大陸當代《孫子兵法》研究極具權威的學人吳汝嵩教授交上了朋友。

1992 年，他又到山東臨沂銀雀山考察出土的《孫子兵法》、《孫臏兵法》等竹簡；接著考察了孫子故里山東濱州惠民。看到大陸大力弘揚孫武文化，令這位傾情於中華文化的台灣研究學者十分感慨。

祖籍蘇州的李子弋自然不會忘記故鄉，2003 年，他回到闊別三十五年的姑蘇城，考察了《孫子兵法》誕生地穹窿山，參觀了孫武苑、兵聖堂。

李子弋告訴記者，打那以後 他經常去大陸，參加孫子國際研討會及各種文化交流活動很頻繁。今年 3 月應西北大學的邀請，在「中國傳統文化與世界未來走向」的講演中闡述孫子戰略文化。更有意義的是，通過他的兩岸「兵學破冰之旅」，台灣中華孫子兵法研究學會與大陸孫子文化交流趨於常態化，互相來往更加密切，成果也日趨顯現。

李子弋對記者說，從他二十多年的親身經歷看，兩岸開展包括孫子文化在內的學術交流，是增進文化認知度、民族認同感、感情認可度的有效途經。如舉辦「海峽兩岸大學生孫子兵法友誼辯論賽」，很有意思。兩岸青年學子通過辯論，尋找到共同的語言，還可以增進感情，消除兩岸分隔六十多年存在的隔閡。

9. 將兵法運用於生活的女性學者

──訪台灣科學委員會研究員嚴定暹

華人世界演講兵法的大都是男性學者，女性學者乃鳳毛麟角。而把《孫子兵法》活用在現實生活中的女性學者，更是難能可貴。

她用女性的審美眼光和思維方式，把枯燥乏味的兵家文化融入現實生活；她把深奧的經典智慧，吸收為平淺易懂的實用生活方法，賦予人生的哲理；她是 YWCA 經典管理智慧特聘講師、台灣漢聲電台《孫子兵法》主講人、台灣《天下遠見雜誌》「孫子兵法手記」專欄作者，更是華人世界第一個把《孫子兵法》活用在現實生活中的女性學者──嚴定暹。

祖籍湖南的嚴定暹，台灣師範大學中文研究所碩士，現任台灣科學委員會研究員。她有淑女的風範，儀表、談吐、舉止溫文爾雅。她又是一位才女，專長《孫子兵法》、《易經》、《史記》、中國文學詩詞賞析，著有《突破人生危機──孫子兵法的十五個生活兵法》、《紅塵易法》、《談笑用兵》、《格局決定結局：活用孫子兵法》等書，在大陸和台灣十分暢銷，多次再版。她講「孫子教我們怎麼解決問題」，台商搭飛機跨海聽課，連開二十四期，堂堂爆滿。

嚴定暹告訴記者，她一開始就沒把《孫子兵法》僅當作兵書來讀。她歷經幾十年研讀，獨闢蹊徑，把《孫子兵法》涵攝入現代生活，作一深入淺出的闡釋，從多角度向世人揭開這一千古奇

圖為台灣科學委員會研究員嚴定暹

書之智慧密碼。她的《談笑用兵》封面上印了兩行字：「用兵不只在戰場，也在你我生活中！用兵法過生活，讓你無往不利！」在她的書中，可以領略女性特有的細膩和聰慧哲理的完美結合。

她的《兩性兵法》別開生面：「情」字這條路，得用智慧走、相愛容易相處難、轉識成智、美成在久、有時星光，有時月圓、生死在舌尖、不輕言戰、給他贏！給他贏！娓娓道來，充滿哲理的光彩。

她的《情緒兵法》別出心裁：洞明世事，練達人情、風月無千古，情懷自淺深、智者見其智，愚者現其愚、柔弱勝剛強、怒而不怒，兵法都在笑談中。

她的《實戰兵法》別具一格：《新解孫子兵法——戰略篇》，從全方位掌控局面、布局、取勝輕而易、柔弱勝剛強、百戰百勝之秘笈、慎始與美成；《新解孫子兵法——應用篇》，分為掌握趨勢、善用形勢、審時度勢、踐墨隨敵、將軍之事等八個篇章，無不洋溢著兵家的智慧。

中國的哲學本質上是生活哲學，離開了生活就沒有哲學可言。嚴定暹對記者說，《孫子兵法》是以「成就人、成就事」為目標的人文哲學和應用科學，不僅可以啟迪人作正向思考，更可以開發人的權變創新智慧。只有融入兵法的人，才能智慧地生活。

嚴定暹說，讀《孫子兵法》是會很快樂的，不是因為你從此以後百戰百勝，勝敗乃兵家常事。而是因為對我們個人來講最大的好處是，勇於嘗試，不怕失敗，失敗沒什麼了不得，《孫子兵法》就是引導我們走過失敗，走向成功的一個寶典。「如果人的一生只能讀一本書的話，那就應該是《孫子兵法》。

正如原台灣淡江大學國際戰略研究所長李子弋教授所說，中國最了不起的是女人哲學，那就是柔性攻勢。最好作一個「女柔人」，那你一定是一個強人。柔弱勝剛強，這是孫子的「道勝」哲學。嚴定暹就是這樣的「女柔人」。

10. 大陸台商《孫子兵法》授課第一人
──訪海基會台商財團法律顧問蕭新永

　　海基會台商財團法律顧問蕭新永在接受記者採訪時透露，他應海基會、台灣工業總會、台灣外貿協會和大陸各台商協會的邀請，從 2007 年開始到大陸給台商講授人力資源管理及企業管理等專業課程時，用《孫子兵法》的智慧名句經典思維與商戰實例，有系統的啟迪與應用於經營管理實施操作上。目前在大陸一百二十一家台商協會中他已授課四十五家，涉及九個省三十多個地級市，還有一些縣級市的台商協會。

　　今年六十歲的蕭新永畢業於台灣政治大學企業管理系，擔任台灣「陸委會」台商老師、台灣工業總會兩岸經貿諮詢顧問、台北市進出口商業同業公會「中國市場顧問團」顧問、台灣銀行公會大陸小組代表、大陸台企聯智庫政策委員、中華孫子兵法研究學會理事，還擔任過九十家兩岸台商顧問輔導。

　　蕭新永對記者說，他在上高中時就讀《孫子兵法》，在大學裡企管教授在講授行銷管理與戰略時重點論述孫子有關競爭思想，深深吸引了他。這些經典論述蘊涵著現代競爭策略分析所需要的條件因素，可與 SWOT 分析等科學管理工具互補互用，為企業在探討競爭優勢時，提供一個嶄新的思維方向。於是，他就開始深入研究兵法三十多年，尤其是系統應用孫子戰略思想。在當大陸台商顧問後，他又萌發了給台商講《孫子兵法》的念頭。

　　蕭新永把孫子的理念與大陸台商的實際現況結合，

圖為大陸台商《孫子兵法》授課第一人、海基會台商財團法律顧問蕭新永

用孫子〈謀攻篇〉、〈地形篇〉等論述，給他們講解如何選擇投資方向，開拓大陸市場；用孫子〈勢篇〉等論述，講解如何用好人才，管理好企業。他特別擅長從孫子兵法探討競爭策略分析，提出誰擁有異於競爭者的差異化競爭優勢，誰就能奪得主動權，立於不敗之地。

大陸經濟轉型升級，蕭新永又適時用孫子〈九變篇〉及〈作戰篇〉原理，講解如何「變中求勝」。例如引用「不盡知用兵之害者，則不盡知用兵之利也」來提醒台商先要瞭解自己的劣勢，再經由條件的轉化，創造自己的優勢。

他對兩岸台商說，孫武認為將帥的成功因素在於一定程度上要瞭解雙方，知彼知己，熟悉環境，知天知地。其結果有三種：知彼知己，百戰不殆，成功率為51%至100%；不知彼而知己，一勝一負，成功率1%至50%；不知彼不知己，每戰必敗，成功率為零。如果「知彼知己」的企業內部因素再加上「知天知地」的外在環境因素則「未戰而廟算勝者，得算多也」，保證100%以上的勝利。

台商普遍反映，蕭新永熟讀孫子，精通兵法，瞭解大陸，瞭解台商。他把古文字變成活思想，深入淺出，融會貫通，很實用，很解渴。為此，蕭新永在大陸台商中的名氣越來越大，邀請他講課的分布天南地北。他一年到頭在大陸奔波，樂此不疲。

蕭新永認為，《孫子兵法》一再強調競爭謀略，市場競爭也是一場活生生的競爭。在中國講管理謀略的深刻和實踐，莫過於孫子智慧。他把孫子的軍事哲學與管理實務結合起來，賦予啟發性的內涵，撰寫了《孫子兵法的管理智慧》一書，海基會副董事會兼秘書長高孔廉在序中稱，該書是「一本古代中國兵法智慧，啟迪現代管理觀念的佳作」。

該書出版後，兩岸台商都很喜歡，市場上也供不應求。1993年以來應台灣出版社及讀者的要求再版了十次，並於2010年榮獲大陸孫子兵法研究會頒發的「首屆孫子兵法研究成果獎」。

11. 易學與兵法的神奇結合淵源深厚
——訪台灣周易文化研究會創會理事長劉祖君

　　「戰國時代的奇人鬼谷子聚徒講學，據說蘇秦、張儀、孫臏、龐涓都是他的弟子。蘇秦和張儀是宣導縱橫的外交家，而孫臏和龐涓為著名的兵法家，皆出鬼谷一門，顯示伐交與伐兵的關係之密切，也印證兵法與易學淵源之深厚。」台灣周易文化研究會創會理事長劉祖君易學與兵法融會貫通，娓娓道來，奇妙無窮。

　　劉祖君為台灣著名易學大師，研究易學三十多年，出版十六本易學著作和相關音像作品。其講授的《大易兵法》、《易解三十六計》等課程，充滿兵法的奧妙與易學的神奇，吸引眾多聽者。他一年至少講五百小時，講了二十多年。

　　劉祖君說，《易經》是中國文化最古老的典籍之一，是中國人文文化的基礎，其內容涵蓋廣泛，涉及社會生活的方方面面。其中，軍事學說占有相當大的比重。以易經卦象來說，師卦勞師動眾，行險而順，講的是軍事抗爭；比卦比附結盟，建國親侯，講的則是外交，可見軍事與外交實為一體。用於商業競爭，師卦代表激烈競爭，比卦有助合作雙贏，稱作竟合，相得益彰。

　　其他許多卦象也與兵法有密切的聯繫。劉祖君告訴記者，經典與經典都有聯繫。易經的智慧學理的陰陽變化、虛實法則，影響並運用於兵法。《易經》與《孫子兵法》均主張巧用天時地利、為將之道、集中兵力、奇正並用、速戰速決；易經與孫子均貫穿了兵以詐立、避

圖為台灣中華孫子兵法研究學會副會長劉君祖

實擊虛、因敵制勝的戰略戰術。

劉祖君把易學與兵法神奇結合，發表了一系列見解獨特之作」。1998 年，在台北舉辦的第十四屆國際易學大會上，他發表了〈震用伐鬼方——大易兵法初探〉。2006 年，他應邀赴相傳鬼谷之一的河南鶴壁雲夢山，那裡有八卦廟，以中國古代最早的軍事院校著稱，他在鶴壁第三屆世紀周易論壇上作專題報告，論題為〈鬼變機神——大易縱橫初探〉；同年台灣舉辦孫子「全勝論壇」，他以《大易兵法》為綱，發表〈詭中之詭——由易經析論孫子用間思想〉。2008 年，他應邀赴《孫子兵法》誕生地蘇州，作了〈大道無行——由易經析論孫子形勢虛實之思想〉。

劉祖君表示，以易研兵，可站在中華文化哲學的制高點上，大到透徹世事滄桑，小到領悟人生經驗。師、比兩卦相綜一體，伐謀伐交不可偏廢，霸道王道孰是孰非。

主張和平也是易經的思想，呼籲不流血衝突是「上上之道」，與孫子「上兵伐謀」的和平思想一脈相承。劉祖君稱，中國日益強大，崛起已成必然，卻始終堅持和平與發展，絕不稱霸，這正是易學與兵法完美結合的中國文化的大智慧。

12. 台灣元智大學將《孫子》列為必修學分

記者慕名來到台灣元智大學，採訪首個在台灣將《孫子》列為必修學分的「推手」王立文博士。在他的辦公室和會客室裡，擺滿了各種《孫子兵法》書籍，是他到世界各國講課時收集的。他的案頭放著元智大學出版的一疊《全球在地文化報》，每期頭版上都有他撰寫的有關孫子文化的文章，記者隨手翻閱，〈從孫子兵法傳播看中華經典全球化趨勢〉一文，洋洋灑灑占一個整版。

王立文原是台灣元智大學機械系教授、系主任、副校長，現任該校通識教育學會監事，是台灣通識教育十大「推手」之一。元智大學原名元智工學院，是一所私立大學。近年來，該校陸續推出有新世紀領袖人才培育計畫，培育具國際觀之青年領袖人才、及增強

圖為台灣元智大學通識教部教授王立文會客室裡擺滿了各種《孫子兵法》書籍

學生未來就業競爭力等之人才培育重點。而將研讀《孫子兵法》列為必修學分是其中的一個舉措，也是王立文「力推」的。

問及緣何改行，王立文幽默地對記者說：「機械太死板，而孫子極靈活。」他在上大學時就讀《孫子兵法》，一直研讀了三十年，出版過孫子專著。他認為，它不僅是戰爭寶典，更是競爭寶典，還是一門教人成功的學科。近年來，台灣盛行過成功學，但都不能與孫子的智慧相提並論。孫子經典對大學生未來的人生和事業非常管用，不能讓中華經典在當今的大學生中流失。

2008 年，王立文告別機械領域，轉向人文領域，設計一套經典教育系統，開設的「孫子兵法」課程，每年開兩班，每班一百二十人，目前已開辦了十多年，深受好評。王立文採取將理科及文科融合教授的方式。他所講的《孫子兵法》與人生智慧，竟受到不少學生歡迎，其中還包括在元智大學進行短期交流的大陸學生。有些學生回大陸後，向學校推薦，邀請王立文赴蘇州大學、華中科大和東南大學等高校舉行講座。他說，自己是大陸學生來台交流的受益者。

王立文說，第一次前往大陸華中科技大學講授《孫子兵法》時，讓他嚇了一大跳，原本以為這堂課不可能吸引太多學生聆聽，沒想到座位全滿就算了，走道邊站滿人。有學生告訴他，為了聽他演講排了一個多小時，讓他感動之餘，也感受到大陸對於中國經典文化的熱愛。

　　王立文按照《孫子兵法》十三篇，逐篇分析這部經典所包含的人生哲理，每一篇都先舉出原文，再融合當代學生在學習、求職上的現狀，深入淺出地解釋、闡述。他還以元智大學曾經提出德「新世紀領袖案」，引導大學生用孫子競爭思想把握人生與事業的主動權。在講「地形」篇時，他以孫子「故知兵者，動而不迷，舉而不窮」，結合一個個孫子實踐者成功的實例，使大學生深刻理解《孫子兵法》的精髓。

　　連續兩年王立文當領隊，帶領元智大學的大學生赴孫子故里山東參加「海峽兩岸大學生孫子兵法友誼辯論賽」，兩個辯題分別是「獲得勝負的關鍵是實力還是智慧？」和「孫子兵學的精髓是動以爭先還是靜以制動？」使大學生收益匪淺。目前，他正帶領大學生積極「備戰」，迎接明年9月兩岸辯論賽移師台灣。

13. 台灣退役「上將」談活學活用兵法

　　「在我心目中，《孫子兵法》不是兵書。」這番話居然出自台灣退役「上將」朱凱生之口，震驚四座。他在演講時話鋒一轉說，《孫子兵法》當然是兵書，連小孩都知道，但它已遠遠超越軍事範疇，不能純粹把它當兵書來學，而應把它當作啟迪智慧的寶典，研究智略的良師，思維邏輯的範本，意深用廣的顯學。

　　朱凱生祖籍江蘇武進，曾任金門防衛司令部「司令」、台灣「陸軍總司令」。2007年島內一場家喻戶曉的「智測風波」，把他的名字與孫子連得更緊。那年4月，民進黨「立委」薛凌在「立法院國防委員會」質詢過程中，拿出軍中智力測驗的語文推理題目，要求時任防務部門負責人之一的朱凱生現場答題。朱凱生認為此舉與他專業職能不合，拒絕回答，反過來要求說，要考就考他《孫子兵法》，他連翻書都不用翻就會答。

　　確實，研究《孫子兵法》五十年的朱凱生，對這本兵書早就滾瓜爛熟了，在演講時，孫子十三篇在他口中就像竹桶倒豆子，是完全經得起「考」的。記者看到，他手中的一本自己編印的《孫子》

縮印本已被他翻爛了。更重要的是，朱凱生對這本兵書情有獨鍾，研究進入到一種出神入化的境界。退役後，他經常在台灣各地開課講《孫子兵法》，重點講如何活學活用《孫子兵法》。

朱凱生對記者說，《孫子兵法》六千字出頭，言簡意賅，體用兼備，崇智尚謀，達變圖全，其弦外之音，不是所有人都能讀得懂聽得明的。唯有跳出兵書學兵書，活學活用兵書，才能使二千五百多年前的《孫子兵法》活起來，否則只能是一本死書。

大陸在《孫子兵法》的活學活用上做的好。朱凱生說，2009 年，第八屆孫子兵法國際研討會在北京舉行，大陸政協主席賈慶林出席會議並發表講話。他提出要緊密聯繫新的實際，創造性地應用《孫子兵法》解決今天遇到的各種問題，積極向世界介紹、推廣《孫子兵法》研究成果，使以《孫子兵法》為代表的中國兵學文化更好地為中國的國防現代化服務，為世界的和平與發展服務。

賈慶林認為孫子兵法中的科學精髓應該汲取，特別是把兵法理論應用於構建和諧世界中。他還強調了孫子兵法作為兩岸共同的精神財富，在新的形勢下，兩岸同胞為維護台海穩定、促進交流合作、發展兩岸關係的願望更加強烈，因此如何運用中華民族的歷史精神遺產來解決今天遇到的問題也是需要軍界、學界思考的。

朱凱生很贊同賈慶林的看法，他認為，台灣也要活學活用《孫子兵法》，不僅要在商戰、社會文化生活領域活學活用，而且要在兩岸經貿文化交流合作上活學活用。

朱凱生在演講中說，求「和」之道，以「慎」為先。《孫子兵法》所追求的最大目標是人類的和平，其〈始計篇〉是總綱，開宗明義提出：「兵者，國之大事也，死生之地，存亡之理，不可不察也。」世上有許多事情都可彌補，惟獨戰爭造成的創傷不可彌補。所謂「亡國不可以復存，死者不可以復生」。

14. 柳元麟海峽兩岸「柳毅」傳兵書

　　「中國有一齣戲劇經典劇碼《柳毅傳書》，台灣兵學界流傳『柳元麟傳兵書』。」台灣中華戰略學會孫子組召集人李啟明在接受記者採訪時說，1975 年，在大陸文物出版社公開出版《銀雀山漢墓竹簡》後，台灣學者即紛紛投入對竹簡兵書的研究，柳元麟就是其中一位突出代表人物，他通過「鴻雁」將兵書傳到了海峽對岸。

　　李啟明介紹說，柳元麟別名天風，祖籍浙江慈溪，黃埔軍校第四期步科學生，退役陸軍「中將」，1997 年在台北去世。他生前於兵法素有研究，早在 1957 年冬即寫成《孫子新校解初稿》，並將所注心得數篇發表於台灣《東方雜誌》等報刊。

　　1972 年，山東臨沂銀雀山出土《孫武兵法》、《孫臏兵法》及其他典籍竹簡 2,942 枚，大陸《文物》月刊發表〈臨沂銀雀山漢墓發掘簡報〉、〈略談臨沂銀雀山漢墓出土的古代兵書殘簡〉和〈臨沂漢簡概述〉等三篇文章。至此，世界軍事學名著《孫子兵法》原貌遂大白天下。消息傳來令柳元麟十分感歎：《孫武兵法》為中華民族先聖的傑作，是中華傳統文化精粹之一，如今加以整理而公諸於世，實屬難能可貴！

　　此後，柳元麟鑽研《孫子兵法》愈益精深，而見解亦不同凡響。他考證，過去公認首先注釋《孫子兵法》者，為漢末曹操，但自銀雀山《孫武兵法》殘簡以後，證明在曹操注釋孫子前後，歷代均有注釋者，而流傳較廣的，有宋本曹操等十一家注，宋本武經七書，明本武經直解，清本孫校十家注，民國陳啟天著孫子校釋，魏汝霖著《孫子今註今譯》等，其他註釋者為數難數。自山東漢墓孫子竹簡出土後，亦出版《孫子新注》等多種。

　　柳先生以為，前述孫子各家注釋本，其功於世非淺，但缺憾亦屬難免，遂竭誠著述。至 1986 年他終於完成力作《孫子新校解》。台灣《孫子今註今譯》著者魏汝霖閱後認為，新校許多創見，既與古人不同，亦與今人（包括弟本）有異，蓋研究貴在異，而不在同，如此方可探討出真理焉。於是，柳先生便將《孫子新校解》於 1987

年交由台灣中華兵學研究社出版。該書為精裝本，共五百頁，出版後頗受歡迎，1988 年再版。

1989 年，柳先生在台灣《聯合報》上得知聯合國教科文組織將在大陸舉辦《孫子兵法》國際研討會，決定將《孫子新校解》一書提供學術會參考。因原書厚重，寄送不便，柳先生又將其大作擇要濃縮後，趕印成四十頁的小冊子，一面急向聯合國科教文組織相關機構所在地法國巴黎寄去五十本，同時要設法向此次會議所在地大陸孫子故里山東省惠民縣寄送。

當時，海峽兩岸尚未正式通郵，寄送幾十本小冊子相當困難的，而會期又迫在眉睫。柳先生趁好友應昌期將赴大陸出席圍棋決賽之機，把幾十本《孫子新校解》越過台灣海峽，帶到杭州。因圍棋賽事在即，應昌期又將兵書轉交柳先生舊日黃埔校友、黃埔軍校浙江省同學會會長曹天戈聯繫辦理。

曹天戈得到舊友兵書後，激動之餘，無奈身體欠安，便急托柳先生另一位舊友北京大學教授陳炎教授代為辦理。陳炎收到兵書後，原是要盡同鄉和舊友之情來幫忙的，然而展讀兵書後，深為書中豐碩的學術成就而叫絕。他通過多方瞭解，終於完整地將柳先生大作寄交到山東惠民孫子兵法國際學術研討會會務組。

中國孫子兵法研究會給柳先生回函：先生對《孫子兵法》首屆國際學術討論會的熱情關注，並惠寄大作，我們表示衷心謝意和讚賞！先生此舉意義重大，我會殷切希望為弘揚祖國文化，促進海峽兩岸學術交流，攜起手來，共同努力推進《孫子兵法》的研究。

15. 台灣孫子兵法研究傳播已形成氛圍
——訪台灣中華孫子兵法研究學會研究員王長河

台灣第一個孫子研究學會、第一個舉辦海峽兩岸大學生孫子兵法辯論大賽、第一個孫子兵法論文獲得博士學位、第一個撰寫《中國兵書全集》、華人世界第一位將兵法用於生活的女性學者、海峽兩岸兵學交流第一人、大陸台商《孫子兵法》授課第一人……中華

孫子兵法研究學會研究員王長河在接受記者採訪時說，孫子兵法研究傳播在台灣已形成氛圍。

王長河撰寫的〈台灣研究孫子兵法二十年〉一文披露，台灣孫子研究在上世紀五十年代興起，淡江大學率先成立戰略研究所和孫子兵法研究所，後又成立台灣第一個民間組織中華孫子兵法研究學會，台灣中華戰略研究會下設孫子兵法組，中華企業研究院學術教育基金會、中華國學商學院等孫子研究學術團體相繼成立，彙集了一批研究專家學者，形成了濃厚的研究風氣，研究領域也從軍事延伸至經濟、文化、社會生活等諸多方面。

王長河介紹說，台灣研究孫子分為六個階段：1949 年以前重點闡釋《孫子兵法》，並將原文翻譯為白話文；上世紀五十年代以探討兵學思想體系為主；六十至七十年代研究重心為《孫子兵法》與《吳子兵法》之比較、注解例證之研究；七十至八十年代，適逢大陸銀雀山漢墓竹簡《孫子兵法》及《孫臏兵法》同時出土，遂進入竹簡殘文作白話的釋義及傳世本的比較；八十至九十年代重點從近代著名戰史驗證《孫子兵法》。進入新世紀後，台灣地區學者孫子研究領域趨向多元化。

台灣中華孫子兵法研究學會為在島內普及孫子文化，採取了一系列舉措。王長河列舉說，如成立了財團法人孫子文化藝術交流基金會，開通孫子兵法網站，定期出版《華孫學刊》，設立哈孫俱樂部，每雙周舉辦一次兵法讀書會，定期舉辦「全勝論壇」，該論壇已成為海內外關注的孫子品牌論壇。台北二十三家企業成立學院，營造優質職場環境的《孫子兵法》。

王長河說，為推進《孫子兵法》進入台灣校園活動，台灣孫子研究學術團體和專家學者致力提升青年學子對兵法的興趣與認知。1998 年，台灣新竹交通大學開授「兵法與競爭優勢」課程，已持續了十多年。政治大學和元智大學這兩所台灣頂尖公立大學和私立大學也開設《孫子兵法》選修課程，台灣文化大學讓學生從網路遊戲「星海爭霸」中學習《孫子兵法》。台灣復旦中學在進行《孫子兵法》

選修試點，《孫子兵法》進入台灣小學課本，圖文並茂，適合小學生閱讀。

台灣電台、電視台和報紙有的開設《孫子兵法》欄目，有的通過製作節目或利用新聞和專題，不間斷傳播孫子文化。台灣《天下遠見雜誌》常年開闢「孫子兵法手記」專欄，發表專家學者相關文章。據王長河統計，1990 至 2009 年，台灣出版相關《孫子兵法》專業書籍計二百八十五冊，再版重印大陸《孫子兵法》圖書達五十餘冊。

16. 孫子思想有益於兩岸對話與談判
——訪台灣商務印書館總編輯方鵬程

「《孫子兵法》主和不主戰，重視談判主張慎戰的思想，有益於兩岸的對話與談判」。台灣商務印書館總編輯、談判研究學者方鵬程在接受記者採訪時表示，兩岸關係經歷了長期的隔絕緊張對抗，1996 年的台海危機，1998 年的汪辜會談、江辜對話，2000 年提出的「九二共識」概念，2004 年的兩岸關係持續震盪，2008 年以來的兩岸進入和平發展期，這與和平談判都不無關係。

滿頭白髮，精神飽滿的方鵬程，畢業於台灣政治大學新聞系、新聞研究所，曾在台灣「中央社」度過了二十五年記者生涯，主要從事兩岸新聞，他是第一批到大陸採訪的台灣記者之一，經常撰寫兩岸的有關新聞，親身經歷了大陸的改革開放和發展變化。

由於熟悉兩岸事務，

圖為台灣商務印書館總編輯方鵬程贈送給作者他出版的《孫子：談判說服的策略》

1993 年，方鵬程被派到海基會文化服務處、綜合服務處、經貿服務處輪流出任副處長，前後十年時間。擔任過新聞組長、報導兩岸政策的《交流》雜誌副總編輯及「汪辜會談」的台灣方面幕僚，編輯兩岸大事記，主持兩岸經貿講座，參與「小三通」的通航事務，又親身經歷了兩岸的開放交流和合作，對兩岸事務有了完整的瞭解。

方鵬程回憶說，1998 年 10 月，曾隨海基會代表團訪問上海、北京，親身瞭解兩岸會談的情形，觀察兩岸談判的說服策略與技巧，給他留下深刻的印象。他感覺大陸談判有一套，無論是國際談判還是兩岸談判，都遊刃有餘。於是，他開始研究《孫子兵法》、《鬼谷子》，這兩部古典書籍，都是談判的經典，充滿中國人的智慧與謀略。孫子主張「伐交」即談判，鬼谷子的兩個弟子蘇秦和張儀是宣導縱橫的外交家。他還研究周恩來的談判藝術，並將兩岸談判與東西方文化比較研究。

退休回到台灣後，方鵬程專心寫書，出版了《台灣海基會的故事》、《孫子：談判說服的策略》、《鬼谷子：談判說服的藝術》三本書。他從孫子的理論，推演到談判說服力的策略，並以大陸對美國談判、對台灣談判為實例，分析大陸談判說服策略與技巧，提供給有志於談判的人士。

《孫子》十三篇已成為海內外研究的顯學，他在二千五百多年前所提出的戰略、戰術，不但在軍事方面獲得廣泛的應用，在企業界也獲得有效的轉借，在談判說服方面也可以適應。「兩岸不斷的談判，不斷的爭論，是不可避免的事。兩岸的談判與對話，不論是事務性的或是政治性的，都對兩岸人民的權益有很大的影響。」方鵬程如是說。

方鵬程對記者說，《孫子兵法》對兩岸的和平有重要的指導作用。兩岸最圓滿的方式是交流融通，通過廣泛深入交流，彼此互相認識，互相信任，等到一定的時機，許多問題自然會得到解決。而兩岸加強交流融通、解決兩岸問題的唯一途徑是談判，海協會、海基會是談判的最好橋樑。

　　方鵬程表示，三年來，海協會與海基會在「九二共識」的基礎上恢復兩岸兩會的制度性平等協商，迄今「兩會」已經舉行了七次會談，簽署了十六項協議，對兩岸交流衍生的各項事務都進行了妥善處理。但願兩岸能經由對話與談判，處理兩岸的紛爭，共臻和平與繁榮。

17. 台灣女學者眼中的孫子哲學觀

　　2009 年，「海峽兩岸名師論道《孫子兵法》」在北京舉行，華人世界中第一位將兵法用於生活中的台灣女性學者嚴定暹，優雅端莊地站在世界政商領袖國學博士課程高級研修班的講壇上，本身已夠引人注目，而她演講的題目〈格局決定結局：活用《孫子兵法》〉，更令人眼睛為之一亮。

　　嚴定暹祖籍湖南，台灣師範大學「國文」研究所碩士，現任台灣科學委員會研究員，是全球鳳毛麟角的女性孫子兵法研究學者。她告訴記者，「格局決定結局」最初是應台灣《遠見雜誌》「孫子兵法手記」專欄之邀，以信手拈來的方式介紹孫子的哲學觀念。因為中國的哲學旨在指導生活，所以很貼近大眾生活。

　　專欄刊登之後，頗獲各方熱烈迴響，後來就集結成書，書名為《山重水複必有路——活用孫子兵法》，由台灣天下文化出版有限公司出版。約一年後，北京愛知堂文化出版社與她接洽，隨後即在大陸出版發行，書名改為《格局決定結局》，十分暢銷。

　　「我個人極喜愛這個書名，因為能全方位且深入的表達《孫子兵法》的哲學思想」。嚴定暹對記者說，《孫子兵法》在中國文化領域中不僅僅是作戰的方法，更是解決衝突的方法，而且強調在降低傷害、降低損失的前提下化解衝突，其最高目標是就是「不戰而屈人之兵」，所以是「全勝」哲學思想的體現。

　　嚴定暹說，《格局決定結局》也是中國文化中哲學思考的基準。《唐太宗李衛公問對》，又稱《李衛公問對》，簡稱《唐李問對》。現在一般認為，此書是熟悉唐太宗李世民、衛國公李靖思想的人，

根據他們的言論所編寫的二人多次談兵的言論輯錄。唐太宗本是一位嫻於騎射、富有疆場戰鬥經驗的馬上君主，而李靖又是滿腹韜略的軍事家，他們之間的問對，往往能相互引發，啟迪哲學思維。

《唐李問對》被後人評價為：繼承並發展了春秋戰國以來的戰略思想，並提出了一些新的戰略理論，歷代備受重視。北宋神宗元豐年間被收入《武經七書》中，作為武學科舉的必讀教材；南宋戴少望「將鑑論斷」稱其「興廢得失，事宜情實，兵家術法，燦然畢舉，皆可垂範將來。」

《唐李問對》另一重要貢獻在於對《孫子兵法》哲學思想的進一步發揮和闡述。其中中對於戰略規畫有一提點：「善弈者，謀勢；善謀者，顧全局；不謀全局者，不足以謀一域」──思考的格局大、自然能全方位布局、也必然能有效解決問題；思考的格局局限於一隅、只執著於自己的想法，如何能解決問題呢？

嚴定暹在受《唐李問對》影響的同時，以前台灣一位外科名醫的「神刀故事」也啟發了她：很多肚破腸流的病人他往往一刀就能處理，當時有一種說法「只要有命進得了這醫院的門，就一定活著出得了院」。 而這位醫生對於自己的一刀神功有一個說法，因為他是學國畫的，畫畫要先有構圖，而外科手術之先亦須先有整體的規畫，雖然是一刀，但是相關的部位藉由這一刀全都能處理，所以得畢其功於一刀！

嚴定暹認為，「格局決定結局」詮釋了《孫子兵法》的哲學思想，是一個放諸四海皆准的的理念，適用於文學寫作、繪畫、外科手術；也適合於商戰，企業家的格局決定企業的結局；還同樣適合生活領域，有什麼樣的生活格局，就有什麼樣的人生結局。

18. 孫子辯證思想與兩岸「雙贏」方略
──訪台灣中華戰略學會孫子兵法研究組召集人李啟明

台灣中華戰略學會孫子兵法研究組召集人李啟明將軍，八十二歲高齡仍鄉音未改，他操著一口濃重的山東話對記者說，孫子辯證

哲學思想是解決衝突、維持和平的經典，是推動兩岸和平發展的重要思想。

陷於僵化的兩岸對立關係，冷冷熱人、搖搖晃晃六十多年，從熱戰到冷戰，從冷戰到半開放，如今進入了和平發展時期，局面來自不易，這是兩岸「雙贏」方略的結果。李啟明不無感慨地說。

李啟明告訴記者，「小三通」後他曾經從金門乘船至廈門回大陸參訪，後多次赴孫子故里山東參加孫子兵法與和平發展論壇及國際研討會。在大陸期間，有機會拜讀幾種有關孫子辯證哲學的著作，書中都一致提到孫子的辯證哲學為中國古代「樸素辯證法」。這個名詞未見過詞典，應該是古代原始的辯證法，未經粉飾，不帶顏色，既非唯物辯證法，亦非唯心辯證法。雖然樸素，仍閃耀著古代哲學思想的光芒。

數十年來，台灣內部與兩岸之間存在三大矛盾，即兩岸矛盾、統獨矛盾和族群矛盾。李啟明指出，這三大矛盾又以兩岸矛盾總其成，兩岸問題能解決，其他問題也就迎刃而解了。而孫子的戰爭與和平的辯證哲學是解決兩岸問題的的寶典。

李啟明認為，孫子崇尚和平，制止戰爭，主張伐交，反對消耗，宣導人道，減少災難。孫子把作戰犧牲視為極大痛苦的理念，正代表了海峽兩岸民眾期待兩岸和平發展的訴求。對於如今的兩岸關係，我們完全可以從孫子的辯證哲學中找到解決的方略。

李啟明認為，按孫子的辯證哲學思想，所謂「雙贏」，應該是對雙方都有利，雙方都能接受的方案。所謂「共創雙贏」，應該是雙贏方案經過談判雙方共同創造的。李啟明說，「共創雙贏」必須權衡利害、輕重、緩急，用談判方式融合雙方矛盾，解決爭議化解衝突，建立互信。如「九二共識、一中各表」的形成，只要雙方認可，一樣可以創造和平共處的環境，甚至受到雙贏的效果。

作為戰略學家和孫子兵法研究專家的李啟明表示，「雙贏」對兩岸都有好處，「台獨」這條路絕對走不通，和平是民之所望，大勢所趨，但須水到渠成。

他說，馬英九就職以來，積極推動兩岸關係之和平發展，首先是海空直航，繼之致力於文化、經貿、金融的合作交流。凡世有遠見的政治家，應該用孫子辯證哲學體悟兩岸問題不是「武力」能解決的。兩岸同胞都相信孫子辯證哲學能推動兩岸和平發展，只要這種信念在兩岸同胞中紮根，兩岸的和平發展是絕不會終止和退縮的。

李啟明最後用一首充滿「樸素辯證法」的打油詩表達他的心聲：「海峽和平要發展，融和矛盾利兩岸；融和矛盾靠雙贏，共創雙贏依辯證；孫子哲學同運用，中華文化建奇功」。

19. 海峽兩岸孫子兵法學術交流獲豐碩成果

台灣孫子兵法學術團體的專家學者在接受記者採訪時表示，上世紀七十年代，隨著銀雀山漢墓《孫子兵法》和《孫臏兵法》等兵書竹簡的出土，解開了「二孫」之爭的千古之謎，成為震驚世界的考古重大發現，海峽兩岸的《孫子兵法》研究也進入了一個新的時期，兩岸的學術交流也由此展開。

台灣中華戰略研究會孫子研究組組長李啟明介紹說，從 1990 年起，台灣地區的孫子學術團體連續赴大陸參加了七屆孫子兵法國際研討會。第一次赴大陸臨行前，蔣緯國接見了部分赴京參會的台灣代表，對會議予以特別關注。台灣學者提交了《孫子研究》論文，並選入會議論文集。這也是台灣地區學者首度在大陸發表學術研究成果。

在以後大陸舉辦的六屆研討會上，台灣參加的人數一屆勝過一屆，代表越來越廣泛。在第七屆孫子兵法國際研討會上，台灣學者共發表了三十六篇論文，從《孫子兵法》的戰略理論、管理思想到中華戰略文化、戰爭與國家、戰爭與和平等方面，闡述了對中華民族傳統文化的認同意識。

台灣中華孫子兵法研究學會會長傅慰孤說，2000 年在蘇州舉行的第五屆《孫子兵法》國際研討會上，《孫子兵法》與兩岸關係

第一次成了熱門話題。台灣學者發表了〈對「論統一的好處」之分析〉、〈從「九地篇」看當前中國統一問題〉、〈兩岸關係「四求」〉等論文。在深圳召開的第六屆孫子兵法國際研討會上，對此話題進行了深化。台灣銘傳大學公共事務學系教授、著名兩岸問題專家楊開煌的〈兩岸「和平」之爭議及其解決之道〉，提出用孫子精髓化解兩岸危機的設想。

隨著第一次海峽兩岸孫子兵法當代應用價值學術研討會議在山東舉行，孫子的應用引起兩岸學者的關注。2006 年在杭州市召開的第七屆孫子兵法國際研討會上，台灣學者發表了〈論孫子「應形無窮」用兵思想〉、〈論新儒商經營的道、天、地、將、法〉、〈從《孫子兵法》論國際競合〉。2009 年，「海峽兩岸名師論道《孫子兵法》」在北京舉行，大陸和台灣學者黃朴民、嚴定暨在世界政商領袖國學博士課程高級研修班上，分別演講了〈精解兵聖孫武的兵法韜略和管理智慧〉、〈格局決定結局：活用《孫子兵法》〉。

2009 年，第八屆孫子兵法國際研討會在北京召開，主題是「孫子兵法與和諧世界」。台灣所有孫子學術團體都有代表參加，提交十三篇論文。如〈從孫子「慎戰思想」闡述兩岸之路「和平融合」〉、〈《孫子兵法》的特質及其和平戰略新解〉、〈孫子戰略思想與兩岸和平發展〉、〈談兩岸未來推動台海軍事互信的思考模式〉、〈兩岸軍事互信與和平發展〉、〈有關兩岸軍事安全〉等，為台灣學者參加歷屆孫子兵法國際研討會之最，展示了台灣孫子研究的廣泛基礎。

此間孫子研究學者稱，歷屆孫子兵法國際研討會的成功舉辦和台灣學者的廣泛參與，不僅成為兵學文化研究交流的平台，更成為海峽兩岸軍事界交流的非正式重要管道。

20. 台灣退役「上將」授「競爭兵法」

「企業在市場中競爭，亦如兩軍在戰場上爭勝，均為人與人之間的競爭，而『利』與『勝』一為優勢、一為態勢。兵法可以指導軍隊創造有利態勢，亦可指導企業創造競爭優勢。」台灣前總統府

戰略顧問、退役陸軍「上將」李建中在接受記者採訪時談企業「競爭兵法」，不亞於講軍事上運用兵法。

李建中曾任台灣「國防部」作戰次長，負責作戰指揮及作戰規畫四十餘年。退休後，他登上高等學府講壇，在台灣新竹交通大學開授「兵法與競爭優勢」課程，在台灣和大陸相繼出版《孫子兵法與競爭優勢》一書，提出企業運用兵法創造競爭優勢，是藉由戰場累積的經驗法則轉換運用為商場競爭的原理原則，並藉由戰場實用理則轉換運用成為商場可行的智慧。

李建中對記者說，他十多歲就讀《孫子兵法》，十三篇都能一字不差背出來。開始理解並不深刻，後來漸入佳境。孫子的精髓是「和平」而不是「戰爭」，是如何用「和平」的方式來制止「戰爭」。萬不得已打仗也要「慎戰」，不能說打就打。「兵國者之大事，死生之地，存亡之道，不可不察也」，這個「察」，就是要精確判斷國力，判斷對方，還要到廟（堂）裡去「廟算」，甚至卜卦，如何把災難和損失降到最低程度。

《孫子兵法》不純粹是一部兵書，它是講戰略、講決策、講智謀的，是一部「廟算學」、「競爭學」和「智慧學」，完全適合企業的競爭。李建中發現，現在商界應用《孫子兵法》有成功的，如日本企業。但許多企業只知道用孫子的幾句警句，就認為讀懂孫子了，這是個誤區。《孫子兵法》是一個完整的體系，孫子的精髓博大精深，不是會幾句警句所能涵蓋的。於是，他萌發了到大學講「競爭兵法」的念頭，一講就是六年。

他從《孫子兵法》的完整體系中，引導學生掌習孫子的理論、邏輯與智慧，掌習其全程的、系統的、有清晰邏輯的思考模式、規畫模式與執行模式，並將《孫子兵法》的思維理念完整對應至企業經營，指導企業培養與發揮競爭優勢。他授的課，不僅交通大學的學生來聽，旁邊的清華大學、大陸來的交換生都來聽，還有不少企業的經理人。每堂課人數也由開始的四十多人增加到一百六十多人。聽課的人反應，二千五百多年前的《孫子兵法》在課堂裡「活」

了，在企業競爭中也「活」了。

李建中告訴記者，作為一名一生戎馬的退休老兵，上了一把年紀了，不能在大學的講壇上一直講下去，他就培養了台灣新竹交通大學教授盧孝成和一名博士生，把「兵法與競爭優勢」課程繼續開下去。但他在安度晚年的同時，在家裡潛心研究《易經》與《孫子兵法》，他認為一部是「文經」，一部是「武經」，文武之經是「絕配」。他的新書《兵法與易經》將於 2012 年元旦後出版。

李建中還向記者透露，他已應邀到大陸的西安交通大學作了演講，還將到北京交通大學、上海交大和西南交大作演講。有生之年，要為兩岸研究和傳播中國兵家文化作些力所能及的事。

21. 兵法神機與太極神功的完美結合
——訪台灣中華國際薪傳鄭子太極拳總會秘書長林煥章博士

台灣中華國際薪傳鄭子太極拳總會秘書長林煥章博士在接受記者採訪時說，《孫子兵法》是中華智慧的瑰寶，太極拳是中華文化的結晶。太極拳退可以獨善其身，進可以淑世以道，與孫子的「自保而全勝」有相通之處，兩者完美結合，珠連璧合。

林煥章是台灣義守大學工業管理學系與創意商品設計學系副教授，具有太極拳國際級教練資格，專習鄭子太極拳，多次參加世界盃太極拳錦標賽，獲得三十七式太極拳第二名、第五名及太極劍第三名。

圖為台灣中華國際薪傳鄭子太極拳總會秘書長林煥章博士

近年來，經過多年潛心研究的林煥章，在大學開授通識課程講授《孫子兵法》與太極拳理論結合，並擴展於管理智慧和生活修煉之應用。他對兵法神機與太極神功的完美結合作了詮釋——

拳法和兵法，同根同源，自古一家。以往習武者，文學兵法，武練拳術。校場比武是十八般兵器，而理論考試則是「武經七書」。《孫子兵法》位列武經之首，堪稱大拳理，是主要考試內容。

武當派開山祖師張三豐是這樣論太極拳的：「一舉動周身俱要輕靈，尤須貫串，氣宜鼓蕩，神宜內斂」，「向前退後乃能得機得勢」，「虛實宜分清楚，一處有一處虛實，處處總此一虛實，周身節節貫串，無令絲毫間端耳」。這與孫子所說的善於借勢、避虛擊實等兵家哲理如出一轍。

《孫子兵法》與太極拳都是武學，共通的哲理是取法自然，有法而無定法，透過拳架鍛煉鬆柔，拳架是「有」，而鬆柔是「無」，能夠鬆柔才能形塑內在天地形勢，呼應外在形勢，因而「引進落空合即出」，這個過程就是「自保」。

太極拳汲取孫子「致人而不致於人」的理念，而這也是太極拳所追求的，只有太極功夫非常高超的人才能達到。太極拳把達到這一目的方法具體到每一個技術細節上，可見《孫子兵法》對太極拳的影響。孫子「因敵制勝」的思想在太極拳理論中體現的特別充分，《太極拳十三勢歌訣》中說「靜中觸動動猶靜，因敵變化亦神奇。」為了做到「因敵制勝」，太極拳強調「舍己從人」。

太極拳最顯著的特點是「柔」，以柔克剛。太極拳講鬆柔是要消除緊張，減少內耗，先求自保再獲全勝。此外，知彼知己，立於不敗，順應形勢，把握機會，在全勝思維的指導下求取勝利等等，均符合孫子的哲理。

太極拳的「體、用」有廣狹兩義，狹義的體用為個人層次，以生理的鬆柔中定為本，「體」為健身、延年益壽，「用」為保身、攻防技擊；廣義的「體用」為群體層次，以心智的鬆柔中定為本，「體」為中華文化內涵的太極拳原理，「用」為社群的競爭合作行

為。「現在一般習拳者大都侷限在狹義的範疇，還未達到廣義範疇的境界，有待於進一步推廣」。林煥章說。

林煥章認為，中國兵法和中國太極拳影響到整個二十一世紀。太極拳最能展現「自保而全勝」的兵法哲理，一方面能夠建立健康的基礎，奠定人生活的長期的競爭優勢，足以自保，另方面能奠立人格特質的競爭優勢，把《孫子兵法》的神機與太極神功完美結合，融會貫通，用心揣摩，在人生經營上也能取得成功。

22. 大陸與台灣孫子文化合作交流日益頻繁

近年來，大陸赴台灣進行孫子文化合作交流日益頻繁。台灣孫子兵法研究團體負責人向記者透露，大陸孫子兵法學術團體和專家學者多次赴台灣交流，拉近了兩岸學者的距離，深化了各自的研究領域，使兩岸交流的層次不斷深入，形式日趨多樣，內容也更加豐富。

從 1990 年起，台灣孫子兵法學術團體先後赴大陸參加了七屆孫子兵法國際研討會，以及「海峽兩岸名師論道《孫子兵法》」和其他各項孫子文化學術交流活動，並邀請大陸孫子兵法學術團體赴台灣交流。

2005 年 3 月，由山東省人文促進會組團赴台灣，台灣中華戰略學會熱情接待了山東學者，並在台北召開兩岸戰略文化座談會。同年 11 月，應台灣中華孫子兵法研究學會邀請，山東孫子研究會交流團赴台灣參加「全勝論壇」，這是兩岸學者在台灣的「破兵之旅」。

2009 年 8 月，中國孫子兵法研究會傅立群、吳九龍副會長一行六人，應台灣中華孫子兵法研究學會邀請，赴台灣進行《孫子兵法》學術交流，就維護兩岸統一，加強兩岸軍事互信等進行了探討。

同年 11 月，由台灣「太平洋文化基金會」舉辦的「兩岸一甲子」研討會在台北舉行，曾任中國孫子兵法研究會會長李際均隨團前往，首度就兩岸外交、軍事交換意見。李際均在會上指出，在當前的形勢下，兩岸存在以「非戰爭手段」解決爭端的可能性。他建

議在南海開發問題上，兩岸不妨先協防，共同維護中華民族的固有疆域。他的發言受到台方與會人員的關注。此次研討為兩岸軍事交流邁出第一步。

同年 12 月，山東省濱州市經濟文化交流團赴台灣交流考察，與台灣中華孫子兵法研究學會簽訂了開展兩岸孫子文化交流與研討的《合作意向書》，在孫子文化資源開發建設方面互相提供智力支援和服務，積極推動孫子文化的產業化以及《孫子兵法》在各個領域的應用。赴台期間，還拜會中國國民黨榮譽主席連戰、海基會董事長江丙坤。

進入 2010 年，兩岸兵學文化交流更為活躍，「海峽兩岸孫子兵法全勝論壇」在台北舉行，中國孫子兵法研究會和山東孫子研究會派員出席了論壇。中國人民大學國學院常務副院長、大陸極有影響的《孫子兵法》研究專家黃朴民教授作了題為「《孫子兵法》哲理精髓及其當代啟事」的發言。

據悉，2012 年，第三屆海峽兩岸大學生孫子兵法友誼辯論賽將在台北舉行，前兩屆在孫子故里山東濱州舉辦。此項活動將成為一個由兩岸輪流互辦的常態性孫子文化活動。

此間學者稱，一部流傳千古的《孫子兵法》以其「合於利而動，不合於利而止」的共贏理念，為海峽兩岸的兵學文化搭建了廣闊的研究平台，架起了合作的橋樑。海峽兩岸頻繁的人員交往，不僅密切了雙方的關係，增進相互瞭解和共識，而且推動了兩岸孫子文化的合作與交流，為中華文明在世界的傳播做出了貢獻。

23. 中國兵法研究應用蔚為世界潮流

「《孫子兵法》的研究傳播和應用，蔚為世界的潮流。因此，中國古代的戰略文化，亦將成為世界的戰略文化，這是世界華人的驕傲。」台灣中華戰略學會特約研究員劉達材說，面對全球化的浪潮，中華文化不惟正向世界散發出巨大的影響力。

1929 年生於江西都昌的劉達材是退役海軍「中將」，曾任台灣

聯勤「副總司令」，現任中華戰略學會常務理事兼特約研究員。記者在 2005 年紀念鄭和下西洋六百週年時就曾採訪過劉達材，他退役後潛心研究鄭和、孫子及歷代中國軍事名人，對推動兩岸學術交流不遺餘力，曾多次率團參加兩岸鄭和和孫子國際研討會，並發表論文與專題演講。

劉達材說，古代中國的兵書卷軼浩繁，數量之巨，如《武經七書》、《孫子》、《吳子》、《司馬法》、《李衛公問對》、《尉繚子》、《三略》、《六韜》等，多得難以勝計。這是中國歷代的治亂興衰所產生的兵家（文武將才）和兵學（兵著兵說），是中國華夏民族歷代戰爭實踐經驗得來的智慧，是和中國的歷史文化密切相扣，它不僅形成中國古代的戰略文化，也世代相傳影響到中國的歷史與國運。

中國兵學武經，孫子集其大成。劉達材評價說，中國文化的兵學思想，時下所稱之「戰略文化」。一部《孫子兵法》，西方學者直譯為「戰略學」。從戰略觀點來看，這部世界公認的兵學經典，內中著述的戰略理論、原則和思想與觀念，是眾所公認博大精深，言簡意賅，當今更是受到全世界的推崇與尊敬。

劉達材認為，戰略本身就是一種文化，觀察一個國家，從治軍傳統狹義的「戰略」觀念，到治國宏觀廣義的「大戰略」作為，俱體現了一個國家的「戰略文化」。代表中國戰略文化的《孫子兵法》開宗明義地強調：「兵者，國之大事，死生之地，存亡之道，不可不察也。」所謂「戰爭思維」和「戰略思想」，實際上就是一個國家的戰略思想，代表一個國家的戰略文化。中國的兵學思想，根深蒂固形成了中國的戰略文化。

劉達材還認為，孫子的兵學思想，代表中華正統的戰略文化，無人能出其右。以孫子為首的中國兵學思想，提出了「義戰、守戰、慎戰、謀戰」四大觀念，這是兩岸雙方面對的最嚴峻的課題，是未來兩岸「和平之道」、「發展之道」、「生存之道」和「存亡之道」，同時也是世界和平與發展之道。當今「戰略研究」已然形成確保國

家安全的顯學，而受到極端的重視，也因此興起世界各國的戰略文化，這是一個國家「生存之道」，我們不可不察。

劉達材分析說，後冷戰期，進入二十一世紀，世界各國由武力對抗逐步走向和平對話。為了應付對話，各國官方的或非政府組織（NGO）的第二軌道智庫大行其道。這是一場智庫對智庫，戰略對戰略的長期鬥爭。各國的戰略文化，互別苗頭。因此，世界的趨勢，未來各國對戰略文化的培養必然十分重視。

劉達材稱，中國的兵書武經，一部《孫子兵法》歷經二千五百多年，仍能受到世界的肯定。今朝順應時代的潮流，我們深知中國先民所遺留中華戰略文化的光芒，未來更必能鋪灑海峽兩岸，並普照在全球各國和平與發展的大道上。

24. 台灣企業應用《孫子兵法》達到純熟境界

台灣最大女性購物網站掌門人林坤正撰文提出，如果你要找企業夥伴，可善用阿里巴巴平台，作為在大陸內地對一般消費者行銷的據點，能為台商在大陸做生意大大降低行銷門檻。

林坤正的「借力使力」戰略思想，應用了《孫子兵法》。正如台灣孫子女學者嚴定暹在她的《孫子兵法手記》中寫道：「今日企業與企業間之『策略聯盟』皆著眼於『資源分享』，可說是《孫子兵法》『因糧于敵』智略正向運用的現代版。」

在台灣，許多知名企業應用《孫子兵法》已達到純熟境界。被譽為台灣「經營之神」的王永慶。創業之初，「借力使力」創建了塑膠廠。1973 年，世界性石油危機中斷了台塑基礎原料的供應時，他果斷地「借船出海」，在海外投資建成全球最大的輕油裂解廠，使他成為名震海內外的台灣「塑膠大王」。

有「科技梟雄」之稱的台灣首富晉商郭台銘，愛讀《孫子兵法》。在企業內部實行的是類似軍事化的管理，每一個進入公司的基層員工，上崗前必須接受為期五天的基本訓練，包括稍息、立正和整隊行進等。郭台銘認為，領導者的親力親為，身先士卒，勝過

講一百篇演講稿。他的管理理念，汲取了孫子的「道、天、地、將、法」。

台灣華碩電腦董事長施崇棠，研讀《孫子兵法》力行常山之蛇策略。他要求從研發到製造到市場的反應速度，需要像「常山蛇」那麼靈敏。在流程管理中，各部門之間「100% 互相信任，首尾呼應，全程聯動。為保證這九節「常山蛇」的扭動效率，一場「精實六個標準差」規範鋪及華碩全球六萬多員工。

有「台灣黑馬王」、「民間股神」之美譽的投資大師鄭焜今，善用《孫子兵法》奇正術指導炒股。他認為股市正是以奇用兵的虛擬經濟體，而越虛擬的東西，越容易出奇制勝。順勢操作是正，反市場操作是奇，不斷地奇正相生，而且這兩者都要有很好的心態來配合。他的「三大兵法」是：培養構想力、戰鬥力、解讀密碼能力。

台灣大企業家陳茂榜，首次將《孫子兵法》中的「五事」概括為企業管理的五大原則，即：「道」為目標，「天」為機遇，「地」為市場，「將」為人才，「法」為組織。「五事」並重，是他事業成功的「經營經」。

「中國式管理」大師、全球華人「中國式管理」第一人曾仕強，出任台灣智慧大學校長等職，他的代表作之一是《孫子兵法與人力自動化》。他提出，《孫子兵法》是中國人的成功寶典，運用兵法來帶人、用人，促使組織成員自動自發，增加生產力、提高競爭力，這是每一個主管必備的修養，就是總裁也絕不例外。

25. 台灣五十六人兵學論文獲博碩士學位

台灣孫子兵法戰略研究學會相關人士向記者宣稱，1985 年，黃營杉以〈兵家之管理思想：策略形成與執行〉的論文，獲得台灣政治大學博士學位。他也是台灣首位以研究《孫子兵法》獲得博士學位的學者。

黃營杉在其博士論文中寫道：「兵學自春秋戰國時期由貴族流散於民間，群雄爭霸而使兵學盛極一時，成為專門之學。傳世兵書

以宋元豐年間所頒武教學教材,孫子、吳子、司馬法、唐太宗李衛公問對、尉繚子、三略、六韜之《武經七書》為兵家思想代表作。」

黃營杉的論文以以《孫子兵法》和《武經七書》為研究物件。從現代管理之觀念剖析其戰略規畫、執行與控制思想,並導出兵家思想之現代管理及建立中國式管理之涵義。全文分九章共十七萬字。論文析論兵學與管理學、兵家與兵書之關係,並確認《武經七書》為兵家思想之核心。論文還分析兵家之策略規畫過程與原則、兵家戰略執行與控制,以及組織、用人、領導、統禦等重點,並從所分析歸納之兵家管理思想提出現代管理之涵義。

《孫子兵法》論文獲博士學位的黃營杉,在中國式管理方面如魚得水。他先後任美國聲寶公司副總裁、中華彩色印刷公司總經理、羽田機械關係企業執行長、中興大學企業管理研究所教授兼所長、中興大學企業管理學系教授兼主任、台北大學商學院院長、台灣煙酒股份有限公司董事長、台電公司董事長,還出任台灣「經濟部」部長、「財政部」財政金融專員。他的主要著作有《兵法與商略》、《從高階管理觀點論孫子吳起列傳》、《孫子思想與企業管理》、《中國古兵家之領導思想》、《中國兵家之管理思想》、《吳子兵法與策略管理》等八十多本。

另一位特別引人矚目的兵學論文獲博士學位的林英津,為女性。她在 1985 年台灣大學中國文學研究所寫的博士論文〈夏譯《孫子兵法》研究〉,對鮮為人知的西夏文《孫子兵法》進行了深入的研究,使這一珍貴版本得以傳承下去。林英津現任台灣中央研究院語言學研究所籌備處研究員,寧夏大學西夏學研究中心兼職教授。1987 出版專著《孫子兵法西夏譯本所見動詞詞頭的語法功能》,1994 年她的博士論文〈夏譯《孫子兵法》研究〉,由台北中央研究院歷史語言研究所 1994 年刊印,引起海峽兩岸學術界的關注。

台灣商務印書館總編輯方鵬程在他出版的《孫子:談判說服的策略》一書中披露,台灣一些博碩士研究生以《孫子》為主題,撰寫研究論文,研究範圍已經擴大到許多層面,並不是限定在軍事運

用的範圍。截止 2004 年就有三百多篇《孫子兵法》論文，研究範圍包括軍事、經濟、企管、教育、文學、語文等。

台灣孫子兵法研究學會相關人士介紹說，據不完全統計，自今台灣以《孫子兵法》等兵書為題材而獲得博士學位的六人、碩士學位的五十餘人。而兩岸共培養這方面的人才約一百二十人。

此間學者稱，在如此短的時間裡有這麼多人專注於《孫子兵法》的研究，並獲得諸多的博士和碩士學位，不能不說是世界學術史上的一個奇蹟，也是兩岸學術界為傳播中華文化做出的新貢獻。

26. 台灣講師樂當大學生「兵法教官」
——訪台灣中華孫子兵法研究學會研究員周泯垣

二十年來，他受邀擔任台灣屏東教育大學碩博士班、美和科技大學、高鳳數位內容學院、屏東商業技術學院、永達技術學院、正修科技大學、慈惠護專、屏東高工、屏東女校等數十所大學的「兵法教官」，他出版的《孫子兵法與案例導讀》一書，目前為台灣多所大學校院採用。他就是台灣中華孫子兵法研究學會研究員、台灣高鳳數位內容學院講師周泯垣。

周泯垣對記者說，身處資訊爆炸與競爭激烈的現代大學生，如何汲取中華優秀文化的智慧並傳承弘揚，是不可或缺的重要課題。而《孫子兵法》是一本歷經時空考驗、亙古猶新，經營經典與戰略決策書，全世界都

圖為臺灣中華孫子兵法研究學會研究員、「孫子兵法教官」周泯垣

視為「智典」，被各行各業廣為推廣應用，也同樣被教育領域尤其是大學看好。

《孫子兵法》最有價值的文化遺產是其哲理智慧，跨越時空影響著人們的觀念行為。所蘊涵的人文價值，應對知識經濟全球化帶來的嚴峻挑戰，有利於培養大學生的傳統人文精神；所蘊涵的哲理智慧，有利於培養大學生的理性思維能力和創新精神；蘊涵的倫理道德觀，有助於提升大學生人格、氣質、修養、情感等基本素養，從而提高人才的綜合素質。因此，現代大學生不能不研讀《孫子兵法》。

於是，周泯垣將《孫子兵法》轉識成智，以孫子精髓結合案例運用於大學生生活中。他告誡大學生：「《孫子兵法》是做事方法中最具宏觀思維的策略方法，人生難免遇到挫折，知法何需用兵。」真正懂得《孫子兵法》之方法者，是無須用兵的。他希望藉由案例導讀，幫助大學生「知彼知己」、「勝兵先勝」、「避實擊虛」、「創機造勢」，進而達到孫子「不戰全勝」、「百戰不殆」的最高理想與目標境界。

周泯垣告訴記者，《孫子兵法與案例導讀》一書以大學生為撰寫目標主體，從大學生面向生活、面對社會及進入職場角度切入。該書除了將《孫子兵法》的理論白話，原文內容淺顯翻譯外，各篇內容架構予以圖表輔助，使深奧難懂之兵學重點化、簡單化、圖表化，並將各篇關鍵思想輔以五十個生活案例導讀，融合於學習、生活、溝通、領導、管理、談判、商業、職場、愛情、創意等方方面面，以提高大學生學習興趣與效果。

許多大學生學習《孫子兵法》精髓後，在處理日常生活問題時，思慮會比較整體考慮而周密。周泯垣說，他們懂得了不能為了贏得戰術，而輸了戰略；贏了戰爭，而輸了和平；贏了面子，而輸了裡子；贏了一時，而輸了全部；贏了爭吵，而輸了婚姻；表面上贏了，實質上輸了的道理。

周泯垣認為，「海峽兩岸大學生孫子兵法友誼辯論賽」非常有意義，其中友一道辯題「獲得勝負的關鍵是實力還是智慧」，對大

學生很有啟迪。有的大學生在自己的博客中寫道：《孫子兵法》是古代兵法，也是新時代的兵法，是新時代的大學生「智慧之法」。在競爭激烈的校園裡和未來的人生道路上，生存之道，發展之道，成功之道，「不可不察也」。

近年來，周泯垣發表了〈從孫子兵法談學校經營管理策略〉、〈從孫子兵法策略談學校公共關係運用〉、〈論孫子兵法之策略內涵〉等論文。他說，《孫子兵法》對大學生素質教育和競爭能力的培養，顯示出的非凡功效，應該把它當作必修書目。若能藉由《孫子兵法》的思想方法中尋找出解決問題之道，活學活用，舉一反三，就能讓現代大學生成為站在巨人肩膀上的智者。

27. 台灣學者稱孫子「道勝」是最高境界
——訪原台灣淡江大學國際戰略研究所所長李子弋

「一個社會要是講『道』，那就是一個和諧社會；一個世界要是講『道』，那就是一個和諧世界。」原台灣淡江大學國際戰略研究所教授兼所長李子弋在接受記者採訪時說，孫子「道天將地法」把「道」放在首位，可見「道」的重要。「道」是中國人的核心價值，也是《孫子兵法》的最高境界，只有中國人真正懂這個「道」。

一般人都認為戰略的研究是研究如何通過戰爭暴力贏取勝利，尤其是西方國家。李子弋認為，這不是中國戰略文化，也不是中國兵家哲學。中國的戰略文化是「道勝」，絕不爭霸，更不稱霸。中國五千年的歷史文化就是一部五千年的戰略思想的紀錄，從中華文化到中國戰略，應該是這樣的一個「道」的體系。

李子弋說，中國所有的兵學都來自齊國，最早來自於姜太公，兵學是此公的特長，他最早提出「全勝不鬥」，對孫子影響很大。孫子還汲取了老子的道家思想，從而形成了《孫子兵法》的基本理念，奠定了中國人自己的戰略文化思想。如中國漢唐時期，追求的是「長治久安」。

李子弋認為，國家的大戰略在於追求持久的和平，戰略思想家

要全面性思考建構全體人類共同的生命延續、生存和諧、生活幸福在宇宙間「安生立命」的大戰略，這一戰略絕對不是僅僅關於暴力的，而是關乎怎麼才能「長治久安」。

在我們中國文化中所謂的「長治久安」，在個人的生命、生存和生活中則求如何「安身立命」，這都離不開「道」。孫子的基本思想是只有「道勝」，才能「立於不敗之地」。擴展到更為高遠的境界上，就是人類不僅要發展，更要長存。

李子弋介紹說，魏繚子在一篇文章裡把戰爭的勝利分成三種：第一種是「力勝」，力量對力量，現在的國際關係就是力勝的模式，我的力量比你強大，我就贏你；第二種是「威勝」，現在大部分的人都喜歡用威懾，恐嚇對方，這在國際關係上稱為恐怖平衡，比如現在用核子武器來恐嚇對方。到目前為止，西方國家都在用這兩種方式，其戰略不是「力勝」就是「威勝」。

而最後一種是「道勝」，這是最高境界的一種勝利。什麼是「道勝」？李子弋用四個字來解釋，那就是：「柔性攻勢」。他說，「力勝」、「威勝」是剛性攻勢，而「道勝」是柔性攻勢，不使用武力，柔性攻勢最能解決問題。柔弱勝剛強，這是孫子的「道勝」哲學。

今年 3 月，李子弋應大陸西北大學的邀請，在所作的「中國傳統文化與世界未來走向」的講演中，他解釋道，《孫子兵法》受先秦道家影響，書內所詮之戰略方法著眼於更為廣闊的角度，也就是從天的高度來分析的。世人常道《孫子兵法》中最高境界「不戰而屈人之兵」，其實不然，還有更高的境界，就是孫子講的「道勝」，才是最高境界。

28. 鈕先鐘和他的《孫子三論》

「在中國研究古代戰略一定要提孫子，研究現代戰略就不能不提鈕先鐘。」原台灣淡江大學國際戰略研究所教授兼所長李子弋在接受記者採訪時評價說。

鈕先鐘生於 1913 年，金陵大學理學士。曾任《台灣新生報》

總編輯、《軍事譯粹》雜誌社總編輯、台灣淡江大學歐洲研究所教授、淡江大學國際事務與戰略研究所榮譽教授等職。2004 年 9 月病逝於台灣，享年九十二歲。他生前被譽為二十世紀台灣引進西方戰略理論及研究中國戰略思想的第一人，出版譯著及著作近百種。

李子弋介紹說，鈕先鐘曾在十年之內寫了《現代戰略思潮》、《中國戰略思想史》、《西方戰略思想史》三本書，試圖概括論述中西戰略思想的演進及其因果關係。在寫《中國戰略思想史》時突然感覺到，以孫子這樣偉大的思想家只給他一章的篇幅，實在無法反映其思想的全貌。於是，他許下一個心願，準備再以孫子為研究主題，寫一本比較深入的專著。這就是《孫子三論》。

鈕先鐘通過還原、比較以及創新的觀點三論《孫子》，借由對古兵書的探討，提出了適應時代需要的新戰略，可謂孫子研究中的上乘之作。李子弋歸納了鈕先鐘的戰略研究成就：先鐘先生博古通今，融貫中西。晚年，他在中國戰略研究的學域中，尋根探源，從中國「長治久安」的大戰略思想發展長河源流中，建立起戰略的史觀。他臨終前還完成了《中國戰略思想新論》。遺憾的是，1990 年第二屆孫子兵法國際研討會在北京召開曾邀請鈕先鐘與會，他因故未能成行。

李子弋歎稱，鈕先鐘的《孫子三論》言人未言，他在書中的〈自序〉坦言：「這一本書又還是可以代表許多年來深入思考的成果。」所謂「三論」，是指「原論、較論、新論」。原論是還原孫子原意，較論則比較古今中外戰略思想與孫子的異同，新論除分析孫子理論在現代的應用，並在最後指出孫子的缺失外，最重要的是，他企圖發展符合時代與環境需要的戰略理論，為中國現代戰略思想的發展，奠定理論基礎。

鈕先鐘特別強調，孫子遂提出的三句警語是千古不易的真理：「兵聞拙速，未睹巧之久也；兵久而國利者，未之有也；不盡知用兵之害者，則不能盡知用兵之利。」他解釋說：戰爭不打是最好，打起來就必須速戰速決，即令結果不太理想，甚或有一點得不償失，

但仍然必須速決，而不可以由於追求較多的利益而故意拖延不決。簡言之，寧可拙速而不可巧久。戰爭結束得越快，則國家元氣損失越小，對戰後的和平發展也越有利。

鈕先鐘歸納「孫子四求」研究方法：求知、求先、求全、求善，這八字箴言，道盡戰略研究的方法、目標與原則，是一種中國獨有的戰略研究方法論，並賦予《孫子兵法》一種永恆的價值。他指出，研究孫子，能掌握這「四求」之要，才能算是得窺戰略堂奧，進一步作戰略研究，才有可能臻於「善之善者」的境界。

李子弋表示，在孫子研究上鈕先鐘為我們留下了寶貴的資產，在古今中外研究孫子的領域內，他就算不是第一，也是最好中的一個。《孫子三論》一書的副標題是「從古兵法到新戰略」。他希望藉由他的思想，為目前紛亂的世界尋找出一條長治久安之道。

29. 台灣學者：《孫子》與《水滸傳》合讀更能領略兩書之精妙

「《新水滸傳》在台灣地區的收視率節節攀升，成為近年來大陸劇在台播出最高收視，我們大學的不少學生都是《水滸傳》迷。」台灣元智大學通識教部教授王立文是島內首個將《孫子》列為必修學分的「推手」，他對記者說，我們開設的《孫子兵法》課程中，把《水滸傳》作為經典案例。

王立文告訴記者，中國四大文學名著之一的《水滸傳》深受島內民眾的喜愛。台灣《水滸傳》四本繪畫版連環畫暢銷，遊戲類型《水滸傳》高清水墨風格，畫面逼真，特效動感，頗具創意，玩家接受度高，在島內家喻戶曉，《歡樂水滸傳 online》也現身台灣。於是，他萌發了將中國兵法與中國文學名著結合起來教學的想法，自己先潛心研究。

經典與經典是相通的，經典也不是純供欣賞的。王立文說，《孫子兵法》與《水滸傳》這兩本都是經典書，分開讀有其滋味，合起來讀則更有意義。《孫子兵法》言簡意賅，沒有案例不易理解及運

用，而《水滸傳》情節豐富，案例膾炙人口，但讀者若只沉迷於細節，則難體會其中暗藏之兵法哲理。如把兩書交相閱讀，可謂相得益彰。

元智大學在兩年前開始將「經典五十」列為全校必修課，經典書目中《孫子兵法》和《水滸傳》皆在其中。王立文比較研究後發現，《水滸傳》為絕妙的兵法之案例，而兵法為《水滸傳》中蘊含之用兵指導原則。

清人李煥章在《水滸人傳》中記敘，崇禎末年，一位農民因熟讀《水滸傳》而以兵法大敗盜賊秦渠，被稱為「水滸人」。鄉人以為他熟讀《孫子》、《吳子》。正如梁啟超所言「小說有不可思義之力支配人道故」。其實，在梁啟超精論之前，《三國演義》與《水滸傳》已經為兵學小說化、普及化，出現了必新小說。

王立文認為，《孫子》、《吳子》確為兵家必讀的經典，但不是一般深奧，而是博大精深，是大智大慧，不是誰都能讀懂和領悟的，尤其是對文化不高的平民百姓或閱歷不深的青少年學生來說，白話小說更容易深入人心而為今後有興趣研讀兵書打下基礎。

王立文比較「道、天、地、將、法」，這「五事」位列《孫子兵法》開篇之首，足以見五事者的重要。五事者，不僅是五個要素，更是一個全面立體的系統。而《水滸傳》中，這「五事」演繹的精妙絕倫。「替天行道」把「天」和「道」融為一體，水泊梁山獨特的「地理位置」，尤其是一百零八「將」個個身懷絕技，來自各路的英雄好漢排座次居然無人不服，召之即來，揮之即去，顯示了梁山「有章有法」。

《水滸傳》中很多計謀都是《孫子兵法》的具體綜合運用。王立文舉例說，如「智多星」吳用等人「智取生辰岡」，用的就是《孫子兵法》「兵者，詭道也」；又如「三打祝家莊」，運用了孫子的「知彼知己」、「用間」；再如宋江用「金槍手」徐甯破「霹靂火秦明」連環馬，運用了孫子「擇人任勢」。

王立文表示，單讀兵法理論原則有時難以理解，單讀《水滸傳》亦常被其情節所眩。若是把《水滸傳》某些故事當做《孫子兵法》

的案例，則兵法易懂，《水滸傳》之複雜故事情節的背後之用兵原則亦可呼之欲出。因此將《孫子兵法》與《水滸傳》合讀，更能領略兩本書之精妙處。

30. 台灣學者詮釋孫子「全勝」智慧

「孫子的全勝思想發揚光大，其實可以稱之為全己全敵，全天全地全鬼神。人死曰鬼，有遺愛在人者曰神，尊重維護世界各地人文古蹟及歷史文物的完整，就是全鬼神。」台灣中華孫子兵法研究學會副會長劉君祖，還擔任台灣周易文化研究會創會理事長，是一位易學大師，他在接受記者採訪時談兵學也不免帶有易學的深刻義理及思維方式。

劉君祖祖籍湖南，研究易學和兵學已有三十多年。他認為，號稱世界第一兵書的《孫子兵法》，之所以享譽二千五百多年，在當今之世還愈漸紅火之勢，其奧妙就在於其光輝的哲學思想，而其精髓是「全勝」思維。

劉君祖說，孫子十三篇體大思精，結構嚴謹，以〈始計〉為首，〈用間〉為終，首尾呼應，息息相關。孫子行文也有高超的技巧，十三篇所言皆可互證，層層推演，步步為營，深入體會後，確實益人神智，可以清晰建構起高明卓絕的「全勝」思想。

劉君祖列舉說，孫子在其〈九地篇〉中舉恒山之蛇率然為喻，說善用兵者調度快速靈活，擊其首則尾至，擊其尾則首至，擊其中則首尾俱至。又舉吳人與越人同舟共濟、相救如左右手。〈謀攻篇〉講「全」與「破」，顯然是保全而不破壞之意，而且不僅全己，還全敵，從全國到全伍，盡可能貫徹實行。敵人的各種資源均可轉為我用，何必擊毀破壞？若能威懾服敵或化敵為友，直接間接分享資源，豈不更佳？

還有〈作戰篇〉的「因糧於敵」，〈形篇〉的「自保而全勝」，〈用間篇〉「因間於敵」，〈九變篇〉的「以弱勝強」等等，都觸及「全勝」的思維。孫子「全勝」概念確切含義是指最大限度地減

少犧牲而獲得全局性勝利，達到「不戰而屈人之兵」、「勝於易勝」的最高境界。劉君祖說。

孫子主張「全勝」，須知彼知己，知天知地，以求全己全敵。劉君祖認為，我們身處二十一世紀自然生態破壞嚴重的情境，還應全天全地，做好自然保育的工作，其實全天全地，才能真正全己全敵；破天破地，遲早會招致大自然的反撲及吞噬。不同國家民族即便發生戰爭，也不宜毀人宗廟壞其文物，造成冤冤相報，仇怨愈結愈深。因此，將《孫子兵法》追求「全勝」的智慧活學活用，對未來這些競爭及合作仍非常重要。

劉君祖表示，在求全不求破的思維下，當然得儘量避免硬碰硬的武裝衝突，多用政治協商、外交談判解決紛爭。解決兩岸關係問題也同樣需要運用孫子的「全勝」思想。中國一向以天地人為三才，重視三者間的互動關係，所謂天時地利人和，孫子「全勝」的理想是和平解決，正是人和，要想圓滿達成必須將天時地利統合考慮，所以知天知地，勝乃可全。

31. 台灣學者稱經濟全球化是一場空前的「伐謀」

台灣經濟學界元老級人物于宗先博士是這樣評價孫子和他的兵法的：在古代，面對一個王朝的挑戰，就是外人的挑戰，《孫子兵法》被尊為「兵家圭臬」；到了現代，面臨日趨激烈的商業挑戰，《孫子兵法》被譽為「商戰法寶」；如今，當我們面臨經濟全球化挑戰，《孫子兵法》又被奉為「智慧寶典」。

八十歲高齡的于宗先祖籍山東平度，他是台灣中國經濟企業研究所所長，台灣經濟研究所的第一位博士，也是系統研究並撰寫台灣經濟書籍的第一人。他編著及主編的中英文專著達二十多部，發表學術論文一百多篇，見證並推動了台灣經濟的高速發展。他用畢生所學致力於兩岸經濟的交流與發展，對包括《孫子兵法》在內的中華文化也頗有研究。

于宗先認為，我們所面臨的經濟全球化挑戰，不是一場「伐兵」

的戰爭，而是一場空前的「伐謀」、「伐交」的經濟大戰略，是使經濟持續成長、立於不敗之地的大挑戰，也是運用「役諸侯者以業，趨諸侯者以利」、「因利而制權」等孫子智慧的大檢閱。

經濟全球化是指商品、勞力、資本、諮詢都可以在世界各地自由流動，因此，也使世界經濟競爭更加激烈。于宗先說，經濟持續成長所面臨的挑戰，包括自然環境惡化的挑戰、經濟的挑戰和社會的挑戰。而經濟的挑戰又分內在經濟的挑戰和外在經濟的挑戰，後者也就是國際競爭力。

為了贏得國際競爭與挑戰，孫子的競爭戰略思想和原則可加以運用。對此，于宗先作了深入的詮釋——

在國際競爭力挑戰上，「適者生存」。孫子很重視對環境和敵情的適應，因為只有適應了敵人，才能真正做到掌握敵人，戰勝敵人。儘管全球化的趨勢使世界變成和平，但國際間的競爭愈來愈激烈。就一個國家而言，國際競爭力的高低仍是國際挑戰決定勝負的主要因素。在國際競爭中，如何知彼、知己、妙算、用謀、伐交、握機，是贏得競爭力的制勝秘訣。

在金融危機挑戰上，要牢記孫子「智者之慮，必雜於利害」的教誨。到了二十世紀末葉，世界進入金融經濟時代。由於經濟全球化，各國間的金融關係越來越密切，當一個國家發生金融危機時，瞬間感染到附近的國家乃至整個地區，幾乎沒有一個國家倖免於難。這殘酷的教訓使人們意識到，金融危機比其他危機更可怕。因此，要趨利避害，在利思害，在害思利，始終保持清醒頭腦。

在產業競爭挑戰上，不能忽視傳統產業的更新與發展，創造出無限的內需，其前途也是無限量的。孫子提出，陰陽五行，相生相剋，沒有哪一種永遠占優勢。應遵循孫子「致人而不致於人」的原則，正確處理內需與外銷的關係。龐大的內需是經濟成長的穩定力量，如果生產主要靠外銷，則容易受制於人。

在人才競爭挑戰上，要學孫子「擇人任勢」。自古以來，誰能掌握人才，誰就穩操勝券。二十一紀的競爭歸根到底更是人才競爭。

台灣優良教授，不但被香港、新加坡大學挖走，也被大陸北大、清華挖去。近年來，新加坡以高薪到台灣爭聘優良醫師，在不久的將來，大陸也會到台灣爭聘良醫。

于宗先表示，全球化的趨勢是不能避免，也無法抗拒的國際潮流。為順應這個潮流，我們對經濟的持續成長必須有新的戰略。要運用孫子的大智慧，因時代的變化而變，因環境的變化而變化，在變中求生存，在變中求發展。今後無論個人或國家都不能「獨善其身」，而是要「兼善天下」。

32. 台灣退役將領撰《兩岸之路》話孫武

「唯研究戰爭最透徹的人最反對戰爭」，台灣海軍陸戰隊「少將」梁君新退役二十五年來潛心研究《孫子兵法》，用孫子精髓思考兩岸關係，編撰《兩岸之路》一書，闡述台海關係的形成與演進，進而論述了兩岸終將走向和平統一的歷史必然性。

梁君新從黃埔軍校二十四期步科畢業，曾在美國陸軍特種作戰學校等多個軍校進修過。不過，熟得作戰技術並沒有讓他喜歡上戰爭，飽受列強蹂躪和骨肉相殘的歷史讓他對中華民族的和平發展與偉大復興充滿期待。退役後，梁君新時常參與到台北「和統會」、全球華僑華人促進中國和平統一大會等「反獨促統」活動，還出任台中江西同鄉會理事長。

他編撰的《兩岸之路》用紀實的手法告訴人們，不管在什麼時期，什麼場合，只要是對整個中華民族利益有危害，尤其是在外敵入侵時期，國共間就可以實現談判，就可以同仇敵愾，一致對外。這種以民族大義為重、以國家利益為先的精神始終是國共間的最大公約數。相信也應該成為今後兩岸之路行進中的一個共同方向。

該書再版序言中稱，未經歷戰爭者，不知戰爭之可惡。尤以現代日益發達之尖端武器，其摧毀力之大，殺尚力之強，使整個戰區之建築物及生物化為灰燼，人類當然更無法生存，且其浩劫會延續久遠。因而明智之士均厭棄戰爭，殫精竭慮促成和平談判，以解

決任何爭端，期使人民能安居樂業、幸福生存、快樂生活。所以二十一世紀是以談判代替戰爭的世紀。

20007 年 10 月，在美國華盛頓舉辦的「全球促進中國和平統一高峰論壇」期間，該書成為篇幅最大的文獻收載於文庫中。美國華盛頓和統會會長吳惠秋評價說，梁將軍對今後的兩岸之路提出的和平融合之設想和建議中肯實際，發自肺腑。堅信未來的兩岸之路一定是一條光明、雙贏、和平、統一之路，因為這是時代的潮流，浩浩蕩蕩，不可阻擋。

梁君新的《兩岸之路》汲取了《孫子兵法》的精華，他對這部智慧之書的世代價值如數家珍：它是政治家的治國方略、軍事家的兵學聖典、哲學家的人生寶鑑、外交家的談判手冊、文學家的藝術珍品、企業家的致富秘笈。其宏觀價值早已超越了軍事範疇，深深影響了人們的思維邏輯與行為決策。

他從孫子的「慎戰思想」中找到「和平融合」的方略，認為就近代百年來的中國，可以說都是用《孫子兵法》在指導下棋；今天尋求兩岸和平仍然要借鑑孫子的智慧。

梁君新回顧說，1958 年「台海風雲」之後，兩岸關係有了半個多世紀的寧靜。兩岸在和平發展的歷程上，「兄弟登山」，各自努力，台灣創造了舉世公認的「經濟奇蹟」，而大陸改革開放三十多年也同樣經濟騰飛。「和平融合」給兩岸帶來繁榮與發展，也給為世界帶來和平與發展。

梁君新表示，自馬英九團隊「執政」以來，兩岸氣氛非常融洽，一切都值得期待。兩岸應該全方位地加強交流，共同努力發揚孫子的「王道精神」，將兩岸「和平融合」在一起。

33. 台灣談判學權威的「談判兵法」

在台北最大的誠品書店裡，劉必榮撰寫的專著《談判孫子兵法》成為常銷書，深受台灣讀者喜愛。在演講台上，劉必榮博學的專業知識，融中西方博弈智慧於一爐的課程，高明的談判哲理與藝術，

幽默風趣的言談風格，如「談判無所不在」，「我們每個人的一生，都會經歷很多的談判」，「《孫子兵法》可以給談判提供一個思考的縱深感」，「把戰場上的兵法當武略，把談判桌上的兵法當文攻」，引起在場所有人的共鳴。

劉必榮現任台灣東吳大學政治系教授、博士生導師、台北談判研究發展協會理事長、和風談判學院主持人，他是目前台灣最權威的談判學教授，談判專著超過十本。他主持過談判訓練的有微軟、摩托羅拉、惠普、戴爾、麥當勞、肯德基、中國信託等知名企業。

劉必榮談判課程之所以廣受推崇，是因為他功底深厚，從事談判研究二十五年，從事談判培訓十三年之久，說理犀利，擅長從生活案例與歷史故事中發現談判哲理，讓人充分領略「談笑用兵」的藝術。

而《孫子兵法》與談判謀略是劉必榮的「拳頭產品」，他汲取孫子的智慧，把西方的正統談判理論與東方的傳統兵學完美結合，巧妙地運用在談判桌上，運用到在今日企業的經營合作上，活學活用，具有很高的實用價值。

劉必榮以《孫子兵法》為主軸，解析談判的科學及藝術。他說，《孫子兵法》是不朽的兵書，裡面有多少智慧，其經典之一是「伐交」，有許多技巧可以用在談判上。1994 年他出版的《談判孫子兵法》是「初探」，現在出版的《孫子》是「再探」，十年後打算再出第三本，那就是「三探」。

劉必榮認為，成功的人可能不懂《孫子兵法》，懂得《孫子兵法》的人也不見得成功，但它給我們提供了一種分析方法，用孫子的精髓去分析成功的案例，獲得一套用它得出的經驗才是重要的。劉必榮以其最精專的「談判」領域舉例說，如果都學了《孫子兵法》，最理想的效果是大家都能多讓幾步，最後獲得雙贏。

劉必榮將談判課程分為七大提綱，包括「談判前的準備」、「情報的收集」、「談判的策略」、「議題的選擇」、「談判的時機」、「談判的出牌」以及「談判的收尾」。每一提綱皆以《孫子兵法》的內容分析談判的技巧，並以生活中實際的案例輔佐，無論是政治、

軍事、商業或是人際關係，《孫子兵法》的內容都能妥善應用於談判之中。讓在場聽眾深深體會「談笑用兵」的無窮奧妙。

「談判的時間、地點、議題、籌碼的合宜才能獲得最大的效益」、「勝利可能不是自己周全的準備，而是對方的失誤」、「談判前要先為自己想好退路」、「有品質的退路才是真正完善的事前準備」、「選擇議題要『攻其不備，出其不意』，以『聲東擊西』的方式」、「談判的時機如大鳥抓捕小鳥，差之毫釐，失之千里」……劉必榮的「談笑用兵」透出無窮奧妙，讓在場聽眾深受啟迪。

劉必榮還舉了孫子的警句，可應用於談判技巧的兵法：「知彼知己」，出招試探對方，獲得重要情報；「風林火山」，談判高手出牌要有氣勢並掌握火侯；「故善戰者，致人而不致於人」，不要被對方牽著鼻子走；「兵無常勢，水無常形」，在談判中提出更多的條件，改變勝敗的情勢；「我不欲戰，畫地而守之」，談判時可以提先決條件，讓己方占據有利位置；談判收尾的技巧「歸師勿遏」，贏者不全贏，輸者不全輸。

「古今多少事，都在笑談中」。劉必榮稱，《孫子兵法》教的是戰略的思維，如果什麼東西都能硬套，那就是死的兵法，是沒有用的。兵法要學活的，唯有以臨淵履冰的戒慎，隨時準備各種情勢的變化，才能在多變的棋局中隨時掌握自己的最大利益。

34. 台灣前高官唐飛比較中西方兵學

台灣中華孫子兵法研究學會會長傅慰孤向記者介紹，出生於《孫子兵法》誕生地蘇州的台灣前「行政院長」唐飛，雖旅居美國，仍出任該學會名譽會長，他對孫子頗有研究，尤其是對中西方兩大兵學思想進行比較研究，曾回台灣出席海峽兩岸孫子兵法「全勝論壇」，作了題為「舍霸權思想・揚王道文化」的演講。

飛行員出身的的唐飛，曾出任台灣空軍「總司令」、「參謀總長」和「國防部長」，退役一級「上將」。而傅慰孤曾任台灣空軍「副總司令」，退役「中將」，是唐飛的老部下。傅慰孤拿出該學會編

印的《華孫學刊》給記者看，裡面刊登了唐飛出席海峽兩岸孫子兵法「全勝論壇」的圖片，以及他的演講節錄。

傅慰孤介紹說，唐飛從一個老兵的角度，談世界兩部最偉大的兵學寶典《孫子兵法》及克勞塞維茨《戰爭論》的比較研究。他認為，這兩本著作是古今中外享有最高榮譽的兵學巨著，克勞塞維茨在西方兵學之地位也正如孫子在東方，也只有克氏有資格與孫子比較。誠如以色列戰略家克里費德所言：「在所有一切戰爭研究的著作中，孫子是最好的，而克勞塞維茨則屈居第二。」

唐飛評價，《孫子兵法》篇幅簡短，六千餘字，辭意順暢，所以才能長期流傳，廣受誦習。而《戰爭論》篇幅冗長，洋洋六十餘萬字，是《孫子兵法》的百倍，文辭晦澀，往往會令一般讀者如墜入五里霧中，所以知道的人很多，斷章取義引用的也不少，但真正暸解者則少之又少。

孫子所追求的是戰略的最高層次，即所謂的大戰略。唐飛對比研究，孫子考量的是戰前的計畫和準備以及非軍事力量的運用；而克勞塞維茨注意焦點則放在較低的作戰層面上，比較重視戰爭中的作戰遂行。孫子可能是全世界第一位注意到戰爭與經濟之間有密切關係的人，他認為大戰略計畫中必須優先考慮經濟問題，其所言「兵久而國利者未之有也」更是千古名言；而克勞塞維茨未能達到孫子的境界。

唐飛認為，西方兵學對後世的影響遠遠不如孫子，是因為克勞塞維茨的《戰爭論》求勝需使用武力遂行攻城掠地，是霸權思想；而孫子宣導的全勝思想強調「不戰而屈人之兵」、「雙贏共利」，是王道思想。

唐飛在海峽兩岸孫子兵法「全勝論壇」上呼籲，戰爭是殘酷的，它帶來的浩劫、災難，使人喪失生命，流離失所，遠古近代，中外實例，比比皆是。今日分離、分治的海峽兩岸中國人，未來的融合是經由戰或和來達成，是值得我們去深思的。「期盼未來兩岸事務處理方面，能秉承孫子王道文化，在和平互信的大前提下，創造可久可長的雙贏態勢」。

35. 台灣學者解秘《孫子兵法》「密碼」

中評社曾發表評論：誰讀懂了《孫子兵法》？中國人。這樣回答其實只是答對了一半。為什麼？因為對中華文化與中華智慧還不大瞭解或者瞭解不夠。那麼如何才能破譯中華文化與中華智慧的密碼呢？第一個條件是破譯漢字密碼；第二個條件是破譯想像力的密碼；第三個條件是與古人對話；第四個條件是站在中華文化與中華智慧的整體，來審視和再現孫子的大智慧。

台灣中華孫子兵法研究學會研究員王長河試圖解秘《孫子兵法》的「密碼」。他對記者說，由於東西方文化的差異，致使西方戰略家之論述往往多達數十萬言，仍不及《孫子兵法》六千餘字，言簡意賅。中國的智慧遠非西方比擬，先人遺作歷經千古流傳，至今仍能傳世者，代表經得起時代的驗證與考驗，時至資訊時代的今日仍在全球適用，其奧秘究竟何在？

《孫子兵法》為中國《武經七書》之首，表示其價值不菲。王長河指出，《孫子》集中國兵法之大成，並汲取了諸子百家之精華，其思想內涵超越了軍事範疇，成為人類智慧的寶庫。只有跳出兵法讀兵法，把兵學、易學、哲學乃至自然科學結合起來，窺視中國古代兵家思維與智慧，方能體會其中之奧秘。

王長河介紹說，《孫子兵法》以象形文字書寫，篇章排列需具象化思維者方能悟透。各篇依道、天、地、將、法五段式邏輯陳述，有如西方學術之命題、外環境、內環境、領導者、法理應用等，適用於商界、管理、人生處世各門類，實非西方兵學論述所能及。

王長河說，中國以象形文字為思想意識的傳遞媒介，造字用「六書」，即象形、指示、會意、形聲、轉注、假借之模式，師法自然的結果，產生「象化」思維，並以「取象比類」、「合理外推」方式推理延伸。因此研究中國古代兵書，應循「義釋→揣摩→觸類旁通」途徑來體會與領悟，將其內容去掉介係詞與連接詞後，用圖（字）像方式來看，進而洞悉其精義——

《孫子兵法》十三篇中，慣用數字九、五，九為陽數的極數，即單數最大的數，五代表陰陽「五行」，帝王稱「九五之尊」。而13是中國的「極數」，取自日月運行的結果。因月亮週期的變化為月，搭配太陽的運轉，每月計時三十天，致使每六年須增加一個閏月，衍生中國極數為13的思維理則。因此，讀《孫子兵法》十三篇時，應隨時不忘其與曆法間的對價關係，並將第十三篇〈用間〉蝕為「閏月」，置於十二篇之中，也就是與其餘十二篇都有關聯之意。

如第一篇為年的開始，因此篇名為〈計〉；第七篇為午時，談的是太陽問題，也就是「軍爭」的目標；第十一篇接近年尾，是前十篇的總結論述；第十二篇為12月屬寒，是動植物的殺手，因此第十二篇談的是火攻的運用與殺戮問題，是戰爭最終的法寶。

中國兵書以「兵＋道」為研究途徑，非僅適用於戰爭範疇，實涵括生物生長的哲學，闡釋生物進化競爭的策略，《孫子兵法》十三篇中，處處展現此一哲理。孫子在〈計篇〉即說明採用「道、天、地、將、法」五個層次來分析、論證，嚴謹度不讓於現代科學。讀者亦應將其區分為五個段落來讀，因此，無「錯簡」之說。

王長河認為，《孫子兵法》融通中國易理學說，是兵家對國家生長哲學的論述，各篇所提出的法則，可適用於生活中的各類職場與處世哲學，要瞭解其精義，應具備象化思維，並向自然界中取經。欠缺人生經驗、曆煉與中國古智慧「天、地、人」一體之「易「的道理，較難發掘《孫子兵法》的奧義。

新萬有文庫

活用孫子兵法
——孫子兵法全球行系列讀物・亞洲卷

作者◆韓勝寶

發行人◆施嘉明

總編輯◆方鵬程

主編◆葉幗英

責任編輯◆徐平

美術設計◆吳郁婷

出版發行：臺灣商務印書館股份有限公司
台北市重慶南路一段三十七號
電話：(02)2371-3712
讀者服務專線：0800056196
郵撥：0000165-1
網路書店：www.cptw.com.tw
E-mail：ecptw@cptw.com.tw

局版北市業字第993號
初版一刷：2013 年 1 月
定價：新台幣 350元

ISBN 978-957-05-2792-6

活用孫子兵法：孫子兵法全球行系列讀物・亞洲卷／韓勝寶著. -- 初版. -- 臺北市：臺灣商務，2013.01
　　面 ；　公分. --（新萬有文庫）

ISBN 978-957-05-2792-6（平裝）

1.孫子兵法 2.研究考訂 3.謀略

592.092　　　　　　　　　　　101023526

廣 告 回 信
臺灣北區郵政管理局登記證
台北廣字第6450號
免 貼 郵 票

100台北市重慶南路一段37號

臺灣商務印書館　收

對摺寄回，謝謝！

傳統現代　並翼而翔

Flying with the wings of tradtion and modernity.

讀者回函卡

感謝您對本館的支持，為加強對您的服務，請填妥此卡，免付郵資寄回，可隨時收到本館最新出版訊息，及享受各種優惠。

■ 姓名：＿＿＿＿＿＿＿＿＿＿＿＿＿＿　性別：□ 男 □ 女

■ 出生日期：＿＿＿＿年＿＿＿＿月＿＿＿＿日

■ 職業：□學生 □公務(含軍警) □家管 □服務 □金融 □製造　□資訊 □大眾傳播 □自由業 □農漁牧 □退休 □其他

■ 學歷：□高中以下（含高中）□大專　□研究所（含以上）

■ 地址：＿＿＿＿＿＿＿＿＿＿＿＿＿＿＿＿＿＿＿＿＿
＿＿＿＿＿＿＿＿＿＿＿＿＿＿＿＿＿＿＿＿＿＿＿＿＿

■ 電話：(H) ＿＿＿＿＿＿＿＿＿＿ (O) ＿＿＿＿＿＿＿＿

■ E-mail：＿＿＿＿＿＿＿＿＿＿＿＿＿＿＿＿＿＿＿＿＿

■ 購買書名：＿＿＿＿＿＿＿＿＿＿＿＿＿＿＿＿＿＿＿＿

■ 您從何處得知本書？

　　□網路 □DM廣告 □報紙廣告 □報紙專欄 □傳單
　　□書店 □親友介紹 □電視廣播 □雜誌廣告 □其他

■ 您喜歡閱讀哪一類別的書籍？

　　□哲學‧宗教 □藝術‧心靈 □人文‧科普 □商業‧投資
　　□社會‧文化 □親子‧學習 □生活‧休閒 □醫學‧養生
　　□文學‧小說 □歷史‧傳記

■ 您對本書的意見？（A/滿意 B/尚可 C/須改進）

　　內容＿＿＿＿＿編輯＿＿＿＿＿校對＿＿＿＿＿翻譯＿＿＿＿
　　封面設計＿＿＿＿＿價格＿＿＿＿＿其他＿＿＿＿＿＿＿＿

■ 您的建議：＿＿＿＿＿＿＿＿＿＿＿＿＿＿＿＿＿＿＿＿

※ 歡迎您隨時至本館網路書店發表書評及留下任何意見

臺灣商務印書館　The Commercial Press, Ltd.

台北市100重慶南路一段三十七號　電話：(02)23115538
讀者服務專線：0800056196　傳真：(02)23710274
郵撥：0000165-1號　E-mail：ecptw@cptw.com.tw
網路書店網址：http://www.cptw.com.tw　部落格：http://blog.yam.com/ecptw
臉書：http://facebook.com/ecptw